零基础实践

深度学习

（第二版）

毕　然　孙高峰
周湘阳　刘威威
—————— 编著

清华大学出版社
北京

内 容 简 介

本书从人工智能、机器学习和深度学习三者的关系开始,以深度学习在计算机视觉、自然语言处理和推荐系统的应用实践为主线,逐步剖析模型原理和代码实现。书中的内容深入浅出,通过原理与代码结合、产业实践和作业结合的方式,帮助读者更好地掌握深度学习的理论知识和深度学习开源框架的使用方法。为了让更多的读者从中受益,快速应对复杂多变的 AI 应用,书中还介绍了各种模型资源和辅助工具,旨在帮助读者在人工智能的战场上和"AI 大师"一样无往不利。

人工智能是一门跨学科的技术,本书既可作为深度学习的入门读物,又可作为人工智能或相关学科本科生和研究生的教材,还可供 AI 爱好者和从业者使用。

图书在版编目(CIP)数据

零基础实践深度学习/毕然等编著. —2 版. —北京:清华大学出版社,2022.9(2024.3重印)
ISBN 978-7-302-61811-9

Ⅰ. ①零… Ⅱ. ①毕… Ⅲ. ①机器学习 Ⅳ. ①TP181

中国版本图书馆 CIP 数据核字(2022)第 166465 号

责任编辑:贾 斌
封面设计:蒋卓骧 宋玉涵
责任校对:徐俊伟
责任印制:宋 林

出版发行:清华大学出版社
　　　　　网　　　址:https://www.tup.com.cn,https://www.wqxuetang.com
　　　　　地　　　址:北京清华大学学研大厦 A 座　　　邮　　编:100084
　　　　　社 总 机:010-83470000　　　　　邮　　购:010-62786544
　　　　　投稿与读者服务:010-62776969,c-service@tup.tsinghua.edu.cn
　　　　　质量反馈:010-62772015,zhiliang@tup.tsinghua.edu.cn
　　　　　课件下载:https://www.tup.com.cn,010-83470236
印 装 者:三河市龙大印装有限公司
经　　销:全国新华书店
开　　本:185mm×260mm　　印　张:27.5　　　　　字　　数:690 千字
版　　次:2020 年 11 月第 1 版　2022 年 11 月第 2 版　　印　次:2024 年 3 月第 2 次印刷
印　　数:2501～3300
定　　价:168.00 元

产品编号:096815-01

○ 序 言

很高兴看到《零基础实践深度学习》(第二版)的出版。本书结合深度学习理论与实践,使用百度飞桨平台实现自然语言处理、计算机视觉及个性化推荐等领域的经典应用,为广大读者打开了一扇在实践中学习人工智能的大门。

人工智能已经成为新一轮科技革命和产业变革的重要驱动力量,正在越来越多地与各行各业深度融合,推动人类社会进入智能时代。深度学习是新一代人工智能的核心技术,有很强的通用性。开发便捷、训练高效、部署灵活的深度学习框架及平台,已具备了自动化、模块化和标准化特征,使得人工智能进入工业大生产阶段。

我国经济社会正在转向高质量发展,科技创新催生的新发展动能正在加快新发展格局的形成。大力发展新一代人工智能,能够促进我国科技跨越发展、产业优化升级和生产力整体跃升,从而建设现代化经济体系,为人民创造更加美好的生活。

要加快发展新一代人工智能技术及应用,就需要培养既有行业洞察力和实践能力,又懂人工智能技术的复合型人才。有幸的是,向上承载应用、向下对接芯片的深度学习平台日趋成熟,为开发者快速学习和高效研发人工智能应用提供了有力支撑。

本书深入浅出地介绍了深度学习技术原理,其中既有作者对技术的思考,又有作者从产业实践中总结的经验。书中的实践代码基于国内领先的飞桨深度学习平台开发,为读者详细阐述了深度学习技术的经典算法和产业实践,同时在 AI Studio(飞桨人工智能学习与实训社区)中配套在线视频课程及代码,便于读者学习。

作为引领这一轮科技革命和产业变革的战略性技术,人工智能不断创新发展的同时,也在加速产业智能化升级。希望这本书能够帮助广大读者快速入门深度学习,在智能时代大展宏图。

百度首席技术官 王海峰

○ 前言

随着"十四五"规划和 2035 年远景目标纲要的发布，笔者欣喜地发现，在中国，人工智能（Artificial Intelligence，AI）已经进入欣欣向荣的时期。据不完全统计，仅百度大脑就开放了 330 多项 AI 能力，日调用量超过 1 万亿次。在刚刚过去的 2022 年冬奥会上，一系列 AI"黑科技"的应用，如防疫机器人、送餐机器人、炒菜机器人、AI 手语主播等，让世界人民看到了中国科技发展的突飞猛进，作为一名在 AI 领域深耕多年的产品人，我倍感骄傲和自豪。

AI 与产业结合的场景越来越深入、越来越专业。在工业制造、城市管理、应急管理、医疗、农业等领域，AI 技术正遍地开花结果，如数字人客服、安全生产监测、质量检测、智能信控、车路协同、飞机识别、森林草原火灾监测、新冠病灶分割等。AI＋X 在各行各业的落地，大大加快了产业数字化进程，提升了企业核心竞争力。

这些日新月异的变化，其核心基础是 AI 人才的培养。希望通过本书的出版，为中国 AI 人才建设贡献一些绵薄之力。书中阐述的很多观点和实践，都源于我多年来的教学经验和项目实践累积，是入门深度学习必须要掌握的基本功。感谢读者朋友们选择本书作为开启深度学习实践的教材，期待阅读本书后，大家可以领悟并掌握深度学习的"套路"，并举一反三，轻松驾驭学业和工作中与深度学习相关的任务。"乘风破浪会有时，直挂云帆济沧海"，我很期待，下一代 AI 的领航人能在中国诞生，能在本书的读者中产生。怀揣 AI 梦，一起向未来。

我总结了本书的几个特色，希望能帮助读者捋顺这本书的脉络，更好地掌握书中的理论知识和实践方法。

特色 1：理论和代码结合、实践与平台结合，帮助读者快速掌握深度学习基本功

目前，市面上关于 AI 和深度学习的图书已经汗牛充栋，但大多偏重理论，对于 AI 实践应用的介绍涉猎较少。但以我多年的经验来看，对于深度学习的初学者来说，更需要一本理论和代码结合、实践与平台结合的书，因为多数开发者更习惯通过实践代码来理解模型背后的原理。本书介绍的内容和相关代码都配有在线课程,读者可扫描封底的二维码获取。在线课程以 Jupyter Notebook 的方式呈现,源代码可在线运行。

　　建议本书的最佳阅读方式:阅读本书时,读者可以配合视频课程,并同时在线运行实践代码,观察打印结果。纸质图书、线上课程视频和交互式编程平台三位一体的策略,可以帮助读者在最短的时间内,轻松愉悦地掌握深度学习的基本功,这就是本书撰写的初衷。

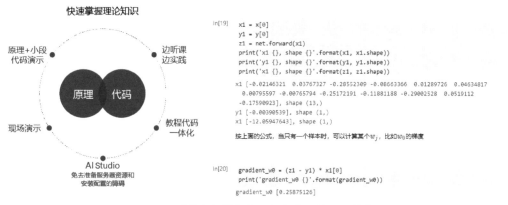

理论知识讲解和可运行代码演示一体化

特色 2:工业实践示例和作业结合,帮助读者快速具备深度学习应用的能力

　　很多接触深度学习时间不是很长的开发者都会面临一个困惑,虽然系统地学习了很多相关课程,能独立实践经典的学术问题,但在产业应用时仍然信心不足,感觉自己和在工业界摸爬滚打多年的工程师们之间有很大的差距。因此,本书在撰写时,除了选取一些经典的学术问题作为介绍深度学习知识的示例外,还选取了一些真实的工业实践项目作为比赛题和作业题。这些项目来源于百度工程师正在研发的与 AI 相关的工业应用。

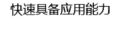

03 作业:
1.尝试不同优化方案,在工业项目上赢得自信
2.自己拍摄10张虫子的照片,分析模型的效果

在这些真实的工业实践项目中,读者会接触到很多独有的数据集和有趣的问题,并和成千上万的读者们共同较量模型优化的效果。如果你能在这些实践中独占鳌头,那么恭喜你,与在 AI 前端冲浪已久的工程师们相比,你已经毫不逊色。如果愿意,你甚至可以尝试面试顶级科技公司,从事与 AI 相关的研发工作。

特色 3:深度学习全流程工具支撑,帮助读者"武装"

在 AI 应用飞速落地的今天,如何实现快速建模、如何提升模型的训练和部署效率已经成为工业界普遍关注的课题。因此,本书在介绍深度学习领域的各种"生存技巧"之后,还为读者配备了"先进的武器"——飞桨,内容由"武器"的制造者——飞桨产品架构师们共同撰写。高超的"生存技巧"配以先进的"武器",相信可以让读者更加自信地驾驭这场轰轰烈烈的 AI 浪潮,并大放异彩。

全书共 8 章,可分为 3 部分:第 1 部分包括第 1、2 章,以最基础的深度学习任务(房价预测和手写数字识别)为例,内容由浅入深、层层剖析,帮助读者入门深度学习的编程并掌握深度学习各环节的优化方法;第 2 部分包括第 3~7 章,以计算机视觉、自然语言处理和推荐系统 3 个深度学习常用领域的典型任务为例,介绍各领域的基础知识和应用深度学习解决实际问题的方案及实践过程,帮助读者对深度学习模型有更深刻的理解;第 3 部分包含第 8 章,系统地介绍飞桨提供的各种武器,包括模型资源、工业化训练和部署工具以及如何基于飞桨进行二次研发。

特别感谢王海峰老师在百忙中给本书作序,您对 AI 发展趋势的深刻理解为我们提供了指引方向;感谢吴甜女士的指导和帮助,您对 AI 技术的热爱、对 AI 人才的重视和培育让本书的诞生成为可能;感谢马艳军、于佃海、李轩涯、周奇在本书撰写过程中的大力支持,让其更匹配深度学习读者的需求;感谢飞桨研发工程师们为本书的写作提供基础素材,提供简洁、高效、易用的实践代码;最后还要感谢迟恺、吴蕾、徐彤彤、聂浪、张克明等同学对于本书细致入微的校对。

如果通过本书的学习,能够让读者们有所收获,并激发大家在深度学习领域持续深耕的兴趣,那将是本书最大的荣幸。由于本书作者学识有限,深度学习方法也还在不断完善,书中难免存在疏漏之处,希望读者朋友不吝赐教,共同将这本书打造得更完美。

百度杰出架构师、飞桨产品负责人

目录

第1章 零基础入门深度学习

1.1 机器学习和深度学习综述

1.1.1 人工智能、机器学习、深度学习的关系

近些年人工智能、机器学习和深度学习的概念十分火热,但很多从业者很难说清它们之间的关系,外行人更是雾里看花。在研究深度学习之前,我们先从3个概念的正本清源开始。

概括来说,人工智能、机器学习和深度学习覆盖的技术范畴是逐层递减的。人工智能是最宽泛的概念。机器学习是当前比较有效的一种实现人工智能的方式。深度学习是机器学习算法中最热门的一个分支,近些年取得了显著的进展,并替代了大多数传统机器学习算法。三者的关系如图1.1所示,即人工智能>机器学习>深度学习。

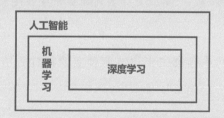

■图1.1 人工智能、机器学习和深度学习三者关系示意

如字面含义,人工智能是研发用于模拟、延伸和扩展人的智能的理论、方法、技术及应用系统的一门新的技术科学。由于这个定义只阐述了目标,而没有限定方法,因此实现人工智能存在的诸多方法和分支,导致其变成一个"大杂烩"式的学科。

1.1.2 机器学习

区别于人工智能,机器学习尤其是监督学习有更加明确的指代。机器学习是专门研究计算机怎样模拟或实现人类的学习行为,以获取新的知识或技能,重新组织已有的知识结构,使之不断改善自身的性能。这句

话有点"云山雾罩"的感觉,让人不知所云,下面就从机器学习的实现和方法论两个维度进行剖析,帮助读者更加清晰地认识机器学习的来龙去脉。

1. 机器学习的实现

机器学习的实现可以分成两步,训练和预测,类似于我们熟悉的归纳和演绎。

1) 归纳

从具体示例中抽象一般规律,机器学习中的"训练"也是如此。从一定数量的样本(已知模型输入 X 和模型输出 Y)中,学习输出 Y 与输入 X 的关系(可以想象成某种表达式)。

2) 演绎

从一般规律推导出具体示例的结果,机器学习中的"预测"也是如此。基于训练得到的 Y 与 X 之间的关系,如出现新的输入 X,则计算输出 Y。通常情况下,如果通过模型计算的输出和真实场景的输出一致,则说明模型是有效的。

2. 机器学习的方法论

下面从"牛顿第二定律"入手,介绍机器学习的思考过程,以及在此过程中如何确定模型参数,模型三个关键要素(假设、评价、优化)该如何应用。

1) 示例:机器从牛顿第二定律实验中学习知识

机器学习的方法论和人类科研的过程有异曲同工之妙,下面以"机器从牛顿第二定律实验中学习知识"为例,帮助读者更加深入地理解机器学习(监督学习)的方法论本质。

说明:

牛顿第二定律是艾萨克·牛顿于 1687 年在《自然哲学的数学原理》一书中提出的,其常见表述:物体加速度的大小与作用力成正比,与物体的质量成反比,与物体质量的倒数成正比。牛顿第二定律和第一、第三定律共同组成了牛顿运动定律,阐述了经典力学中基本的运动规律。

在中学课本中,牛顿第二定律有两种实验设计方法,即倾斜滑动法和水平拉线法,如图 1.2 所示。

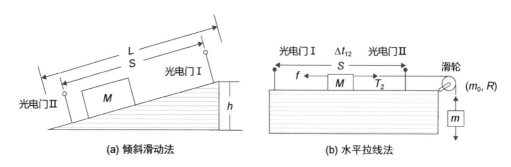

■图 1.2 牛顿第二定律实验设计方法

相信很多读者都有摆弄滑轮和小木块做物理实验的青涩年代和美好回忆。通过多次实验数据,可以统计出表 1.1 所示的不同作用力下木块的加速度。

表 1.1 实验获取的大量数据样本和观测结果

项　目	作用力 X	加速度 Y
第 1 次	4	2
第 2 次	4	2
...	...	...
第 n 次	6	3

观察实验数据不难猜测,物体的加速度 a 和作用力之间的关系应该是线性关系。因此我们提出假设 $a=w \cdot F$,其中 a 为加速度,F 为作用力,w 为待确定的参数。通过大量实验数据的训练,确定参数 w 是物体质量的倒数 $1/m$,即得到完整的模型公式 $a=F/m$。当已知作用到某个物体的力时,基于模型可以快速预测物体的加速度。例如,燃料对火箭的推力 $F=10$,火箭的质量 $m=2$,可快速得出火箭的加速度 $a=5$。

2)确定模型参数

这个有趣的示例演示了机器学习的基本过程,但其中有一个关键点的实现尚不清晰,即如何确定模型参数 $w=1/m$。

确定参数的过程与科学家提出假说的方式类似,合理的假说至少可以解释所有的已知观测数据。如果未来观测到不符合理论假说的新数据,科学家会尝试提出新的假说。如天文史上,使用大圆和小圆组合的方式计算天体运行在中世纪是可以拟合观测数据的。但随着欧洲机械工业的进步,天文观测设备逐渐强大,越来越多的观测数据无法套用已有的理论,这促进了使用椭圆计算天体运行的理论假说出现。因此,模型有效的基本条件是能够拟合已知的样本,这给我们提供了学习有效模型的实现方案。

图 1.3 所示是以 H 为模型的假设,它是一个关于参数 w 和输入 X 的函数,用 $H(w,X)$ 表示。模型的优化目标是 $H(w,X)$ 的输出与真实输出 Y 尽量一致,两者的相差程度即是模型效果的评价函数(相差越小越好)。那么,确定参数的过程就是在已知的样本上不断减小该评价函数($H(w,X)$ 和 Y 之差)的过程,直到学习到一个参数 w,使得评价函数的取值最小。这个**衡量模型预测值和真实值差距的评价函数也称为损失函数(Loss Function)**。

例如,机器如一个机械的学生一样,只能通过尝试答对(最小化损失)大量的习题(已知样本)来学习知识(模型参数 w),并期望用学到的知识(模型参数 w),组成完整的模型 $H(w,X)$,回答不知

■图 1.3 确定模型参数示意图

道答案的考试题(未知样本)。最小化损失是模型的优化目标,实现损失最小化的方法称为优化算法,也称为寻解算法(找到使损失函数最小的参数解)。参数 w 和输入 X 组成公式的基本结构称为假设。在牛顿第二定律的示例中,基于对数据的观测,提出了线性假设,即作用力和加速度是线性关系,用线性方程表示。由此可见,模型假设、评价函数(损失/优化目标)和优化算法是构成模型的 3 个关键因素。

上述过程在一些文献中也常用图 1.4 表示,未知目标函数 f 产生了一些训练样本$\mathcal{D}$,从假设集合 H 中,通过学习算法 A 找到一个函数 g。如果 g 能够最大程度地拟合训练样本$\mathcal{D}$,那么可以认为函数 g 就接近目标函数 f。

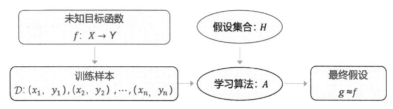

■图 1.4　使用数据去计算假设 g 去逼近目标 f

3)模型结构介绍

图 1.5 所示为构成模型的 3 个关键要素(模型假设、评价函数和优化算法)是如何支撑机器学习流程的。

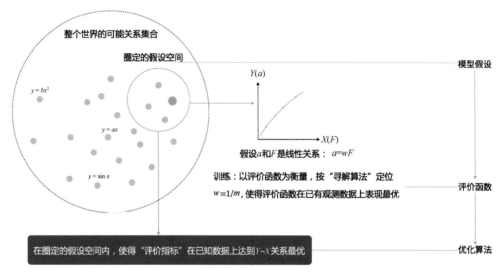

■图 1.5　机器执行学习的框架

(1)模型假设。世界上的可能关系千千万,漫无目标的试探 $Y \sim X$ 之间的关系显然是十分低效的。因此,假设空间先圈定了一个模型能够表达的可能关系,如实线圆圈所示。机器还会进一步在假设圈定的圆圈内寻找最优的 $Y \sim X$ 关系,即确定参数 w。

(2)评价函数。寻找最优之前,需要先定义什么是最优,即评价一个 $Y \sim X$ 关系好坏的指标。通常衡量该关系是否能很好地拟合现有观测样本,将拟合的误差最小化作为优化目标。

(3)优化算法。定义了评价指标后,就可以在假设圈定的范围内,将使得评价指标最优(损失函数最小/最拟合已有观测样本)的 $Y \sim X$ 关系找出来,这个寻找的方法即为优化算法。最烦琐的优化算法即按照参数的可能,穷举每一个可能取值来计算损失函数,保留使损失函数最小的参数作为最终结果。

从上述过程可以得出,机器学习的过程与牛顿第二定律的学习过程基本一致,都分为假设、评价和优化 3 个阶段。

（1）第一阶段：假设。通过观察加速度 a 和作用力 F 的观测数据，假设 a 和 F 是线性关系，即 $a=w \cdot F$。

（2）第二阶段：评价。对已知观测数据上的拟合效果好，即 $w \cdot F$ 计算的结果要和观测的 a 尽量接近。

（3）第三阶段：优化。在参数 w 的所有可能取值中，发现 $w=1/m$ 可使评价最好（最拟合观测样本）。

机器执行学习任务的框架体现了其**学习的本质是"参数估计"**。在此基础上，许多看起来完全不一样的问题都可以使用同样的框架进行学习，如科学定律、图像识别、机器翻译和自动问答等，它们的学习目标都是拟合一个"大公式"，如图 1.6 所示。

■图 1.6　机器学习就是拟合一个"大公式"

1.1.3　深度学习

机器学习算法理论在 20 世纪 90 年代发展成熟，在许多领域都取得了成功应用。但平静的日子只延续到 2010 年左右，随着大数据的涌现和计算机算力提升，深度学习模型异军突起，极大改变了机器学习的应用格局。今天，多数机器学习任务都可以使用深度学习模型解决，尤其在语音、计算机视觉和自然语言处理等领域，深度学习模型的效果比传统机器学习算法有显著提升。

那么相比传统的机器学习算法，深度学习做出了哪些改进呢？其实**两者在理论结构上是一致的**，即模型假设、评价函数和优化算法，其根本差别在于假设的复杂度，如图 1.7 所示。

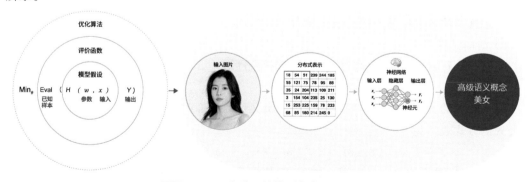

■图 1.7　深度学习的模型复杂度难以想象

不是所有的任务都像牛顿第二定律那样简单直观。对于图 1.7 中的美女照片,人脑可以接收到五颜六色的光学信号,能用极快的速度反映出这张图片是一位美女,而且是程序员喜欢的类型。但对计算机而言,只能接收到一个数字矩阵,对于美女这种高级的语义概念,从像素到高级语义概念中间要经历的信息变换的复杂性是难以想象的。这种变换已经无法用数学公式表达,因此研究者们借鉴了人脑神经元的结构,设计出神经网络的模型。

1. 神经网络的基本概念

人工神经网络包括多个神经网络层,如卷积层、全连接层、LSTM 等,每一层又包括很多神经元,超过 3 层的非线性神经网络都可以被称为深度神经网络。通俗地讲,深度学习的模型可以视为输入到输出的映射函数,如图像到高级语义(美女)的映射,足够深的神经网络理论上可以拟合任何复杂的函数。因此,神经网络非常适合学习样本数据的内在规律和表示层次,对文字、图像和语音任务有很好的适用性。因为这几个领域的任务是人工智能的基础模块,所以深度学习被称为实现人工智能的基础也就不足为奇了。神经网络结构如图 1.8 所示。

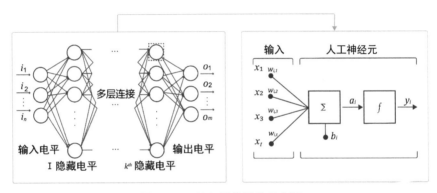

■图 1.8　神经网络结构示意图

1) 神经元

神经网络中每个节点称为神经元,由如下两部分组成。

(1) 加权和:将所有输入加权求和。

(2) 非线性变换(激活函数):加权和的结果经过一个非线性函数变换,让神经元计算具备非线性的能力。

2) 多层连接

大量这样的节点按照不同的层次排布,形成多层的结构连接起来,即称为神经网络。

3) 前向计算

从输入计算输出的过程,顺序从网络前至网络后。

4) 计算图

以图形化的方式展现神经网络的计算逻辑又称为计算图。也可以将神经网络的计算图以公式的方式表达为

$$Y = f_3(f_2(f_1(w_1 \cdot x_1 + w_2 \cdot x_2 + w_3 \cdot x_3 + b) + \cdots) \cdots)$$

由此可见,神经网络并没有那么神秘,它的本质是一个含有很多参数的"大公式"。如果大家感觉这些概念仍过于抽象,理解得不够透彻,先不用着急,后续会以实践示例的方式再

次介绍这些概念。

那么如何设计神经网络呢?第1.2节会以"房价预测"为例,演示使用Python实现神经网络模型的细节。在此之前,首先回顾一下深度学习的悠久历史。

2. 深度学习的发展历程

神经网络思想的提出已经是79年前的事情了,现今的神经网络和深度学习的设计理论是一步步趋于完善的。在这漫长的发展岁月中,一些取得关键突破的闪光时刻,值得我们这些深度学习爱好者铭记,如图1.9所示。

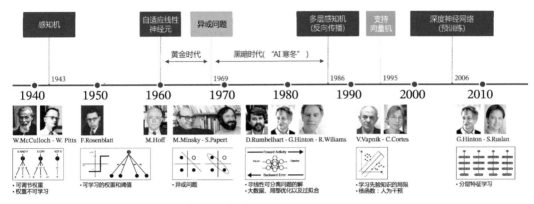

■图1.9 深度学习的发展历程

- 20世纪40年代:首次提出神经元的结构,但权重是不可学的。
- 20世纪50—60年代:提出权重学习理论,神经元结构趋于完善,开启了神经网络的第一个黄金时代。
- 1969年:提出异或问题(人们惊奇地发现神经网络模型连简单的异或问题也无法解决,对它的期望从云端跌落到谷底),神经网络模型进入了被束之高阁的黑暗时代。
- 1986年:新提出的多层神经网络解决了异或问题,但随着90年代后理论更完备并且实践效果更好的支持向量机等机器学习模型的兴起,神经网络并未得到重视。
- 2010年左右:深度学习进入真正兴起时期。随着神经网络模型改进的技术在语音和计算机视觉任务上大放异彩,也逐渐被证明在更多的任务,如自然语言处理以及海量数据的任务上更加有效。至此,神经网络模型重新焕发生机,并有了一个更加响亮的名字:深度学习。

为何神经网络到2010年后才焕发生机呢?这与深度学习成功所依赖的先决条件——大数据涌现、硬件发展和算法优化有关。

1)大数据是神经网络发展的有效前提

神经网络和深度学习是非常强大的模型,需要足够量级的训练数据。时至今日,之所以很多传统机器学习算法和人工特征提取依然是足够有效的方案,原因在于很多场景下没有足够的标记数据来支撑深度学习这样强大的模型。深度学习的能力特别像科学家阿基米德的豪言壮语:"给我一根足够长的杠杆,我能撬动地球!"。深度学习也可以发出类似的豪言:"给我足够多的数据,我能够学习任何复杂的关系。"但在现实中,足够长的杠杆与足够多的数据一样,往往只能是一种美好的愿景。直到近些年,各行业IT化程度提高,累积的数据量爆发式增长,才使应用深度学习模型成为可能。

2）依靠硬件的发展和算法的优化

现阶段依靠更强大的计算机、GPU、自动编码器预训练和并行计算等技术,深度网络在训练上的困难已经被逐渐克服。其中,数据量和硬件是更主要的原因。没有前两者,科学家们想优化算法都无从进行。

3. 深度学习的研究和应用蓬勃发展

早在 1998 年,一些科学家就已经使用神经网络模型识别手写数字图像了。但深度学习在计算机视觉应用上的兴起,还是在 2012 年 ImageNet 比赛上,使用 AlexNet 做图像分类。如果比较 1998 年和 2012 年的模型,会发现两者在网络结构上非常类似,仅在细节上有所优化。在这 14 年间计算性能的大幅提升和数据量的爆发式增长,促使模型完成了从“简单的数字识别”到“复杂的图像分类”的跨越。

虽然历史悠久,但深度学习在今天依然蓬勃发展,一方面基础研究快速发展,另一方面工业实践层出不穷。基于深度学习的顶级会议 ICLR(International Conference on Learning Representations)统计,深度学习相关的论文数量呈逐年递增的状态,如图 1.10 所示。同时,不仅是深度学习会议,与数据和模型技术相关的会议 ICML 和 KDD、专注视觉的 CVPR 和专注自然语言处理的 EMNLP 等国际会议的大量论文均涉及深度学习技术。该领域和相关领域的研究方兴未艾,技术仍在不断创新突破中。

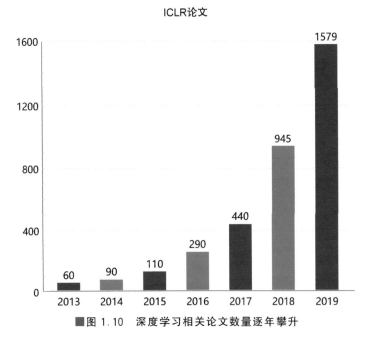

图 1.10 深度学习相关论文数量逐年攀升

另外,以深度学习为基础的人工智能技术,在传统行业的智能化升级中,存在极其广阔的应用场景。图 1.11 是选自艾瑞咨询的研究报告,人工智能技术不仅在众多行业中落地应用(广度),同时,在部分行业(如安防)已经实现了市场化变现和高速增长(深度),为社会贡献了巨大的经济价值。

4. 深度学习改变了 AI 应用的研发模式

1）实现了端到端的学习

深度学习改变了很多领域算法的实现模式。在深度学习兴起之前,很多领域建模的思

AI+零售
范围：线下新零售门店；
应用：AI摄像头、服务机器人等；
进展：概念落地仅12个月，大部分处于试点阶段

AI+教育
范围：在线教育
应用：英语测评、智能批改、拍照搜题等；
进展：集中在自适应学习，有校外教育机构提供

AI+电力
范围：电力传输、线路维护及能耗控制
应用：电网动态仿真、高精度视觉巡查机器人等；
进展：互联网巨头&社会资本强化与传统电力公司合作

AI+工业
范围：基础工业部门中的机械工业；
应用：工业质检机器人、工业云关联算法等；
进展：工业整体尚处于向自动化、数字化转型阶段

AI+金融
范围：银行、保险、证券等金融机构；
应用：风险控制、保险理赔、移动支付等；
进展：监管加强倒逼传统金融机构增加技术收入

AI+医疗
范围：诊疗、康复及医疗机构运维；
应用：影像辅助诊断、语音电子病历、导诊机器人等；
进展：AI辅助诊断解决方案试点工作持续推进

AI+物流
范围：快递物流仓储；
应用：视觉导航AGV、AI质检产品等；
进展：受限于仓库基础建设，AGV出货量增速放缓

AI+交通
范围：城市交通调度优化及车辆监控；
应用：高清摄像头车辆识别、智能停车等；
进展：二三线城市大力布局智能交通基础设施

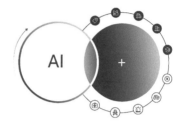

AI+建筑
范围：社区、园区、写字楼
应用：人脸考勤、访客管理、人口管控等；
进展：新建项目大规模采用，对传统项目渗透加快

AI+安防
范围：视频监控、出入口控制；
应用：社会治理、警务刑侦、建筑楼宇等；
进展：2018年市场规模增速接近250%

■图1.11 以深度学习为基础的AI技术在各行业广泛应用

路是投入大量精力做特征工程，将专家对某个领域的"人工理解"沉淀成特征表达，然后使用简单模型完成任务（如分类或回归）。而在数据充足的情况下，深度学习模型可以实现端到端的学习，即不需要专门做特征工程，将原始的特征输入模型中，模型可同时完成特征提取和分类或回归任务，如图1.12所示。

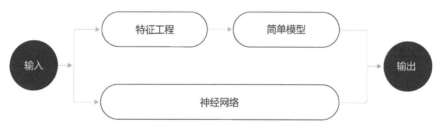

■图1.12 深度学习实现了端到端的学习

以计算机视觉任务为例，特征工程是诸多图像科学家基于人类对视觉理论的理解，设计出来的一系列提取特征的计算步骤，典型的如SIFT特征。在2010年之前的计算机视觉领域，人们普遍使用SIFT一类特征＋SVM一类的简单浅层模型完成建模任务。

说明：

SIFT特征由David Lowe于1999年提出，在2004年加以完善。SIFT特征是基于物体上的一些局部外观的兴趣点而与影像的大小和旋转无关。对于光线、噪声、微视角改变的容忍度也相当高。基于这些特性，它们是高度显著而且相对容易撷取，在母数庞大的特征数据库中，很容易辨识物体而且鲜有误认。使用SIFT特征描述对于部分物体遮蔽的侦测率也相当高，甚至只需要3个以上的SIFT物体特征就足以计算出位置与方位。在现今的计算机硬件速度和小型特征数据库条件下，辨识速度可接近即时运算。SIFT特征的信息量大，适合在海量数据库中快速、准确匹配。

2）实现了深度学习框架标准化

除了应用广泛的特点外，深度学习还推动人工智能进入工业大生产阶段。算法的通用

性推动标准化、自动化和模块化的框架产生,如图 1.13 所示。

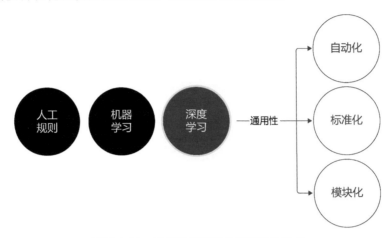

■图 1.13　深度学习模型具有通用性特点

　　在此之前,不同流派的机器学习算法理论和实现均不同,每个算法均要独立实现,如随机森林和支持向量机(SVM)。但在深度学习框架下,不同模型的算法结构有较大的通用性,如常用于计算机视觉的卷积神经网络模型(CNN)和常用于自然语言处理的长期短期记忆模型(LSTM),都可以分为组网模块、梯度下降的优化模块和预测模块等。这使得抽象出统一的框架成为可能,并大大降低了编写建模代码的成本。一些相对通用的模块,如网络基础算子的实现、各种优化算法等都可以由框架实现。建模者只需要关注数据处理、配置组网的方式以及用少量代码串起训练和预测的流程即可。

　　在深度学习框架出现之前,机器学习工程师处于手工业作坊生产的时代。为了完成建模,工程师需要储备大量数学知识,并为特征工程工作积累大量行业知识。每个模型是极其个性化的,建模者如同手工业者一样,将自己的积累形成模型的"个性化签名"。而今,"深度学习工程师"进入了工业化大生产时代,只要掌握深度学习必需且少量的理论知识,掌握 Python 编程即可在深度学习框架实现非常有效的模型,甚至与该领域最领先的模型不相上下。建模这个被"老科学家"们长期把持的领域面临着颠覆,也是新入行者的机遇,如图 1.14 所示。

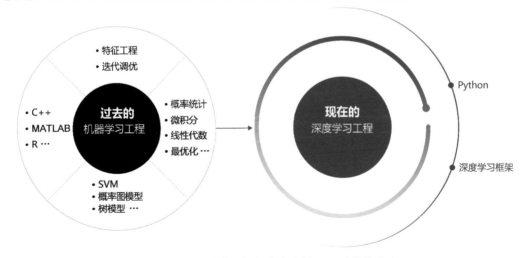

■图 1.14　深度学习框架大大降低了 AI 建模的难度

人生天地之间,若白驹过隙,忽然而已,每个人都希望留下自己的足迹。为何要学习深度学习技术,以及如何通过本书来学习呢?一方面,深度学习的应用前景广阔,是极好的发展方向和职业选择;另一方面,本书会使用国产的深度学习框架——飞桨(PaddlePaddle)来编写实践示例,基于框架的编程让深度学习变得易学易用。

作业

(1)类比牛顿第二定律的示例,在你的工作和生活中还有哪些问题可以用监督学习的框架来解决?模型假设和参数是什么?评价函数(损失)是什么?

(2)为什么说深度学习工程师有发展前景?怎样从经济学(市场供需)的角度做出解读?

作业提交方式:

请读者扫一扫图书封底的二维码,在 AI Studio"零基础实践深度学习"课程的"作业"节点下提交。

1.2 使用 Python 和 NumPy 构建神经网络模型

下面介绍第一个实践示例:基于 Python 编写完成房价预测任务的神经网络模型,并在这个过程中设计一个神经网络模型。

1.2.1 波士顿房价预测任务

波士顿房价预测是一个经典的机器学习任务,类似于程序员世界的"Hello World"。和大家对房价的普遍认知相同,波士顿地区的房价是由诸多因素影响的。该数据集统计了13 种可能影响房价的因素和该类型房屋的均价,期望构建一个基于这些因素进行房价预测的模型,如表 1.1 所示。

表 1.1 波士顿房价影响因素

属 性 名	解 释	类 型
CRIM	该镇的人均犯罪率	连续值
ZN	占地面积越过 25000 平方英尺的住宅用地比例	连续值
INDUS	非零售商业用地比例	连续值
CHAS	是否邻近 Charies River	离散值,1=邻近,0=不邻近
NOX	一氧化氮浓度	连续值
RM	每栋房屋的平均客房数	连续值
AGE	1940 年之前建成的自用单位比例	连续值
DIS	到波士顿 5 个就业中心的加权距离	连续值
RAD	到径向公路的可达性指数	连续值
TAX	全值财产税率	连续值
PTRATIO	学生与教师的比例	连续值
B	$1000(BK-0.63)^2$	连续值
LSTAT	低收入人群占比	连续值
MEDV	同类房屋价格的中位数	连续值

对于预测问题,可以根据预测输出的类型是连续的实数值,还是离散的标签,区分为回归任务和分类任务。因为房价是一个连续值,所以房价预测显然是一个回归任务。下面我们尝试用最简单的线性回归模型解决这个问题,并用神经网络来实现这个模型。

1. 线性回归模型

假设房价和各影响因素之间能够用线性关系来描述,即

$$y = \sum_{j=1}^{M} \boldsymbol{x}_j \boldsymbol{w}_j + b$$

模型的求解即是通过数据拟合出每个 w_j 和 b。其中,w_j 和 b 分别为该线性模型的权重和偏置。一维情况下,w_j 和 b 是直线的斜率和截距。

线性回归模型使用均方误差(Mean Squared Error,MSE)作为损失函数(Loss),用以衡量预测房价和真实房价的差异,公式为

$$\text{MSE} = \frac{1}{N} \sum_{i=1}^{N} (\hat{Y}_i - Y_i)^2$$

思考:

为什么要以均方误差作为损失函数? 即将模型在每个训练样本上的预测误差加和,来衡量整体样本的准确性。这是因为损失函数的设计不仅要考虑"合理性",还需要考虑"易解性",这个问题在后面的内容中会详细阐述。

---

2. 线性回归模型的神经网络结构

神经网络的标准结构中,每个神经元由加权和与非线性变换构成,然后将多个神经元分层排列并连接形成神经网络。线性回归模型可以认为是神经网络模型的一种极简特例,是一个只有加权和、没有非线性变换的神经元(无需形成网络),如图 1.15 所示。

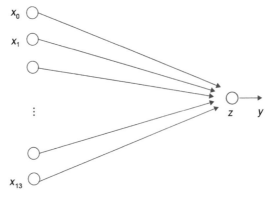

■图 1.15　线性回归模型的神经网络结构

1.2.2　构建波士顿房价预测任务的神经网络模型

深度学习不仅实现了模型的端到端学习,还推动了人工智能进入工业化大生产阶段,产生了标准化、自动化和模块化的通用框架。不同场景的深度学习模型具备一定的通用性,5

个步骤即可完成模型的构建和训练,如图 1.16 所示。

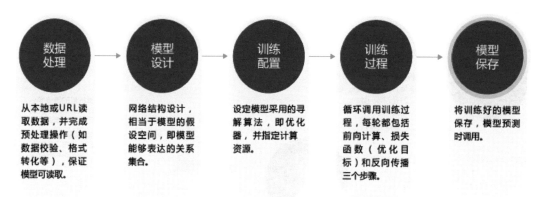

■图 1.16 构建神经网络/深度学习模型的基本步骤

正是由于深度学习的建模和训练过程存在通用性,在构建不同的模型时,只有模型三要素不同,其他步骤基本一致,深度学习框架才有用武之地。

1. 数据处理

数据处理包含 5 个部分:数据读取、数据形状变换、数据集划分、数据归一化处理和封装成 load data 函数。处理后的数据才能被模型调用。

1)数据读取

通过如下代码读入数据,并观察波士顿房价的数据集结构。

```
# 导入需要用到的封装
import numpy as np
import json
# 读入训练数据
datafile = './work/housing.data'
data = np.fromfile(datafile, sep = ' ')
```

2)数据形状变换

由于读入的原始数据是一维的,所有数据都连在一起。因此,需要将数据的形状进行变换,形成一个二维的矩阵,每行为一个数据样本(14 个值),每个数据样本包含 13 个 X(影响房价的特征)和一个 Y(该类型房屋的均价)。

```
# 读入之后的数据被转换成一维 array,其中 array 的第 0~13 项是第一条数据,第 14~27 项是第
# 二条数据,以此类推....
# 这里对原始数据做改造,变成 N x 14 的形式
feature_names = [ 'CRIM', 'ZN', 'INDUS', 'CHAS', 'NOX', 'RM', 'AGE','DIS',
                  'RAD', 'TAX', 'PTRATIO', 'B', 'LSTAT', 'MEDV' ]
feature_num = len(feature_names)
data = data.reshape([data.shape[0] // feature_num, feature_num])
```

3)数据集划分

将数据集划分成训练集和测试集,其中训练集用于确定模型的参数,测试集用于评判模

型的效果。为什么要对数据集进行拆分,而不能直接应用于模型训练呢? 这与学生时代的授课和考试关系类似,如图 1.17 所示。

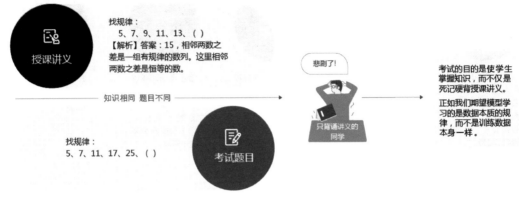

■图 1.17　数据集拆分的意义

上学时总有一些自作聪明的同学,平时不认真学习,考试前临时抱佛脚,将习题死记硬背下来,但是成绩往往并不好。因为学校期望学生掌握的是知识,而不仅仅是习题本身。只有出新的考题,才能鼓励学生努力去掌握习题背后的原理。同样我们期望模型学习的是任务的本质规律,而不是训练数据本身,模型训练未使用的数据,才能更真实地评估模型的效果。

在本示例中,将 80% 的数据用作训练集,20% 用作测试集,实现代码如下。通过打印训练集的形状,可以发现共有 404 个样本,每个样本含有 13 个特征和 1 个预测值。

```
ratio = 0.8
offset = int(data.shape[0] * ratio)
training_data = data[:offset]
training_data.shape
```

4) 数据归一化处理

对每个特征进行归一化处理,使每个特征的取值缩放到 0~1。这样做有两个好处:一是模型训练更高效;二是特征前的权重大小可以代表该变量对预测结果的贡献度(因为每个特征值本身的范围相同)。

```
# 计算 train 数据集的最大值、最小值、平均值
maximums, minimums, avgs = \
                    training_data.max(axis = 0), \
                    training_data.min(axis = 0), \
        training_data.sum(axis = 0) / training_data.shape[0]
# 对数据进行归一化处理
for i in range(feature_num):
    data[:, i] = (data[:, i] - minimums[i]) / (maximums[i] - minimums[i])
```

5) 封装成 load data 函数

将上述几个数据处理操作封装成 load data 函数,以便下一步模型的调用,代码实现如下:

```
def load_data():
    # 从文件导入数据
    datafile = './work/housing.data'
    data = np.fromfile(datafile, sep = ' ')

    # 每条数据包括14项,其中前面13项是影响因素,第14项是相应的房屋价格中位数
    feature_names = [ 'CRIM', 'ZN', 'INDUS', 'CHAS', 'NOX', 'RM', 'AGE', \
                      'DIS', 'RAD', 'TAX', 'PTRATIO', 'B', 'LSTAT', 'MEDV' ]
    feature_num = len(feature_names)

    # 将原始数据进行改造(reshape),变成[N, 14]的形状
    data = data.reshape([data.shape[0] // feature_num, feature_num])

    # 将原数据集拆分成训练集和测试集
    # 这里使用80%的数据做训练,20%的数据做测试
    # 测试集和训练集必须是没有交集的
    ratio = 0.8
    offset = int(data.shape[0] * ratio)
    training_data = data[:offset]

    # 计算训练集的最大值、最小值、平均值
    maximums, minimums, avgs = training_data.max(axis = 0), training_data.min(axis = 0), \
                               training_data.sum(axis = 0) / training_data.shape[0]

    # 对数据进行归一化处理
    for i in range(feature_num):
        data[:, i] = (data[:, i] - minimums[i]) / (maximums[i] - minimums[i])

    # 训练集和测试集的划分比例
    training_data = data[:offset]
    test_data = data[offset:]
    return training_data, test_data
# 获取数据
training_data, test_data = load_data()
x = training_data[:, :-1]
y = training_data[:, -1:]
```

2. 模型设计

模型设计是深度学习模型的关键要素之一,也称为网络结构设计,相当于模型的假设空间,即实现模型"前向计算"(从输入到输出)的过程。

如果将输入特征和输出预测值均以向量表示,输入特征 x 有 13 个分量,y 有 1 个分量,那么参数权重的形状(shape)是 13×1。假设如下面任意数字赋值参数做初始化:$w = [0.1, 0.2, 0.3, 0.4, 0.5, 0.6, 0.7, 0.8, -0.1, -0.2, -0.3, -0.4, 0.0]$

```
w = [0.1, 0.2, 0.3, 0.4, 0.5, 0.6, 0.7, 0.8, -0.1, -0.2, -0.3, -0.4, 0.0]
w = np.array(w).reshape([13, 1])
```

取出第 1 条样本数据,观察样本的特征向量与参数向量相乘的结果:

```
x1 = x[0]
t = np.dot(x1, w)
print(t)
```

完整的线性回归公式,还需要初始化偏移量 b,同样随意赋初值-0.2。那么,线性回归模型的完整输出是 $z=t+b$,这个从特征和参数计算输出值的过程称为"前向计算":

```
b = -0.2
z = t + b
print(z)
```

将上述计算预测输出的过程以"类和对象"的方式来描述,类成员变量有参数 w 和 b。通过写一个 forward 函数(代表"前向计算")完成上述从特征和参数到输出预测值的计算过程,代码实现如下:

```
class Network(object):
    def __init__(self, num_of_weights):
        # 随机产生 w 的初始值
        # 为了保持程序每次运行结果的一致性,此处设置固定的随机数种子
        np.random.seed(0)
        self.w = np.random.randn(num_of_weights, 1)
        self.b = 0.

    def forward(self, x):
        z = np.dot(x, self.w) + self.b
        return z
```

基于 Network 类的定义,模型的计算过程如下:

```
net = Network(13)
x1 = x[0]
y1 = y[0]
z = net.forward(x1)
print(z)
```

输出结果为:

```
[-0.63182506]
```

从前向计算的过程可知,线性回归也可以表示成一种简单的神经网络(只有一个神经元,且激活函数为恒等式)。这也是机器学习模型普遍为深度学习模型替代的原因:由于深度学习网络强大的表示能力,很多传统机器学习模型的学习能力等同于相对简单的深度学习模型。

3. 训练配置

通过训练配置寻找模型的最优解,即通过损失函数来衡量模型的好坏。评价函数(损失函数)也是深度学习模型的关键要素之一。

通过模型计算 x_1 表示的影响因素所对应的房价应该是 z,但实际数据告诉我们房价

是 y。这时就需要有某种指标来衡量预测值 z 与真实值 y 之间的差距。对于回归问题,最常采用的衡量方法是使用均方误差作为评价模型好坏的指标,具体定义为

$$\text{Loss} = (y - z)^2$$

Loss(简记为 L)通常也被称为损失函数,它是衡量模型好坏的指标。在回归问题中常用均方误差作为损失函数,而在分类问题中常用交叉熵(Cross-Entropy)作为损失函数,在后续的章节中会更详细介绍。对一个样本计算损失函数的实现如下:

```
Loss = (y1 - z) * (y1 - z)
print(Loss)
```

计算损失函数时需要把每个样本的损失函数值都考虑到,因此需要对单个样本的损失函数进行求和,并除以样本总数 N,即

$$L = \frac{1}{N} \sum_{i=1}^{N} (y_i - z_i)^2$$

在 Network 类下面添加损失函数的计算过程如下:

```
class Network(object):
    def __init__(self, num_of_weights):
        # 随机产生 w 的初始值
        # 为了保持程序每次运行结果的一致性,此处设置固定的随机数种子
        np.random.seed(0)
        self.w = np.random.randn(num_of_weights, 1)
        self.b = 0.
        # 定义前向计算
    def forward(self, x):
        z = np.dot(x, self.w) + self.b
        return z
        # 定义损失函数
    def loss(self, z, y):
        error = y - z
        cost = error * error
        cost = np.mean(cost)
        return cost
```

使用定义的 Network 类,可以方便地计算预测值和损失函数。需要注意的是,类中的变量 x、w、b、z、error 等均是向量。以变量 x 为例,共有两个维度,一个代表特征数量(值为 13),另一个代表样本数量,代码实现如下:

```
net = Network(13)
# 此处可以一次性计算多个样本的预测值和损失函数
x1 = x[0:3]
y1 = y[0:3]
z = net.forward(x1)
print('predict: ', z)
loss = net.loss(z, y1)
print('loss:', loss)
```

4. 训练过程

上述计算过程描述了如何构建神经网络,通过神经网络完成预测值和损失函数的计算。

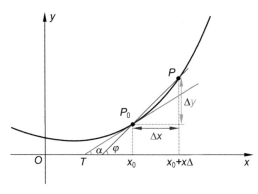

■图 1.18　曲线斜率等于导数值

接下来介绍如何求解参数 w 和 b 的数值,这个过程也称为模型训练过程。训练过程是深度学习模型的关键要素之一,其目标是让定义的损失函数尽可能小,也就是说,找到一个参数解 w 和 b 使得损失函数取得极小值。

首先做一个小测试。如图 1.18 所示,基于微积分知识,求一条曲线在某个点的斜率等于函数在该点的导数值。那么大家思考下,当处于曲线的极值点时,该点的斜率是多少?

这个问题并不难回答,处于曲线极值点时的斜率为 0,即函数在极值点处的导数为 0。那么,让损失函数取极小值的 w 和 b 应该是下述方程组的解,即

$$\frac{\partial L}{\partial w} = 0$$

$$\frac{\partial L}{\partial b} = 0$$

其中 L 表示损失函数的值,w 为模型权重,b 为偏置项。w 和 b 为要学习的模型参数。将样本数据(x,y)代入上面的方程组中即可求出 w 和 b 的值,但是这种方法只对线性回归这样简单的任务有效。如果模型中含有非线性变换,或者损失函数不是均方差这种简单的形式,则很难通过上式求解。为了解决这个问题,下面将引入更加普适的数值求解方法,即梯度下降法。

1) 梯度下降法

在现实中存在大量的函数正向求解容易,反向求解较难,被称为单向函数。这种函数在密码学中有大量的应用。密码锁的特点是可以迅速判断一个密钥是否是正确的(已知 x,求 y 很容易),但是即使获取到密码锁系统,也无法破解出正确的密钥是什么(已知 y,求 x 很难)。

这种情况特别类似于一位想从山峰走到坡谷的盲人,他看不见坡谷在哪(无法逆向求解出 Loss 导数为 0 时的参数值),但可以伸脚探索身边的坡度(当前点的导数值,也称为梯度)。那么,求解 Loss 最小值可以这样实现:从当前的参数取值,一步步地按照下坡的方向下降,直至走到最低点。笔者称这种方法为"盲人下坡法"。其实有个更正式的说法即"梯度下降法"。

训练的关键是找到一组(w,b),使损失函数最小。首先看一下损失函数 L 只随两个参数 w_5、w_9 变化时的简单情形,启发下寻解的思路。$L=L(w_5, w_9)$ 这里将 $w_0, w_1, \cdots, w_{12}$ 中除 w_5、w_9 之外的参数和 b 都固定下来,可以用图画出 $L(w_5, w_9)$ 的形式。代码如下:

```
net = Network(13)
losses = []
#画出参数 w5 和 w9 在区间[-160,160]的曲线部分,包含损失函数的极值
w5 = np.arange(-160.0, 160.0, 1.0)
```

```
w9 = np.arange( -160.0, 160.0, 1.0)
losses = np.zeros([len(w5), len(w9)])

#计算设定区域内每个参数取值所对应的损失函数
for i in range(len(w5)):
    for j in range(len(w9)):
        net.w[5] = w5[i]
        net.w[9] = w9[j]
        z = net.forward(x)
        loss = net.loss(z, y)
        losses[i, j] = loss

#使用 Matplotlib 将两个变量和对应的 Loss 作三维图
import matplotlib.pyplot as plt
from mpl_toolkits.mplot3d import Axes3D
fig = plt.figure()
ax = Axes3D(fig)

w5, w9 = np.meshgrid(w5, w9)

ax.plot_surface(w5, w9, losses, rstride = 1, cstride = 1, cmap = 'rainbow')
plt.show()
```

输出结果如图 1.19 所示。

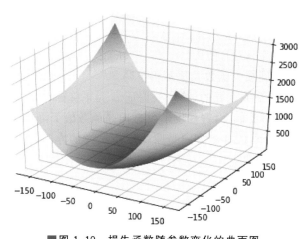

■图 1.19　损失函数随参数变化的曲面图

对于这种简单情形,利用上面的程序,可以在三维空间中画出损失函数随参数变化的曲面图。从图中可以看出,有些区域的函数值明显比周围的点小。

需要说明的是,为什么这里选择 w_5 和 w_9 来画图。这是因为选择这两个参数时,可比较直观地从损失函数的曲面图上发现极值点的存在。其他参数组合,从图形上观测损失函数的极值点不够直观。

观察上述曲线呈现出“圆滑”的坡度,这也正是选择以均方误差作为损失函数的原因之一。图 1.20 呈现了只有一个参数维度时,均方误差和绝对值误差(只将每个样本的误差累加,不做平方处理)的损失函数曲线图。

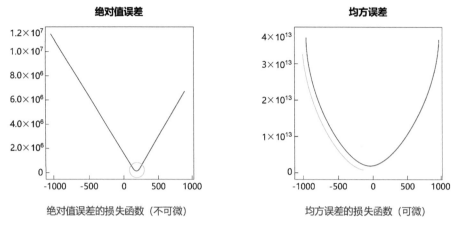

■图 1.20　均方误差和绝对值误差损失函数曲线图

由此可见,均方误差表现的"圆滑"坡度有两个好处:

① 曲线的最低点是可导的。

② 越接近最低点,曲线的坡度逐渐放缓,有助于通过当前的梯度来判断接近最低点的程度(是否逐渐减少步长,以免错过最低点)。

而这两个特性绝对值误差是不具备的,这也是损失函数的设计不仅仅要考虑"合理性",还要追求"易解性"的原因。

现在要找出一组 $[w_5, w_9]$ 的值,使损失函数最小,实现梯度下降法的步骤如下。

(1) 随机选取一组初始值,如 $[w_5, w_9] = [-100.0, -100.0]$。

(2) 选取下一个点 $[w'_5, w'_9]$,使 $L(w'_5, w'_9) < L(w_5, w_9)$。

(3) 重复步骤(2),直到损失函数几乎不再下降。

如何选择 $[w'_5, w'_9]$ 是至关重要的,第一要保证 L 是下降的,第二要使下降的趋势尽可能快。微积分的基础知识告诉我们,沿着梯度的反方向是函数值下降最快的方向,如图 1.21 所示。简单理解,函数在某个点的梯度方向是曲线斜率最大的方向,但梯度方向是向上的,所以如下降最快的是梯度的反方向。

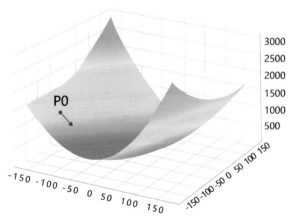

■图 1.21　梯度下降方向示意图

2）计算梯度

上面讲过了损失函数的计算方法，这里稍微加以改写。为了使梯度计算更加简洁，引入了因子 $\frac{1}{2}$，定义损失函数为

$$L = \frac{1}{2N} \sum_{i=1}^{N} (y_i - z_i)^2$$

其中 z_i 为网络对第 i 个样本的预测值，即

$$z_i = \sum_{j=0}^{12} x_i^j \cdot w_j + b$$

梯度的定义为

$$\text{gradient} = \left(\frac{\partial L}{\partial w_0}, \frac{\partial L}{\partial w_1}, \cdots, \frac{\partial L}{\partial w_{12}}, \frac{\partial L}{\partial b} \right)$$

可以计算出 L 对 w 和 b 的偏导数，即

$$\frac{\partial L}{\partial w_j} = \frac{1}{N} \sum_{i=1}^{N} (z_i - y_i) \frac{\partial z_i}{\partial w_j} = \frac{1}{N} \sum_{i=1}^{N} (z_i - y_i) x_i^j$$

$$\frac{\partial L}{\partial b} = \frac{1}{N} \sum_{i=1}^{N} (z_i - y_i) \frac{\partial z_i}{\partial b} = \frac{1}{N} \sum_{i=1}^{N} (z_i - y_i)$$

从导数的计算过程可以看出，因子 $\frac{1}{2}$ 被消掉了，这是因为二次函数求导时会产生因子2，这也是将损失函数改写的原因。

下面考虑只有一个样本的情况下，计算梯度的过程，即

$$L = \frac{1}{2} (y_i - z_i)^2$$

$$z_1 = x_1^0 \cdot w_0 + x_1^1 \cdot w_1 + \cdots + x_1^{12} \cdot w_{12} + b$$

可以计算出

$$L = \frac{1}{2} (x_1^0 \cdot w_0 + x_1^1 \cdot w_1 + \cdots + x_1^{12} \cdot w_{12} + b - y_1)^2$$

可以计算出 L 对 w_0 和 b 的偏导数为

$$\frac{\partial L}{\partial w_0} = (x_1^0 \cdot w_0 + x_1^1 \cdot w_1 + \cdots + x_1^{12} \cdot w_{12} + b - y_1) \cdot x_1^0 = (z_1 - y_1) \cdot x_1^0$$

$$\frac{\partial L}{\partial b} = (x_1^0 \cdot w_0 + x_1^1 \cdot w_1 + \cdots + x_1^{12} \cdot w_{12} + b - y_1) \cdot 1 = (z_1 - y_1)$$

可以通过具体的程序查看每个变量的数据和维度。代码实现如下：

```
x1 = x[0]
y1 = y[0]
z1 = net.forward(x1)
print('x1 {}, shape {}'.format(x1, x1.shape))
print('y1 {}, shape {}'.format(y1, y1.shape))
print('z1 {}, shape {}'.format(z1, z1.shape))
```

按照上面的公式，当只有一个样本时，可以计算某个 w_j，如 w_0 的梯度。

```
gradient_w0 = (z1 - y1) * x1[0]
print('gradient_w0 {}'.format(gradient_w0))
```

同样,也可以计算 w_1 的梯度:

```
gradient_w1 = (z1 - y1) * x1[1]
print('gradient_w1 {}'.format(gradient_w1))
```

还依次计算 w_2 的梯度:

```
gradient_w2 = (z1 - y1) * x1[2]
print('gradient_w2 {}'.format(gradient_w2))
```

聪明的读者可能已经想到,写一个 for 循环即可计算从 w_0 到 w_{12} 的所有权重的梯度,读者可以自行实现该方法。

3) 使用 NumPy 进行梯度计算

基于 NumPy 广播机制(对向量和矩阵计算如同对一个单一变量计算一样),可以更快速地实现梯度计算。计算梯度的代码中,直接用 $(z_1 - y_1) \cdot x_1$ 得到的是一个 13 维的向量,每个分量分别代表该维度的梯度:

```
gradient_w = (z1 - y1) * x1
print('gradient_w_by_sample1 {}, gradient.shape {}'.format(gradient_w, gradient_w.shape))
```

输入数据中有多个样本,每个样本都对梯度有贡献。以上代码计算了只有样本 1 时的梯度值,同样的计算方法也可以计算样本 2 和样本 3 对梯度的贡献:

```
x2 = x[1]
y2 = y[1]
z2 = net.forward(x2)
gradient_w = (z2 - y2) * x2
print('gradient_w_by_sample2 {}, gradient.shape {}'.format(gradient_w, gradient_w.shape))

x3 = x[2]
y3 = y[2]
z3 = net.forward(x3)
gradient_w = (z3 - y3) * x3
print('gradient_w_by_sample3 {}, gradient.shape {}'.format(gradient_w, gradient_w.shape))
```

可能有的读者再次想到可以使用 for 循环把每个样本对梯度的贡献都计算出来,然后再作平均。但是这里不需要这么做,仍然可以使用 NumPy 的矩阵操作来简化运算,如下面 3 个样本的情况。

```
# 注意这里是一次取出 3 个样本的数据,不是取出第 3 个样本
x3samples = x[0:3]
y3samples = y[0:3]
```

```
z3samples = net.forward(x3samples)

print('x {}, shape {}'.format(x3samples, x3samples.shape))
print('y {}, shape {}'.format(y3samples, y3samples.shape))
print('z {}, shape {}'.format(z3samples, z3samples.shape))
```

上面的 x3samples、y3samples 和 z3samples 的第一维大小均为 3，表示有 3 个样本。下面计算这 3 个样本对梯度的贡献：

```
gradient_w = (z3samples − y3samples) * x3samples
print('gradient_w {}, gradient.shape {}'.format(gradient_w, gradient_w.shape))
```

此处可见，计算梯度 gradient_w 的维度是 3×13，并且其第 1 行与上面第 1 个样本计算的梯度 gradient_w_by_sample1 一致，第 2 行与上面第 2 个样本计算的梯度 gradient_w_by_sample2 一致，第 3 行与上面第 3 个样本计算的梯度 gradient_w_by_sample3 一致。这里使用矩阵操作，可以更加方便地对 3 个样本分别计算各自对梯度的贡献。

那么对于有 N 个样本的情形，可以直接使用如下方式计算出所有样本对梯度的贡献，这就是使用 Numpy 库广播功能带来的便捷。Numpy 库的广播功能如下。

（1）可以扩展参数的维度，代替 for 循环来计算一个样本对从 w_0 到 w_{12} 的所有参数的梯度。

（2）可以扩展样本的维度，代替 for 循环来计算样本 0 到样本 403 对参数的梯度。

```
z = net.forward(x)
gradient_w = (z − y) * x
print('gradient_w shape {}'.format(gradient_w.shape))
print(gradient_w)
```

上面 gradient_w 的每一行代表了一个样本对梯度的贡献。根据梯度的计算公式，总梯度是对每个样本对梯度贡献的平均值，即

$$\frac{\partial L}{\partial w_j} = \frac{1}{N} \sum_{i=1}^{N} (z_i - y_i) \frac{\partial z_i}{\partial w_j} = \frac{1}{N} \sum_{i=1}^{N} (z_i - y_i) x_i^j$$

也可以使用 Numpy 的均值函数来完成此过程：

```
# axis = 0 表示把每一行做相加，再除以总行数
gradient_w = np.mean(gradient_w, axis = 0)
print('gradient_w ', gradient_w.shape)
print('w ', net.w.shape)
print(gradient_w)
print(net.w)
```

使用 NumPy 的矩阵操作方便地完成了梯度的计算，但引入了一个问题，gradient_w 的形状是 (13,)，而 w 的维度是 (13, 1)。导致该问题的原因是使用 np.mean 函数时消除了第 0 维。为了使加、减、乘、除等计算方便，gradient_w 和 w 必须保持一致的形状。因此将 gradient_w 的维度也设置为 (13, 1)，代码如下：

```
gradient_w = gradient_w[:, np.newaxis]
print('gradient_w shape', gradient_w.shape)
```

综合上面的讨论,计算梯度的代码如下:

```
z = net.forward(x)
gradient_w = (z - y) * x
gradient_w = np.mean(gradient_w, axis = 0)
gradient_w = gradient_w[:, np.newaxis]
gradient_w
```

上述代码非常简洁地完成了 w 的梯度计算。同样,计算 b 梯度的代码也是类似的原理:

```
gradient_b = (z - y)
gradient_b = np.mean(gradient_b)
# 此处 b 是一个数值,可以直接用 np.mean 得到一个标量
gradient_b
```

将上面计算 w 和 b 梯度的过程,写成 Network 类的 gradient 函数,实现方法如下:

```
class Network(object):
    def __init__(self, num_of_weights):
        # 随机产生 w 的初始值
        # 为了保持程序每次运行结果的一致性,此处设置固定的随机数种子
        np.random.seed(0)
        self.w = np.random.randn(num_of_weights, 1)
        self.b = 0.

    def forward(self, x):
        z = np.dot(x, self.w) + self.b
        return z

    def loss(self, z, y):
        error = z - y
        num_samples = error.shape[0]
        cost = error * error
        cost = np.sum(cost) / num_samples
        return cost

    def gradient(self, x, y):
        z = self.forward(x)
        gradient_w = (z-y) * x
        gradient_w = np.mean(gradient_w, axis = 0)
        gradient_w = gradient_w[:, np.newaxis]
        gradient_b = (z - y)
        gradient_b = np.mean(gradient_b)

        return gradient_w, gradient_b
```

调用上面定义的 gradient 函数,计算梯度:

```
# 初始化网络
net = Network(13)
# 设置[w5, w9] = [-100., -100.]
net.w[5] = -100.0
net.w[9] = -100.0

z = net.forward(x)
loss = net.loss(z, y)
gradient_w, gradient_b = net.gradient(x, y)
gradient_w5 = gradient_w[5][0]
gradient_w9 = gradient_w[9][0]
print('point {}, loss {}'.format([net.w[5][0], net.w[9][0]], loss))
print('gradient {}'.format([gradient_w5, gradient_w9]))
```

4）梯度更新

下面开始研究更新梯度的方法。首先沿着梯度的反方向移动一小步，找到下一个点 P1，观察损失函数的变化。代码实现如下：

```
# 在[w5, w9]平面上，沿着梯度的反方向移动到下一个点 P1
# 定义移动步长 eta
eta = 0.1
# 更新参数 w5 和 w9
net.w[5] = net.w[5] - eta * gradient_w5
net.w[9] = net.w[9] - eta * gradient_w9
# 重新计算 z 和 loss
z = net.forward(x)
loss = net.loss(z, y)
gradient_w, gradient_b = net.gradient(x, y)
gradient_w5 = gradient_w[5][0]
gradient_w9 = gradient_w[9][0]
print('point {}, loss {}'.format([net.w[5][0], net.w[9][0]], loss))
print('gradient {}'.format([gradient_w5, gradient_w9]))
```

运行上面的代码可以发现，沿着梯度反方向走一小步，下一个点的损失函数的确减少了。感兴趣的话，大家可以尝试不停地单击上面的代码块，观察损失函数是否一直在变小。

在上述代码中，每次更新参数使用的语句：

```
net.w[5] = net.w[5] - eta * gradient_w5
```

① 相减：参数需要向梯度的反方向移动。

② eta：控制每次参数值沿着梯度反方向变动的大小，即每次移动的步长，又称为学习率。

大家可以思考下，为什么之前做输入特征的归一化并使尺度保持一致？这是为了让统一的步长更加合适。

如图1.22所示，特征输入归一化后，不同参数输出的损失函数是一个比较规整的曲线，学习率可以设置成统一的值；特征输入未归一化时，不同特征对应的参数所需的步长不一致，尺度较大的参数需要大步长，尺度较小的参数需要小步长，导致无法设置统一的学习率。

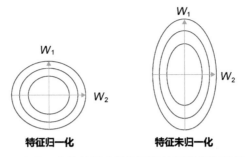

特征归一化　　　　　　　　特征未归一化

■图 1.22　未归一化的特征会导致不同特征维度的理想步长不同

5）代码封装为 train 函数

将上面的循环计算过程封装在 train 和 update 函数中,代码实现如下：

```python
class Network(object):
    def __init__(self, num_of_weights):
        # 随机产生 w 的初始值
        # 为了保持程序每次运行结果的一致性,此处设置固定的随机数种子
        np.random.seed(0)
        self.w = np.random.randn(num_of_weights,1)
        self.w[5] = -100.
        self.w[9] = -100.
        self.b = 0.

    def forward(self, x):
        z = np.dot(x, self.w) + self.b
        return z

    def loss(self, z, y):
        error = z - y
        num_samples = error.shape[0]
        cost = error * error
        cost = np.sum(cost) / num_samples
        return cost

    def gradient(self, x, y):
        z = self.forward(x)
        gradient_w = (z - y) * x
        gradient_w = np.mean(gradient_w, axis = 0)
        gradient_w = gradient_w[:, np.newaxis]
        gradient_b = (z - y)
        gradient_b = np.mean(gradient_b)
        return gradient_w, gradient_b

    def update(self, gradient_w5, gradient_w9, eta = 0.01):
        net.w[5] = net.w[5] - eta * gradient_w5
        net.w[9] = net.w[9] - eta * gradient_w9

    def train(self, x, y, iterations = 100, eta = 0.01):
        points = []
        losses = []
        for i in range(iterations):
```

```
            points.append([net.w[5][0], net.w[9][0]])
            z = self.forward(x)
            L = self.loss(z, y)
            gradient_w, gradient_b = self.gradient(x, y)
            gradient_w5 = gradient_w[5][0]
            gradient_w9 = gradient_w[9][0]
            self.update(gradient_w5, gradient_w9, eta)
            losses.append(L)
            if i % 50 == 0:
                print('iter {}, point {}, loss {}'.format(i, [net.w[5][0], net.w[9][0]], L))
    return points, losses

# 获取数据
train_data, test_data = load_data()
x = train_data[:, :-1]
y = train_data[:, -1:]
# 创建网络
net = Network(13)
num_iterations = 2000
# 启动训练
points, losses = net.train(x, y, iterations = num_iterations, eta = 0.01)

# 画出损失函数的变化趋势
plot_x = np.arange(num_iterations)1
plot_y = np.array(losses)
plt.plot(plot_x, plot_y)
plt.show()
```

代码执行结果如图 1.23 所示。

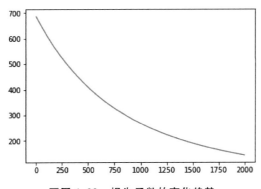

■图 1.23 损失函数的变化趋势

6）训练扩展到全部参数

为了能给读者直观的感受,上面演示的梯度下降过程仅包含 w_5 和 w_9 两个参数,但房价预测的完整模型必须要对所有参数 w 和 b 进行求解。这需要将 Network 中的 update 和 train 函数进行修改。由于不再限定参与计算的参数(所有参数均参与计算),修改之后的代码反而更加简洁。实现逻辑"前向计算、根据输出和真实值计算损失、基于损失和输入计算

梯度、根据梯度更新参数值"这 4 个部分反复执行,直至损失函数最小,代码如下:

```python
class Network(object):
    def __init__(self, num_of_weights):
        # 随机产生 w 的初始值
        # 为了保持程序每次运行结果的一致性,此处设置固定的随机数种子
        np.random.seed(0)
        self.w = np.random.randn(num_of_weights, 1)
        self.b = 0.

    def forward(self, x):
        z = np.dot(x, self.w) + self.b
        return z

    def loss(self, z, y):
        error = z - y
        num_samples = error.shape[0]
        cost = error * error
        cost = np.sum(cost) / num_samples
        return cost

    def gradient(self, x, y):
        z = self.forward(x)
        gradient_w = (z - y) * x
        gradient_w = np.mean(gradient_w, axis = 0)
        gradient_w = gradient_w[:, np.newaxis]
        gradient_b = (z - y)
        gradient_b = np.mean(gradient_b)
        return gradient_w, gradient_b

    def update(self, gradient_w, gradient_b, eta = 0.01):
        self.w = self.w - eta * gradient_w
        self.b = self.b - eta * gradient_b

    def train(self, x, y, iterations = 100, eta = 0.01):
        losses = []
        for i in range(iterations):
            z = self.forward(x)
            L = self.loss(z, y)
            gradient_w, gradient_b = self.gradient(x, y)
            self.update(gradient_w, gradient_b, eta)
            losses.append(L)
            if (i + 1) % 10 == 0:
                print('iter {}, loss {}'.format(i, L))
        return losses

# 获取数据
train_data, test_data = load_data()
x = train_data[:, :-1]
y = train_data[:, -1:]
# 创建网络
net = Network(13)
num_iterations = 1000
```

```
# 启动训练
losses = net.train(x,y, iterations = num_iterations, eta = 0.01)

# 画出损失函数的变化趋势
plot_x = np.arange(num_iterations)
plot_y = np.array(losses)
plt.plot(plot_x, plot_y)
plt.show()
```

代码执行结果如图 1.24 所示。

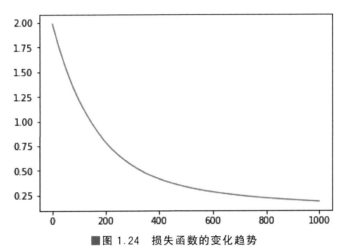

■图 1.24 损失函数的变化趋势

7) 随机梯度下降法

在上述程序中,每次损失函数和梯度计算都是基于数据集中的全量数据。对于波士顿房价预测任务数据集而言,样本数比较少,只有 404 个。但在实际问题中,数据集往往非常大,如果每次都使用全量数据进行计算,效率非常低,通俗地说就是"杀鸡焉用牛刀"。由于参数每次只沿着梯度反方向更新少许,因此方向并不需要那么精确。一个合理的解决方案是每次从总的数据集中随机抽取出小部分数据来代表整体,基于这部分数据计算梯度和损失来更新参数,这种方法称为随机梯度下降法(Stochastic Gradient Descent,SGD),核心概念如下。

① minibatch:每次迭代时抽取出来的一批数据称为一个 minibatch。

② batch size:一个 minibatch 所包含的样本数量称为 batch size。

③ epoch:当程序迭代时,按 minibatch 逐渐抽取出样本,当把整个数据集都遍历到了时,则完成一轮训练,也叫一个回合。启动训练时,可以将训练的轮数 num_epochs 和 batch_size 作为参数传入。

下面结合程序介绍具体的实现过程,涉及数据处理和训练过程两部分代码的修改。

(1) 数据处理代码修改。

数据处理需要实现拆分数据批次和样本乱序(为了实现随机抽样的效果)两个功能。

```
# 获取数据
train_data, test_data = load_data()
train_data.shape
```

train_data 中共包含 404 条数据,如果 batch_size=10,即取前 0～9 号样本作为第一个

minibatch，命名为 train_data1：

```
train_data1 = train_data[0:10]
train_data1.shape
```

使用 train_data1 的数据(0～9 号样本)计算梯度并更新网络参数。

```
net = Network(13)
x = train_data1[:, :-1]
y = train_data1[:, -1:]
loss = net.train(x, y, iterations = 1, eta = 0.01)
loss
```

再取出 10～19 号样本作为第二个 minibatch，计算梯度并更新网络参数：

```
train_data2 = train_data[10:20]
x = train_data1[:, :-1]
y = train_data1[:, -1:]
loss = net.train(x, y, iterations = 1, eta = 0.01)
loss
```

按此方法不断取出新的 minibatch，并逐渐更新网络参数。

接下来，将 train_data 分成大小为 batch size 的多个 minibatch。将 train_data 分成 $\frac{404}{10}+$ $1=41$ 个 minibatch 了，其中前 40 个 minibatch，每个均含有 10 个样本，最后一个 minibatch 只含有 4 个样本。如下代码所示：

```
batch_size = 10
n = len(train_data)
mini_batches = [train_data[k:k + batch_size] for k in range(0, n, batch_size)]
print('total number of mini_batches is ', len(mini_batches))
print('first mini_batch shape ', mini_batches[0].shape)
print('last mini_batch shape ', mini_batches[-1].shape)
```

另外，这里是按顺序取出 minibatch 的，而 SGD 是随机抽取一部分样本代表总体。为了实现随机抽样的效果，先将 train_data 里面的样本顺序随机打乱，然后再抽取 minibatch。随机打乱样本顺序，需要用到 np.random.shuffle 函数，下面介绍它的用法。

说明：

通过大量实验发现，模型对最后出现的数据印象更加深刻。训练数据导入后，越接近模型训练结束，最后几个批次数据对模型参数的影响越大。为了避免模型记忆影响训练效果，需要进行样本乱序操作。

```
# 新建一个 array
a = np.array([1,2,3,4,5,6,7,8,9,10,11,12])
```

```
print('before shuffle', a)
np.random.shuffle(a)
print('after shuffle', a)
```

多次运行以上代码，可以发现每次执行 shuffle 函数后的数字顺序均不同。上面列举的是一个一维数组乱序的示例，下面再观察二维数组乱序后的效果：

```
# 新建一个 array
a = np.array([1,2,3,4,5,6,7,8,9,10,11,12])
a = a.reshape([6, 2])
print('before shuffle\n', a)
np.random.shuffle(a)
print('after shuffle\n', a)
```

输出结果为：

```
before shuffle
[[ 1 2]
 [ 3 4]
 [ 5 6]
 [ 7 8]
 [ 9 10]
 [11 12]]
after shuffle
[[ 1 2]
 [ 3 4]
 [ 5 6]
 [ 9 10]
 [11 12]
 [ 7 8]]
```

将这部分实现 SGD 算法的代码集成到 Network 类中的 train 函数中，完整代码如下：

```
# 获取数据
train_data, test_data = load_data()

# 打乱样本顺序
np.random.shuffle(train_data)

# 将 train_data 分成多个 mini_batch
batch_size = 10
n = len(train_data)
mini_batches = [train_data[k:k + batch_size] for k in range(0, n, batch_size)]

# 创建网络
net = Network(13)

# 依次使用每个 mini_batch 的数据
for mini_batch in mini_batches:
    x = mini_batch[:, :-1]
    y = mini_batch[:, -1:]
    loss = net.train(x, y, iterations=1)
```

（2）训练过程代码修改。

将每个随机抽取的 minibatch 数据输入到模型中用于参数训练。训练过程的核心是两层循环。

① 第一层循环，代表样本集合要被训练遍历几次，称为回合，代码如下：

```
for epoch_id in range(num_epochs):
```

② 第二层循环，代表每次遍历时样本集合被拆分成的多个批次，需要全部执行训练，称为 iter (iteration)，代码如下：

```
for iter_id,mini_batch in emumerate(mini_batches):
```

在两层循环的内部是经典的四步训练流程：前向计算→计算损失→计算梯度→更新参数，这与上文介绍是一致的，代码实现如下：

```
x = mini_batch[:, :-1]
y = mini_batch[:, -1:]
a = self.forward(x)                               # 前向计算
loss = self.loss(a, y)                            # 计算损失
gradient_w, gradient_b = self.gradient(x, y)      # 计算梯度
self.update(gradient_w, gradient_b, eta)          # 更新参数
```

将两部分改写的代码集成到 Network 类中的 train 函数中，代码实现如下：

```
import numpy as np
class Network(object):
    def __init__(self, num_of_weights):
        # 随机产生 w 的初始值
        # 为了保持程序每次运行结果的一致性，此处设置固定的随机数种子
        #np.random.seed(0)
        self.w = np.random.randn(num_of_weights, 1)
        self.b = 0.

    def forward(self, x):
        z = np.dot(x, self.w) + self.b
        return z

    def loss(self, z, y):
        error = z - y
        num_samples = error.shape[0]
        cost = error * error
        cost = np.sum(cost) / num_samples
        return cost

    def gradient(self, x, y):
        z = self.forward(x)
        N = x.shape[0]
        gradient_w = 1. / N * np.sum((z - y) * x, axis = 0)
        gradient_w = gradient_w[:, np.newaxis]
```

```
            gradient_b = 1. / N * np.sum(z - y)
            return gradient_w, gradient_b

        def update(self, gradient_w, gradient_b, eta = 0.01):
            self.w = self.w - eta * gradient_w
            self.b = self.b - eta * gradient_b


        def train(self, training_data, num_epochs, batch_size = 10, eta = 0.01):
            n = len(training_data)
            losses = []
            for epoch_id in range(num_epochs):
                # 在每轮迭代开始之前,将训练数据的顺序随机打乱
                # 然后再按每次取 batch size 条数据的方式取出
                np.random.shuffle(training_data)
                # 将训练数据进行拆分,每个 minibatch 包含 batch_size 条的数据
                mini_batches = [training_data[k:k + batch_size] for k in range(0, n, batch_size)]
                for iter_id, mini_batch in enumerate(mini_batches):
                    #print(self.w.shape)
                    #print(self.b)
                    x = mini_batch[:, :-1]
                    y = mini_batch[:, -1:]
                    a = self.forward(x)
                    loss = self.loss(a, y)
                    gradient_w, gradient_b = self.gradient(x, y)
                    self.update(gradient_w, gradient_b, eta)
                    losses.append(loss)
                    print('Epoch {:3d} / iter {:3d}, loss = {:.4f}'.
                                    format(epoch_id, iter_id, loss))


            return losses

# 获取数据
train_data, test_data = load_data()

# 创建网络
net = Network(13)
# 启动训练
losses = net.train(train_data, num_epochs = 50, batch_size = 100, eta = 0.1)

# 画出损失函数的变化趋势
plot_x = np.arange(len(losses))
plot_y = np.array(losses)
plt.plot(plot_x, plot_y)
plt.show()
```

输出结果如图 1.25 所示。

观察损失函数在训练集上的变化情况,可以发现,随机梯度下降加快了训练过程,但由于每次仅基于少量样本更新参数和计算损失,所以损失下降曲线会出现振荡。

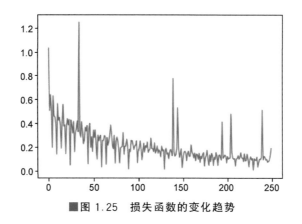

■图 1.25　损失函数的变化趋势

说明：

由于房价预测的数据量过少，因此难以感受到随机梯度下降带来的性能提升。

小结

本节我们详细介绍了使用 NumPy 实现梯度下降算法，构建并训练了一个简单的线性模型实现波士顿房价预测任务。总结如下 3 个要点：

（1）构建网络，初始化参数 w 和 b，定义预测和损失函数的计算方法。

（2）随机选择初始点，建立梯度的计算方法和参数更新方式。

（3）将数据集的数据按 batch size 的大小分成多个 minibatch，分别灌入模型计算梯度并更新参数，不断迭代直到损失函数几乎不再下降。

作业

（1）样本归一化：预测时的样本数据同样也需要归一化，但为什么要使用训练样本的均值和极值计算？

（2）当部分参数的梯度计算为 0(接近 0)时，可能是什么情况？是否意味着完成训练？

（3）随机梯度下降的 batch size 设置成多少合适？过小有什么问题？过大有什么问题？（提示：过大以整个样本集合为例，过小以单个样本为例来思考。）

（4）若一次训练使用的配置为 5 个回合、1000 个样本、batch size＝20，则最内层循环执行多少轮？

（5）根据图 1.26 所示的乘法和加法的导数公式，完成 图 1.27 中购买苹果和橘子的梯度传播的题目。

$$z=x+y \qquad \frac{\partial z}{\partial x}=1 \qquad\qquad z=xy \qquad \frac{\partial z}{\partial x}=y$$

$$\frac{\partial z}{\partial y}=1 \qquad\qquad\qquad \frac{\partial z}{\partial y}=x$$

■图 1.26　乘法和加法的导数公式

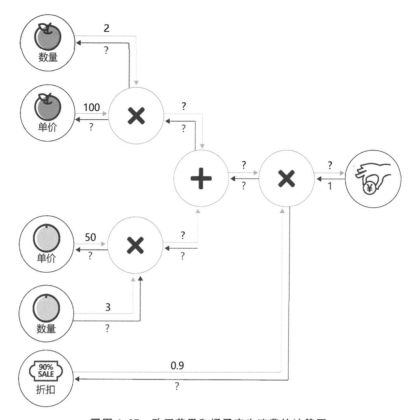

■图1.27　购买苹果和橘子产生消费的计算图

作业（5）基础知识介绍

① 链式法则。链式法则是微积分中的求导法则，用于求一个复合函数的导数，是在微积分的求导运算中一种常用方法。复合函数的导数将是构成复合这有限个函数在相应点的导数的乘积，就像锁链一样一环套一环，故称链式法则。如图1.28所示，如果求最终输出对内层输入（第一层）的梯度，则等于外层梯度（第二层）乘以本层函数的梯度。

• 求导 $z=f_2(f_1(x))$，其中：$t=f_1(x)$，$z=f_2(t)$

$$\frac{\partial z}{\partial x} = \frac{\partial z}{\partial t} \quad \frac{\partial t}{\partial x}$$

第一层　第二层　本层函
梯度　　梯度　　数求导

■图1.28　求导的链式法则

② 计算图的概念。

为何是反向计算梯度？即梯度是由网络后端向前端计算。当前层的梯度要依据处于网络中后一层的梯度来计算，所以只有先算后一层的梯度才能计算本层的梯度。

示例：购买苹果产生消费的计算图。假设一家商店9折促销苹果，每个苹果的单价为100元。计算一个顾客总消费的结构如图1.29所示。

• 前向计算过程。以灰色箭头表示，顾客购买了2个苹果，再加上9折的折扣，共消费

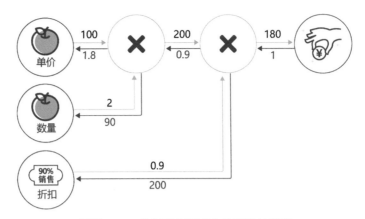

■图 1.29   购买苹果所产生的消费计算图

$100 \times 2 \times 0.9 = 180$(元)。

- 后向传播过程。以蓝色箭头表示,根据链式法则,本层的梯度计算×后一层传递过来的梯度,所以需从后向前计算。

最后一层的输出对自身的求导为 1。导数第二层根据图 1.30 所示的乘法求导公式,分别为 0.9×1 和 200×1。同样地,第三层为 $100 \times 0.9 = 90, 2 \times 0.9 = 1.8$。

(6)挑战题:用代码实现两层神经网络的梯度传播,中间层的尺寸为 13"房价预测示例"(书中当前为一层的神经网络),如图 1.31 所示。

■图 1.30   乘法求导的公式   ■图 1.31   两层的神经网络

1.3   飞桨开源深度学习平台介绍

1.3.1   深度学习框架

近年来深度学习在很多机器学习领域都有着非常出色的表现,在图像识别、语音识别、自然语言处理、机器人、网络广告投放、医学自动诊断和金融等领域有着广泛应用。面对繁多的应用场景,深度学习框架有助于建模者节省大量而烦琐的编码工作,更聚焦业务场景和模型设计本身。

1. 深度学习框架优势

使用深度学习框架完成模型构建有如下两个优势:

(1)节省编写大量底层代码的精力。屏蔽底层实现,用户只需关注模型的逻辑结构。同时,深度学习工具简化了计算,降低了深度学习入门门槛。

(2)省去了部署和适配环境的烦恼。具备灵活的可移植性,可将代码部署到 CPU/

GPU/移动端上,选择具有分布式性能的深度学习工具会使模型训练更高效。

2. 深度学习框架设计思路

深度学习框架的本质是框架自动实现建模过程中相对通用的模块,建模者只实现模型个性化的部分,这样可以在"节省投入"和"产出强大"之间达到一个平衡。想象一下:假设你是一个深度学习框架的创造者,你期望让框架实现哪些功能呢?

相信对神经网络模型有所了解的读者都会得出表 1.2 所示的设计思路。在构建模型的过程中,每一步所需要完成的任务均可以拆分成个性化和通用化两个部分。

(1) 个性化部分,往往是指定模型由哪些逻辑元素组合,由建模者完成。

(2) 通用部分,聚焦这些元素的算法实现,由深度学习框架完成。

表 1.2 深度学习框架设计示意图

思考过程	工作内容	工作职责	
		个性化部分-建模人员负责	通用部分·平台框架负责
步骤 1:模型设计	假设一种网络结构	设计网络结构	网络模块的实现(Layer、Tensor)、原子函数的实现(NumPy)
	设计评价函数(Loss)	指定损失函数	损失函数实现(cross_entropy)
	寻找优化寻解方法	指定优化算法	优化算法实现(optimizer)
步骤 2:准备数据	准备训练数据	提供数据格式与位置,模型接入数据方式	为模型批量送入数据(io. Dataset、io. DataLoader)
步骤 3:训练设置	训练配置	单机和多机配置	单机到多机的转换(transpile)、训练程序的实现(run)
步骤 4:应用部署	部署应用或测试环境	确定保存模型和加载模型的环节点	保存模型的实现(save/load、jit. save/jit. load)
步骤 5:模型评估	评估模型效果	指定评估指标	指标实现(Accuracy)、图形化工具(VisualDL)
步骤 6:基本过程	全流程串起来	主程序	无

无论是计算机视觉任务还是自然语言处理任务,使用深度学习框架实现的模型结构都是类似的,只是每个环节的实现算法不同。因此,多数情况下,算法实现只是相对有限的一些选择,如常见的损失函数不超过 10 种、常用的网络配置有十几种、常用优化算法不超过 5 种等。这些特性使得基于框架建模更像一个编写"模型配置"的过程。

1.3.2 飞桨产业级深度学习开源开放平台

飞桨(PaddlePaddle)以百度多年的深度学习技术研究和业务应用为基础,集深度学习核心训练和推理框架、基础模型库、端到端开发套件、丰富的工具组件于一体,是中国首个自主研发、功能丰富、开源开放的产业级深度学习平台。飞桨于 2016 年正式开源,是主流深度学习框架中一款完全国产化的产品。相比国内其他产品,飞桨是一个功能完整的深度学习平台,也是唯一成熟稳定、具备大规模推广条件的深度学习开源开放平台。根据国际权威调查机构 IDC 报告显示,2021 年飞桨已位居中国深度学习平台市场综合份额第一。

目前,飞桨已凝聚 477 万开发者,基于飞桨开源深度学习平台创建 56 万个模型,服务了 18 万家企事业单位。飞桨助力开发者快速实现 AI 想法,创新 AI 应用,作为基础平台支撑越来越多行业实现产业智能化升级,并已广泛应用于智慧城市、智能制造、智慧金融、泛交通、泛互联网、智慧农业等领域。

1. 各组件使用场景概览

飞桨产业级深度学习开源开放平台包含核心框架、基础模型库、端到端开发套件与工具组件几个部分,各组件使用场景如图 1.32 所示。

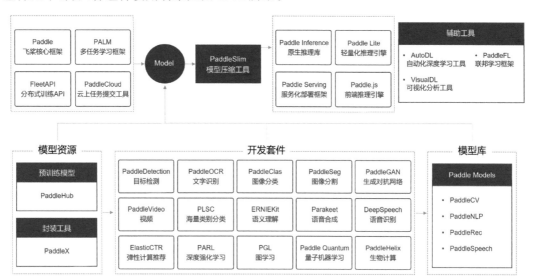

■图 1.32　飞桨 PaddlePaddle 组件使用场景概览

概览图上半部分是从开发、训练到部署的全流程工具;下半部分是预训练模型、封装工具、各领域的开发套件和模型库等模型资源,支持深度学习模型从训练到部署的全流程。

1) 框架和全流程工具

(1) 模型开发和训练组件。

飞桨核心框架 Paddle 支持用户完成基础的模型编写和单机训练功能。除核心框架之外,飞桨还提供了分布式训练框架 FleetAPI、云上任务提交工具 PaddleCloud 和多任务学习框架 PALM。

(2) 模型部署组件。

飞桨针对不同硬件环境,提供了如下丰富的支持方案。

① Paddle Inference:飞桨原生推理库,用于服务器端模型部署,支持 Python、C、C++、Go 等语言,将模型融入业务系统。

② Paddle Serving:飞桨服务化部署框架,用于云端服务化部署,可将模型作为单独的 Web 服务。

③ Paddle Lite:飞桨轻量化推理引擎,用于移动端及 IoT 等场景的部署,有着广泛的硬件支持。

④ Paddle.js:使用 JavaScript(Web)语言部署模型,用于在浏览器、小程序等环境快速部署模型。

⑤ PaddleSlim：模型压缩工具，获得更小体积的模型和更快的执行性能，通常在模型部署前使用。

⑥ X2Paddle：飞桨模型转换工具，将其他框架模型转换成飞桨模型，转换格式后可以方便地使用上述 5 个工具。

（3）其他全研发流程的辅助工具。

① AutoDL：飞桨自动化深度学习工具，自动搜索最优的网络结构与超参数，实现网络结构设计，免去用户在诸多网络结构中选择的烦恼和人工调参的烦琐工作。

② VisualDL：飞桨可视化分析工具，以丰富的图表呈现训练参数变化趋势、模型结构、数据样本、高维数据分布、精度召回曲线等模型关键信息。帮助用户清晰、直观地理解深度学习模型训练过程及模型结构，启发优化思路。

③ PaddleFL：飞桨联邦学习框架，研究人员可以很轻松地用 PaddleFL 复制和比较不同的联邦学习算法，便捷地实现大规模分布式集群部署，并且提供丰富的横向和纵向联邦学习策略及其在计算机视觉、自然语言处理、推荐算法等领域的应用。

2）产业级开源模型库

（1）预训练模型和封装工具：通过低代码形式，支持企业 POC 快速验证、快速实现深度学习算法开发及产业部署。

① PaddleHub：飞桨预训练模型应用工具，提供超过 360 个预训练模型，覆盖文本、图像、视频、语音四大领域。模型即软件，通过 Python API 或者命令行工具，一行代码完成预训练模型的预测。结合 Fine-tune API，10 行代码完成迁移学习，PaddleHub 是进行原型验证（POC）的首选。

② PaddleX：飞桨全流程开发工具，以低代码的形式支持开发者快速实现深度学习算法开发及产业部署，提供极简 Python API 和可视化界面 Demo 两种开发模式，可一键安装，提供 CPU、GPU、树莓派等通用硬件高性能部署方案，支持用户流程化串联部署任务，极大降低部署成本。

（2）开发套件：针对具体的应用场景提供全套的研发工具，如在图像检测场景中不仅提供预训练模型，还提供支持全链条的飞桨特色的 PP 系列模型和数据增强等工具。开发套件覆盖计算机视觉、自然语言处理、语音、推荐四大主流领域，甚至还包括图神经网络和增强学习。开发套件可以提供一个领域极致优化（State Of The Art）的实现方案，曾有国内团队使用飞桨的开发套件获得了国际建模竞赛的大奖。

① PaddleClas：飞桨图像分类开发套件，提供通用图像识别系统 PP-ShiTu，可高效实现高精度车辆、商品等多种识别任务；同时提供 39 个系列 238 个高性能图像分类预训练模型，其中包括 10 万个分类预训练模型、PP-LCNet 等明星模型；以及 SSLD 知识蒸馏等先进算法优化策略，可被广泛应用于高阶视觉任务，辅助产业及科研领域快速解决多类别、高相似度、小样本等业界难点。

② PaddleDetection：飞桨目标检测开发套件，内置 250 多个主流目标检测、实例分割、跟踪、关键点检测算法，其中包括服务器端和移动端产业级 SOTA 模型、冠军方案和学术前沿算法，并提供行人、车辆等场景化能力、配置化的网络模块组件、十余种数据增强策略和损失函数等高阶优化支持和多种部署方案，在打通数据处理、模型开发、训练、压缩、部署全流程的基础上，提供丰富的示例及教程，加速算法产业落地。

③ PaddleSeg：飞桨图像分割套件，提供语义分割、交互式分割、全景分割、Matting 四大图像分割能力，涵盖 40 多种主流分割网络，140 多种高质量预训练模型。通过模块化的设计，PaddleSeg 提供了配置化驱动和 API 调用等两种应用方式，帮助开发者更便捷地完成从训练到部署的全流程图像分割应用，被广泛应用在自动驾驶、遥感、医疗、质检、巡检、互联网娱乐等行业。

④ PaddleOCR：飞桨文字识别开发套件，旨在打造一套丰富、领先且实用的 OCR 工具库，开源了产业级特色模型 PP-OCR 与 PP-Structure。最新发布的 PP-OCRv3 包含通用超轻量中英文模型，以及德、法、日、韩等 80 种多语言 OCR 模型；PP-Structurev2 覆盖版面分析与恢复、表格识别、DocVQA 任务，提供 22 种训练部署方式。此外，它还开源了文本风格数据合成工具 Style-Text、半自动文本图像标注工具 PPOCRLabel 和《动手学 OCR》交互式电子书，目前已经成为全球知名的 OCR 开源项目。

⑤ PaddleGAN：飞桨生成对抗网络开发套件，提供图像生成、风格迁移、超分辨率、影像上色、人脸属性编辑、人脸融合、动作迁移等前沿算法，其模块化设计，便于开发者进行二次研发，同时提供 30＋预训练模型，助力开发者快速开发丰富的应用。

⑥ PaddleVideo：飞桨视频模型开发套件，具有高指标的模型算法、全流程可部署、更快训练速度和丰富的应用示例、保姆级教程并在体育、安防、互联网、媒体等行业有广泛应用，如足球/蓝球动作检测、乒乓球动作识别、花样滑冰动作识别、知识增强的大规模视频分类打标签、智慧安防、内容分析等。

⑦ ERNIEKit：飞桨语义理解套件，基于持续学习的知识增强语义理解框架实现，内置业界领先的系列 ERNIE 预训练模型，同时支持动态图和静态图，兼顾了开发的便利性与部署的高性能需求。同时还能够支持各类 NLP 算法任务 Fine-tuning，包含保证极速推理的 Fast-inference API，灵活部署的 ERNIE Service 和轻量化解决方案 ERNIE Slim，训练过程所见即所得，支持动态 debug 同时方便二次开发。

⑧ PLSC：飞桨海量类别分类套件，为用户提供了大规模分类任务从训练到部署的全流程解决方案。提供简洁易用的高层 API，通过数行代码即可实现千万类别分类模型的训练，并提供快速部署模型的能力。

⑨ ElasticCTR：飞桨个性化推荐开发套件，可以实现分布式训练 CTR 预估任务和基于 PaddleServing 的在线个性化推荐服务。PaddleServing 服务化部署框架具有良好的易用性、灵活性和高性能，可以提供端到端的 CTR 训练和部署解决方案。ElasticCTR 具备产业实践基础、弹性调度能力、高性能和工业级部署等特点。

⑩ Parakeet：飞桨语音合成套件，提供了灵活、高效、先进的文本到语音合成工具，帮助开发者更便捷高效地完成语音合成模型的开发和应用。

⑪ PGL：飞桨图学习框架，业界首个提出通用消息并行传递机制，支持万亿级巨图的工业级图学习框架。PGL 原生支持异构图，支持分布式图存储及分布式学习算法，支持 GNNAutoScale 实现单卡深度图卷积，覆盖 30＋ 图学习模型，并内置 KDDCup 2021 PGL 冠军算法。内置图推荐算法套件 Graph4Rec 以及高效知识表示套件 Graph4KG。历经大量真实工业应用验证，能够灵活、高效地搭建前沿的大规模图学习算法。

⑫ PARL：飞桨深度强化学习框架，令得 NeurIPS 强化学习挑战赛三连冠。可支持实现数千台 CPU 和 GPU 的高性能并行，实现了数十种主流强化学习算法的示例。开源了业

界首个通用元智能体训练环境 MetaGym,提升算法在不同配置智能体和多种环境中的适应能力,目前包含四轴飞行器、电梯调度、四足机器狗、3D迷宫等多个仿真训练环境。

⑬ Paddle Quantum:量桨,基于飞桨的量子机器学习工具集,提供组合优化、量子化学等前沿功能,常用量子电路模型,以及丰富的量子机器学习示例,帮助开发者便捷地搭建量子神经网络,开发量子人工智能应用。

⑭ PaddleHelix:飞桨螺旋桨生物计算平台,面向新药研发、疫苗设计、精准医疗等场景提供 AI 能力。

开发套件中的大量模型,既可以通过调整配置文件直接使用的模式,也可以定位到模型的源代码文件进行二次研发。比较几种模型工具,PaddleHub 的使用最为简易,二次研发模型源代码的灵活性最好。读者可以参考"使用 PaddleHub→基于配置文件使用各领域的开发套件→研发原始模型代码"的顺序来使用飞桨产业级模型库,在此基础上根据业务需求进行优化,即可达到事半功倍的效果。

2. 飞桨技术优势

飞桨具有图 1.33 所示的四大领先优势。

开发便捷的　　　　超大规模的　　　　多端多平台部署的　　　　产业级
深度学习框架　　深度学习模型训练技术　　高性能推理引擎　　　　开源模型库

■图 1.33　飞桨领先的四大技术优势

① 开发便捷的深度学习框架。飞桨深度学习框架基于编程一致的深度学习计算抽象以及对应的前后端设计,拥有易学、易用的前端编程界面和统一高效的内部核心架构,对普通开发者而言更容易上手,并具备领先的训练性能。飞桨自然完备兼容命令式和声明式两种编程范式,默认采用命令式编程范式,并完美地实现了动静统一,开发者使用飞桨可以实现动态图编程调试,一行代码转静态图训练部署。飞桨框架还提供了低代码开发的高层API,并且高层 API 和基础 API 采用了一体化设计,两者可以互相配合使用,做到高低融合,确保用户可以同时享受开发的便捷性和灵活性。

② 超大规模的深度学习模型训练技术。飞桨突破了超大规模深度学习模型训练技术,领先其他框架实现了千亿稀疏特征、万亿参数、数百节点并行训练的能力,解决了超大规模深度学习模型的在线学习和部署难题。此外,飞桨还覆盖支持包括模型并行、流水线并行在内的广泛并行模式和加速策略,率先推出业内首个通用异构参数服务器架构、4D混合并行策略和自适应大规模分布式训练技术,引领大规模分布式训练技术的发展趋势。

③ 多端多平台部署的高性能推理引擎。飞桨对推理部署提供全方位支持,可以将模型便捷地部署到云端服务器、移动端以及边缘端等不同平台设备上,并拥有全面领先的推理速度,同时兼容其他开源框架训练的模型。飞桨推理引擎支持广泛的 AI 芯片,特别是对国产硬件做到了全面的适配。

④ 产业级开源模型库。飞桨建设了大规模的官方模型库,算法总数达 500 多个,包含经过产业实践长期打磨的 PP 特色模型、业界主流模型以及在国际竞赛中的夺冠模型;提供了面向语义理解、图像分类、目标检测、图像分割、文字识别(OCR)、语音合成等场景的多个

端到端开发套件,满足企业低成本开发和快速集成的需求。飞桨的模型库是围绕国内企业实际研发流程量身定制的产业级模型库,服务遍布能源、金融、工业、农业等多个领域。

下面以其中两项为例,展开说明。

1) 多领域产业级模型达到业界领先水平

大量工业实践任务的模型并不需要从头编写,而是在相对标准化的模型基础上进行参数调整和优化。飞桨支持的多领域产业级模型开源开放,且多数模型的效果达到业界领先水平,在国际竞赛中夺得 20 多项第一,如图 1.34 所示。

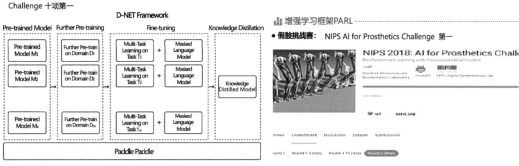

■图 1.34　飞桨各领域模型在国际竞赛中荣获多个第一

2) 飞桨硬件生态持续繁荣

飞桨硬件生态持续繁荣,包括英特尔、英伟达、ARM 等在内的诸多芯片厂商纷纷开展对飞桨的支持,并主动在开源社区为飞桨贡献代码。飞桨还跟飞腾、海光、鲲鹏、龙芯、申威等 CPU 进行深入融合适配,并结合麒麟、统信、普华操作系统,以及百度昆仑、海光 DCU、寒武纪、比特大陆、瑞芯微、高通、英伟达等 AI 芯片,与浪潮、中科曙光等服务器厂商合作,形成软硬一体的全栈 AI 基础设施。当前,飞桨已经适配和正在适配的芯片或 IP 达 30 种。

3. 飞桨在各行业的应用示例

飞桨在各行业的广泛应用,不但让人们的日常生活变得更加简单和便捷,对企业而言,飞桨还助力产品研发过程更加科学,极大提升了产品性能,节约了大量的人工耗时成本。

1) 飞桨联手百度地图使出行时间智能预估准确率从 81% 提升到 86%

在百度,搜索、信息流、输入法、地图等移动互联网产品中大量使用飞桨做深度学习任务。在百度地图,应用飞桨后提升了产品的部署和预测性能,支撑天级别的百亿次调用。完成了天级别的百亿级数据训练,用户出行时间预估的准确率从81%提升到86%,如图1.35所示。

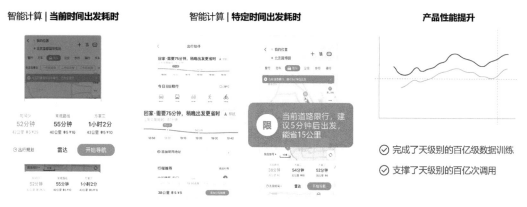

■图1.35 百度地图出行时间智能预估应用

2)飞桨联手南方电网使电力巡检迈向"无人时代"

飞桨与南方电网合作,采用机器人代替人工进行变电站仪表的巡检任务,如图1.36所示。由于南方电网的变电站数量众多,日常巡检常态化,而人工巡检工作内容单调,人力投入大、巡检效率低。集成了基于飞桨研发的视觉识别能力的机器人,识别表数值的准确率高达99.01%。在本次合作中,飞桨提供了端到端的开发套件支撑需求的快速实现,降低了企业对人工智能领域人才的依赖。

■图1.36 南方电网电力智能巡检应用

以上数据为内部测试结果,实际结果可能受环境影响而在一定范围内变化,仅供参考。如果您想了解更多、更新的飞桨工业实践示例、开发者示例或产研合作示例,可以登录飞桨官网获取更多的信息。此外,飞桨于2021年年底开源了飞桨产业实践范例库,覆盖智慧城市、智能制造、智慧金融、泛交通、泛互联网、智慧农业等多个领域的AI典型产业应用示例,每个示例都包含完整的AI落地全流程指导,包括数据处理、模型选择、模型优化、模型部署的完整代码和和图形化的部署Demo,指导企业快速落地产业应用。

4. 飞桨快速安装

进入实践之前,应先安装飞桨。飞桨提供了图形化的安装指导,操作简单,详细步骤可参考"飞桨"官网(http://www.paddlepaddle.org.cn/)的"快速安装"。

进入页面后,可按照提示进行安装,如图1.37所示。例如,笔者选择在笔记本电脑上安装飞桨,选择(Windows 系统+pip+Python3+CPU 版本)的配置组合。其中 Windows 系统和 CPU 版本是个人笔记本的软硬件配置;Python3 是需要事先安装好的 Python 版本;pip 是命令行安装的指令。

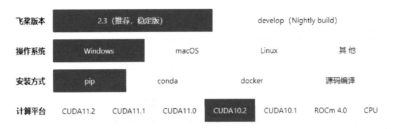

■图 1.37　飞桨安装示意图

1.4　使用飞桨重写房价预测模型

1.4.1　飞桨设计之"道"

当读者习惯使用飞桨框架后会发现,程序呈现出"八股文"的形态,即不同的程序员、使用不同模型、解决不同任务时,他们编写的建模程序是极其相似的。虽然这些设计在某些"极客"的眼里缺乏精彩,但从实用性的角度更期望建模者聚焦需要解决的任务,而不是将精力投入在框架的学习上。因此,使用飞桨编写模型是有标准的套路设计的,只要通过一个示例程序掌握使用飞桨的方法,编写不同任务的多种建模程序将变得十分容易。

这点与 Python 的设计思想一致:对于某个特定功能,并不是实现方式越灵活、越多样越好,最好只有一种符合"道"的最佳实现。此处"道"指的是如何更加匹配人的思维习惯。当程序员第一次看到 Python 的多种应用方式时,感觉程序天然就应该如此实现。但相信我,不是所有的编程语言都具备这样"道"的设计,很多编程语言的设计思路是需要人去理解机器的运作原理,而不能以人类习惯的方式设计程序。同时,灵活意味着复杂,会增加程序员之间的沟通难度,也不适合现代工业化生产软件的趋势。

飞桨设计的初衷不仅要易于学习,还期望使用者能够体会到它的美感和哲学,与人类最自然的认知和使用习惯契合。

1.4.2　使用飞桨实现波士顿房价预测任务

本书中的示例覆盖计算机视觉、自然语言处理和推荐系统等主流应用场景,使用飞桨实现这些示例的代码结构完全一致,如图 1.16 所示。

在之前的章节中,已经学习了使用 Python 和 NumPy 构建波士顿房价预测模型的方法,本节将尝试使用飞桨重写房价预测模型,大家可以体会一下两者的异同。在数据处理之前,需要先加载飞桨框架的相关类库:

```
#加载飞桨、Numpy 和相关类库
import paddle
from paddle.nn import Linear
```

```
import paddle.nn.functional as F
import numpy as np
import os
import random
```

代码中参数含义如下。

① paddle：飞桨的主库，paddle 根目录下保留了常用 API 的别名，当前包括 paddle.tensor、paddle.framework 目录下的所有 API。

② paddle.nn：组网相关的 API，如 Linear 、卷积 Conv2D、循环神经网络 LSTM、损失函数 CrossEntropyLoss、激活函数 ReLU 等。

③ Linear：神经网络的全连接层函数，即包含所有输入权重相加的基本神经元结构。在房价预测任务中，使用只有一层的神经网络（全连接层）来实现线性回归模型。

④ paddle.nn.functional：与 paddle.nn 一样，包含组网相关的 API，如 Linear、激活函数 ReLU 等。两者下的同名模块功能相同，运行性能也基本一致。差别在于，paddle.nn 目录下的模块均是类，每个类下可以自带模块参数；paddle.nn.functional 目录下的模块均是函数，需要手动传入模块计算需要的参数。在实际使用中，卷积、全连接层等层本身具有可学习的参数，建议使用 paddle.nn 模块，而激活函数、池化等操作没有可学习参数，可以考虑直接使用 paddle.nn.functional 下的函数。

说明：

飞桨支持两种深度学习建模编写方式，即更方便调试的动态图模式和性能更好且便于部署的静态图模式。

① 动态图模式（命令式编程范式，类比 Python）：解析式的执行方式。用户无需预先定义完整的网络结构，每写一行网络代码，即可同时获得计算结果。

② 静态图模式（声明式编程范式，类比 C++）：先编译后执行的方式。用户需预先定义完整的网络结构，再对网络结构进行编译优化后，才能执行获得计算结果。

飞桨框架 2.0 及之后的版本，默认使用动态图模式进行编码，同时提供了全面、完备的动转静支持。开发者仅需添加一个装饰器（to_static），飞桨会自动将动态图的程序转换为静态图的程序，并使用该程序训练且可保存静态模型以实现推理部署。

---

1. 数据处理

数据处理的代码不依赖框架实现，与第 1.2 节"使用 Python 和 NumPy 构建神经网络模型"的代码相同，此处不再赘述。

2. 模型设计

模型定义的实质是定义线性回归的网络结构，飞桨建议通过创建 Python 类的方式完成模型网络的定义，即定义 init 函数和 forward 函数。forward 函数是飞桨指定实现前向计算逻辑的函数，程序在调用模型实例时会自动执行。在 forward 函数中使用的网络层需要在 init 函数中声明。

实现过程分为如下两步。

(1)定义 init 函数。在类的初始化函数中声明每一层网络的实现函数。在房价预测模型中,只需要定义一层全连接层,模型结构和"使用 Python 和 NumPy 构建神经网络模型"节模型保持一致。

(2)定义 forward 函数。构建神经网络结构,实现前向计算过程,并返回预测结果,在本任务中返回的是房价预测结果。

```python
class Regressor(paddle.nn.Layer):
    def __init__(self):
        super(Regressor, self).__init__()

        # 定义一层全连接层,输入维度是 13 输出维度是 1
        self.fc = Linear(in_features = 13, out_features = 1)
        # 网络的前向计算函数

    def forward(self, inputs):
        x = self.fc(inputs)
        return x
```

3. 训练配置

训练配置过程包含 4 步,如图 1.38 所示。

❶	❷	❸	❹
指定运行训练的机器资源	声明模型实例	加载训练和测试数据	设置优化算法和学习率

■图 1.38　训练配置流程示意图

(1)声明定义好的回归模型 Regressor 实例,并将模型的状态设置为 train()。

(2)使用 load_data 函数加载训练数据和测试数据。

(3)设置优化算法和学习率,优化算法采用随机梯度下降 SGD,学习率设置为 0.01。

训练配置代码如下:

```python
# 声明定义好的线性回归模型
model = Regressor()
# 开启模型训练模式
model.train()
# 加载数据
training_data, test_data = load_data()
# 定义优化算法,使用随机梯度下降 SGD
# 学习率设置为 0.01
opt = paddle.optimizer.SGD(learning_rate = 0.01, parameters = model.parameters())
```

说明:

模型实例有两种状态,即训练状态.train()和预测状态.eval()。训练时要执行前向计算和反向传播梯度两个过程,而预测时只需要执行正向计算。为模型指定运行状态,有两点原因。

① 部分高级的算子(如 Dropout 和 BatchNorm,在"计算机视觉"内容中会详细介绍)在两个状态执行的逻辑不同。

② 从性能和存储空间的考虑,预测状态时更节省内存(无须记录反向梯度),性能更好。

在基于 Python 实现神经网络模型的示例中,为实现梯度下降编写了大量代码,而使用飞桨框架只需要定义 SGD 就可以实现优化器设置,大大简化了这个过程。

4. 训练过程

训练过程采用二层循环嵌套方式。

① 内层循环。负责整个数据集的一次遍历。假设数据集样本数量为 1000,batch size 设置为 10,则遍历一次数据集的批次数量是 $1000/10 = 100$,即内层循环 iter 需要执行 100 次。

```
for iter_id, mini_batch in enumerate(mini_batches):
```

② 外层循环。定义遍历数据集的次数,通过参数 EPOCH_NUM 设置:

```
for epoch_id in range(EPOCH_NUM):
```

说明:

batch size 的取值会影响模型的训练效果,batch size 过大,会增加内存消耗和计算时间,且训练效果并不会明显提升(每次参数只向梯度反方向移动一小步,因此方向没必要特别精确); batch size 过小,样本数据没有统计意义,计算的梯度方向可能偏差较大。由于房价预测模型的训练数据集较小,因此将 batch size 设置为 10。

每次内层循环都需要执行图 1.39 所示的 4 个步骤,计算过程与使用 Python 编写模型完全一致。

数据准备　　　　前向计算　　　　计算损失函数　　　　执行梯度反向传播

■图 1.39　内循环计算过程

(1) 数据准备。将一个批次的数据先转换成 np.array 格式,再转换成 Tensor 格式。

(2) 前向计算。将一个批次的样本数据灌入网络中,计算输出结果。

(3) 计算损失函数。以前向计算结果和真实房价作为输入,通过损失函数 square_error_cost API 计算出损失函数。

(4) 执行梯度反向传播。执行梯度反向传播 backward 函数,即从后到前逐层计算每一层的梯度,并根据设置的优化算法更新参数。

```
EPOCH_NUM = 10                                      # 设置外层循环次数
BATCH_SIZE = 10

# 定义外层循环
for epoch_id in range(EPOCH_NUM):
    # 在每轮迭代开始之前,将训练数据的顺序随机打乱
    np.random.shuffle(training_data)
    # 将训练数据进行拆分,每个minibatch包含10条数据
    mini_batches = [training_data[k:k + BATCH_SIZE] for k in range(0, len(training_data),
BATCH_SIZE)]
    # 定义内层循环
    for iter_id, mini_batch in enumerate(mini_batches):
        x = np.array(mini_batch[:, :-1])            # 获得当前批次训练数据
        y = np.array(mini_batch[:, -1:])            # 获得当前批次训练标签(真实房价)
        # 将NumPy数据转为tensor形式
        house_features = paddle.to_tensor(x)
        prices = paddle.to_tensor(y)

        # 前向计算
        predicts = model(house_features)

        # 计算损失
        loss = F.square_error_cost(predicts, label = prices)
        avg_loss = paddle.mean(loss)
        if iter_id % 20 == 0:
            print("epoch: {}, iter: {}, loss is: {}".format(epoch_id, iter_id, avg_loss.numpy()))

        # 反向传播
        avg_loss.backward()
        # 更新参数,根据设置好的学习率迭代一步
        opt.step()
        # 清除梯度变量,以备下一轮计算
        opt.clear_grad()
```

这个实现过程令人惊喜,前向计算、计算损失和反向传播梯度,每个操作居然只用1~2行代码即可实现!再也不用一点点地实现模型训练的细节,这就是使用飞桨框架的威力!

5. 模型保存

将模型当前的参数数据 model.state_dict() 保存到文件中(通过参数指定保存的文件名 LR_model),以备预测或校验的程序调用,代码如下:

```
# 保存模型参数,文件名为 LR_model.pdparams
paddle.save(model.state_dict(), 'LR_model.pdparams')
print("模型保存成功,模型参数保存在LR_model.pdparams中")
```

从理论上讲,直接使用模型实例即可完成预测,而本教程中预测的方式为什么是先保存模型再加载模型呢?这是因为在实际应用中,训练模型和使用模型往往是不同的场景。模型训练通常使用大量的线下服务器(不对外向企业的客户/用户提供在线服务),而模型预测

则通常使用线上提供预测服务的服务器,或者将已经完成的预测模型嵌入手机或其他终端设备中使用。

回顾基于飞桨实现的房价预测模型,实现效果与之前基于Python实现的模型没有区别,但两者的实现成本有天壤之别。飞桨的愿景是用户只需要了解模型的逻辑概念,不需要关心实现细节,就能搭建强大的模型。

6. 模型测试

下面选择一条数据样本,测试模型的预测效果。测试过程和在应用场景中使用模型的过程一致,主要可分成如下3个步骤。

(1) 配置模型预测的机器资源。本示例默认使用本机,因此无需写代码指定。

(2) 将训练好的模型参数加载到模型实例中。

(3) 将待预测的样本特征输入到模型中,打印输出预测的结果。

通过load_one_example函数实现从数据集中抽一条样本作为测试样本,具体代码实现如下:

```python
def load_one_example():
    # 从上边已加载的测试集中,随机选择一条作为测试数据
    idx = np.random.randint(0, test_data.shape[0])
    idx = -10
    one_data, label = test_data[idx, :-1], test_data[idx, -1]
    # 修改该条数据 shape 为[1,13]
    one_data = one_data.reshape([1, -1])

    return one_data, label

# 参数为保存模型参数的文件地址
model_dict = paddle.load('LR_model.pdparams')
model.load_dict(model_dict)
model.eval()

# 参数为数据集的文件地址
one_data, label = load_one_example()
# 将数据转为动态图的 variable 格式
one_data = paddle.to_tensor(one_data)
predict = model(one_data)

# 对结果做反归一化处理
predict = predict * (max_values[-1] - min_values[-1]) + avg_values[-1]
# 对 label 数据做反归一化处理
label = label * (max_values[-1] - min_values[-1]) + avg_values[-1]

print("Inference result is {}, the corresponding label is {}".format(predict.numpy(), label))
```

输出结果为:

```
Inference result is [[20.991867]], the corresponding label is 19.700000762939453
```

通过比较"模型预测值"和"真实房价"可见,模型的预测效果与真实房价接近。房价预测仅是一个最简单的模型,使用飞桨编写均可事半功倍。那么对于工业实践中更复杂的模

型,使用飞桨节约的成本是不可估量的。同时飞桨针对很多应用场景和机器资源做了性能优化,在功能和性能上远强于自行编写的模型。

从第 2 章开始,将通过"手写数字识别"示例,讲解完整掌握使用飞桨编写模型的方方面面。

作业

(1) 在本机或服务器上安装 Python、Jupyter 和飞桨,运行房价预测的示例(两个版本),并观察运行效果。

(2) 想一想:基于 Python 编写的模型和基于飞桨编写的模型存在哪些异同? 如程序结构、编写难易度、模型的预测效果及训练的耗时等。

1.5   NumPy 介绍

1.5.1   概述

NumPy(Numerical Python 的简称)是高性能科学计算和数据分析的基础包。使用飞桨构建神经网络模型时,通常会使用 NumPy 实现数据预处理和一些模型指标的计算,飞桨中的 Tensor 数据可以很方便地和 ndarray 数组进行相互转换。

NumPy 具有如下功能。

① ndarray 数组:一个具有向量算术运算和复杂广播能力的多维数组,具有快速且节省空间的特点。

② 对整组数据进行快速运算的标准数学函数(无须编写循环)。

③ 线性代数、随机数生成及傅里叶变换功能。

④ 读写磁盘数据、操作内存映射文件。

本质上,NumPy 期望用户在执行"向量"操作时,像使用"标量"一样轻松。读者可以先在本机上运行如下代码感受一下 NumPy 的便捷:

```
>>> import numpy as np
>>> a = np.array([1,2,3,4])
>>> b = np.array([10,20,30,40])
>>> c = a + b
>>> print (c)
```

1.5.2   基础数据类型:ndarray 数组

ndarray 数组是 NumPy 的基础数据结构,可以灵活、高效地处理多个元素的操作。本节主要从如下 5 点展开介绍。

① 为什么引入 ndarray 数组。

② 如何创建 ndarray 数组。

③ ndarray 数组的基本运算。

④ ndarray 数组的切片和索引。

⑤ ndarray 数组的基本运算。

1. 为什么引入 ndarray 数组

Python 中的 list 列表也可以非常灵活地处理多个元素的操作,但效率非常低。与之比较,ndarray 数组具有如下特点。

① ndarray 数组中所有元素的数据类型相同、数据地址连续,批量操作数组元素时速度更快。而 list 列表中元素的数据类型可能不同,需要通过寻址方式找到下一个元素。

② ndarray 数组支持广播机制,矩阵运算时不需要写 for 循环。

③ NumPy 底层使用 C 语言编写,内置并行计算功能,运行速度高于 Python 代码。

下面通过几个示例对比一下,在完成同一个任务时,使用 ndarray 数组和 list 列表的差异。

示例 1.1 实现 a+1 的计算。

```
# Python 原生的 list
# 假设有两个 list
a = [1, 2, 3, 4, 5]
b = [2, 3, 4, 5, 6]

# 完成如下计算
# 对 a 的每个元素 + 1
for i in range(5):
    a[i] = a[i] + 1
a
```

输出结果为:

```
[2, 3, 4, 5, 6]

# 使用 ndarray
import numpy as np
a = np.array([1, 2, 3, 4, 5])
a = a + 1
a
```

输出结果为:

```
array([2, 3, 4, 5, 6])
```

示例 1.2 实现 c=a+b 的计算。

```
# 计算 a 和 b 中对应位置元素的和,是否可以这么写:
a = [1, 2, 3, 4, 5]
b = [2, 3, 4, 5, 6]
c = a + b
# 检查输出发现,不是想要的结果
c
```

输出结果为:

```
[1, 2, 3, 4, 5, 2, 3, 4, 5, 6]

# 使用 for 循环,完成两个 list 对应位置元素相加
c = []
for i in range(5):
    c.append(a[i] + b[i])
c
```

输出结果为:

```
[3, 5, 7, 9, 11]
```

```
# 使用 NumPy 中的 ndarray 完成两个 ndarray 相加
import numpy as np
a = np.array([1, 2, 3, 4, 5])
b = np.array([2, 3, 4, 5, 6])
c = a + b
c
```

输出结果为:

```
array([ 3, 5, 7, 9, 11])
```

通过上面的两个示例可以看出,在不写 for 循环的情况下,ndarray 数组也可以非常方便地完成数学计算。在编写向量或者矩阵的程序时,可以像编写普通数值一样,使代码极其简洁。

另外,ndarray 数组还提供了广播机制,它会按一定规则自动对数组的维度进行扩展以完成计算。如下面例子,一维数组和二维数组进行相加操作,ndarray 数组会自动扩展一维数组的维度,然后对每个位置的元素分别相加。

```
# 自动广播机制,一维数组和二维数组相加

# 二维数组维度 2x5
d = np.array([[1, 2, 3, 4, 5], [6, 7, 8, 9, 10]])
# c是一维数组,维度 5
# array([ 4, 6, 8, 10, 12])
c = np.array([ 4, 6, 8, 10, 12])
e = d + c
e
```

输出结果为:

```
array([[ 5, 8, 11, 14, 17],
#       [10, 13, 16, 19, 22]])
```

2. 创建 ndarray 数组

创建 ndarray 数组最简单的方式就是使用 array 函数,它接受一切序列型的对象(包括其他数组),然后产生一个新的含有传入数据的 NumPy 数组。下面通过实例体会 array、arange、zeros、ones 这 4 个主要函数的用法。

（1）array：创建嵌套序列（如由一组等长列表组成的列表），并转换为一个多维数组：

```
# 导入 NumPy
import numpy as np

# 从 list 创建 array
a = [1,2,3,4,5,6]          # 创建简单的列表
b = np.array(a)            # 将列表转换为数组
b
```

输出结果为：

```
array([1, 2, 3, 4, 5, 6])
```

（2）arange：创建元素从 0 到 10 依次递增 2 的数组：

```
# 通过 np.arange 创建
# 通过指定 start、stop（不包括 stop）、interval 来产生一个一维的 ndarray
a = np.arange(0, 10, 2)
a
```

输出结果为：

```
array([0, 2, 4, 6, 8])
```

（3）zeros：创建指定长度或者形状的全 0 数组：

```
# 创建全 0 的 ndarray
a = np.zeros([3,3])
a
```

输出结果为：

```
array([[0., 0., 0.],
#      [0., 0., 0.],
#      [0., 0., 0.]])
```

（4）ones：创建指定长度或者形状的全 1 数组：

```
# 创建全 1 的 ndarray
a = np.ones([3,3])
a
```

输出结果为：

```
array([[1., 1., 1.],
#      [1., 1., 1.],
#      [1., 1., 1.]])
```

3. 查看 ndarray 数组的属性

ndarray 的属性包括 shape、dtype、size 和 ndim 等，通过如下代码可以查看 ndarray 数

组的属性。

（1）shape：数组的形状 ndarray. shape，一维数组（N,），二维数组（M,N），三维数组（M,N,K）。

（2）dtype：数组的数据类型。

（3）size：数组中包含的元素个数 ndarray. size，其大小等于各个维度长度的乘积。

（4）ndim：数组的维度大小 ndarray. ndim，其大小等于 ndarray. shape 所包含元素的个数。

```
a = np.ones([3, 3])
print('a, dtype: {}, shape: {}, size: {}, ndim: {}'.format(a.dtype, a.shape, a.size, a.ndim))
```

输出结果为：

```
a, dtype: float64, shape: (3, 3), size: 9, ndim: 2
```

```
import numpy as np
b = np.random.rand(10, 10)
b.shape
```

输出结果为：

```
(10, 10)
```

```
b.size
```

输出结果为：

```
100
```

```
b.ndim
```

输出结果为：

```
2
```

```
b.dtype
```

输出结果为：

```
dtype('float64')
```

4. 改变 ndarray 数组的数据类型和形状

创建 ndarray 后，可以对其数据类型或形状进行修改，代码如下：

```
# 转化数据类型
b = a.astype(np.int64)

# 改变形状
c = a.reshape([1, 9])
```

输出结果为：

```
b, dtype: int64, shape: (3, 3)
c, dtype: float64, shape: (1, 9)
```

5. ndarray 数组的基本运算

ndarray 数组可以像普通的数值型变量一样可以进行加、减、乘、除操作，主要包含如下两种运算。①标量和 ndarray 数组之间的运算。②两个 ndarray 数组之间的运算。

1）标量和 ndarray 数组之间的运算

标量和 ndarray 数组之间的运算主要包括除法、乘法、加法和减法运算，具体代码如下：

```
# 标量除以数组,用标量除以数组的每一个元素
arr = np.array([[1., 2., 3.], [4., 5., 6.]])
1. / arr
# 标量乘以数组,用标量乘以数组的每一个元素
arr = np.array([[1., 2., 3.], [4., 5., 6.]])
2.0 * arr
# 标量加上数组,用标量加上数组的每一个元素
arr = np.array([[1., 2., 3.], [4., 5., 6.]])
2.0 + arr
# 标量减去数组,用标量减去数组的每一个元素
arr = np.array([[1., 2., 3.], [4., 5., 6.]])
2.0 - arr
```

2）两个 ndarray 数组之间的运算

两个 ndarray 数组之间的运算主要包括减法、加法、乘法、除法和开根号运算，具体代码如下：

```
# 数组 减去 数组, 用对应位置的元素相减
arr1 = np.array([[1., 2., 3.], [4., 5., 6.]])
arr2 = np.array([[11., 12., 13.], [21., 22., 23.]])
arr1 - arr2
# 数组 加上 数组, 用对应位置的元素相加
arr1 = np.array([[1., 2., 3.], [4., 5., 6.]])
arr2 = np.array([[11., 12., 13.], [21., 22., 23.]])
arr1 + arr2
# 数组 乘以 数组,用对应位置的元素相乘
arr1 * arr2
# 数组 除以 数组,用对应位置的元素相除
arr1 / arr2
# 数组开根号,将每个位置的元素都开根号
arr ** 0.5
```

6. ndarray 数组的索引和切片

在编写模型过程中，通常需要访问或者修改 ndarray 数组某个位置的元素，则需要使用 ndarray 数组的索引。有些情况下可能需要访问或者修改一些区域的元素，则需要使用 ndarray 数组的切片。

ndarray 数组的索引和切片的使用方式与 Python 中的 list 类似。通过[−n，n−1]的

下标进行索引,通过内置的 slice 函数,设置其 start、stop 和 step 参数进行切片,从原数组中切割出一个新数组。

1)一维 ndarray 数组的索引和切片

从表面上看,一维数组与 Python 列表的功能类似,它们的区别主要在于:数组切片产生的新数组,还是指向原来的内存区域,数据不会被复制,视图上的任何修改都会直接反映到源数组上。将一个标量赋值给一个切片时,该值会自动传播到整个区域。

```
# 一维数组索引和切片
a = np.arange(30)
a[10]
a = np.arange(30)
b = a[4:7]
b
# 将一个标量值赋值给一个切片时,该值会自动传播到整个区域
a = np.arange(30)
a[4:7] = 10
a
# 数组切片产生的新数组,还是指向原来的内存区域,数据不会被复制
# 视图上的任何修改都会直接反映到源数组上
a = np.arange(30)
arr_slice = a[4:7]
arr_slice[0] = 100
a, arr_slice
# 通过 copy 给新数组创建不同的内存空间
a = np.arange(30)
arr_slice = a[4:7]
arr_slice = np.copy(arr_slice)
arr_slice[0] = 100
a, arr_slice
```

2)多维 ndarray 数组的索引和切片

多维 ndarray 数组的索引和切片具有如下特点。

① 在多维数组中,各索引位置上的元素不再是标量而是多维数组。

② 以逗号隔开的索引列表来选取单个元素。

③ 在多维数组中,如果省略了后面的索引,则返回对象会是一个维度稍低的 ndarray。

多维 ndarray 数组的索引代码如下:

```
# 创建一个多维数组
a = np.arange(30)
arr3d = a.reshape(5, 3, 2)
arr3d
# 只有一个索引指标时,会在第零维上索引,后面的维度保持不变
arr3d[0]
# 两个索引指标
arr3d[0][1]
# 两个索引指标
arr3d[0, 1]
```

多维 ndarray 数组的切片代码如下:

```
# 创建一个数组

a = np.arange(24)
a
# reshape 生成一个二维数组
a = a.reshape([6, 4])
a
# 使用 for 语句生成 list
[k for k in range(0, 6, 2)]
# 结合上面列出的 for 语句的用法
# 使用 for 语句对数组进行切片
# 下面的代码会生成多个切片构成的 list
# k in range(0, 6, 2) 决定了 k 的取值可以是 0、2、4
# 产生的 list 的包含 3 个切片
# 第一个元素是 a[0 : 0 + 2]
# 第二个元素是 a[2 : 2 + 2]
# 第三个元素是 a[4 : 4 + 2]
slices = [a[k:k + 2] for k in range(0, 6, 2)]
slices
slices[0]
```

7. ndarray 数组的统计方法

可以通过数组上的一组数学函数对整个数组或某个轴向的数据进行统计计算。主要包括如下统计方法。

① mean：计算算术平均数，零长度数组的 mean 为 NaN。

② std 和 var：计算标准差和方差，自由度可调（默认为 n）。

③ sum：对数组中全部或某轴向的元素求和，零长度数组的 sum 为 0。

④ max 和 min：计算最大值和最小值。

⑤ argmin 和 argmax：分别为最大和最小元素的索引。

⑥ cumsum：计算所有元素的累加。

⑦ cumprod：计算所有元素的累积。

说明：

sum、mean 及标准差 std 等聚合计算既可以当作数组的实例方法调用，也可以当作 NumPy 函数使用。

```
# 计算均值，使用 arr.mean() 或 np.mean(arr)，两者是等价的
arr = np.array([[1,2,3], [4,5,6], [7,8,9]])
arr.mean(), np.mean(arr)
# 求和
arr.sum(), np.sum(arr)
# 求最大值
arr.max(), np.max(arr)
# 求最小值
arr.min(), np.min(arr)
# 指定计算的维度
```

```
# 沿着第一维求平均,也就是将[1, 2, 3]取平均等于2,[4, 5, 6]取平均等于5,[7, 8, 9]取平均等
# 于 8
arr.mean(axis = 1)
# 沿着第零维求和,也就是将[1, 4, 7]求和等于12,[2, 5, 8]求和等于15,[3, 6, 9]求和等于18
arr.sum(axis = 0)
# 沿着第零维求最大值,也就是将[1, 4, 7]求最大值等于7,[2, 5, 8]求最大值等于8,[3, 6, 9]求
# 最大值等于9
arr.max(axis = 0)
# 沿着第一维求最小值,也就是将[1, 2, 3]求最小值等于1,[4, 5, 6]求最小值等于4,[7, 8, 9]求
# 最小值等于7
arr.min(axis = 1)
# 计算标准差
arr.std()
# 计算方差
arr.var()
# 找出最大元素的索引
arr.argmax(), arr.argmax(axis = 0), arr.argmax(axis = 1)
# 找出最小元素的索引
arr.argmin(), arr.argmin(axis = 0), arr.argmin(axis = 1)
```

1.5.3 随机数 np.random

np.random 主要介绍创建随机 ndarray 数组以及随机打乱顺序、随机选取元素等相关操作的方法。

1. 创建随机 ndarray 数组

创建随机 ndarray 数组主要包含设置随机种子、均匀分布和正态分布 3 部分内容,具体代码如下。

1) 设置随机数种子

```
# 可以多次运行,观察程序输出结果是否一致
# 如果不设置随机数种子,观察多次运行输出结果是否一致
np.random.seed(10)
a = np.random.rand(3, 3)
a
```

2) 均匀分布

```
# 生成均匀分布随机数,随机数取值范围在[0, 1)之间
a = np.random.rand(3, 3)
a
# 生成均匀分布随机数,指定随机数取值范围和数组形状
a = np.random.uniform(low = -1.0, high = 1.0, size = (2,2))
a
```

3) 正态分布

```
# 生成标准正态分布随机数
a = np.random.randn(3, 3)
```

```
a
# 生成正态分布随机数,指定均值 loc 和方差 scale
a = np.random.normal(loc = 1.0, scale = 1.0, size = (3,3))
a
```

2. 随机打乱 ndarray 数组顺序

随机打乱一维 ndarray 数组顺序,发现所有元素位置都被打乱了,代码如下:

```
# 生成一维数组
a = np.arange(0, 30)
# 打乱一维数组顺序
np.random.shuffle(a)
```

随机打乱二维 ndarray 数组顺序,发现只有行的顺序被打乱了,列顺序不变,代码如下:

```
# 生成一维数组
a = np.arange(0, 30)
# 将一维数组转化成二维数组
a = a.reshape(10, 3)
# 打乱一维数组顺序
np.random.shuffle(a)
```

3. 随机选取元素

```
# 随机选取部分元素
a = np.arange(30)
b = np.random.choice(a, size = 5)
b
```

1.5.4 线性代数

线性代数(如矩阵乘法、矩阵分解、行列式及其他方阵数学等)是任何数组库的重要组成部分,NumPy 中实现了线性代数中常用的各种操作,并形成了 numpy.linalg 线性代数相关的模块。本节主要介绍如下函数。

① diag:以一维数组的形式返回方阵的对角线(或非对角线)元素,或将一维数组转换为方阵(非对角线元素为 0)。

② dot:矩阵乘法。

③ trace:计算对角线元素的和。

④ det:计算矩阵行列式。

⑤ eig:计算矩阵的特征值和特征向量。

⑥ inv:计算矩阵的逆。

```
# 矩阵相乘
a = np.arange(12)
```

```
b = a.reshape([3, 4])
c = a.reshape([4, 3])
# 矩阵b的第二维大小,必须等于矩阵c的第一维大小
d = b.dot(c) # 等价于 np.dot(b, c)
print('c: \n{}'.format(c))
print('d: \n{}'.format(d))
# numpy.linalg 中有一组标准的矩阵分解运算以及诸如求逆和行列式之类的东西
# np.linalg.diag 以一维数组的形式返回方阵的对角线(或非对角线)元素,
# 或将一维数组转换为方阵(非对角线元素为0)
e = np.diag(d)
f = np.diag(e)
print('d: \n{}'.format(d))
print('e: \n{}'.format(e))
print('f: \n{}'.format(f))
# trace, 计算对角线元素的和
g = np.trace(d)
g
# det, 计算行列式
h = np.linalg.det(d)
h
# eig, 计算特征值和特征向量
i = np.linalg.eig(d)
i
# inv, 计算矩阵的逆
tmp = np.random.rand(3, 3)
j = np.linalg.inv(tmp)
j
```

1.5.5 NumPy 保存和导入文件

1. 文件读写

NumPy 可以方便地进行文件读、写。

```
# 使用 np.fromfile 从文本文件'housing.data'读入数据
# 这里要设置参数 sep = '',表示使用空白字符来分隔数据
# 空格或者回车都属于空白字符,读入的数据被转换成一维数组
d = np.fromfile('./work/housing.data', sep = '')
d
```

2. 文件保存

NumPy 提供了 save 和 load 接口,直接将数组保存成文件(保存为.npy 格式),或者从 .npy 文件中读取数组。

```
# 产生随机数组 a
a = np.random.rand(3,3)
np.save('a.npy', a)
# 从磁盘文件'a.npy'读入数组
b = np.load('a.npy')
# 检查 a 和 b 的数值是否一样
check = (a == b).all()
check
```

1.5.6 NumPy 应用举例

1. 计算激活函数 Sigmoid 和 ReLU

使用 ndarray 数组可以很方便地构建数学函数,并利用其底层的向量计算能力快速实现计算。下面以神经网络中比较常用激活函数 Sigmoid 和 ReLU 为例,介绍代码实现过程。

(1)计算 Sigmoid 激活函数

$$y = \frac{1}{1 + e^{-x}}$$

(2)计算 ReLU 激活函数

$$y = \begin{cases} 0, & (x < 0) \\ x, & (x \geqslant 0) \end{cases}$$

使用 NumPy 计算激活函数 Sigmoid 和 ReLU 的值,并可视化,代码如下:

```
# ReLU 和 Sigmoid 激活函数示意图
import numpy as np
% matplotlib inline
import matplotlib.pyplot as plt
import matplotlib.patches as patches

# 设置图片大小
plt.figure(figsize = (8, 3))

# x 是一维数组,数组大小是 -10~10.的实数,每隔 0.1 取一个点
x = np.arange(-10, 10, 0.1)
# 计算 Sigmoid 函数
s = 1.0 / (1 + np.exp(-x))

# 计算 ReLU 函数
y = np.clip(x, a_min = 0., a_max = None)

plt.show()
```

输出结果如图 1.40 所示。

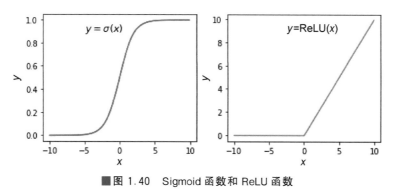

■图 1.40 Sigmoid 函数和 ReLU 函数

2. 图像翻转和裁剪

图像是由像素点构成的矩阵,其数值可以用 ndarray 来表示。将上述介绍的操作用在图像数据对应的 ndarray 上,可以很轻松地实现图片的翻转、裁剪和亮度调整,具体代码如下:

```python
# 导入需要的包
import numpy as np
import matplotlib.pyplot as plt
from PIL import Image

# 读入图片
image = Image.open('./work/images/000000001584.jpg')
image = np.array(image)
# 查看数据形状,其形状是[H, W, 3],
# 其中 H 代表高度, W 是宽度,3 代表 RGB 这 3 个通道
image.shape
# 原始图片
plt.imshow(image)
# 垂直方向翻转
# 这里使用数组切片的方式来完成,相当于将图片最后一行挪到第一行,倒数第二行挪到第二行,
# …,第一行挪到倒数第一行
# 对于行指标,使用::-1 来表示切片,负数步长表示以最后一个元素为起点,向左走寻找下一个点
# 对于列指标和 RGB 通道,仅使用:表示该维度不改变
image2 = image[::-1, :, :]
plt.imshow(image2)
# 水平方向翻转
image3 = image[:, ::-1, :]
plt.imshow(image3)
# 保存图片
im3 = Image.fromarray(image3)
im3.save('im3.jpg')
# 高度方向裁剪
H, W = image.shape[0], image.shape[1]
# 注意此处用整除,H_start 必须为整数
H1 = H // 2
H2 = H
image4 = image[H1:H2, :, :]
plt.imshow(image4)
# 宽度方向裁剪
W1 = W//6
W2 = W//3 * 2
image5 = image[:, W1:W2, :]
plt.imshow(image5)
# 两个方向同时裁剪
image5 = image[H1:H2, \
               W1:W2, :]
plt.imshow(image5)
# 调整亮度
image6 = image * 0.5
plt.imshow(image6.astype('uint8'))
# 调整亮度
```

```
image7 = image * 2.0
# 由于图片的 RGB 像素值必须在 0～255 之间,此处使用 np.clip 进行数值裁剪
image7 = np.clip(image7, \
        a_min = None, a_max = 255.)
plt.imshow(image7.astype('uint8'))
# 高度方向每隔一行取像素点
image8 = image[::2, :, :]
plt.imshow(image8)
# 宽度方向每隔一列取像素点
image9 = image[:, ::2, :]
plt.imshow(image9)
# 间隔行列采样,图像尺寸会减半,清晰度变差
image10 = image[::2, ::2, :]
plt.imshow(image10)
image10.shape
```

1.5.7 飞桨的张量表示

飞桨使用张量(Tensor)表示数据。张量可以理解为多维数组,具有任意的维度,如 1 维、2 维、3 维等。不同张量可以有不同的数据类型(Dtype)和形状(Shape),同一个张量的中所有元素的数据类型均相同。Tensor 是类似于 NumPy 数组(Ndarray)的概念。飞桨的张量高度兼容 NumPy 数组,在基础数据结构和方法上,增加了很多适用于深度学习任务的参数和方法,如反向计算梯度、指定运行硬件等。

虽然飞桨的张量可以与 NumPy 的数组互相转换,但实践时频繁地转换会导致无效的性能消耗。目前飞桨张量支持的操作已经超过 NumPy,推荐读者在使用飞桨完成深度学习任务时,优先使用张量完成各种数据处理和组网操作。

作业

(1) 使用 NumPy 计算 tanh 激活函数。tanh 是神经网络中常用的一种激活函数,其定义为

$$y = \frac{e^x - e^{-x}}{e^x + e^{-x}}$$

请参照书中 Sigmoid 激活函数的计算程序,用 NumPy 实现 tanh 函数的计算,并画出其函数曲线,x 的取值范围设置为$[-10., 10.]$。

(2) 统计随机生成矩阵中有多少个元素大于 0。假设使用 np.random.randn 生成了随机数构成的矩阵:

```
p = np.random.randn(10, 10)
```

提示:可以试一下使用 $q = (p > 0)$,观察 q 的数据类型和元素的取值。

第2章 一个示例带你吃透深度学习

2.1 使用飞桨完成手写数字识别模型

2.1.1 手写数字识别任务

数字识别是计算机从纸质文档、照片或其他来源接收、理解并识别可读数字的能力,目前比较受关注的是手写数字识别。手写数字识别是一个典型的图像分类问题,已经被广泛应用于汇款单号识别、手写邮政编码识别,大大缩短了业务处理时间,提升了工作效率和质量。

在处理如图2.1所示的手写邮政编码的简单图像分类任务时,可以使用基于MNIST数据集的神经网络或深度学习模型完成。MNIST是深度学习领域标准、易用的成熟数据集,包含60000条训练样本和10000条测试样本。

输入数据 手写邮政编码图片　　　　MNIST数据集　　　　输出数据 对输入数据判断结构

■图2.1 手写数字识别任务示意图

① 任务输入:一系列手写数字图片,其中每张图片都是28×28的像素矩阵。

② 任务输出:经过了归一化和居中处理,输出对应的0~9数字标签。

MNIST数据集是从NIST的Special Database 3(SD-3)和Special Database 1(SD-1)构建而来。Yann LeCun等人从SD-1和SD-3中各取一半作为MNIST训练集和测试集,其中训练集来自250位不同的标注员,且训练集和测试集的标注员完全不同。MNIST数据集的发布,吸引了大量科学家训练模型。1998年,Yann LeCun分别用单层线性分类器、多层感知器(Multi-Layer Perceptron，MLP)和多层卷积神经网络 LeNet 进行实验，使测试集的误差不断下降(从 12% 下降到 0.7%)。在研究过程中，Yann LeCun 提出了卷积神经网络(Convolutional Neural Network，CNN)，大幅度提高了手写字符的识别能力，也因此成为深度学习领域的奠基人之一。

如今在深度学习领域，卷积神经网络占据了至关重要的地位，从最早 Yann LeCun 提出的简单 LeNet，到如今 ImageNet 大赛上的优胜模型 VGGNet、GoogLeNet 和 ResNet 等，人们在图像分类领域，利用卷积神经网络得到了一系列惊人的结果。

手写数字识别的模型是深度学习中相对简单的模型，非常适用初学者。正如学习编程时输入的第一个程序是打印"Hello World!"一样。本书选取了手写数字识别任务作为启蒙实践，以便更好地帮助读者快速掌握飞桨的使用。

2.1.2　构建手写数字识别的神经网络模型

使用飞桨完成手写数字识别模型构建的代码结构如图 1.16 所示，与使用飞桨完成房价预测模型构建的流程一致，下面将详细介绍每个步骤的具体实现方法和优化思路。

2.1.3　模型代码结构一致，大大降低了用户的编码难度

在探讨手写数字识别模型的实现方案之前，首先"偷偷地"看一下程序代码。不难发现，与第 1 章学习的房价预测模型的代码比较，两者是极为相似的，如图 2.2 所示。

■图 2.2　房价预测和手写数字识别模型的实现代码"神似"

(1) 从代码结构上看，模型均为数据处理、定义网络结构和训练过程 3 个部分。

(2) 从代码细节来看，两个模型也很相似。

这就是使用飞桨框架搭建深度学习模型的优势，只要完成一个模型的示例学习，其他任

务即可触类旁通。在工业实践中,程序员用飞桨框架搭建模型,无需每次都另起炉灶,多数情况是先在飞桨模型库中寻找与目标任务类似的模型,再在该模型的基础上修改少量代码即可完成新的任务。

2.1.4   采用"横纵式"教学法,适合深度学习初学者

在本教程中采用了专门为读者设计的创新性的"横纵式"教学法进行深度学习建模介绍,如图 2.3 所示。

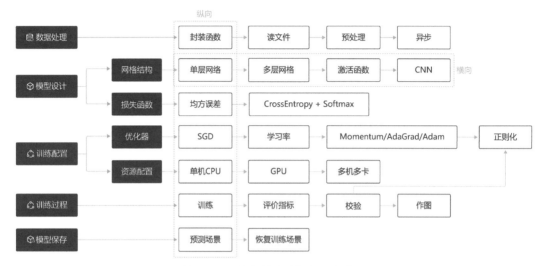

■图 2.3   创新性的"横纵式"教学法

在"横纵式"教学法中,纵向概要介绍模型的基本代码结构和极简实现方案。横向深入探讨构建模型的每个环节中,更优但相对复杂的实现方案。例如在模型设计环节,除了在极简版本使用的单层神经网络(与房价预测模型一样)外,还可以尝试更复杂的网络结构,如多层神经网络、加入非线性的激活函数,甚至专门针对视觉任务优化的卷积神经网络。

这种"横纵式"教学法的设计思路尤其适用于深度学习的初学者,具有如下两点优势:

(1)帮助读者轻松掌握深度学习内容。采用这种方式设计教学示例,读者在学习过程中接收到的信息是线性增长的,在难度上不会有阶跃式的提高。

(2)模拟真实建模的实战体验。先使用熟悉的模型构建一个可用但不够出色的基础版本(Baseline),再逐渐分析每个建模环节可优化的点,一点点地提升优化效果,让读者获得真实建模的实战体验。

相信在本章结束时,大家会对深入实践深度学习建模有一个更全面的认识,接下来将逐步学习建模的方法。

2.2   通过极简方案快速构建手写数字识别模型

第 2.1 节介绍了创新性的"横纵式"教学法,有助于深度学习初学者快速掌握深度学习理论知识,并在这一过程中让读者获得真实建模的实战体验。在"横纵式"教学法中,纵向概

要介绍模型的基本代码结构和极简实现方案,如图 2.4 所示。本节将使用这种极简实现方案快速完成手写数字识别的建模。

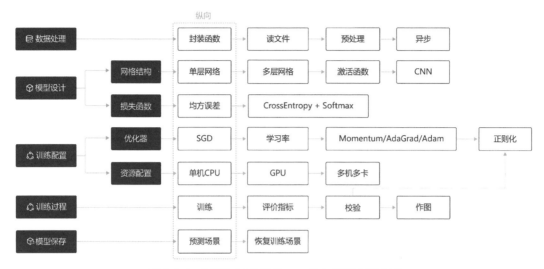

■图 2.4　"横纵式"教学法——纵向极简实现方案

1. 前提条件

在数据处理前,首先要加载飞桨与"手写数字识别"模型相关的类库,实现方法如下:

```
# 加载飞桨和相关类库
import paddle
from paddle.nn import Linear
import paddle.nn.functional as F
import os
import numpy as np
import matplotlib.pyplot as plt
```

2. 数据处理

飞桨提供了多个封装好的数据集 API,涵盖计算机视觉、自然语言处理、推荐系统等多个领域,帮助读者快速完成深度学习任务,如在手写数字识别任务中通过 paddle. vision. datasets. MNIST 可以直接获取处理好的数据集。飞桨 API 支持如下常见的数据集,如 MNIST、CIFAR-10、CIFAR-100、VOC2012、IMDB。

通过 paddle. vision. datasets. MNIST API 设置数据读取器,代码如下:

```
# 设置数据读取器,API 自动读取 MNIST 数据训练集
train_dataset = paddle.vision.datasets.MNIST(mode = 'train')
```

通过如下代码读取任意一个数据内容,观察打印结果:

```
train_data0 = np.array(train_dataset[0][0])
train_label_0 = np.array(train_dataset[0][1])

# 显示第一批次的第一个图像
```

```
import matplotlib.pyplot as plt
plt.figure("Image")            # 图像窗口名称
plt.figure(figsize = (2,2))
plt.imshow(train_data0, cmap = plt.cm.binary)
plt.axis('on')                 # 关掉坐标轴为 off
plt.title('image')             # 图像题目
plt.show()

print("图像数据形状和对应数据为:", train_data0.shape)
print("图像标签形状和对应数据为:", train_label_0.shape, train_label_0)
print("\n打印第一个 batch 的第一个图像,对应标签数字为{}".format(train_label_0))
```

输出结果如图 2.5 所示。

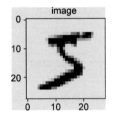

■图 2.5　可视化结果

图像数据形状和对应数据为: (28, 28)
图像标签形状和对应数据为: (1,) [5]
打印第一个 batch 的第一个图像,对应标签数字为[5]

可以看到图片显示的数字是 5,和对应标签数字一致。

说明:

飞桨将维度是 28×28 的手写数字图像转成向量形式存储,因此使用飞桨数据加载器读取到的手写数字图像是长度为 784(28×28)的向量。

熟练掌握飞桨 API 的使用方法,是使用飞桨完成各类深度学习任务的基础,也是开发者必须掌握的技能,下面介绍飞桨 API 获取方式和使用方法。

1) 飞桨 API 文档获取方式及目录结构

登录飞桨官网,打开"文档"→"API 文档",可以获取飞桨 API 文档。在飞桨最新的版本中,对 API 做了许多优化,目录结构与说明如表 2.1 所示。

表 2.1　飞桨 API 文档目录

目　　录	功能和包含的 API
paddle. *	飞桨根目录,保留了常用 API 的别名,包括 paddle. tensor、paddle. framework 等目录下的所有 API
paddle. tensor	Tensor 操作相关的 API,如创建 zeros、矩阵运算 matmul、变换 concat、计算 add、查找 argmax 等
paddle. nn	组网相关的 API,如 Linear、卷积 Conv2D、循环神经网络 RNN、损失函数 CrossEntropyLoss、激活函数 ReLU 等

续表

目　　录	功能和包含的 API
paddle.framework	框架通用 API 和动态图模式的 API，如 no_grad、save、load 等
paddle.optimizer	优化算法相关 API，如 SGD、Adagrad、Adam 等
paddle.optimizer.lr	学习率衰减相关 API，如 NoamDecay、StepDecay、PiecewiseDecay 等
paaddle.metric	评估指标计算相关的 API，如 Accuracy、Auc 等
paddle.io	数据输入输出相关 API，如 Dataset、DataLoader 等
paddle.device	设备管理相关 API，如 get_device、set_device 等
paddle.distributed	分布式相关基础 API
paddle.distributed.fleet	分布式相关高层 API
paddle.vision	视觉领域 API，如数据集 CIFAR-10、数据处理 ColorJitter、常用基础网络结构 ResNet 等
paddle.text	NLP 领域 API，目前包括 NLP 领域相关的数据集，如 IMDB、Movielens 等

2）API 文档使用方法

飞桨每个 API 的文档结构一致，包含接口形式、功能说明和计算公式、参数和返回值、代码示例 4 个部分。以 ReLU 函数为例，API 文档结构如图 2.6 所示。通过飞桨 API 文档，读者不仅可以详细查看函数功能，还可以通过可运行的代码示例来实践 API 的使用。

ReLU

class paddle.nn.ReLU(*name=None*)[源代码]

ReLU激活层（Rectified Linear Unit）。计算公式如下：

$$\mathrm{ReLU}(x) = \max(0, x)$$

其中，x 为输入的 Tensor

参数

- name (str, 可选) - 操作的名称(可选，默认值为None）。更多信息请参见 Name。

形状:

- input: 任意形状的Tensor。
- output: 和input具有相同形状的Tensor。

代码示例

```
import paddle
import numpy as np

x = paddle.to_tensor(np.array([-2, 0, 1]).astype('float32'))
m = paddle.nn.ReLU()
out = m(x) # [0., 0., 1.]
```

■图 2.6　ReLU 的 API 文档

3. 模型设计

在房价预测深度学习任务中,使用了单层且没有非线性变换的模型,取得了理想的预测效果。在手写数字识别中,依然使用这个模型预测输入的图形数字值。其中,模型的输入为784像素,输出为预测的标签值,如图 2.7 所示。

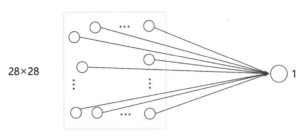

■图 2.7　手写数字识别网络模型

输入像素的位置信息对理解图像内容非常重要(如将原始尺寸为 28×28 图像的像素按照 7×112 的尺寸布局,那么其中的数字将不可识别),因此网络的输入为 28×28 的尺寸,而不是 1×784,以便于模型能够正确读取和处理像素之间的空间信息。

说明:

事实上,采用只有一层的简单网络(对输入求加权和)无法处理位置关系信息,因此可以猜测出此模型的预测效果有限。在后续优化环节介绍的卷积神经网络更好地考虑了这种位置关系信息,模型的预测效果也会显著提升。

下面以类的方式组建手写数字识别的网络,实现方法如下:

```
# 定义 MNIST 数据识别网络结构,同房价预测
class MNIST(paddle.nn.Layer):
  def __init__(self):
    super(MNIST, self).__init__()

    # 定义一层全连接层,输出单元的数目是 1
    self.fc = paddle.nn.Linear(in_features = 784, out_features = 1)

  # 定义网络结构的前向计算过程
  def forward(self, inputs):
    outputs = self.fc(inputs)
    return outputs
```

4. 训练配置

训练配置需要先生成模型实例(设为"训练"状态),再设置优化算法和学习率(使用随机梯度下降 SGD,学习率设置为 0.001),实现方法如下:

```
# 声明网络结构
model = MNIST()

def train(model):
```

```
# 启动训练模式
model.train()
# 加载训练集 batch_size 设为 16
train_loader = paddle.io.DataLoader(paddle.vision.datasets.MNIST(mode = 'train'),
                    batch_size = 16,
                    shuffle = True)
# 定义优化器,使用随机梯度下降 SGD 优化器,学习率设置为 0.001
opt = paddle.optimizer.SGD(learning_rate = 0.001, parameters = model.parameters())
```

5. 训练过程

训练过程采用二层循环嵌套方式,训练完成后需要保存模型参数,以便后续使用。

```
# 图像归一化函数,将数据范围为[0, 255]的图像归一化到[0, 1]
def norm_img(img):
    # 验证传入数据格式是否正确,img 的 shape 为[batch_size, 28, 28]
    assert len(img.shape) == 3
    batch_size, img_h, img_w = img.shape[0], img.shape[1], img.shape[2]
    # 归一化图像数据
    img = img / 255
    # 将图像形式 reshape 为[batch_size, 784]
    img = paddle.reshape(img, [batch_size, img_h * img_w])


import paddle
paddle.vision.set_image_backend('cv2')


# 声明网络结构
model = MNIST()


def train(model):
    # 启动训练模式
    model.train()
    # 加载训练集 batch_size 设为 16
    train_loader = paddle.io.DataLoader(paddle.vision.datasets.MNIST(mode = 'train'),
                        batch_size = 16,
                        shuffle = True)
    # 定义优化器,使用随机梯度下降 SGD 优化器,学习率设置为 0.001
    opt = paddle.optimizer.SGD(learning_rate = 0.001, parameters = model.parameters())
    EPOCH_NUM = 10
    for epoch in range(EPOCH_NUM):
        for batch_id, data in enumerate(train_loader()):
            images = norm_img(data[0]).astype('float32')
            labels = data[1].astype('float32')

            # 前向计算的过程
            predicts = model(images)

            # 计算损失
```

```
        loss = F.square_error_cost(predicts, labels)
        avg_loss = paddle.mean(loss)

        # 每训练1000批次的数据,打印下当前 Loss 的情况
        if batch_id % 1000 == 0:
          print("epoch_id: {}, batch_id: {}, loss is: {}".format(epoch, batch_id, avg_loss.numpy()))

        # 反向传播,更新参数的过程
        avg_loss.backward()
        opt.step()
        opt.clear_grad()

train(model)
paddle.save(model.state_dict(), './mnist.pdparams')
```

从训练过程中损失函数的变化可以发现,虽然损失整体上在降低,但到训练的最后一轮,损失函数值依然较高。可以猜测完全复用房价预测的代码,手写数字识别任务的模型训练效果并不好。接下来通过模型测试,获取模型训练的真实效果。

6. 模型测试

模型测试的主要目的是验证训练好的模型是否能正确识别出数字,包括如下 4 步。

(1) 声明实例。

(2) 加载模型。加载训练过程中保存的模型参数。

(3) 加载数据。将测试样本传入模型,模型的状态设置为校验状态(eval),告诉框架接下来只会使用前向计算的流程,不计算梯度和梯度反向传播。

(4) 获取预测结果,取整后作为预测标签输出。

```
# 导入图像读取第三方库
import matplotlib.pyplot as plt
import numpy as np
from PIL import Image

img_path = './work/example_0.jpg'
# 读取原始图像并显示
im = Image.open('./work/example_0.jpg')
plt.imshow(im)
plt.show()
# 将原始图像转为灰度图
im = im.convert('L')
print('原始图像 shape: ', np.array(im).shape)
# 使用 Image.ANTIALIAS 方式采样原始图片
im = im.resize((28, 28), Image.ANTIALIAS)
plt.imshow(im)
plt.show()
print("采样后图片 shape: ", np.array(im).shape)
```

程序执行结果如图 2.8 所示。

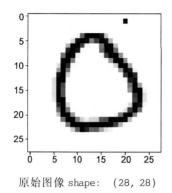

原始图像 shape:　(28, 28)

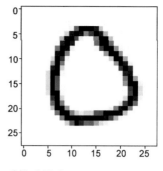

采样后图片 shape:　(28, 28)

■图 2.8　程序执行结果

```python
# 读取一张本地的样例图片,转变成模型输入的格式
def load_image(img_path):
    # 从 img_path 中读取图像,并转为灰度图
    im = Image.open(img_path).convert('L')
    # print(np.array(im))
    im = im.resize((28, 28), Image.ANTIALIAS)
    im = np.array(im).reshape(1, -1).astype(np.float32)
    # 图像归一化,保持和数据集的数据范围一致
    im = 1 - im / 255
    return im

# 定义预测过程
model = MNIST()
params_file_path = 'mnist.pdparams'
img_path = './work/example_0.jpg'
# 加载模型参数
param_dict = paddle.load(params_file_path)
model.load_dict(param_dict)
# 加载数据
model.eval()
tensor_img = load_image(img_path)
result = model(paddle.to_tensor(tensor_img))
print('result', result)
# 预测输出取整,即为预测的数字,打印结果
print("本次预测的数字是", result.numpy().astype('int32'))
```

输出结果为:

本次预测的数字是 [[1]]

从打印结果来看,模型预测出的数字是与实际输出的图片数字不一致。这里只是验证了一个样本的情况,如果尝试更多的样本,可发现许多数字图片的识别结果都是错误的。因此,完全复用房价预测的代码并不适用于手写数字识别任务。

在后续的章节中会对手写数字识别实验模型进行逐一改进,直至获得令人满意的结果。

作业

（1）使用飞桨 paddle. vision. dataset. mnist API 获取测试集数据，计算当前模型的准确率。

（2）如何进一步提高模型的准确率？可以写出你想到的优化思路。

<h2>2.3 手写数字识别的数据处理</h2>

2.3.1 概述

第 2.2 节使用"横纵式"教学法中的纵向极简方案快速完成手写数字识别任务的建模，但模型测试效果并未达成预期。我们换个思路，从横向展开，如图 2.9 所示，逐个环节优化，以达到最优训练效果。本节主要介绍手写数字识别模型中数据处理的优化方法。

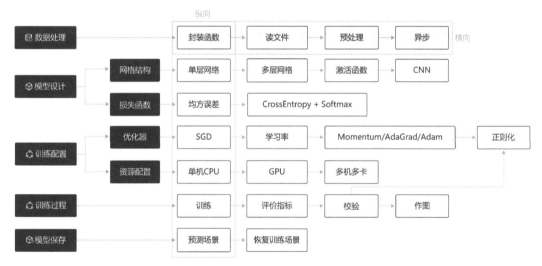

■图 2.9 "横纵式"教学法——数据处理优化

读者可以通过调用飞桨提供的 API(paddle. vision. datasets. MNIST)加载 MNIST 数据集。但在工业实践中面临的任务和数据环境千差万别，通常需要自己编写适合当前任务的数据处理程序，一般涉及如下 5 个环节。

（1）读取数据。

（2）划分数据集。

（3）生成批次数据。

（4）训练样本集乱序。

（5）校验数据有效性。

在数据读取与处理前，首先要加载飞桨和数据处理库，代码如下：

```
import paddle
from paddle.nn import Linear
```

```
import paddle.nn.functional as F
import os
import gzip
import json
import random
import numpy as np
```

2.3.2　数据读取并划分数据集

在实际应用中,保存到本地的数据存储格式多种多样,如 MNIST 数据集以 JSON 格式存储在本地,其数据存储结构如图 2.10 所示。

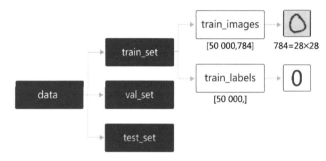

■图 2.10　MNIST 数据集的存储结构

MNIST 数据集包括训练集、验证集和测试集,即 train_set、val_set、test_set。其中分别包括 50000 条训练样本数据、10000 条验证样本数据、10000 条测试样本数据。每条样本数据都包含手写数字图片和对应的标签。

(1) train_set(训练集):用于确定模型参数。

(2) val_set(验证集):用于调节模型超参数(如多个网络结构、正则化权重的最优选择)。

(3) test_set(测试集):用于估计应用效果(没有在模型中应用过的数据,更贴近模型在真实场景应用的效果)。

train_set 包含两个元素的列表,即 train_images、train_labels。

(1) train_images:[50000,784]的二维列表,包含 50000 张图像。每张图像用一个长度为 784 的向量表示,是 28×28 尺寸的像素灰度值(黑白图像)。

(2) train_labels:[50000,]的列表,表示这些图像对应的分类标签,即 0~9 之间的一个数字。

读取 MNIST 数据,并拆分成训练集、验证集和测试集,实现方法如下:

```
# 声明数据集文件位置
datafile = './work/mnist.json.gz'
print('loading mnist dataset from {} ......'.format(datafile))
# 加载 JSON 数据文件
data = json.load(gzip.open(datafile))
print('mnist dataset load done')
# 读取到的数据区分训练集、验证集、测试集
train_set, val_set, eval_set = data
```

```
# 观察训练集数量
imgs, labels = train_set[0], train_set[1]
print("训练数据集数量: ", len(imgs))

# 观察验证集数量
imgs, labels = val_set[0], val_set[1]
print("验证数据集数量: ", len(imgs))

# 观察测试集数量
imgs, labels = val = eval_set[0], eval_set[1]
print("测试数据集数量:",len(imgs))
```

为什么学术界的模型总在不断精进呢？

通常某组织发布一个新任务的训练集和测试集数据后,全世界的科学家都针对该数据集进行创新研究,随后大量针对该数据集的论文会陆续发表。论文 1 的 A 模型声称在测试集的准确率 70%,论文 2 的 B 模型声称在测试集的准确率提高到 72%,论文 N 的 X 模型声称在测试集的准确率提高到 90%……

然而这些论文中的模型在测试集上准确率提升真实有效么？我们不妨大胆猜测一下。

假设所有论文共产生 1000 个模型,这些模型使用的是测试数据集来评判模型效果,并最终选出效果最优的模型。这相当于把原始的测试集当作了验证集,使得测试集失去了真实评判模型效果的能力,正如机器学习领域非常流行的一句话:"拷问数据足够久,它终究会招供",如图 2.11 所示。

■图 2.11   拷问数据足够久、它终究会招供

那么当需要将学术界研发的模型复用于工业项目时,应该如何选择呢？给读者一个小建议:当几个模型的准确率在测试集上差距不大时,尽量选择网络结构相对简单的模型。往往设计越精巧的模型和方法,其越不容易在不同的数据集之间迁移。

2.3.3   训练样本乱序并生成批次数据

1. 训练样本乱序

先将样本按顺序进行编号,建立 ID 集合 index_list;然后将 index_list 乱序;最后按乱序后的 index_list 读取数据。

说明：

通过大量实验发现，模型对最后出现的数据印象更加深刻。训练数据导入后，越接近模型训练结束，最后几个批次数据对模型参数的影响越大。为了避免模型记忆影响训练效果，需要进行样本乱序操作。

2. 生成批次数据

先设置合理的 batch size，再将数据转变成符合模型输入要求的 np.array 格式返回。同时，在返回数据时将 Python 生成器设置为 yield 模式，以减少内存占用。

```python
imgs, labels = train_set[0], train_set[1]
print("训练数据集数量: ", len(imgs))
# 获得数据集长度
imgs_length = len(imgs)
# 定义数据集每个数据的序号,根据序号读取数据
index_list = list(range(imgs_length))
# 读入数据时用到的批次大小
BATCHSIZE = 100

# 随机打乱训练数据的索引序号
random.shuffle(index_list)

# 定义数据生成器,返回批次数据
def data_generator():
    imgs_list = []
    labels_list = []
    for i in index_list:
        # 将数据处理成希望的类型
        img = np.array(imgs[i]).astype('float32')
        label = np.array(labels[i]).astype('float32')
        imgs_list.append(img)
        labels_list.append(label)
        if len(imgs_list) == BATCHSIZE:
            # 获得一个batchsize的数据,并返回
            yield np.array(imgs_list), np.array(labels_list)
            # 清空数据读取列表
            imgs_list = []
            labels_list = []

    # 如果剩余数据的数目小于BATCHSIZE,则剩余数据一起构成一个大小为 len(imgs_list)的 mini-batch
    if len(imgs_list) >0:
        yield np.array(imgs_list), np.array(labels_list)
    return data_generator

# 声明数据读取函数,从训练集中读取数据
train_loader = data_generator
# 以迭代的形式读取数据
for batch_id, data in enumerate(train_loader()):
    image_data, label_data = data
    if batch_id == 0:
```

```
# 打印数据 shape 和类型
print("打印第一个 batch 数据的维度:")
print("图像维度:{},标签维度:{}".format(image_data.shape, label_data.shape))
break
```

输出结果为:

图像维度:(100, 784),标签维度:(100,)

2.3.4 校验数据有效性

在实际应用中,原始数据可能存在标注不准确、数据杂乱或格式不统一等情况。因此,在完成数据处理流程后,还需要进行数据校验,一般有两种方式:

① 机器校验:加入一些校验和清理数据的操作。

② 人工校验:先打印数据输出结果,观察是否是设置的格式;再从训练的结果验证数据处理和读取的有效性。

1. 机器校验

使用 assert 语句校验图像数量和标签数据是否一致。如果数据集中的图像数量和标签数量不等,那么说明数据逻辑存在问题。代码实现如下:

```
imgs_length = len(imgs)

assert len(imgs) == len(labels), \
    "length of train_imgs({}) should be the same as train_labels({})".format(len(imgs), len(label))
```

2. 人工校验

打印数据输出结果,观察数据的形状和类型是否与函数中设置的一致。代码实现如下:

```
# 声明数据读取函数,从训练集中读取数据
train_loader = data_generator
# 以迭代的形式读取数据
for batch_id, data in enumerate(train_loader()):
    image_data, label_data = data
    if batch_id == 0:
        # 打印数据形状和类型
        print("打印第一个 batch 数据的维度,以及数据的类型:")
        print("图像维度:{},标签维度:{},图像数据类型:{},标签数据类型:{}".format(image_data.shape, label_data.shape, type(image_data), type(label_data)))
        break
```

输出结果为:

图像维度:(100, 784),标签维度:(100,),图像数据类型:< class 'numpy.ndarray'>,标签数据类型:< class 'numpy.ndarray'>

从输出结果看,数据型准和类型与函数中设置的一致。

2.3.5 封装数据读取与处理函数

将以上步骤在 load_data 函数中实现,方便在神经网络训练时直接调用。

```python
def load_data(mode = 'train'):
    datafile = './work/mnist.json.gz'
    print('loading mnist dataset from {} ......'.format(datafile))
    # 加载 JSON 数据文件
    data = json.load(gzip.open(datafile))
    print('mnist dataset load done')

    # 读取到的数据区分训练集、验证集、测试集
    train_set, val_set, eval_set = data
    if mode == 'train':
        # 获得训练数据集
        imgs, labels = train_set[0], train_set[1]
    elif mode == 'valid':
        # 获得验证数据集
        imgs, labels = val_set[0], val_set[1]
    elif mode == 'eval':
        # 获得测试数据集
        imgs, labels = eval_set[0], eval_set[1]
    else:
        raise Exception("mode can only be one of ['train', 'valid', 'eval']")
    print("训练数据集数量: ", len(imgs))

    # 校验数据
    imgs_length = len(imgs)

    assert len(imgs) == len(labels), \
        "length of train_imgs({}) should be the same as train_labels({})".format(len(imgs), len
(labels))

    # 获得数据集长度
    imgs_length = len(imgs)

    # 定义数据集每个数据的序号,根据序号读取数据
    index_list = list(range(imgs_length))
    # 读入数据时用到的批次大小
    BATCHSIZE = 100

    # 定义数据生成器
    def data_generator():
        if mode == 'train':
            # 训练模式下打乱数据
            random.shuffle(index_list)
        imgs_list = []
        labels_list = []
        for i in index_list:
            # 将数据处理成希望的类型
            img = np.array(imgs[i]).astype('float32')
            label = np.array(labels[i]).astype('float32')
```

```
        imgs_list.append(img)
        labels_list.append(label)
        if len(imgs_list) == BATCHSIZE:
            # 获得一个 batchsize 的数据,并返回
            yield np.array(imgs_list), np.array(labels_list)
            # 清空数据读取列表
            imgs_list = []
            labels_list = []

    # 如果剩余数据的数目小于 BATCHSIZE,则剩余数据一起构成一个大小为 len(imgs_list)的
    # mini-batch
    if len(imgs_list) >0:
        yield np.array(imgs_list), np.array(labels_list)
    return data_generator
```

定义一层神经网络,利用定义好的数据处理函数,完成神经网络的训练。

```
# 数据处理部分之后的代码,数据读取的部分调用 Load_data 函数
# 定义网络结构,同上一节网络结构代码
class MNIST(paddle.nn.Layer):
    ...

# 训练配置,并启动训练过程
def train(model):
    model = MNIST()
    model.train()
    # 调用加载数据的函数
    train_loader = load_data('train')
    opt = paddle.optimizer.SGD(learning_rate = 0.001, parameters = model.parameters())
    EPOCH_NUM = 10
    for epoch_id in range(EPOCH_NUM):
        for batch_id, data in enumerate(train_loader()):

            # 准备数据,变得更加简洁
            images, labels = data
            images = paddle.to_tensor(images)
            labels = paddle.to_tensor(labels)

            # 前向计算的过程
            predits = model(images)

            # 计算损失,取一个批次样本损失的平均值
            loss = F.square_error_cost(predits, labels)
            avg_loss = paddle.mean(loss)

            # 每训练 200 批次的数据,打印下当前 Loss 的情况
            if batch_id % 200 == 0:
                print("epoch: {}, batch: {}, loss is: {}".format(epoch_id, batch_id, avg_loss.numpy()))

            # 后向传播,更新参数的过程
            avg_loss.backward()
            opt.step()
```

```
        opt.clear_grad()

    paddle.save(model.state_dict(), './mnist.pdparams')          # 保存模型
model = MNIST()                                                  # 创建模型
train(model)                                                     # 启动训练
```

2.3.6 异步数据读取

上面提到的数据读取采用的是同步数据读取方式。对于样本量较大、数据读取较慢的场景,建议采用异步数据读取方式。异步读取数据时,数据读取和模型训练并行执行,从而加快了数据读取速度,牺牲一小部分内存换取数据读取效率的提升,两者关系如图 2.12 所示。

■图 2.12 同步数据读取和异步数据读取示意图

(1)同步数据读取。数据读取与模型训练串行。当模型需要数据时,才运行数据读取函数获得当前批次的数据。在数据读取期间,模型一直等待数据读取结束才进行训练,数据读取速度相对较慢。

(2)异步数据读取。数据读取和模型训练并行。读取到的数据不断放入缓存区,无需等待模型训练就可以启动下一轮数据读取。当模型训练完一个批次后,不用等待数据读取过程,直接从缓存区获得下一批次数据进行训练,从而加快了数据读取速度。

(3)异步队列。数据读取和模型训练交互的仓库,两者均可以从仓库中读取数据,它的存在使两者的工作节奏可以解耦。

构建一个继承 paddle.io.Dataset 类的数据读取器:

```
import numpy as np
from paddle.io import Dataset
# 构建一个类,继承 paddle.io.Dataset,创建数据读取器
class RandomDataset(Dataset):
    def __init__(self, num_samples):
        # 样本数量
        self.num_samples = num_samples

    def __getitem__(self, idx):
```

```python
    # 随机产生数据和 label
    image = np.random.random([784]).astype('float32')
    label = np.random.randint(0, 9, (1, )).astype('float32')
    return image, label

  def __len__(self):
    # 返回样本总数量
    return self.num_samples

# 测试数据读取器
dataset = RandomDataset(10)
for i in range(len(dataset)):
```

使用 paddle.io.DataLoader API 实现异步数据读取，数据会由 Python 线程预先读取，并异步送入一个队列中。

```python
class paddle.io.DataLoader(dataset, batch_size = 100, shuffle = True, num_workers = 2)
```

DataLoader 支持单进程和多进程的数据加载方式。当 num_workers＝0 时，单进程方式异步加载数据；当 num_workers＝$n(n>0)$时，主进程将会开启 n 个子进程异步加载数据。DataLoader 返回一个迭代器，迭代返回 dataset 中的数据内容。

```python
loader = paddle.io.DataLoader(dataset, batch_size = 3, shuffle = True, drop_last = True, num_workers = 2)
for i, data in enumerate(loader()):
  images, labels = data[0], data[1]
```

下面以 MNIST 数据为例，生成对应的 Dataset 和 DataLoader：

```python
# 加载飞桨相关类
...

class MnistDataset(paddle.io.Dataset):
  def __init__(self, mode):
    datafile = './work/mnist.json.gz'
    data = json.load(gzip.open(datafile))
    # 读取到的数据区分训练集、验证集、测试集
    train_set, val_set, eval_set = data
    if mode == 'train':
      # 获得训练数据集
      imgs, labels = train_set[0], train_set[1]
    elif mode == 'valid':
      # 获得验证数据集
      imgs, labels = val_set[0], val_set[1]
    elif mode == 'eval':
      # 获得测试数据集
      imgs, labels = eval_set[0], eval_set[1]
    else:
      raise Exception("mode can only be one of ['train', 'valid', 'eval']")
```

```
    # 校验数据
    imgs_length = len(imgs)
    assert len(imgs) == len(labels), \
      "length of train_imgs({}) should be the same as train_labels({})".format(len(imgs), len
(labels))

    self.imgs = imgs
    self.labels = labels

  def __getitem__(self, idx):
    img = np.array(self.imgs[idx]).astype('float32')
    label = np.array(self.labels[idx]).astype('float32')

    return img, label

  def __len__(self):
    return len(self.imgs)
train_dataset = MnistDataset(mode = 'train')
# 使用 paddle.io.DataLoader 定义 DataLoader 对象用于加载 Python 生成器产生的数据，
# DataLoader 返回的是一个批次数据迭代器，并且是异步的
data_loader = paddle.io.DataLoader(train_dataset, batch_size = 100, shuffle = True)
# 迭代的读取数据并打印数据的形状
for i, data in enumerate(data_loader()):
  images, labels = data
  print(i, images.shape, labels.shape)
  if i >= 2:
    break
```

异步数据读取并训练的完整示例代码如下：

```
def train(model):
  model = MNIST()
  model.train()
  opt = paddle.optimizer.SGD(learning_rate = 0.001, parameters = model.parameters())
  EPOCH_NUM = 3
  for epoch_id in range(EPOCH_NUM):
    for batch_id, data in enumerate(data_loader()):
      images, labels = data
      images = paddle.to_tensor(images)
      labels = paddle.to_tensor(labels).astype('float32')

      #前向计算的过程
      predicts = model(images)

      #计算损失，取一个批次样本损失的平均值
      loss = F.square_error_cost(predicts, labels)
      avg_loss = paddle.mean(loss)

      #每训练200批次的数据，打印下当前Loss的情况
      if batch_id % 200 == 0:
        print("epoch: {}, batch: {}, loss is: {}".format(epoch_id, batch_id, avg_loss.numpy()))
```

```
# 后向传播，更新参数的过程
avg_loss.backward()
opt.step()
opt.clear_grad()

    # 保存模型参数
    paddle.save(model.state_dict(), 'mnist')

# 创建模型
model = MNIST()
# 启动训练过程
train(model)
```

从异步数据读取的训练结果来看，损失函数下降与同步数据读取训练结果一致。注意，异步数据读取只在数据量规模巨大时才会带来显著的性能提升，对于多数场景采用同步数据读取的方式已经足够。

扩展阅读

在深度学习的实践中，样本数据的有效性、类型分布、噪声和数据量大小对模型的精度至关重要，因此在数据处理时，往往需要进行数据增强/增广的操作，以提升模型的效果。以计算机视觉任务为例，常用的数据增强/增广的方法包括图像的色调变换、透明度变换、旋转、背景模糊、裁剪、混叠等。更多内容可以扫描本书封底二维码，进入在线课程了解和学习。

数据增强/增广需要根据实践领域和任务来设计，在本书后续的章节会逐步介绍基于飞桨实现各种数据增强的操作方法。手写数字识别的任务比较简单，数据集也相对规整，无须使用数据增强/增广的方法。

2.4 手写数字识别的网络结构

2.4.1 概述

第 2.2 节使用与房价预测相同的简单的神经网络解决手写数字识别问题，但是效果并不理想。原因是手写数字识别的输入是 28×28 的像素值，输出是 $0 \sim 9$ 的数字标签，而线性回归模型无法捕捉二维图像数据中蕴含的复杂信息，如图 2.13 所示。无论是牛顿第二定律任务还是房价预测任务，输入特征和输出预测值之间的关系均可以使用"直线"刻画(使用线性方程来表达)。但手写数字识别任务的输入像素和输出数字标签之间的关系显然不是线性的，甚至这个关系复杂到靠人脑都难以直观理解的程度。

因此，需要尝试使用其他更复杂、更强大的网络来构建手写数字识别任务，观察一下训练效果，即将"横纵式"教学法从横向展开，如图 2.14 所示。本节主要介绍两种常见的网络结构：经典的多层全连接神经网络和卷积神经网络。

数据处理的代码与第 2.2 节保持一致。

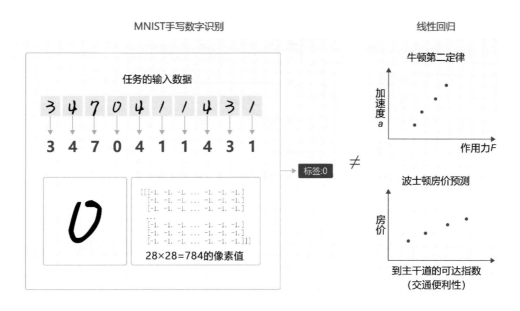

■图 2.13　数字识别任务的输入和输出不是线性关系

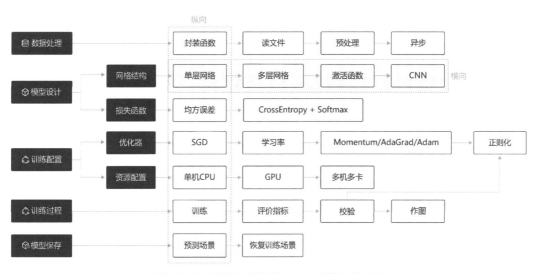

■图 2.14　"横纵式"教学法——网络结构优化

2.4.2　经典的全连接神经网络

全连接神经网络包含 4 层网络,即输入层、两个隐含层和输出层,将手写数字识别任务通过全连接神经网络表示,如图 2.15 所示。

(1)输入层。将数据输入给神经网络。在该任务中,输入层的尺度为 28×28 的像素值。

(2)隐含层。增加网络深度和复杂度,隐含层的节点数是可以调整的,节点数越多,神经网络表示能力越强,参数量也会增加。在该任务中,中间的两个隐含层为 10×10 的结构,

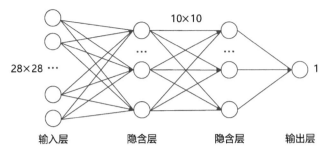

■图 2.15　手写数字识别任务的全连接神经网络结构

通常隐含层会比输入层的尺寸小,以便对关键信息做抽象。激活函数使用常见的 Sigmoid 函数。

(3)输出层。输出网络计算结果,输出层的节点数是固定的。如果是回归问题,节点数量为需要回归的数字数量。如果是分类问题,则是分类标签的数量。在该任务中,模型的输出是回归一个数字,输出层的尺寸为 1。

说明:

隐含层引入非线性激活函数 Sigmoid 是为了增加神经网络的非线性能力。

例如,如果一个神经网络采用线性变换,有 4 个输入 $x_1 \sim x_4$、一个输出 y。假设第一层的变换是 $z_1 = x_1 - x_2$ 和 $z_2 = x_3 + x_4$,第二层的变换是 $y = z_1 + z_2$,则将两层的变换展开后得到 $y = x_1 - x_2 + x_3 + x_4$。也就是说,无论中间累积了多少层线性变换,原始输入和最终输出之间依然是线性关系。

Sigmoid 是早期神经网络模型中常见的非线性变换函数,通过如下代码绘制出 Sigmoid 的函数曲线(图 2.15):

```
def sigmoid(x):
    # 直接返回 Sigmoid 函数
    return 1. / (1. + np.exp( - x))

# param:起点,终点,间距
x = np.arange( - 8, 8, 0.2)
y = sigmoid(x)
plt.plot(x, y)
plt.show( )
```

代码执行结果如图 2.16 所示。

针对手写数字识别的任务,网络层的设计如下:

(1)输入层的尺度为 28×28,批次计算时会加一个维度(大小为 batch size)。

(2)中间的两个隐含层为 10×10 的结构,激活函数使用常见的 Sigmoid 函数。

(3)与房价预测模型一样,模型的输出是回归一个数字,输出层的尺寸设置成 1。

下述代码为经典全连接神经网络的实现。

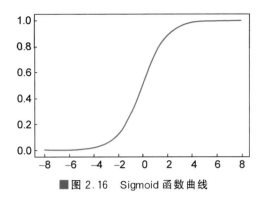

■图 2.16 Sigmoid 函数曲线

```
import paddle.nn.functional as F
from paddle.nn import Linear

# 定义多层全连接神经网络
class MNIST(paddle.nn.Layer):
  def __init__(self):
    super(MNIST, self).__init__()
    # 定义两层全连接隐含层,输出维度是10,当前设定隐含节点数为10,可根据任务调整
    self.fc1 = Linear(in_features = 784, out_features = 10)
    self.fc2 = Linear(in_features = 10, out_features = 10)
    # 定义一层全连接输出层,输出维度是1
    self.fc3 = Linear(in_features = 10, out_features = 1)

  # 定义网络的前向计算,隐含层激活函数为 Sigmoid,输出层不使用激活函数
  def forward(self, inputs):
    # inputs = paddle.reshape(inputs, [inputs.shape[0], 784])
    outputs1 = self.fc1(inputs)
    outputs1 = F.sigmoid(outputs1)
    outputs2 = self.fc2(outputs1)
    outputs2 = F.sigmoid(outputs2)
    outputs_final = self.fc3(outputs2)
    return outputs_final
```

2.4.3　卷积神经网络

　　虽然使用经典的神经网络可以提升一定的准确率,但对于计算机视觉问题,效果最好的模型仍然是卷积神经网络。卷积神经网络针对视觉问题的特点进行了网络结构优化,更适合处理视觉问题。

　　卷积神经网络由多个卷积层和池化层组成,如图 2.17 所示。卷积层负责对输入进行扫描以生成更抽象的特征表示,池化层对这些特征表示进行过滤,保留最关键的特征信息。

说明:

　　① 卷积神经网络 LeNet-5 原论文中输入图片的大小为 32×32,但是本书以输入图片大小为 28×28 的情况展示。

② 本节只简单介绍用卷积神经网络实现手写数字识别任务,以及它带来的效果提升。读者可以将卷积神经网络先简单理解成一种比经典的全连接神经网络更强大的模型即可,更详细的原理和实现在接下来的第 3 章"计算机视觉"中讲述。

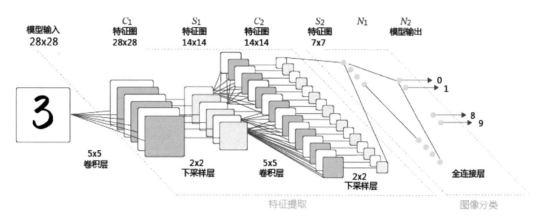

■图 2.17   在处理计算机视觉任务中大放异彩的卷积神经网络

两层卷积和池化的神经网络实现如下:

```python
# 定义 SimpleNet 网络结构
import paddle
from paddle.nn import Conv2D, MaxPool2D, Linear
import paddle.nn.functional as F
# 多层卷积神经网络实现
class MNIST(paddle.nn.Layer):
  def __init__(self):
    super(MNIST, self).__init__()

    # 定义卷积层,输出特征通道 out_channels 设置为 20,卷积核的大小 kernel_size 为 5,卷积步
    # 长 stride = 1,padding = 2
    self.conv1 = Conv2D(in_channels = 1, out_channels = 20, kernel_size = 5, stride = 1,
padding = 2)
    # 定义池化层,池化核的大小 kernel_size 为 2,池化步长为 2
    self.max_pool1 = MaxPool2D(kernel_size = 2, stride = 2)
    # 定义卷积层,输出特征通道 out_channels 设置为 20,卷积核的大小 kernel_size 为 5,卷积步
    # 长 stride = 1,padding = 2
    self.conv2 = Conv2D(in_channels = 20, out_channels = 20, kernel_size = 5, stride = 1,
padding = 2)
    # 定义池化层,池化核的大小 kernel_size 为 2,池化步长为 2
    self.max_pool2 = MaxPool2D(kernel_size = 2, stride = 2)
    # 定义一层全连接层,输出维度是 1
    self.fc = Linear(in_features = 980, out_features = 1)

  # 定义网络前向计算过程,卷积后紧接着使用池化层,最后使用全连接层计算最终输出
  # 卷积层激活函数使用 ReLU,全连接层不使用激活函数
  def forward(self, inputs):
    x = self.conv1(inputs)
    x = F.relu(x)
    x = self.max_pool1(x)
```

```
    x = self.conv2(x)
    x = F.relu(x)
    x = self.max_pool2(x)
    x = paddle.reshape(x, [x.shape[0], -1])
    x = self.fc(x)
    return x
```

说明：

以上数据加载函数 load_data 返回一个数据迭代器 train_loader，该 train_loader 在每次迭代时的数据形状为 [batch size，784]，因此需要将该数据形式改造为图像数据形式 [batch size，1，28，28]，其中第二维代表图像的通道数（MNIST 数据集中的图像为灰度图像，通道数为 1，RGB 图像通道数为 3）。

训练定义好的卷积神经网络：

```
def train(model):
    model.train()
    train_loader = load_data('train')
    opt = paddle.optimizer.SGD(learning_rate=0.01, parameters=model.parameters())
    EPOCH_NUM = 10
    IMG_ROWS, IMG_COLS = 28, 28

    for epoch_id in range(EPOCH_NUM):
        for batch_id, data in enumerate(train_loader()):
            #准备数据
            images, labels = data
            images = paddle.to_tensor(images)
            labels = paddle.to_tensor(labels)

            predicts = model(images)                    #前向计算

            loss = F.square_error_cost(predicts, labels)   #计算损失,取一个批次样本损失的平均值
            avg_loss = paddle.mean(loss)

            #每训练 200 批次的数据,打印当前损失的情况
            if batch_id % 200 == 0:
                print("epoch: {}, batch: {}, loss is: {}".format(epoch_id, batch_id, avg_loss.numpy()))

            #反向传播,更新参数
            avg_loss.backward()
            opt.step()
            opt.clear_grad()

paddle.save(model.state_dict(), 'mnist.pdparams')
model = MNIST()
train(model)
```

输出结果如图 2.18 所示。

从输出结果看,比较经典全连接神经网络和卷积神经网络的损失变化,可以发现卷积神

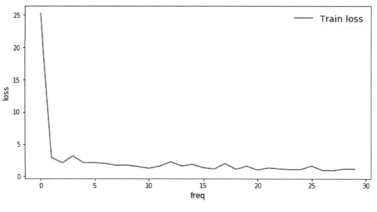

■图 2.18　输出结果

经网络的损失值下降更快,且最终的损失值更小。

　　观察全连接神经网络和卷积神经网络的损失变化,可以发现卷积神经网络的损失值下降更快,且最终的损失值更小。

2.5　手写数字识别的损失函数

2.5.1　概述

　　第 2.4 节尝试通过更复杂的模型(经典的全连接神经网络和卷积神经网络),提升手写数字识别模型训练的准确性。本节继续将"横纵式"教学法从横向展开,如图 2.19 所示,探讨损失函数的优化对模型训练效果的影响。

■图 2.19　"横纵式"教学法——损失函数优化

　　损失函数是模型优化的目标,目的是在模型训练中,找到一组最优的参数值,使得预测值最接近真实值。损失函数的计算在训练过程的代码中,每一轮模型训练的过程都相同,分为如下 3 步。

(1) 先根据输入数据前向计算预测输出。

(2) 再根据预测值和真实值计算损失。

(3) 最后根据损失反向传播梯度更新参数。

2.5.2　分类任务的损失函数

在第 2.4 节,我们复用了房价预测任务使用的均方误差损失函数。从模型训练效果来看,虽然损失不断下降,模型的预测值逐渐逼近真实值,但模型的最终效果不够理想。究其根本,不同的深度学习任务需要有各自适宜的损失函数。下面以房价预测和手写数字识别两个任务为例,详细剖析其中的缘由。

(1) 房价预测是回归任务,而手写数字识别是分类任务,使用均方误差作为分类任务的损失函数存在逻辑和效果上的缺欠。

(2) 房价可以是大于 0 的任何浮点数,而手写数字识别的输出只能是 0~9 之间的 10 个整数,相当于一种标签。

(3) 在房价预测的示例中,由于房价本身是一个连续的实数值,因此以模型输出的数值和真实房价差距作为损失函数(Loss)是合理的。但对于分类问题,真实结果是分类标签,而模型输出是实数值,以两者相减作为损失不具备物理含义。

那么,什么是分类任务的合理输出呢? 分类任务本质上是“某种特征组合下的分类概率”,下面以一个简单示例说明,如图 2.20 所示。

肿瘤大小(x)	肿瘤性质(y)		肿瘤大小(x)	恶性肿瘤概率/%
70	1(恶性)		70	90
40	0(良性)	抽样	40	50
20	0(良性)		20	20

已知:观测数据　　　　　　　　　　　　未知:背后的规律

■图 2.20　观测数据和背后规律之间的关系

在本示例中,医生根据肿瘤大小 x 作为肿瘤性质 y 的参考判断(判断的因素有很多,肿瘤大小只是其中之一),那么观测到该模型判断的结果是 x 和 y 的标签(1 为恶性,0 为良性)。而这个数据背后的规律是不同大小的肿瘤属于恶性肿瘤的概率。观测数据是真实规律抽样下的结果,分类模型应该拟合这个真实规律,输出属于该分类标签的概率。

1. Softmax 函数

如果模型能输出 10 个标签的概率,对应真实标签的概率输出尽可能接近 100%,而其他标签的概率输出尽可能接近 0%,且所有输出概率之和为 1。这是一种更合理的假设! 与此相对应,真实的标签值可以转变成一个 10 维 one-hot 向量,在对应数字的位置上为 1,其余位置为 0,比如标签“6”的 one-hot 向量为 $[0,0,0,0,0,0,1,0,0,0]$。

为了实现上述思路,需要引入 Softmax 函数,它可以将原始输出转变成对应标签的概

率,公式为

$$\mathrm{Softmax}(x_i) = \frac{e^{x_i}}{\sum\limits_{j=0}^{N} e^{x_j}} \quad i = 0, \cdots, C-1$$

式中,C 为标签类别个数。

从公式的形式可见,每个输出的范围均在 0～1 之间,且所有输出之和等于 1,这是变换后可被解释成概率的基本前提。对应到代码上,需要在前向计算中,对全连接网络的输出层增加一个 Softmax 运算,即 outputs＝F. Softmax(outputs)。

图 2.21 所示为一个 3 个标签的分类模型(三分类)使用的 Softmax 输出层,从中可见原始输出的 3 个数字 3、1、－3,经过 Softmax 层后转变成加和为 1 的 3 个概率值 0.88、0.12、0。

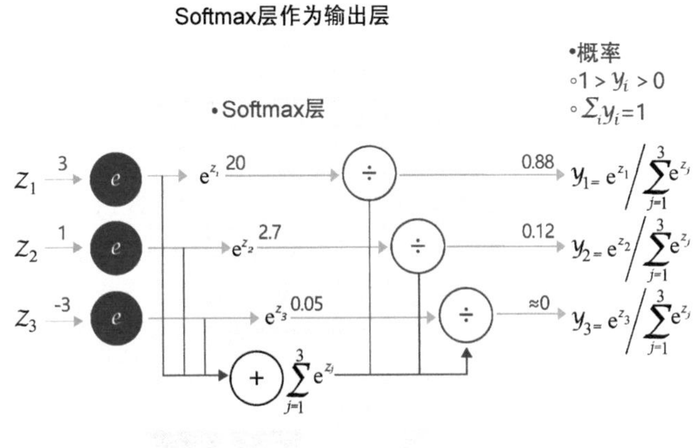

Softmax层作为输出层

■图 2.21　网络输出层改为 Softmax 函数

上文解释了为何让分类模型的输出拟合概率的原因,但为何用 Softmax 函数完成这个职能?下面以二分类问题(只输出两个标签)进行探讨。

对于二分类问题,使用两个输出接入 Softmax 作为输出层,等价于使用单一输出接入 Sigmoid 函数。如图 2.22 所示,利用两个标签的输出概率之和为 1 的条件,Softmax 输出 0.6 和 0.4 两个标签概率,从数学上等价于输出一个标签的概率 0.6。

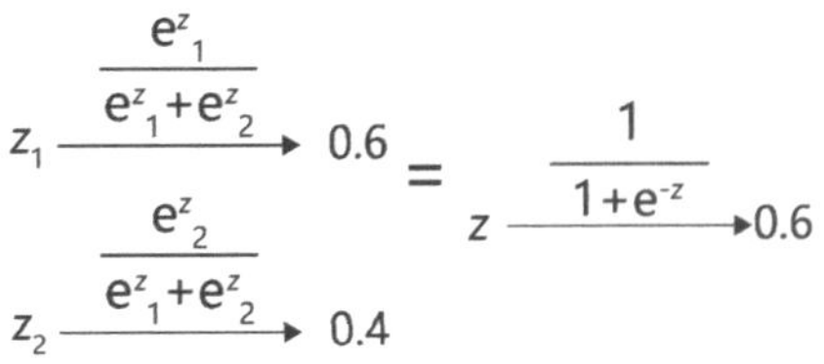

■图 2.22　二分类问题等价于单一输出接入 Sigmoid 函数

在这种情况下,只有一层的模型为 $S(w^{\mathrm{T}} x_i)$,S 为 Sigmoid 函数。模型预测为 1 的概率为 $S(w^{\mathrm{T}} x_i)$,模型预测为 0 的概率为 $1 - S(w^{\mathrm{T}} x_i)$。

图 2.23 所示为肿瘤大小和肿瘤性质的关系趋势图。从图中可发现,往往尺寸越大的肿瘤几乎全部是恶性,尺寸极小的肿瘤几乎全部是良性。只有在中间区域,肿瘤的恶性概率会从 0 逐渐到 1(绿色区域),这种数据的分布是符合多数现实问题的规律。如果直接线性拟

合,相当于红色的直线,会发现直线的纵轴 0～1 的区域会拉得很长,而我们期望拟合曲线 0～1 的区域与真实的分类边界区域重合。那么,观察下 Sigmoid 的函数图可以满足我们对问题的一切期望,它的概率变化会集中在一个边界区域,有助于模型提升边界区域的分辨率。

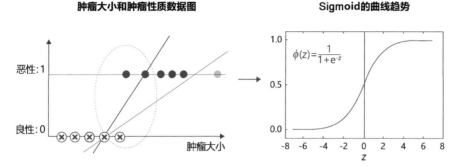

■图 2.23 使用 Sigmoid 拟合输出可提高分类模型对边界的分辨率

这就类似于公共区域使用的带有恒温装置的热水器温度阀门,如图 2.24 所示。由于人体适应的水温在 34～42℃,我们更期望阀门的水温条件集中在这个区域,而不是在 0～100℃ 之间线性分布。

2. 交叉熵

在模型输出为分类标签的概率时,直接以标签和概率做比较也不够合理,人们更习惯使用交叉熵误差作为分类问题的损失函数。

■图 2.24 热水器水温控制

交叉熵损失函数的设计是基于最大似然估计的思想:最大概率得到观察结果的假设是真的。如何理解呢?例如,如图 2.25 所示,有两个外形相同的盒子,甲盒中有 99 个白球,1 个蓝球;乙盒中有 99 个蓝球,1 个白球。一次试验取出了一个蓝球,请问这个球应该是从哪个盒子中取出的?

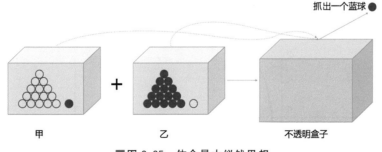

■图 2.25 体会最大似然思想

相信大家简单思考后都会得出更可能是从乙盒中取出的,因为从乙盒中取出一个蓝球的概率更高($P(\mathcal{D}|h)$),所以观察到一个蓝球更可能是从乙盒中取出的($P(h|\mathcal{D})$)。$\mathcal{D}$ 是观测的数据,即蓝球白球;h 是模型,即甲盒乙盒。这就是贝叶斯公式所表达的思想,即

$$P(h \mid \mathcal{D}) \propto P(h) \cdot P(\mathcal{D}|h)$$

依据贝叶斯公式,某二分类模型"生成"n个训练样本的概率,即

$$P(x_1) \cdot S(\boldsymbol{w}^{\mathrm{T}}x_1) \cdot P(x_2) \cdot (1 - S(\boldsymbol{w}^{\mathrm{T}}x_2)) \cdots P(x_n) \cdot S(\boldsymbol{w}^{\mathrm{T}}x_n)$$

说明:

对于二分类问题,模型为 $S(\boldsymbol{w}^{\mathrm{T}}x_i)$,$S$ 为 Sigmoid 函数。当 $y_i = 1$,概率为 $S(\boldsymbol{w}^{\mathrm{T}}x_i)$;当 $y_i = 0$,概率为 $1 - S(\boldsymbol{w}^{\mathrm{T}}x_i)$。

经过公式推导,使上述概率最大等价于最小化交叉熵,得到交叉熵的损失函数。公式为

$$L = -\sum_{k=1}^{n}[t_k \log y_k + (1 - t_k)\log(1 - y_k)]$$

式中:log 为以 e 为底数的自然对数;y_k 为模型输出;t_k 为标签,t_k 中只有正确解的标签为 1,其余均为 0(one-hot 向量表示)。

因此,交叉熵只计算对应着"正确解"标签的输出的自然对数。比如,假设正确标签的索引是"2",与之对应的神经网络的输出是 0.6,则交叉熵误差是 $-\log 0.6 = 0.51$;若"2"对应的输出是 0.1,则交叉熵误差为 $-\log 0.1 = 2.30$。由此可见,交叉熵误差的值是由正确解标签所对应的输出结果决定的。

自然对数的函数曲线(图 2.26)可由如下代码实现:

```python
import matplotlib.pyplot as plt
import numpy as np
x = np.arange(0.01,1,0.01)
y = np.log(x)
plt.title("y = log(x)")
plt.xlabel("x")
plt.ylabel("y")
plt.plot(x,y)
plt.show()
plt.figure()
```

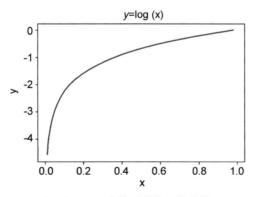

■图 2.26　自然对数的函数曲线

如自然对数的图形所示,当 x 等于 1 时,y 为 0;随着 x 向 0 靠近,y 逐渐变小。因此,正确解标签对应的输出越大,交叉熵的值越接近 0;当输出为 1 时,交叉熵误差为 0。反之,如果正确解标签对应的输出越小,则交叉熵的值越大。

3. 交叉熵的代码实现

在手写数字识别任务中,仅改动 3 行代码,就可以将在现有模型的损失函数替换成交叉熵。

(1) 在数据处理部分,将标签的类型设置成 int,体现它是一个标签而不是实数值(飞桨默认将标签处理成 int64)。

(2) 在网络定义部分,将输出层改成"输出 10 个标签的概率"的模式。

(3) 在训练过程部分,将损失函数从均方误差改成交叉熵。

在数据处理部分,需要修改标签变量 label 的格式,代码如下:

- 从:label＝np. reshape(labels[i], [1]). astype('float32');
- 到:label＝np. reshape(labels[i], [1]). astype('int64')。

在网络定义部分,需要修改输出层结构,代码如下:

- 从:self. fc＝Linear(in_features＝980, out_features＝1);
- 到:self. fc＝Linear(in_features＝980, out_features＝10)。

修改计算损失的函数,从均方误差(常用于回归问题)到交叉熵(常用于分类问题),代码如下:

- 从:loss＝paddle. nn. functional. square_error_cost(predict, label);
- 到:loss＝paddle. nn. functional. cross_entropy(predict, label)。

```
def evaluation(model, datasets):
    model.eval()

    acc_set = list()
    for batch_id, data in enumerate(datasets()):
        images, labels = data
        images = paddle.to_tensor(images)
        labels = paddle.to_tensor(labels)
        pred = model(images)                    # 获取预测值
        acc = paddle.metric.accuracy(input = pred, label = labels)
        acc_set.extend(acc.numpy())

    # 计算多个批次的准确率
    acc_val_mean = np.array(acc_set).mean()
return acc_val_mean

# 网络训练
def train(model):
...
# 差异点:损失函数不同,从均方误差(常用于回归问题)到交叉熵误差(常用于分类问题)

            loss = F.cross_entropy(predicts, labels)
            avg_loss = paddle.mean(loss)
...
```

虽然上述训练过程的损失明显比第 2.4 节使用均方误差作为损失函数要小,但因为损失函数量纲的变化,无法从比较两个不同的 Loss 得出谁更加优秀。怎么解决这个问题呢? 可以回归到问题的本质——分类的准确率来判断。在后面介绍完计算准确率和作图的内容后,读者可以自行测试采用不同损失函数下,模型准确率的高低。

至此,大家阅读论文中常见的一些分类任务模型图就清晰明了,如全连接神经网络、卷积神经网络,在模型的最后阶段,都是使用 Softmax 函数进行处理,如图 2.27 所示。

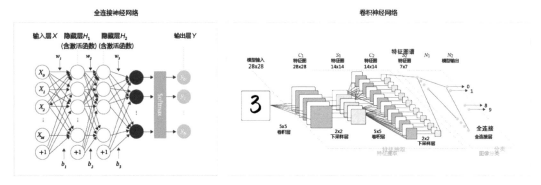

■图 2.27　常见的分类任务模型

由于修改了模型的输出格式,因此模型预测的代码也需要做相应的调整。从模型输出 10 个标签的概率中选择最大的,将其标签编号输出:

```python
# 读取一张本地的样例图片,转变成模型输入的格式
def load_image(img_path):
    # 从 img_path 中读取图像,并转为灰度图
    im = Image.open(img_path).convert('L')
    im = im.resize((28, 28), Image.ANTIALIAS)
    im = np.array(im).reshape(1, 1, 28, 28).astype(np.float32)
    # 图像归一化
    im = 1.0 - im / 255.
    return im


# 定义预测过程
model = MNIST()
params_file_path = 'mnist.pdparams'
img_path = 'work/example_0.jpg'
# 加载模型参数
param_dict = paddle.load(params_file_path)
model.load_dict(param_dict)
# 加载数据
model.eval()
tensor_img = load_image(img_path)
# 模型反馈 10 个分类标签的对应概率
results = model(paddle.to_tensor(tensor_img))
# 取概率最大的标签作为预测输出
lab = np.argsort(results.numpy())
print("本次预测的数字是: ", lab[0][-1])
```

输出结果为:

本次预测的数字是: 0

作业

预习对于计算机视觉任务,有哪些常见的卷积神经网络(如 LeNet-5、AlexNet 等)。

2.6　手写数字识别的优化算法

2.6.1　概述

第 2.5 节明确了分类任务的损失函数(优化目标)的相关概念和实现方法,本节依旧横向展开"横纵式"教学法,如图 2.28 所示,主要探讨在手写数字识别任务中,使损失达到最小的参数取值的实现方法。

■图 2.28　"横纵式"教学法——优化算法

在优化算法之前,需要进行数据处理、设计神经网络结构,代码与第 2.5 节保持一致。

2.6.2　设置学习率

在深度学习神经网络模型中,通常使用随机梯度下降算法更新参数,学习率代表参数更新幅度的大小,即步长。当学习率最优时,模型的有效容量最大,最终能达到的效果最好。学习率和深度学习任务类型有关,合适的学习率往往依赖大量的实验和调参经验。探索学习率最优值时需要注意如下两点。

(1) 学习率不是越小越好。学习率越小,损失函数的变化速度越慢,意味着需要花费更长的时间进行收敛,如图 2.29(a)所示。

(2) 学习率不是越大越好。只根据数据集中的一个批次数据计算梯度,抽样误差会导致计算出的梯度不是全局最优的方向,且存在波动。在接近最优解时,过大的学习率会导致参数在最优解附近振荡,损失难以收敛,如图 2.29(b)所示。

在训练前,往往不清楚一个特定问题设置成怎样的学习率是合理的,因此在训练时可以尝试调小或调大,通过观察 Loss 变化趋势判断合理的学习率,设置学习率的代码如下:

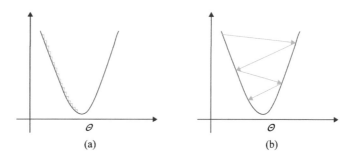

■图 2.29　不同学习率(步长过大/过小)的示意图

```
# 仅优化算法的设置有所差别
def train(model):
    model.train()

    # 设置不同初始学习率
    opt = paddle.optimizer.SGD(learning_rate = 0.001, parameters = model.parameters())
    opt = paddle.optimizer.SGD(learning_rate = 0.0001, parameters = model.parameters())
    opt = paddle.optimizer.SGD(learning_rate = 0.01, parameters = model.parameters())

    # 其余训练代码和第 2.3 节训练代码相同
```

2.6.3　学习率的主流优化算法

学习率是网络优化的一个重要的超参数,调整学习率看似是一件非常复杂的事情,需要不断调整步长,观察训练时间和 Loss 的变化。经过研究员的不断实验,当前已经形成了 4 种比较成熟的优化算法,即 SGD、Momentum、AdaGrad 和 Adam,效果如图 2.30 所示。

(1) SGD:随机梯度下降算法,每次训练少量数据,抽样偏差导致的参数收敛过程中振荡。

(2) Momentum:引入物理"动量"的概念,累积速度,减少振荡,使参数更新的方向更稳定。

每个批次的数据含有抽样误差,导致梯度更新的方向波动较大。如果引入物理动量的概念,给梯度下降的过程加入一定的"惯性"累积,就可以减少更新路径上的振荡,即每次更新的梯度由"历史多次梯度的累积方向"和"当次梯度"加权相加得到。历史多次梯度的累积方向往往是从全局视角更正确的方向,这与"惯性"的物理概念很像,也是为何其起名为"Momentum"的原因。类似不同品牌和材质的篮球有一定的重量差别,街头篮球队中的投手(擅长中远距离投篮)喜欢稍重篮球的比例较高。一个很重要的原因是,重的篮球惯性大,更不容易受到手势的小幅变形或风吹的影响。

(3) AdaGrad:根据不同参数距离最优解的远近,动态调整学习率。学习率逐渐下降,依据各参数变化大小调整学习率。

通过调整学习率的实验可以发现,当某个参数的现值距离最优解较远时(表现为梯度的绝对值较大),期望参数更新的步长大些,以便更快地收敛到最优解。当某个参数的现值距离最优解较近时(表现为梯度的绝对值较小),期望参数的更新步长小些,以便更精细地逼近

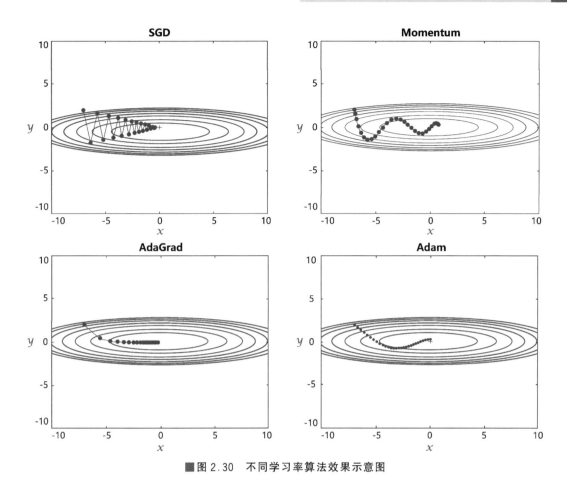

■图2.30 不同学习率算法效果示意图

最优解。类似于打高尔夫球,专业运动员第一杆开球时,通常会大力打一个远球,让球尽量落在洞口附近。当第二杆面对离洞口较近的球时,他会更轻柔而细致地推杆,避免将球打飞。与此类似,参数更新的步长应该随着优化过程逐渐减少,减少的程度与当前梯度的大小有关。根据这个思想编写的优化算法称为"AdaGrad",Ada 是 Adaptive 的缩写,表示"适应环境而变化"。RMSProp 是在 AdaGrad 基础上的改进,AdaGrad 会累加之前所有的梯度平方,而 RMSProp 仅仅是计算对应的梯度平均值,因而可以解决 AdaGrad 学习率急剧下降的问题。

(4)Adam:由于 Momentum 和 AdaGrad 两个优化思路是正交的,因此可以将两个思路结合起来,这就是当前广泛应用的算法。

说明:

每种优化算法均有更多的参数设置,详情可查阅飞桨的官方 API 文档。理论最合理的未必在具体示例中最有效,因此模型调参是很有必要的,最优的模型配置往往是在一定理论和经验的指导下实验出来的。

可以尝试选择不同的优化算法训练模型,观察训练时间和损失变化的情况,代码实现如下:

```
#仅优化算法的设置有所差别
def train(model):
    model.train()
    ……

    #4种优化算法的设置方案,可以逐一尝试效果
    opt = paddle.optimizer.SGD(learning_rate = 0.01, parameters = model.parameters())
    opt = paddle.optimizer.Momentum(learning_rate = 0.01, momentum = 0.9, parameters = model.parameters())
    opt = paddle.optimizer.Adagrad(learning_rate = 0.01, parameters = model.parameters())
    opt = paddle.optimizer.Adam(learning_rate = 0.01, parameters = model.parameters())

    # 其余训练代码和第2.3.6小节训练代码相同
```

作业

在手写数字识别任务上使用哪种优化算法的效果最好?多大的学习率最优?(可通过 Loss 的下降趋势来判断)

2.7   手写数字识别的资源配置

2.7.1   概述

到目前为止,无论是房价预测任务还是 MNIST 手写数字识别任务,训练好一个模型不会超过 10 分钟,主要原因是我们所使用的神经网络比较简单。但实际应用时,常会遇到更加复杂的任务,需要运算速度更高的硬件(如 GPU、NPU 等),甚至同时使用多个机器共同训练一个任务(多卡训练和多机训练)。本节依旧横向展开"横纵式"教学方法,如图 2.31 所示,探讨在手写数字识别任务中通过资源配置的优化,提升模型训练效率的方法。

■图 2.31   "横纵式"教学法——资源配置

在优化算法之前,需要进行数据处理、设计神经网络结构,代码与第2.5节保持一致。

2.7.2 单 GPU 训练

通过 paddle. set_device API,设置在 GPU 上训练还是 CPU 上训练:

```
paddle.set_device(device)
```

device(str):此参数确定特定的运行设备,可以是 cpu、gpu:x 或者是 xpu:x。其中,x 是 GPU 或 XPU 的编号。当 device 是 cpu 时,程序在 CPU 上运行;当 device 是 gpu:x 时,程序在 GPU 上运行。

```
# 仅优化算法的设置有所差别
def train(model):
    # 开启 GPU
    use_gpu = True
    paddle.set_device('gpu:0') if use_gpu else paddle.set_device('cpu')
    model.train()

    # 设置优化器
    opt = paddle.optimizer.Adam(learning_rate = 0.01, parameters = model.parameters())

    # 其余训练代码和第 2.3 节训练代码相同
```

2.7.3 分布式训练

在工业实践中,很多较复杂的任务需要使用更强大的模型。强大模型加上海量的训练数据,经常导致模型训练耗时较长。比如在计算机视觉分类任务中,训练一个在 ImageNet 数据集上精度表现良好的模型大概需要 1 周的时间。因为训练过程中需要不断尝试各种优化的思路和方案,如果每次训练均要耗时 1 周,会大大降低模型迭代的速度。在机器资源充沛的情况下,建议采用分布式训练,大部分模型的训练时间可压缩到小时级别。分布式训练有两种实现模式:模型并行和数据并行。

1. 模型并行

模型并行是将一个网络模型拆分为多份,拆分后的模型分到多个设备上(GPU)训练,每个设备的训练数据是相同的。模型并行的实现模式可以节省内存,但是应用较为受限。

模型并行的方式一般适用于如下两个场景。

(1) 模型架构过大。完整的模型无法放入单个 GPU。如 2012 年 ImageNet 大赛的冠军模型 AlexNet 是模型并行的典型示例,由于当时 GPU 内存较小,单个 GPU 不足以承担 AlexNet,因此研究者将 AlexNet 拆分为两部分放到两个 GPU 上并行训练。

(2) 网络模型的结构设计相对独立。当网络模型的设计结构可以并行化时,采用模型并行的方式。如在目标检测任务中,一些模型(如 YOLO)的边界框回归和类别预测是独立的,可以将独立的部分放到不同的设备节点上实现分布式训练。

2. 数据并行

数据并行与模型并行不同,数据并行每次读取多份数据,读取到的数据输入给多个设备(GPU)上的模型,每个设备上的模型是完全相同的,飞桨采用的就是这种方式。

说明:

当前 GPU 硬件技术快速发展,深度学习使用的主流 GPU 的内存已经足以满足大多数的网络模型需求,所以大多数情况下使用数据并行的方式。

数据并行的方式与"众人拾柴火焰高"的道理类似。如果把训练数据比喻为砖,把一个设备(GPU)比喻为人,那么单 GPU 训练就是一个人在搬砖,多 GPU 训练就是多个人同时搬砖,每次搬砖的数量倍数增加,效率呈倍数提升。

值得注意的是,每个设备的模型是完全相同的,但是输入数据不同,因此每个设备的模型计算出的梯度是不同的。如果每个设备的梯度只更新当前设备的模型,就会导致下次训练时,每个模型的参数都不相同。因此还需要一个梯度同步机制,保证每个设备的梯度是完全相同的。梯度同步有两种方式,即 PRC 通信方式和 NCCL2 通信方式(Nvidia Collective multi-GPU Communication Library)。

■图 2.32　PRC 通信方式的结构

1) PRC 通信方式

PRC 通信方式通常用于 CPU 分布式训练,它有两个节点,即参数服务器 Parameter Server 和训练节点 Trainer,结构如图 2.32 所示。

Parameter Server 收集来自每个设备的梯度更新信息,并计算出一个全局的梯度更新。Trainer 用于训练,每个 Trainer 上的程序相同,但数据不同。当 Parameter Server 收到来自 Trainer 的梯度更新请求时,统一更新模型的梯度。

2) NCCL2 通信方式(Collective)

当前飞桨的 GPU 分布式训练使用的是基于 NCCL2 的通信方式,结构如图 2.33 所示。

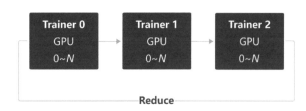

■图 2.33　NCCL2 通信方式的结构

相比 PRC 通信方式,使用 NCCL2(Collective)通信方式进行分布式训练,不需要启动 Parameter Server 进程,每个 Trainer 进程保存一份完整的模型参数,在完成梯度计算之后通过 Trainer 之间的相互通信,Reduce 梯度数据到所有节点的所有设备,然后每个节点再各自完成参数更新。

飞桨提供了快捷的数据并行训练方式,用户只需要对程序进行简单修改,即可实现在多 GPU 上并行训练。接下来将讲述如何将一个单机程序通过简单的改造,变成多机多卡程序。

单机多卡程序通过如下两步改动即可完成：

① 初始化并行环境。

② 使用 paddle.DataParallel 封装模型。

说明：

由于数据是按批次(minibatch)的方式输入给模型，并没有针对多卡情况进行划分，因此每个卡上会基于全量数据迭代训练。可以通过继承 paddle.io.Dataset 的方式准备数据，再通过 paddle.io.DistributedBatchSampler 分布式批采样器加载数据的子集。从而实现每个进程传递给 DataLoader 一个 DistributedBatchSampler 的实例，每个进程加载原始数据的一个子集。

```python
import paddle
import paddle.distributed as dist

def train_multi_gpu(model):
    # 修改 1 - 初始化并行环境
    dist.init_parallel_env()
    # 修改 2 - 增加 paddle.DataParallel 封装
    model = paddle.DataParallel(model)
    model.train()
    ...
    # 其余训练代码和第 2.5 节的训练代码相同(使用交叉熵损失函数)

# 启动训练过程
train_multi_gpu(model)
```

启动多 GPU 的训练有两种方式，即基于 Launch 方式启动和基于 Spawn 方式启动。

(1) 基于 Launch 方式启动。需要在命令行中设置参数变量。打开终端，运行如下命令。

单机单卡启动，默认使用第 0 号卡：

```
$ python train.py
```

单机多卡启动，默认使用当前可见的所有卡：

```
$ python - m paddle.distributed.launch train.py
```

单机多卡启动，设置当前使用的第 0 号和第 1 号卡：

```
$ python - m paddle.distributed.launch -- gpus '0,1' -- log_dir ./mylog train.py
```

```
$ export CUDA_VISIBLE_DEVICES = '0,1'
$ python - m paddle.distributed.launch train.py
```

相关参数含义如下。

① paddle. distributed. launch：启动分布式运行。

② gpus：设置使用的 GPU 的序号(需要是多 GPU 卡的机器,通过命令 watch nvidia-smi 查看 GPU 的序号)。

③ log_dir：存放训练的 log,若不设置,每个 GPU 上的训练信息都会打印到屏幕上。

④ train. py：多 GPU 训练的程序,包含修改过的 train_multi_gpu()函数。

训练完成后,在指定的./mylog 文件夹下会产生 4 个日志文件。

(2) 基于 Spawn 方式启动。Launch 方式启动训练,是以文件为单位启动多进程,需要用户在启动时调用 paddle. distributed. launch,对于进程的管理要求较高；飞桨最新版本中,增加了 Spawn 启动方式,可以更好地控制进程,在日志打印、训练和退出时更加友好。Spawn 方式和 Launch 方式仅在启动上有所区别。

```
# 启动 train 函数多进程训练,默认使用所有可见的 GPU 卡
if __name__ == '__main__':
    dist.spawn(train)

# 启动 train 函数 2 个进程训练,默认使用当前可见的前 2 张卡
if __name__ == '__main__':
    dist.spawn(train, nprocs = 2)

# 启动 train 函数 2 个进程训练,默认使用第 4 号和第 5 号卡
if __name__ == '__main__':
    dist.spawn(train, nprocs = 2, selelcted_gpus = '4,5')
```

2.8　手写数字识别的训练调试与优化

2.8.1　概述

第 2.7 节研究了资源部署优化的方法,通过使用单 GPU 和分布式部署,提升模型训练的效率。本节依旧横向展开"横纵式",如图 2.34 所示,探讨在手写数字识别任务中,为了保证模型的真实效果,在模型训练部分对模型进行一些调试和优化的方法。

训练过程优化思路主要有如下 5 个关键环节。

(1) 计算分类准确率,观测模型训练效果。

交叉熵损失函数只能作为优化目标,无法直接准确衡量模型的训练效果。准确率可以直接衡量训练效果,但由于其离散性质,不适合作为损失函数优化神经网络。

(2) 检查模型训练过程,识别潜在问题。

如果模型的损失或者评估指标表现异常,通常需要打印模型每一层的输入和输出来定位问题,分析每一层的内容来获取错误的原因。

(3) 加入校验或测试,更好评价模型效果。

理想的模型训练结果是在训练集和验证集上均有较高的准确率,如果训练集的准确率低于验证集,说明网络训练程度不够；如果训练集的准确率高于验证集,可能发生了过拟合

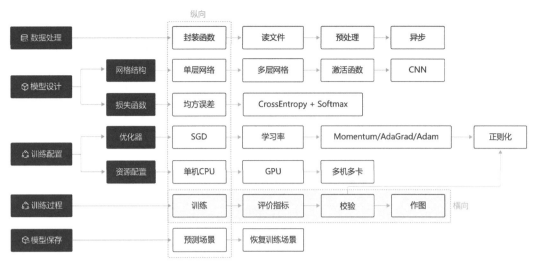

■图 2.34　"横纵式"教学法——训练过程

现象。通过在优化目标中加入正则化项的办法,解决过拟合的题。

（4）加入正则化项,避免模型过拟合。

飞桨框架支持为整体参数加入正则化项,这是通常的做法。此外,飞桨框架也支持为某一层或某一部分的网络单独加入正则化项,以达到精细调整参数训练的效果。

（5）可视化分析。

用户不仅可以通过打印或使用 Matplotlib 库作图,飞桨还提供了更专业的可视化分析工具 VisualDL,提供便捷的可视化分析方法。

2.8.2　计算模型的分类准确率

准确率是一个直观衡量分类模型效果的指标,由于这个指标是离散的,因此不适合作为损失来优化。通常情况下,交叉熵损失越小的模型,分类的准确率也越高。基于分类准确率,可以公平地比较两种损失函数的优劣,如第 2.5 节"手写数字识别的损失函数"中均方误差和交叉熵的比较。

使用 paddle. metric. Accuracy API 可以直接计算准确率。在下述代码的模型前向计算过程 forward 函数中计算分类准确率,并在训练时打印每个批次样本的分类准确率。

```
# 加载飞桨相关库
...

# 定义数据集读取器
Def MnistDataset(paddle.io.Dataset):
    ...
    # 定义数据生成器
        ...

# 定义模型结构
```

```
# 多层卷积神经网络实现
class MNIST(paddle.nn.Layer):
    def __init__(self):
        super(MNIST, self).__init__()
            ...

    # 定义网络前向计算过程,卷积后紧接着使用池化层,最后使用全连接层计算最终输出
    # 卷积层激活函数使用 ReLU,全连接层激活函数使用 softmax
    def forward(self, inputs, label):
        ...
        # 其余训练代码和第 2.5.2 小节的 forward 相同
        # 差异点:增加 paddle.metric.accuracy 函数计算准确率
        if label is not None:
            acc = paddle.metric.accuracy(input = x, label = label)
            return x, acc
        else:
            return x

...
# 仅优化算法的设置有所差别
def train(model):
    model = MNIST()
    model.train()

opt = paddle.optimizer.Adam(learning_rate = 0.01, parameters = model.parameters())

    # 其余训练代码和第 2.5 节网络层定义相同
    ......
```

输出结果为:

```
epoch: 0, batch: 0, loss is: [2.735821], acc is [0.06]
epoch: 0, batch: 200, loss is: [0.05026972], acc is [0.97]
epoch: 0, batch: 400, loss is: [0.04405782], acc is [0.98]
epoch: 1, batch: 0, loss is: [0.01016049], acc is [1.]
epoch: 1, batch: 200, loss is: [0.0176701], acc is [1.]
epoch: 1, batch: 400, loss is: [0.05255537], acc is [0.99]
epoch: 2, batch: 0, loss is: [0.02881972], acc is [0.99]
epoch: 2, batch: 200, loss is: [0.05768454], acc is [0.97]
epoch: 2, batch: 400, loss is: [0.08437637], acc is [0.97]
epoch: 3, batch: 0, loss is: [0.09070155], acc is [0.95]
epoch: 3, batch: 200, loss is: [0.06970578], acc is [0.97]
epoch: 3, batch: 400, loss is: [0.03938287], acc is [0.99]
epoch: 4, batch: 0, loss is: [0.03726791], acc is [0.98]
epoch: 4, batch: 200, loss is: [0.02523242], acc is [0.99]
epoch: 4, batch: 400, loss is: [0.08487777], acc is [0.99]
```

从输出结果看,模型在训练集上的准确率可以达到 99%。此外,飞桨还提供了多种衡量模型效果的计算指标,可以登录飞桨官网,查看 API 文档。

2.8.3　检查模型训练过程,识别潜在训练问题

使用飞桨可以方便地查看和调试训练的执行过程。在网络定义的 forward 函数中,可

以打印每一层输入输出的尺寸以及每层网络的参数。通过查看这些信息,不仅可以更好地理解训练的执行过程,还可以发现潜在问题,或者启发继续优化的思路。

在下述程序中,使用 check_shape 变量控制是否打印"尺寸",验证网络结构是否正确。使用 check_content 变量控制是否打印"内容值",验证数据分布是否合理。假如在训练中发现中间层的部分输出持续为 0,说明该部分的网络结构设计存在问题,没有充分利用。

```python
import paddle.nn.functional as F
# 定义模型结构
class MNIST(paddle.nn.Layer):
    def __init__(self):
        super(MNIST, self).__init__()
        ...
        # 其余训练代码和第 2.5 节网络层定义相同
......

        # 差异点:增加选择是否打印神经网络每层的参数尺寸和输出尺寸,验证网络结构是否
        # 设置正确
        if check_shape:
            # 打印每层网络设置的超参数——卷积核尺寸、卷积步长、卷积 padding、池化核尺寸
            print("\n########## print network layer's superparams ##############")
            print("conv1 -- kernel_size:{}, padding:{}, stride:{}".format(self.conv1.
weight.shape, self.conv1._padding, self.conv1._stride))
            print("conv2 -- kernel_size:{}, padding:{}, stride:{}".format(self.conv2.
weight.shape, self.conv2._padding, self.conv2._stride))
            print("fc -- weight_size:{}, bias_size_{}".format(self.fc.weight.shape, self.
fc.bias.shape))

            # 打印每层的输出尺寸
            print("\n########## print shape of features of every layer ###############")
            print("inputs_shape: {}".format(inputs.shape))
            print("outputs1_shape: {}".format(outputs1.shape))
            print("outputs2_shape: {}".format(outputs2.shape))
            print("outputs3_shape: {}".format(outputs3.shape))
            print("outputs4_shape: {}".format(outputs4.shape))
            print("outputs5_shape: {}".format(outputs5.shape))
            print("outputs6_shape: {}".format(outputs6.shape))
            print("outputs7_shape: {}".format(outputs7.shape))

        # 选择是否打印训练过程中的参数和输出内容,可用于训练过程中的调试
        if check_content:
            # 打印卷积层的参数——卷积核权重,权重参数较多,此处只打印部分参数
            print("\n########## print convolution layer's kernel ###############")
            print("conv1 params -- kernel weights:", self.conv1.weight[0][0])
            print("conv2 params -- kernel weights:", self.conv2.weight[0][0])

            # 创建随机数,随机打印某一个通道的输出值
            idx1 = np.random.randint(0, outputs1.shape[1])
            idx2 = np.random.randint(0, outputs4.shape[1])
            # 打印卷积——池化后的结果,仅打印 batch 中第一个图像对应的特征
            print("\nThe {}th channel of conv1 layer: ".format(idx1), outputs1[0][idx1])
            print("The {}th channel of conv2 layer: ".format(idx2), outputs4[0][idx2])
```

```
              print("The output of last layer:", outputs7[0], '\n')

        # 如果 label 不是 None,则计算分类精度并返回
         if label is not None:
              acc = paddle.metric.accuracy(input = F.softmax(outputs7), label = label)
              return outputs7, acc
         else:
              return outputs7

# 在使用 GPU 机器时,可以将 use_gpu 变量设置成 True
use_gpu = True
paddle.set_device('gpu:0') if use_gpu else paddle.set_device('cpu')

def train(model):
    model = MNIST()
    model.train()

    opt = paddle.optimizer.SGD(learning_rate = 0.01, parameters = model.parameters())

    EPOCH_NUM = 1
    for epoch_id in range(EPOCH_NUM):
        for batch_id, data in enumerate(train_loader()):
            …
            # 其余训练代码和第 2.5.2 小节训练代码相同

            # 前向计算的过程,同时拿到模型输出值和分类准确率
            if batch_id == 0 and epoch_id == 0:
                # 打印模型参数和每层输出的尺寸
                predicts, acc = model(images, labels, check_shape = True, check_content = False)
            elif batch_id == 401:
                # 打印模型参数和每层输出的值
                predicts, acc = model(images, labels, check_shape = False, check_content = True)
            else:
                predicts, acc = model(images, labels)
        …
        # 其余训练代码和第 2.5 节训练代码相同
        …
```

2.8.4　加入校验或测试,更好地评价模型效果

如果在训练过程中发现模型在训练集上的 Loss 不断减小,这是否代表模型在未来的应用场景上依然有效? 为了验证模型的有效性,通常将样本集合分成 3 份,即训练集、验证集和测试集。

(1) 训练集:用于训练模型的参数,即训练过程中主要完成的工作。

(2) 验证集:用于对模型超参数的选择,如网络结构的调整、正则化项权重的选择等。

(3) 测试集:用于模拟模型在应用后的真实效果。因为测试集没有参与任何模型优化或参数训练的工作,所以它对模型来说是完全未知的样本。在不使用验证集优化网络结构或模型超参数时,验证集和训练集的效果是类似的,均可更真实地反映模型效果。

下面的程序读取上一步训练保存的模型参数,读取验证集,并测试模型在验证集上的效果:

```
def evaluation(model):
    print('start evaluation .......')
    # 定义预测过程
    params_file_path = 'mnist.pdparams'
    # 加载模型参数
    param_dict = paddle.load(params_file_path)
    model.load_dict(param_dict)

    model.eval()
    eval_loader = load_data('eval')

    acc_set = []
    avg_loss_set = []
    for batch_id, data in enumerate(eval_loader()):
        images, labels = data
        images = paddle.to_tensor(images)
        labels = paddle.to_tensor(labels)
        predicts, acc = model(images, labels)
        loss = F.cross_entropy(input = predicts, label = labels)
        avg_loss = paddle.mean(loss)
        acc_set.append(float(acc.numpy()))
        avg_loss_set.append(float(avg_loss.numpy()))

    # 计算多个 batch 的平均损失和准确率
    acc_val_mean = np.array(acc_set).mean()
    avg_loss_val_mean = np.array(avg_loss_set).mean()

    print('loss = {}, acc = {}'.format(avg_loss_val_mean, acc_val_mean))

model = MNIST()
evaluation(model)
```

输出结果为：

loss = 0.07369630297704134, acc = 0.9797000086307526

从输出结果看，模型在验证集上的准确率与训练集接近，说明本次模型训练是有效的。从输出结果来看，模型在验证集上的准确率与训练集相近，证明它是有预测效果的。

2.8.5 加入正则化项，避免模型过拟合

1. 过拟合现象

如果对于样本量有限但需要使用强大模型的复杂任务，模型很容易出现过拟合的现象，即在训练集上的损失小、在验证集或测试集上的损失较大，如图 2.35 所示。

反之，如果模型在训练集和测试集上均损失较大，则称为欠拟合。过拟合表示模型过于敏感，学习到了训练数据中的一些误差，而这些误差并不是真实的泛化规律（可推广到测试集上的规律）。欠拟合表示模型还不够强大，还没有很好地拟合已知的训练样本，更别提测试样本了。因为欠拟合情况容易观察和解决，只要训练 Loss 不够好，就要不断使用更强大的模型，因此实际中更需要处理好过拟合的问题。

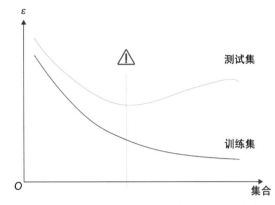

■图 2.35   过拟合使训练误差不断降低但测试误差先降后增

2. 导致过拟合原因

造成过拟合的原因是模型过于敏感,而训练数据量太少或其中的噪声太多。如图 2.36 所示,理想的回归模型是一条坡度较缓的抛物线,欠拟合的模型只拟合出一条直线,显然没有捕捉到真实的规律,但过拟合的模型拟合出存在很多拐点的抛物线,显然是过于敏感,也没有正确表达真实规律。

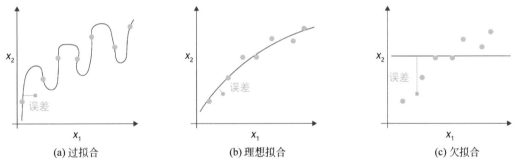

(a) 过拟合   (b) 理想拟合   (c) 欠拟合

■图 2.36   回归模型的过拟合、理想拟合和欠拟合状态的表现

如图 2.37 所示,理想的分类模型是一条半圆形的曲线,欠拟合用直线作为分类边界,显然没有捕捉到真实的边界,但过拟合的模型拟合出有很多拐点的分类边界,虽然对所有的训练数据正确分类,但对一些较为个例的样本所做出的妥协,高概率不是真实的规律。

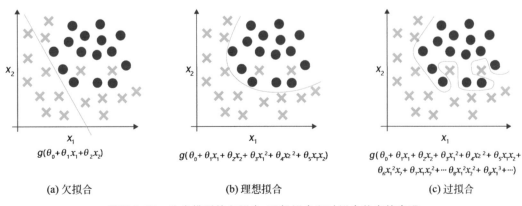

$g(\theta_0+\theta_1 x_1+\theta_2 x_2)$

(a) 欠拟合

$g(\theta_0+\theta_1 x_1+\theta_2 x_2+\theta_3 x_1^2+\theta_4 x_2^2+\theta_5 x_1 x_2)$

(b) 理想拟合

$g(\theta_0+\theta_1 x_1+\theta_2 x_2+\theta_3 x_1^2+\theta_4 x_2^2+\theta_5 x_1 x_2+$
$\theta_6 x_1^2 x_2+\theta_7 x_1 x_2^2+\cdots \theta_8 x_1^2 x_2^2+\theta_9 x_1^3+\cdots)$

(c) 过拟合

■图 2.37   分类模型的欠拟合、理想拟合和过拟合状态的表现

3. 过拟合的成因与防控

为了更好地理解过拟合的成因,可以参考侦探定位罪犯的分析逻辑,如图2.38所示。

■图2.38　侦探定位罪犯与模型假设示意

对于这个示例,假设侦探也会犯错,通过分析发现可能的原因如下。

(1)情况1:罪犯证据存在错误,依据错误的证据寻找罪犯肯定是缘木求鱼。

(2)情况2:搜索范围太大,而证据太少,导致符合条件的候选(嫌疑人)太多,无法准确定位罪犯。

那么侦探解决这个问题的方法有两种:一是缩小搜索范围(如假设该案件只能是熟人作案);二是寻找更多的证据。

归结到深度学习中,假设模型也会犯错,通过分析发现可能的原因有如下两个。

(1)情况1:训练数据存在噪声,导致模型学到了噪声,而不是真实规律。

(2)情况2:使用强大模型(表示空间大)的同时训练数据太少,导致在训练数据上表现良好的候选假设太多,锁定了一个"虚假正确"的假设。

对于情况1,可以使用数据清洗和修正来解决;对于情况2,可以限制模型表示能力,或者收集更多的训练数据。

我们而清洗训练数据中的错误或收集更多的训练数据往往是一句"正确的废话",在任何时候都想获得更多、更高质量的数据。在实际项目中更快、更低成本的改进过拟合的方法,只有限制模型的表示能力。

4. 正则化项

为了防止模型过拟合,在没有扩充样本量的可能下,只能降低模型的复杂度,通过限制参数的数量或可能取值(参数值尽量小)实现。

具体来说,在模型的优化目标(损失)中人为加入对参数规模的惩罚项。当参数越多或取值越大时,该惩罚项就越大。通过调整惩罚项的权重系数,可以使模型在"尽量减少训练损失"和"保持模型的泛化能力"之间取得平衡。泛化能力表示模型在没有见过的样本上依然有效。正则化项的存在,增加了模型在训练集上的损失。

飞桨支持为所有参数加上统一的正则化项,也支持为特定的参数添加正则化项。前者的实现代码如下,在优化器中设置 weight_decay 参数即可实现。使用参数 coeff 调节正则化项的权重,权重越大,对模型复杂度的惩罚越高。

```
def train(model):
    model.train()
    ...
    #差异点各种优化算法均可以加入正则化项,避免过拟合,参数 regularization_coeff 调节正
    #则化项的权重
    opt = paddle.optimizer.Adam(learning_rate = 0.01, weight_decay = paddle.regularizer.
L2Decay(coeff = 1e - 5), parameters = model.parameters())
    # 其余训练代码和第 2.5 节训练代码相同
    ...
```

2.8.6　可视化分析

训练模型时,经常需要观察模型的评价指标,分析模型的优化过程,以确保训练是有效的。VisualDL 以丰富的图表呈现训练参数变化趋势、模型结构、数据样本、高维数据分布等功能,帮助用户清晰、直观地理解深度学习模型训练过程及模型结构,进而实现高效的模型调优,具体代码实现如下。

(1) 引入 VisualDL 库,定义作图数据存储位置(供第(3)步使用)。

```
from visualdl import LogWriter
log_writer = LogWriter("./log")
```

(2) 在训练过程中插入作图语句。当每 100 个批次训练完成后,将当前损失作为一个新增的数据点(iter 和 acc 的映射对)存储到第(1)步设置的文件中。使用变量 iter 记录下已经训练的批次数,作为作图的 X 轴坐标。

```
log_writer.add_scalar(tag = 'acc', step = iter, value = avg_acc.numpy())
log_writer.add_scalar(tag = 'loss', step = iter, value = avg_loss.numpy())
iter = iter + 100
```

安装 VisualDL。

```
! pip install -- upgrade -- pre visualdl

# 和第 2.5.2 小节训练代码基本相同
# 差异点 1:引入 VisualDL 库,并设定保存作图数据的文件位置
from visualdl import LogWriter
log_writer = LogWriter(logdir = "./log")

def train(model):
    ...
    iter = 0
    ...
            #前向计算的过程,同时拿到模型输出值和分类准确率
            predicts, avg_acc = model(images, labels)
            #计算损失,取一个批次样本损失的平均值
            loss = F.cross_entropy(predicts, labels)
            avg_loss = paddle.mean(loss)
```

```
# 每训练 100 批次的数据,打印下当前 Loss 的情况
if batch_id % 100 == 0:
    print("epoch: {}, batch: {}, loss is: {}, acc is {}".format(epoch_id, batch_
id, avg_loss.numpy(), avg_acc.numpy()))
    # 差异点 2:将信息写到 log_writer 里
    log_writer.add_scalar(tag = 'acc', step = iter, value = avg_acc.numpy())
    log_writer.add_scalar(tag = 'loss', step = iter, value = avg_loss.numpy())
    iter = iter + 100

    ...
```

(3)命令行启动 VisualDL。

使用"visualdl --logdir[数据文件所在文件夹路径]"命令启动 VisualDL。在 VisualDL 启动后,命令行会打印出可用浏览器查阅图形结果的路径。

```
$ visualdl -- logdir ./log -- port 8080
```

(4)打开浏览器,输入网址查看作图结果,如图 2.38 所示。

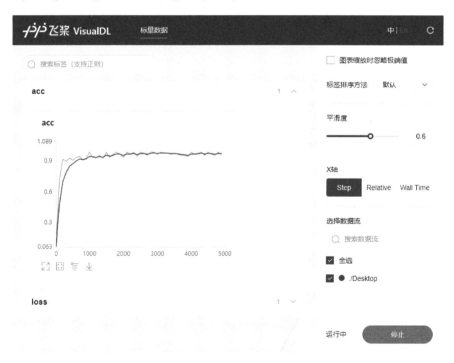

■图 2.39 VisualDL 的作图示例

作业

(1)通过分类准确率,判断以采用不同损失函数训练模型的效果优劣。

(2)作图比较随着训练进行模型在训练集和测试集上的 Loss 曲线。

(3)调节正则化权重,观察(2)的作图曲线的变化,并分析原因。

2.9 手写数字识别的模型加载及恢复训练

2.9.1 概述

在第 2.2 节已经介绍了将训练好的模型保存到磁盘文件的方法,应用程序可以随时加载模型,完成预测任务。但是在日常训练工作中会遇到一些突发情况,导致训练过程主动或被动中断。如果训练一个模型需要花费几天的训练时间,中断后从初始状态重新训练是极大的资源消耗。万幸的是,飞桨支持从上一次保存状态开始训练,只要随时保存训练过程中的模型状态就不用从初始状态重新训练。

2.9.2 恢复训练

下面介绍恢复训练的实现方法,依然使用手写数字识别的示例,网络定义的部分保持不变。

在开始介绍使用飞桨恢复训练前,先正常训练一个模型,优化器使用 Adam,采用动态变化的学习率,学习率从 0.01 衰减到 0.001。每训练一轮后保存一次模型,之后将采用其中某一轮的模型参数进行恢复训练,验证一次性训练和中断再恢复训练的模型表现是否一致(训练 Loss 的变化)。

注意进行恢复训练的程序不仅要保存模型参数,还要保存优化器参数。这是因为某些优化器含有一些随着训练过程变换的参数,如 Adam、AdaGrad 等优化器采用可变学习率的策略,这些优化器的参数对于恢复训练至关重要。

为了演示这个特性,训练程序使用 PolynomialDecay API、Adam 优化器,学习率以多项式曲线从 0.01 衰减到 0.001。

```
class paddle.optimizer.lr.PolynomialDecay (learningrate, decaysteps, endlr = 0.0001, power =
1.0, cycle = False, lastepoch = - 1, verbose = False)
```

PolynomialDecay 的变化曲线如图 2.40 所示。

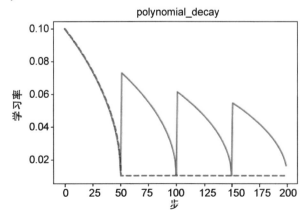

■图 2.40 PolynomialDecay 的变化曲线

```
# 和第 2.5.2 小节训练代码基本相同
# 在使用 GPU 机器时,可以将 use_gpu 变量设置成 True

paddle.seed(0)

def train(model):

    model.train()

    BATCH_SIZE = 100
    # 差异点 1:使用学习率调整策略
    # 定义学习率,并加载优化器参数到模型中
    total_steps = (int(50000//BATCH_SIZE) + 1) * EPOCH_NUM
    lr = paddle.optimizer.lr.PolynomialDecay(learning_rate = 0.01, decay_steps = total_
steps, end_lr = 0.001)
    # 使用 Adam 优化器
    opt = paddle.optimizer.Adam(learning_rate = lr, parameters = model.parameters())

    for epoch_id in range(EPOCH_NUM):
        for batch_id, data in enumerate(train_loader()):
            ...
            # 差异点 2:同时保存模型参数和优化器的参数
            paddle.save(model.state_dict(), './checkpoint/mnist_epoch{}'.format(epoch_id)
+ '.pdparams')
            paddle.save(opt.state_dict(), './checkpoint/mnist_epoch{}'.format(epoch_id) +
'.pdopt')
    print(opt.state_dict().keys())

model = MNIST()
train(model)
```

使用 paddle.load 分别加载模型参数和优化器参数,代码如下:

```
paddle.load(params_path + '.pdparams')
paddle.load(params_path + '.pdopt')
```

如何判断模型是否准确恢复训练呢?

理想的恢复训练是模型状态回到训练中断的时刻,恢复训练之后的梯度更新走向是和恢复训练前的梯度走向完全相同的。基于此,可以通过恢复训练后的损失变化,判断上述方法是否能准确地恢复训练,即从 epoch 0 结束时保存的模型参数和优化器状态恢复训练,校验其后训练的损失变化(epoch 1)是否和不中断时的训练完全一致。

说明:

恢复训练有如下两个要点:

① 保存模型时同时保存模型参数和优化器参数。

② 恢复参数时同时恢复模型参数和优化器参数。

下面的代码将展示恢复训练的过程,并验证恢复训练是否成功。其中,重新定义一个

train_again()训练函数,加载模型参数并从第一个回合开始训练,以便读者可以校验恢复训练后的损失变化。

```
params_path = "./checkpoint/mnist_epoch0"
# 在使用 GPU 机器时,可以将 use_gpu 变量设置成 True
use_gpu = True
paddle.set_device('gpu:0') if use_gpu else paddle.set_device('cpu')
def train_again(model):
    model.train()

    # 读取参数文件
    params_dict = paddle.load(params_path + '.pdparams')
    opt_dict = paddle.load(params_path + '.pdopt')
    # 加载参数到模型
    model.set_state_dict(params_dict)

    EPOCH_NUM = 5
    BATCH_SIZE = 100
    # 定义学习率,并加载优化器参数到模型中
    total_steps = (int(50000//BATCH_SIZE) + 1) * EPOCH_NUM
    lr = paddle.optimizer.lr.PolynomialDecay(learning_rate = 0.01, decay_steps = total_
steps, end_lr = 0.001)
    # 使用 Adam 优化器
    opt = paddle.optimizer.Adam(learning_rate = lr, parameters = model.parameters())
    # 加载参数到优化器
    opt.set_state_dict(opt_dict)

    for epoch_id in range(1, EPOCH_NUM):
        for batch_id, data in enumerate(train_loader()):
            …(和恢复训练前代码保持一致)
```

输出结果为:

```
epoch_id: 1, batch_id: 0, loss is: [0.8255809]
epoch_id: 1, batch_id: 500, loss is: [0.5743728]
epoch_id: 1, batch_id: 1000, loss is: [0.54867876]
epoch_id: 1, batch_id: 1500, loss is: [0.54791546]
epoch_id: 2, batch_id: 0, loss is: [0.4803756]
epoch_id: 2, batch_id: 500, loss is: [0.47588414]
epoch_id: 2, batch_id: 1000, loss is: [0.5493712]
epoch_id: 2, batch_id: 1500, loss is: [0.34214276]
```

从恢复训练的损失变化来看,加载模型参数继续训练的损失函数值和正常训练损失函数值是完全一致的。可见,使用飞桨实现恢复训练是极其简单的。

2.10　手写数字识别的动转静部署

2.10.1　概述

动态图有诸多优点,如易用的接口、Python 风格的编程体验、友好的调试交互机制等。

在动态图模式下,代码可以按照我们编写程序的顺序依次执行。这种机制更符合 Python 程序员的使用习惯,可以很方便地将脑海中的想法快速地转化为实际代码,也更容易调试。

但在性能方面,由于 Python 执行开销较大,与 C++ 有一定差距,因此在工业界的许多部署场景中(如大型推荐系统、移动端)都倾向于直接使用 C++ 进行提速。相比动态图,静态图在部署方面更具有性能的优势。静态图程序在编译执行时,先搭建模型的神经网络结构,再对神经网络执行计算操作。预先搭建好的神经网络可以脱离 Python 依赖,在 C++ 端被重新解析执行,而且拥有的整体网络结构也能进行一些网络结构的优化。

那么,有没有可能深度学习框架实现一个新的模式,同时具备动态图高易用性与静态图高性能的特点呢?飞桨从 2.0 版本开始,新增了支持动静转换功能,使编程范式的选择更加灵活。用户依然使用动态图编写代码,只需添加一行装饰器 @paddle.jit.to_static,即可实现动态图转静态图模式运行,进行模型训练或者推理部署。本章将介绍飞桨动态图转静态图的基本用法和相关原理。

2.10.2 动态图转静态图训练

飞桨的动转静方式是基于源代码级别转换的 ProgramTranslator 实现,其原理是通过分析 Python 代码,将动态图代码转写为静态图代码,并在底层自动使用静态图执行器运行。其基本使用方法十分简便,只需要在要转化的函数(该函数也可以是用户自定义动态图 Layer 的 forward 函数)前添加一个装饰器 @paddle.jit.to_static。这种转换方式使用户可以灵活使用 Python 语法及其控制流来构建神经网络模型。下面通过一个例子说明如何使用飞桨实现动态图转静态图训练:

```python
import paddle

# 定义手写数字识别模型
class MNIST(paddle.nn.Layer):
    def __init__(self):
        super(MNIST, self).__init__()

        # 定义一层全连接层,输出维度是 1
        self.fc = paddle.nn.Linear(in_features = 784, out_features = 10)

    # 定义网络结构的前向计算过程
    @paddle.jit.to_static                    # 添加装饰器,使动态图网络结构在静态图模式下运行
    def forward(self, inputs):
        outputs = self.fc(inputs)
        return outputs
```

上述代码构建了仅有一层全连接层的手写字符识别网络。需特别注意,在 forward 函数之前加了装饰器@paddle.jit.to_static,要求模型在静态图模式下运行。由于飞桨实现动转静的功能是在内部完成的,对使用者来说,动态图的训练代码和动转静模型的训练代码是完全一致的。训练代码如下:

```python
import paddle
import paddle.nn.functional as F
```

```
# 确保从 paddle.vision.datasets.MNIST 中加载的图像数据是 np.ndarray 类型
paddle.vision.set_image_backend('cv2')

# 图像归一化函数,将数据范围为[0, 255]的图像归一化到[-1, 1]
def norm_img(img):
  batch_size = img.shape[0]
  # 归一化图像数据
  img = img/127.5 - 1
  # 将图像形式改造为[batch_size, 784]
  img = paddle.reshape(img, [batch_size, 784])

  return img

def train(model):
  model.train()
  # 加载训练集 batch_size 设为 16
  train_loader = paddle.io.DataLoader(paddle.vision.datasets.MNIST(mode = 'train'),
                      batch_size = 16,
                      shuffle = True)
  opt = paddle.optimizer.SGD(learning_rate = 0.001, parameters = model.parameters())
  EPOCH_NUM = 10
  for epoch in range(EPOCH_NUM):
    for batch_id, data in enumerate(train_loader()):
      images = norm_img(data[0]).astype('float32')
      labels = data[1].astype('int64')
      ...
      # 和第 2.5.2 小节的训练代码相同
paddle.save(model.state_dict(), './mnist.pdparams')
print(" == >Trained model saved in ./mnist.pdparams")
```

可以观察到,动转静的训练方式与动态图训练代码是完全相同的。因此,在动转静训练时,开发者只需要在动态图组网前向计算函数上添加一个装饰器即可实现动转静训练。在模型构建和训练中,飞桨更希望借用动态图的易用性优势。实际上,在加上@to_static 装饰器运行时,飞桨内部是在静态图模式下执行算子(Operator,OP)的,但是展示给开发者的依然是动态图的使用方式。

动转静更能体现静态图的方面在于模型部署上。下面将介绍动态图转静态图的部署方式。

2.10.3 动态图转静态图模型保存

在推理或部署场景中,需要同时保存推理模型的结构和参数,但是动态图是即时执行即时得到结果,并不会记录模型的结构信息。动态图在保存推理模型时,需要先将动态图模型转换为静态图写法,编译得到对应的模型结构再保存,而飞桨框架 2.0 版本支持了 paddle. jit. save 和 paddle.jit. load 接口,无需重新实现静态图网络结构,直接实现动态图模型转成静态图模型格式。paddle.jit. save 接口会自动调用飞桨框架 2.0 推出的动态图转静态图功能,使用户可以做到使用动态图编程调试,自动转成静态图训练部署。

这两个接口的基本关系如图 2.41 所示。

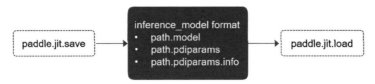

当用户使用 paddle.jit.save 保存 Layer 对象时,飞桨会自动将用户编写的动态图 Layer 模型转换为静态图写法,并编译得到模型结构,同时将模型结构与参数保存。paddle.jit. save 需要适配飞桨沿用已久的推理模型与参数格式,做到前向完全兼容,因此其保存格式与 paddle.save 有所区别,具体包括 3 种文件:保存模型结构的 *.pdmodel 文件;保存推理用参数的 *.pdiparams 文件;保存兼容变量信息的 *.pdiparams.info 文件。这几个文件后缀均为 paddle.jit.save 保存时默认使用的文件后缀。

比如,如果保存上述手写数字识别的 inference 模型用于部署,可以直接用下面代码实现:

```
# save inference model
from paddle.static import InputSpec
# 加载训练好的模型参数
state_dict = paddle.load("./mnist.pdparams")
# 将训练好的参数读取到网络中
model.set_state_dict(state_dict)
# 设置模型为评估模式
model.eval()

# 保存 inference 模型
paddle.jit.save(
    layer = model,
    path = "inference/mnist",
    input_spec = [InputSpec(shape = [None, 784], dtype = 'float32')])

print(" == >Inference model saved in inference/mnist.")
```

其中,paddle.jit.save API 将输入的网络存储为 paddle.jit.TranslatedLayer 格式的模型,载入后可用于预测推理或者 fine-tune 训练。该接口会将输入网络转写后的模型结构 Program 和所有必要的持久参数变量存储至输入路径 path。

path 是存储目标的前缀,存储的模型结构 Program 文件的后缀为 .pdmodel,存储的持久参数变量文件的后缀为 .pdiparams,同时这里也会将一些变量描述信息存储至文件,文件后缀为 .pdiparams.info。

通过调用对应的 paddle.jit.load 接口,可以把存储的模型载入为 paddle.jit.TranslatedLayer 格式,用于预测推理或者 fine-tune 训练。

```
import numpy as np
import paddle
import paddle.nn.functional as F
# 确保从 paddle.vision.datasets.MNIST 中加载的图像数据是 np.ndarray 类型
```

```
paddle.vision.set_image_backend('cv2')

# 读取 mnist 测试数据,获取第一个数据
mnist_test = paddle.vision.datasets.MNIST(mode = 'test')
test_image, label = mnist_test[0]
# 获取读取到的图像的数字标签
print("The label of readed image is : ", label)

# 将测试图像数据转换为 tensor,并改造为[1, 784]
test_image = paddle.reshape(paddle.to_tensor(test_image), [1, 784])
# 然后执行图像归一化
test_image = norm_img(test_image)
# 加载保存的模型
loaded_model = paddle.jit.load("./inference/mnist")
# 利用加载的模型执行预测
preds = loaded_model(test_image)
pred_label = paddle.argmax(preds)
# 打印预测结果
print("The predicted label is : ", pred_label.numpy())
```

paddle.jit.save API 可以把输入的网络结构和参数保存到一个文件中,所以通过加载保存的模型,可以不用重新构建网络结构而直接用于预测,易于模型部署。

本节介绍了飞桨动转静的功能和基本原理,并以一个示例介绍了如何将一个动态图模型转换到静态图模式下训练,并将训练好的模型转换成更易于部署的 Inference 模型,有关更多动转静的功能介绍可以参考飞桨官方文档。

小结

截至目前,读者们已经掌握了使用飞桨完成深度学习建模的方法,并且可以编写相当强大的模型。如果将每个模型部分均展开,整个模型实现有几百行代码,可以灵活地实现各种建模过程中的需求。

本章内容覆盖了使用飞桨建模各方面的基础知识,但仅以手写数字识别为示例,还难以覆盖各个领域的建模经验。从第 3 章开始正式进入本教程的第二部分,以推荐、计算机视觉和自然语言处理等多个领域的任务为例,讲述各行各业最常用的模型实现,并介绍更多使用飞桨的知识。

作业

正确运行模型的极简版代码,分析训练过程中可能出现的问题或值得优化的地方,通过如下几点优化。

(1)数据:数据增强的方法。

(2)模型(假设):改进网络模型。

(3)评价函数(损失):尝试各种 Loss。

(4)优化算法:尝试各种优化算法和学习率。

目标:尽可能使模型在 MNIST 测试集上的分类准确率最高。

第3章 计算机视觉

3.1 卷积神经网络基础

3.1.1 概述

计算机视觉作为一门让机器学会如何去"看"的学科,具体地说,就是让机器去识别摄像机拍摄的图片或视频中的物体,检测出物体所在的位置,并对目标物体进行跟踪,从而理解并描述出图片或视频里的场景和故事,以此来模拟人脑视觉系统。因此,计算机视觉也通常被叫作机器视觉,其目的是建立能够从图像或者视频中"感知"信息的人工系统。

计算机视觉技术经过几十年的发展,已经在交通(车牌识别、道路违章抓拍)、安防(人脸闸机、小区监控)、金融(刷脸支付、柜台的自动票据识别)、医疗(医疗影像诊断)、工业生产(产品缺陷自动检测)等多个领域应用,影响或正在改变人们的日常生活和工业生产方式。未来,随着技术的不断演进,必将涌现出更多的产品和应用,为我们的生活创造更大的便利和更多的机会,如图3.1所示。

飞桨为计算机视觉任务提供了丰富的 API,并通过底层优化和加速保证了这些 API 的性能。同时,飞桨还提供了丰富的模型库,覆盖图像分类、检测、分割、文字识别和视频理解等多个领域。用户可以直接使用这些 API 组建模型,也可以在飞桨提供的模型库基础上进行二次研发。

由于篇幅所限,本章将重点介绍计算机视觉的经典模型(卷积神经网络)和图像分类任务,而在第 4 章介绍目标检测。本章主要涵盖如下内容。

(1)卷积神经网络。卷积神经网络(Convolutional Neural Network,CNN)是计算机视觉技术最经典的模型结构。本教程主要介绍卷积神经网络的常用模块,包括卷积、池化、激活函数、批归一化、暂退法等。

(2)图像分类。介绍图像分类算法的经典模型结构,包括 LeNet、AlexNet、VGG、GoogLeNet、ResNet,并通过眼疾筛查示例展示模型和算法的应用。

计算机视觉的发展历程要从生物视觉讲起。对于生物视觉的起源,

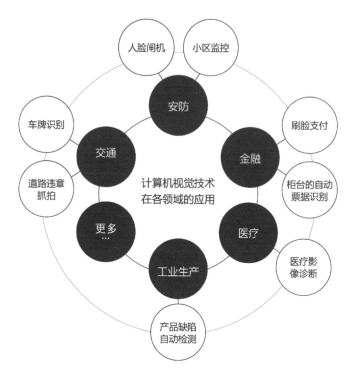

■图 3.1　计算机视觉技术在各领域的应用

目前学术界尚没有形成定论。有研究者认为最早的生物视觉形成于距今约 7 亿年前的水母之中,也有研究者认为生物视觉产生于距今约 5 亿年前寒武纪。经过几亿年的演化,目前人类的视觉系统已经具备非常高的复杂度和强大的功能,人脑中神经元数目达到 1000 亿个,这些神经元通过突触互相连接,这样庞大的视觉神经网络使我们可以很轻松地观察周围的世界,如图 3.2 所示。

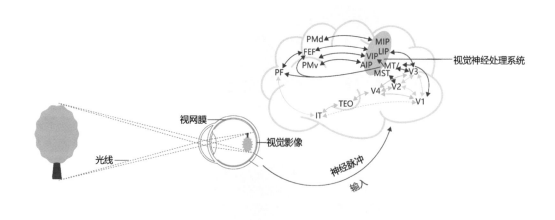

■图 3.2　人类视觉感知

对人类来说,识别猫和狗是件非常容易的事。但对计算机来说,即使是一个精通编程的高手,也很难轻松写出具有通用性的程序(比如:假设程序认为体型大的是狗,体型小的是猫,但由于拍摄角度不同,可能一张图片上猫占据的像素比狗还多)。那么,如何让计算机能像人一样看懂周围的世界呢?研究者尝试着从不同的角度去解决这个问题,由此也发展出一系列的子任务,如图 3.3 所示。

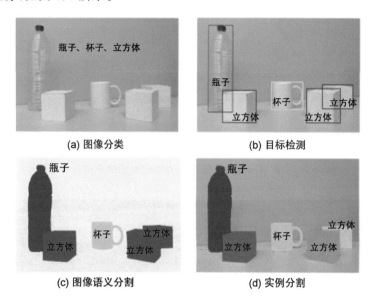

■图 3.3 计算机视觉子任务示意图

(1) 图像分类,用于识别图像中物体的类别(如瓶子、杯子、立方体)。

(2) 目标检测,用于检测图像中每个物体的类别,并准确标出它们的位置。

(3) 图像语义分割,用于标出图像中每个像素点所属的类别,属于同一类别的像素点用一个颜色标识。

(4) 实例分割,值得注意的是,图 3.3(b)中的目标检测任务只需要标注出物体位置,而图 3.3(d)中的实例分割任务不仅要标注出物体位置,还需要标注出物体的外形轮廓。

在早期的图像分类任务中,通常是先人工提取图像特征,再用机器学习算法对这些特征进行分类,分类的结果强依赖于特征提取方法,往往只有经验丰富的研究者才能完成,如图 3.4 所示。

在这种背景下,基于神经网络的特征提取方法应运而生。Yan LeCun 是最早将卷积神经网络应用到图像识别领域的,其主要逻辑是使用卷积神经网络提取图像特征,并对图像所属类别进行预测,通过训练数据不断调整网络参数,最终形成一套能自动提取图像特征并对这些特征进行分类的网络,如图 3.5 所示。

这一方法在手写数字识别任务上取得了极大的成功,但在接下来的时间里,却没有得到很好的发展。其主要原因一方面是数据集不完善,训练出的模型泛化性较差,只能处理简单任务,在大尺寸的数据集上效果比较差;另一方面是硬件瓶颈,网络模型复杂时,计算速度会特别慢。

目前,随着互联网技术的不断进步,数据量呈现大规模的增长,越来越丰富的数据集不断涌现。另外,得益于硬件能力的提升,计算机的算力也越来越强大。不断有研究者将新的

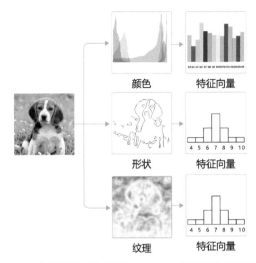

■图 3.4　使用传统的机器学习方法完成图像分类任务示意

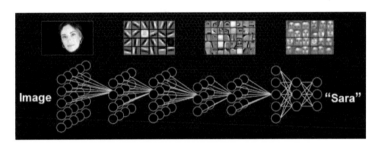

■图 3.5　早期的卷积神经网络处理图像任务示意

模型和算法应用到计算机视觉领域。由此催生了越来越丰富的模型结构和更加准确的精度,同时计算机视觉所处理的问题也越来越丰富,如分类、检测、分割、场景描述、图像生成和风格变换等,甚至还不仅仅局限于二维图片,也包括视频处理技术和三维视觉等。

3.1.2　卷积神经网络

　　卷积神经网络是目前计算机视觉中使用最普遍的模型结构。在第 2 章中,我们介绍了手写数字识别任务,使用全连接网络进行特征提取,即将一张图片上的所有像素点展开成一个一维向量输入网络,存在如下两个问题:

　　(1) 输入数据的空间信息被丢失。空间上相邻的像素点往往具有相似的 RGB 值,RGB的各个通道之间的数据通常密切相关,但是转化成一维向量时,这些信息被丢失。同时,图像数据的形状信息中,可能隐藏着某种本质的模式,但是转变成一维向量输入全连接神经网络时,这些模式也会被忽略。

　　(2) 模型参数过多,容易发生过拟合。在手写数字识别示例中,每个像素点都要跟所有输出的神经元相连接。当图片尺寸变大时,输入神经元的个数会按图片尺寸的平方增大,导致模型参数过多,容易发生过拟合。

　　为了解决上述问题,我们引入卷积神经网络进行特征提取,既能提取到相邻像素点之间的特征模式,又能保证参数的个数不随图片尺寸变化。图 3.6 是一个典型的卷积神经网络结构,多层卷积和池化层组合作用在输入图片上,在网络的最后通常会加入一系列全连接层,ReLU 激活函数一般加在卷积或者全连接层的输出上,网络中通常还会加入暂退法来防止过拟合。

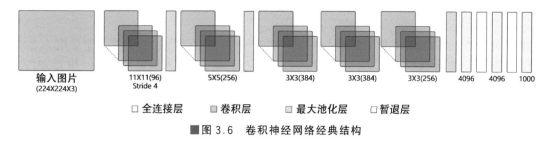

■图3.6 卷积神经网络经典结构

说明:

在卷积神经网络中,计算范围是在像素点的空间邻域内进行的,卷积核参数的数目也远小于全连接层。卷积核本身与输入图片大小无关,它代表了对空间邻域内某种特征模式的提取。比如,有些卷积核提取物体边缘特征,有些卷积核提取物体拐角处的特征,图像上不同区域共享同一个卷积核。当输入图片大小不一样时,仍然可以使用同一个卷积核进行操作。

---

1. 卷积(Convolution)

本小节将为读者介绍卷积算法的原理和实现方案,并通过具体的示例展示如何使用卷积对图片进行操作,主要涵盖如下内容:卷积计算;填充(Padding);步幅(Stride);感受野(Receptive Field);多输入通道、多输出通道和批量操作;飞桨卷积 API 介绍和卷积算子应用举例。

1)卷积计算

卷积是数学分析中的一种积分变换的方法,在图像处理中采用的是卷积的离散形式。这里需要说明的是,在卷积神经网络中,卷积层的实现方式实际上是数学中定义的互相关(Cross-correlation)运算,与数学分析中的卷积定义有所不同,具体的计算过程如图 3.7 所示。

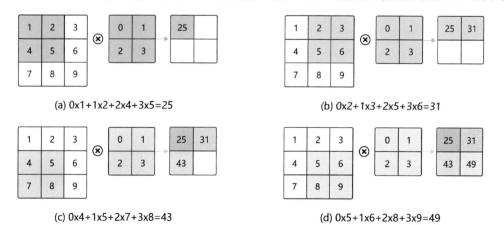

■图3.7 卷积计算过程

说明：

卷积核(Kernel)也被叫作滤波器(Filter)，假设卷积核的高和宽分别为 k_h 和 k_w，则将其称为 $k_h \times k_w$ 卷积，如 3×5 卷积就是指卷积核的高为 3、宽为 5。

(1) 如图 3.7(a)所示，输入数据是一个维度为 3×3 的二维数组卷积核一个维度为 2×2 的二维数组。先将卷积核的左上角与输入数据的左上角(即输入数据的 $(0,0)$ 位置)对齐，把卷积核的每个元素与其位置对应的输入数据中的元素相乘，再把所有乘积相加，得到卷积输出的第一个结果为

$$0 \times 1 + 1 \times 2 + 2 \times 4 + 3 \times 5 = 25$$

(2) 如图 3.7(b)所示，将卷积核向右滑动，让卷积核左上角与输入数据中的 $(0,1)$ 位置对齐，同样将卷积核的每个元素与其位置对应的输入数据中的元素相乘，再把这 4 个乘积相加，得到卷积输出的第二个结果，即

$$0 \times 2 + 1 \times 3 + 2 \times 5 + 3 \times 6 = 31$$

(3) 如图 3.7(c)所示，将卷积核向下滑动，让卷积核左上角与输入数据中的 $(1,0)$ 位置对齐，可以计算得到卷积输出的第三个结果，即

$$0 \times 4 + 1 \times 5 + 2 \times 7 + 3 \times 8 = 43$$

(4) 如图 3.7(d)所示，将卷积核向右滑动，让卷积核左上角与输入数据中的 $(1,1)$ 位置对齐，可以计算得到卷积输出的第四个结果，即

$$0 \times 5 + 1 \times 6 + 2 \times 8 + 3 \times 9 = 49$$

卷积核的计算过程可以用下面的数学公式表示，其中 a 代表输入图片，b 代表输出特征图，w 是卷积核参数，它们都是二维数组，$\sum\limits_{u,v}$ 表示对卷积核参数进行遍历并求和，有

$$b[i,j] = \sum_{u,v} a[i+u, j+v] \cdot w[u,v]$$

举例说明，假如图 3.7 中卷积核大小是 2×2，则 u 可以取 0 和 1，v 也可以取 0 和 1，也就是说

$$b[i,j] = a[i+0, j+0] \cdot w[0,0] + a[i+0, j+1] \cdot w[0,1] +$$
$$a[i+1, j+0] \cdot w[1,0] + a[i+1, j+1] \cdot w[1,1]$$

读者可以自行验证，当 $[i,j]$ 取不同值时，根据此公式计算的结果与图 3.7 中的例子是否一致。

【思考】　当卷积核大小为 3×3 时，b 和 a 之间的对应关系应该是怎样的？

说明：

在卷积神经网络中，一个卷积算子除了上面描述的卷积过程外，还包括加上偏置项的操作。例如，假设偏置为 1，则上面卷积计算的结果为

$$0 \times 1 + 1 \times 2 + 2 \times 4 + 3 \times 5 + 1 = 26$$
$$0 \times 2 + 1 \times 3 + 2 \times 5 + 3 \times 6 + 1 = 32$$
$$0 \times 4 + 1 \times 5 + 2 \times 7 + 3 \times 8 + 1 = 44$$
$$0 \times 5 + 1 \times 6 + 2 \times 8 + 3 \times 9 + 1 = 50$$

2）填充

在上面的例子中，输入图片尺寸为 3×3，输出图片尺寸为 2×2，经过一次卷积之后，图片尺寸变小。卷积输出特征图的尺寸计算方法为

$$H_{\text{out}} = H - k_h + 1$$
$$W_{\text{out}} = W - k_w + 1$$

如果输入尺寸为 4，卷积核大小为 3 时，输出尺寸为 $4-3+1=2$。读者可以自行检查当输入图片和卷积核为其他尺寸时，上述计算式是否成立。当卷积核尺寸大于 1 时，输出特征图的尺寸会小于输入图片尺寸。如果经过多次卷积，输出图片尺寸会不断减小。为了避免卷积之后图片尺寸变小，通常会在图片的外围进行填充（Padding），如图 3.8 所示。

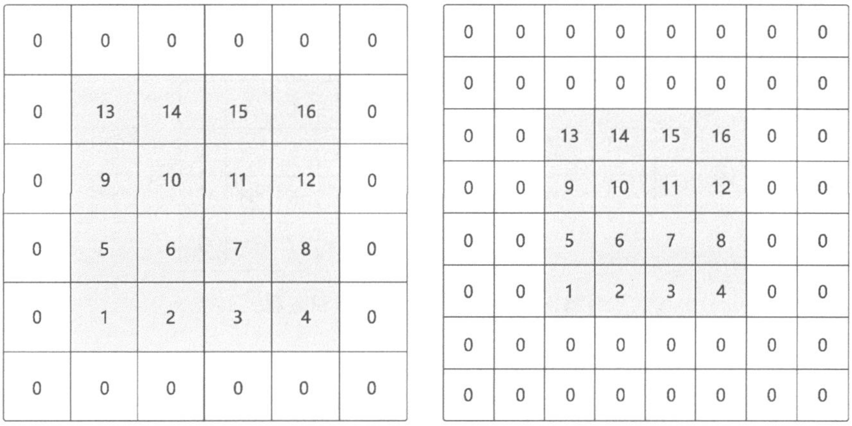

(a) padding=1　　　　　　　　　　(b) padding=2

■图 3.8　填充

（1）如图 3.8(a)所示，填充的大小为 1，填充值为 0。填充之后，输入图片尺寸从 4×4 变成了 6×6，使用 3×3 的卷积核，输出图片尺寸为 4×4。

（2）如图 3.8(b)所示，填充的大小为 2，填充值为 0。填充之后，输入图片尺寸从 4×4 变成了 8×8，使用 3×3 的卷积核，输出图片尺寸为 6×6。

如果在图片高度方向，在第一行之前填充 p_{h1} 行，在最后一行之后填充 p_{h2} 行；在图片的宽度方向，在第一列之前填充 p_{w1} 列，在最后一列之后填充 p_{w2} 列；则填充之后的图片尺寸为 $(H + p_{h1} + p_{h2}) \times (W + p_{w1} + p_{w2})$。经过大小为 $k_h \times k_w$ 的卷积核操作后，输出图片的尺寸为

$$H_{\text{out}} = H + p_{h1} + p_{h2} - k_h + 1$$

$$W_{\text{out}} = W + p_{w1} + p_{w2} - k_w + 1$$

在卷积计算过程中，通常会在高度或者宽度的两侧采取等量填充，即 $p_{h1} = p_{h2} = p_h$，$p_{w1} = p_{w2} = p_w$，上面计算公式也就变为

$$H_{\text{out}} = H + 2p_h - k_h + 1$$

$$W_{\text{out}} = W + 2p_w - k_w + 1$$

卷积核大小通常使用 1、3、5、7 这样的奇数，如果使用的填充大小为 $p_h = (k_h - 1)/2$、$p_w = (k_w - 1)/2$，则卷积之后图像尺寸不变。例如，当卷积核大小为 3 时，padding 大小为

1,卷积之后图像尺寸不变;同理,如果卷积核大小为 5,使用 padding 的大小为 2,也能保持图像尺寸不变。

3)步幅

图 3.8 中卷积核每次滑动一个像素点,这是步幅为 1 的特殊情况。图 3.9 是步幅为 2 的卷积过程,卷积核在图片上移动时,每次移动大小为 2 个像素点。

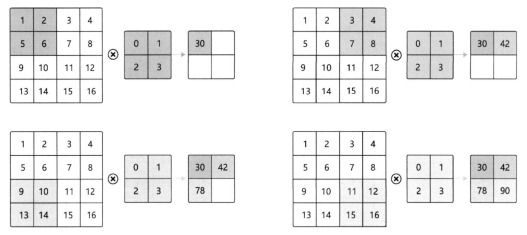

■图 3.9　步幅为 2 的卷积过程

当宽和高方向的步幅分别为 s_h 和 s_w 时,输出特征图尺寸的计算公式为

$$H_{\text{out}} = \frac{H + 2p_h - k_h}{s_h} + 1$$

$$W_{\text{out}} = \frac{W + 2p_w - k_w}{s_w} + 1$$

假设输入图片尺寸是 $H \times W = 100 \times 100$,卷积核大小 $k_h \times k_w = 3 \times 3$,填充 $p_h = p_w = 1$,步幅为 $s_h = s_w = 2$,则输出特征图的尺寸为

$$H_{\text{out}} = \frac{100 + 2 - 3}{2} + 1 = 50$$

$$W_{\text{out}} = \frac{100 + 2 - 3}{2} + 1 = 50$$

4)感受野

输出特征图上每个点的数值,是由输入图片上大小为 $k_h \times k_w$ 区域的元素与卷积核每个元素相乘再相加得到的,所以输入图像上 $k_h \times k_w$ 区域内每个元素数值的改变都会影响输出点的像素值。将这个区域叫作输出特征图上对应点的感受野。感受野内每个元素数值的变动,都会影响输出点的数值变化。如 3×3 卷积对应的感受野大小就是 3×3,如图 3.10 所示。

而当通过两层 3×3 的卷积之后,感受野的大小将会增加到 5×5,如图 3.11 所示。

因此,当增加卷积网络深度的同时,感受野将会增大,输出特征图中的一个像素点将会包含更多的图像语义信息。

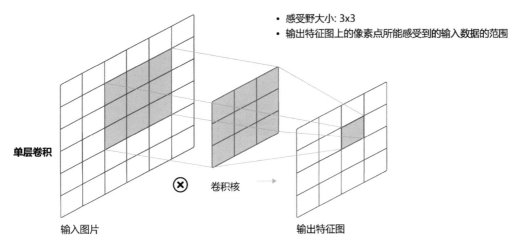

- 感受野大小: 3x3
- 输出特征图上的像素点所能感受到的输入数据的范围

■图 3.10 感受野为 3×3 的卷积

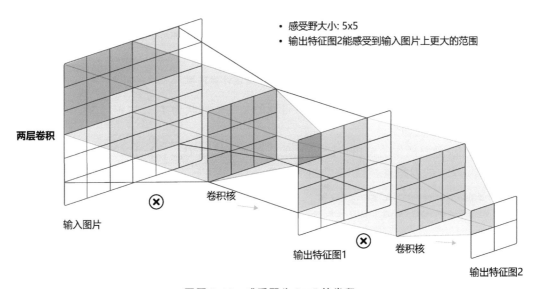

- 感受野大小: 5x5
- 输出特征图2能感受到输入图片上更大的范围

■图 3.11 感受野为 5×5 的卷积

5）多输入通道、多输出通道和批量操作

前面介绍的卷积计算过程比较简单，实际应用时，处理的问题要复杂得多。例如，对于彩色图片有 R、G、B 这 3 个通道，需要处理多输入通道的场景。输出特征图往往也会具有多个通道，而且在神经网络的计算中常常是把一个批次的样本放在一起计算，所以卷积算子需要具有批量处理多输入和多输出通道数据的功能。下面分别介绍这几种场景的操作方式。

（1）多输入通道场景。

上面的例子中，卷积层的数据是一个二维数组，但实际上一张彩色图片往往含有 R、G、B 3 个通道，要计算卷积的输出结果，卷积核的形式也会发生变化。假设输入图片的通道数为 C_{in}，输入数据的形状是 $C_{in} \times H_{in} \times W_{in}$，计算过程如图 3.12 所示。

① 对每个通道分别设计一个二维数组作为卷积核，卷积核数组的形状是 $C_{in} \times k_h \times k_w$。

② 对任一通道 $C_{in} \in [0, C_{in})$，分别用大小为 $k_h \times k_w$ 的卷积核在大小为 $H_{in} \times W_{in}$ 的二维数组上做卷积。

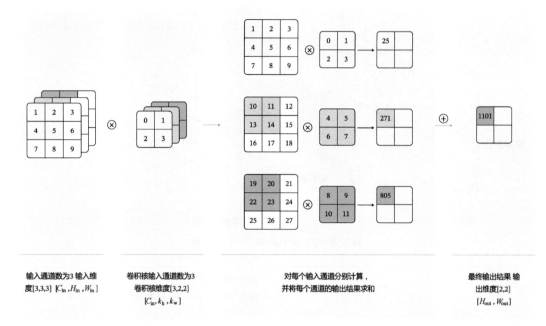

输入通道数为3 输入维
度[3,3,3] $[C_{\text{in}}, H_{\text{in}}, W_{\text{in}}]$　　卷积核输入通道数为3
卷积核维度[3,2,2]
$[C_{\text{in}}, k_{\text{h}}, k_{\text{w}}]$　　对每个输入通道分别计算，
并将每个通道的输出结果求和　　最终输出结果 输
出维度[2,2]
$[H_{\text{out}}, W_{\text{out}}]$

■图 3.12　多输入通道计算过程

③ 将这 C_{in} 个通道的计算结果相加，得到的是一个形状为 $H_{\text{out}} \times W_{\text{out}}$ 的二维数组。

（2）多输出通道场景。

一般来说，卷积操作的输出特征图也会具有多个通道 C_{out}，这时需要设计 C_{out} 个维度为 $C_{\text{in}} \times k_h \times k_w$ 的卷积核，卷积核数组的维度是 $C_{\text{out}} \times C_{\text{in}} \times k_h \times k_w$，如图 3.13 所示。

• 输出通道的数目通常也被称为卷积核的个数，这里有两个卷积核。
• 红、绿、蓝代表第一个卷积核的3个输入通道；浅红、浅绿、浅蓝代表第二个卷积核的3个输入通道。

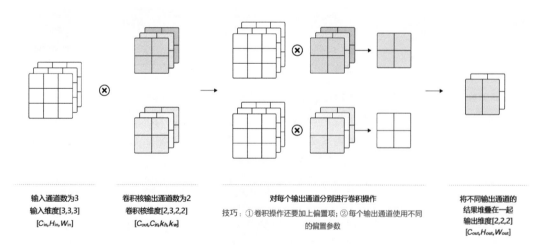

输入通道数为3
输入维度[3,3,3]
$[C_{\text{in}}, H_{\text{in}}, W_{\text{in}}]$　　卷积核输出通道数为2
卷积核维度[2,3,2,2]
$[C_{\text{out}}, C_{\text{in}}, k_h, k_w]$　　对每个输出通道分别进行卷积操作
技巧：①卷积操作还要加上偏置项；②每个输出通道使用不同
的偏置参数　　将不同输出通道的
结果堆叠在一起
输出维度[2,2,2]
$[C_{\text{out}}, H_{\text{out}}, W_{\text{out}}]$

■图 3.13　多输出通道计算过程

① 对任一输出通道 $C_{\text{out}} \in [0, C_{\text{out}})$，分别使用上面描述的形状为 $C_{\text{in}} \times k_h \times k_w$ 的卷积核对输入图片做卷积。

② 将这 C_{out} 个形状为 $H_{out} \times W_{out}$ 的二维数组拼接在一起,形成维度为 $C_{out} \times H_{out} \times W_{out}$ 的三维数组。

> **说明:**
> 通常将卷积核的输出通道数叫作卷积核的个数。

(3) 批量操作。

在卷积神经网络的计算中,通常将数据集划分成多个 minibatch 进行批量操作,即输入数据的维度是 $N \times C_{in} \times H_{in} \times W_{in}$。由于会对每张图片使用同样的卷积核进行卷积操作,卷积核的维度与上面多输出通道的情况一样,仍然是 $C_{out} \times C_{in} \times k_h \times k_w$,输出特征图的维度是 $N \times C_{out} \times H_{out} \times W_{out}$,如图 3.14 所示。

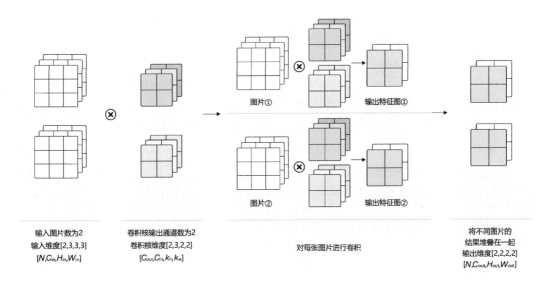

图片①   输出特征图①

图片②   输出特征图②

输入图片数为2
输入维度[2,3,3,3]
$[N, C_{in}, H_{in}, W_{in}]$

卷积核输出通道数为2
卷积核维度[2,3,2,2]
$[C_{out}, C_{in}, k_h, k_w]$

对每张图片进行卷积

将不同图片的
结果堆叠在一起
输出维度[2,2,2,2]
$[N, C_{out}, H_{out}, W_{out}]$

■图 3.14 批量操作

6) 飞桨卷积 API 介绍

飞桨卷积算子对应的 API 是 paddle. nn. Conv2D,用户可以直接调用 API 进行计算,也可以在此基础上修改。Conv2D 名称中的"2D"表明卷积核是二维的,多用于处理图像数据。类似地,也有 Conv3D 可以用于处理视频数据(图像的序列)。

```
class paddle.nn.Conv2D (in_channels, out_channels, kernel_size, stride = 1, padding = 0,
dilation = 1, groups = 1, padding_mode = 'zeros', weight_attr = None, bias_attr = None, data_
format = 'NCHW')
```

常用的参数如下。

① in_channels(int):输入图像的通道数。

② out_channels(int):卷积核的个数,和输出特征图通道数相同,相当于上文中的 C_{out}。

③ kernel_size(int|list|tuple):卷积核大小,可以是整数,如 3,表示卷积核的高和宽均

为 3;或者是两个整数的 list,如[3,2],表示卷积核的高为 3、宽为 2。

④ stride(int|list|tuple,可选):步长大小,可以是整数,默认值为 1,表示垂直和水平滑动步幅均为 1;或者是两个整数的 list,如[3,2],表示垂直滑动步幅为 3,水平滑动步幅为 2。

⑤ padding(int|list|tuple|str,可选):填充大小,可以是整数,如 1,表示竖直和水平边界填充大小均为 1;或者是两个整数的 list,如[2,1],表示竖直边界填充大小为 2,水平边界填充大小为 1。

输入数据维度为$[N, C_{in}, H_{in}, W_{in}]$,输出数据维度为$[N, out\_channels, H_{out}, W_{out}]$,权重参数 w 的维度为$[out\_channels, C_{in}, filter\_size\_h, filter\_size\_w]$,偏置参数 b 的维度是$[out\_channels]$。注意,即使输入只有一张灰度图片$[H_{in}, W_{in}]$,也需要处理成 4 个维度的输入向量$[1, 1, H_{in}, W_{in}]$。

7) 卷积算子应用举例

下面介绍卷积算子在图片中应用的 3 个示例,并观察其计算结果。

(1) 示例 1——简单的黑白边界检测。

下面是使用 Conv2D 算子完成一个图像边界检测的任务。图像左边为光亮部分,右边为黑暗部分,需要检测出光亮与黑暗的分界处。可以设置宽度方向的卷积核为$[1, 0, -1]$,此卷积核会将宽度方向间隔为 1 的两个像素点的数值相减。当卷积核在图片上滑动时,如果它所覆盖的像素点位于亮度相同的区域,则左、右间隔为 1 的两个像素点数值的差为 0。只有当卷积核覆盖的像素点有的处于光亮区域,有的处在黑暗区域时,左、右间隔为 1 的两个点像素值的差才不为 0。将此卷积核作用到图片上,输出特征图上只有对应黑白分界线的地方像素值才不为 0。结果输出如图 3.15 所示。具体代码如下:

```
import matplotlib.pyplot as plt
import numpy as np
import paddle
from paddle.nn import Conv2D
from paddle.nn.initializer import Assign
% matplotlib inline

# 创建初始化权重参数 w
w = np.array([1, 0, -1], dtype = 'float32')
# 将权重参数调整成维度为[cout, cin, kh, kw]的四维张量
w = w.reshape([1, 1, 1, 3])
# 创建卷积算子,设置输出通道数、卷积核大小和初始化权重参数
# kernel_size = [1, 3]表示 kh = 1, kw = 3
# 创建卷积算子的时候,通过参数属性 weight_attr 指定参数初始化方式
# 这里的初始化方式时,从 numpy.ndarray 初始化卷积参数
conv = Conv2D(in_channels = 1, out_channels = 1, kernel_size = [1, 3],
        weight_attr = paddle.ParamAttr(
            initializer = Assign(value = w)))

# 创建输入图片,图片左边的像素点取值为 1,右边的像素点取值为 0
img = np.ones([50,50], dtype = 'float32')
img[:, 30:] = 0.
# 将图片形状调整为[N, C, H, W]的形式
x = img.reshape([1,1,50,50])
```

```
# 将 numpy.ndarray 转化成 paddle 中的 tensor
x = paddle.to_tensor(x)
# 使用卷积算子作用在输入图片上
y = conv(x)
# 将输出 tensor 转化为 numpy.ndarray
out = y.numpy()
f = plt.subplot(121)
f.set_title('input image', fontsize = 15)
plt.imshow(img, cmap = 'gray')
f = plt.subplot(122)
f.set_title('output featuremap', fontsize = 15)
# 卷积算子 Conv2D 输出数据形状为[N, C, H, W]形式
# 此处 N, C = 1,输出数据形状为[1, 1, H, W],是 4 维数组
# 但是画图函数 plt.imshow 画灰度图时,只接受 2 维数组
# 通过 numpy.squeeze 函数将大小为 1 的维度消除
plt.imshow(out.squeeze(), cmap = 'gray')
plt.show()
```

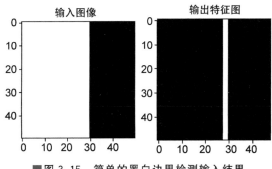

■图 3.15 简单的黑白边界检测输入结果

(2) 示例 2——图像中物体边缘检测。

上面展示的是一个人为构造出来的简单图片使用卷积检测明暗分界处的例子,对于真实的图片,也可以使用合适的卷积核对它进行操作,用来检测物体的外形轮廓,观察输出特征图与原图之间的对应关系(图 3.16),代码实现如下:

```
import matplotlib.pyplot as plt
from PIL import Image
import numpy as np
import paddle
from paddle.nn import Conv2D
from paddle.nn.initializer import Assign
img = Image.open('./work/images/section1/000000098520.jpg')

# 设置卷积核参数
w = np.array([[-1, -1, -1], [-1,8, -1], [-1, -1, -1]], dtype = 'float32')/8
w = w.reshape([1, 1, 3, 3])
# 由于输入通道数是 3,将卷积核的形状从[1,1,3,3]调整为[1,3,3,3]
w = np.repeat(w, 3, axis = 1)
# 创建卷积算子,输出通道数为 1,卷积核大小为 3×3,
# 并使用上面设置好的数值作为卷积核权重的初始化参数
```

```
conv = Conv2D(in_channels = 3, out_channels = 1, kernel_size = [3, 3],
            weight_attr = paddle.ParamAttr(
                initializer = Assign(value = w)))

# 将读入的图片转化为 float32 类型的 numpy.ndarray
x = np.array(img).astype('float32')
# 图片读入成 ndarray 时,形状是[H, W, 3],
# 将通道这一维度调整到最前面
x = np.transpose(x, (2, 0, 1))
# 将数据形状调整为[N, C, H, W]格式
x = x.reshape(1, 3, img.height, img.width)
x = paddle.to_tensor(x)
y = conv(x)
out = y.numpy()
plt.figure(figsize = (20, 10))
f = plt.subplot(121)
f.set_title('input image', fontsize = 15)
plt.imshow(img)
f = plt.subplot(122)
f.set_title('output feature map', fontsize = 15)
plt.imshow(out.squeeze(), cmap = 'gray')
plt.show()
```

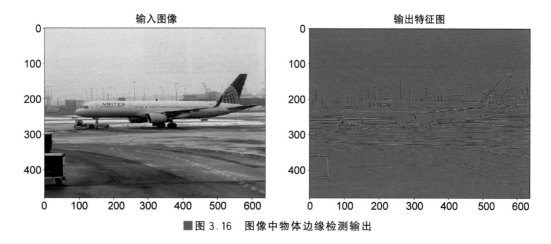

■图 3.16　图像中物体边缘检测输出

（3）示例 3——图像均值模糊。

另一种比较常见的卷积核是用当前像素与它邻域内的像素取平均,这样可以使图像上噪声比较大的点变得更平滑(图 3.17),代码如下:

```
import paddle
import matplotlib.pyplot as plt
from PIL import Image
import numpy as np
from paddle.nn import Conv2D
from paddle.nn.initializer import Assign
# 读入图片并转成 numpy.ndarray
# 换成灰度图
```

```
img = Image.open('./work/images/section1/000000355610.jpg').convert('L')
img = np.array(img)

# 创建初始化参数
w = np.ones([1, 1, 5, 5], dtype = 'float32')/25
conv = Conv2D(in_channels = 1, out_channels = 1, kernel_size = [5, 5],
        weight_attr = paddle.ParamAttr(
            initializer = Assign(value = w)))
x = img.astype('float32')
x = x.reshape(1,1,img.shape[0], img.shape[1])
x = paddle.to_tensor(x)
y = conv(x)
out = y.numpy()

plt.figure(figsize = (20, 12))
f = plt.subplot(121)
f.set_title('input image')
plt.imshow(img, cmap = 'gray')

f = plt.subplot(122)
f.set_title('output feature map')
out = out.squeeze()
plt.imshow(out, cmap = 'gray')

plt.show()
```

■图3.17 图像均值模糊

3.2 卷积神经网络的几种常用操作

3.2.1 概述

第3.1节介绍了卷积的基本操作和计算方法。在实践中,为了进一步提升模型的计算效率和泛化能力,常会使用如下几种方法:池化、批归一化、ReLU激活函数和暂退法。

3.2.2　池化

池化是使用某一位置的相邻输出的总体统计特征代替网络在该位置的输出,其好处是当输入数据做出少量平移时,经过池化后的大多数输出还能保持不变。比如,当识别一张图像是否是人脸时,需要知道人脸左边有一只眼睛,右边也有一只眼睛,而不需要知道眼睛的精确位置,这时通过池化某一片区域的像素点来得到总体统计特征会很有用。由于池化后的特征图会变小,如果后面连接的是全连接层,能有效地减小神经元的个数,节省存储空间并提高计算效率。如图 3.18 所示,将一个 2×2 的区域池化成一个像素点。通常有两种方法,即平均池化和最大池化。

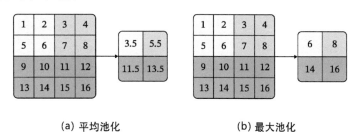

(a) 平均池化　　　　　　　　(b) 最大池化

■图 3.18　平均池化和最大池化

(1) 图 3.18(a)所示为平均池化。这里使用大小为 2×2 的池化窗口,每次移动的步长也为 2,对池化窗口内的像素数值取平均,得到相应的输出特征图的像素值。

(2) 图 3.18(b)所示为最大池化。对池化窗口覆盖区域内的像素取最大值,得到输出特征图的像素值。

当池化窗口在图片上滑动时,会得到整张输出特征图。池化窗口的大小称为池化大小,用 $k_h \times k_w$ 表示。在卷积神经网络中用得比较多的是窗口大小为 2×2,步长也为 2 的池化。与卷积核类似,池化窗口在图片上滑动时,每次移动的步长称为步幅,当宽和高方向的移动大小不一样时,分别用 s_h 和 s_w 表示。也可以对需要进行池化的图片进行填充,填充方式与卷积类似,假设在第一行之前填充 p_{h1} 行,在最后一行后面填充 p_{h2} 行。在第一列之前填充 p_{w1} 列,在最后一列之后填充 p_{w2} 列,则池化层的输出特征图大小为

$$H_{\text{out}} = \frac{H + p_{h1} + p_{h2} - k_h}{s_h} + 1$$

$$W_{\text{out}} = \frac{W + p_{w1} + p_{w2} - k_w}{s_w} + 1$$

在卷积神经网络中,通常使用 2×2 大小的池化窗口,步幅也使用 2,填充为 0,则输出特征图的尺寸为

$$H_{\text{out}} = \frac{H}{2}$$

$$W_{\text{out}} = \frac{W}{2}$$

通过这种方式的池化,输出特征图的高和宽都减半,但通道数不会改变。

3.2.3 ReLU 激活函数

在第 2 章中,普遍使用 Sigmoid 函数作激活函数。在神经网络发展的早期,Sigmoid 函数用得比较多,而目前用的较多得激活函数是 ReLU。这是因为 Sigmoid 函数在反向传播过程中容易造成梯度的衰减。让我们仔细观察 Sigmoid 函数的形式就能发现这一问题。

Sigmoid 激活函数的定义为

$$y = \frac{1}{1 + e^{-x}}$$

ReLU 激活函数的定义为

$$y = \begin{cases} 0, & (x < 0) \\ x, & (x \geqslant 0) \end{cases}$$

下面的程序画出了 Sigmoid 和 ReLU 函数的曲线图(图 3.19):

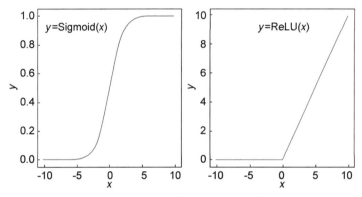

■图 3.19 Sigmoid 与 ReLU 函数的曲线图

```python
# ReLU 和 Sigmoid 激活函数示意图
import numpy as np
import matplotlib.pyplot as plt
import matplotlib.patches as patches
plt.figure(figsize = (10, 5))

# 创建数据 x
x = np.arange(-10, 10, 0.1)

# 计算 Sigmoid 函数
s = 1.0 / (1 + np.exp(0. - x))

# 计算 ReLU 函数
y = np.clip(x, a_min = 0., a_max = None)

###################################
# 如下部分为画图代码
f = plt.subplot(121)
plt.plot(x, s, color = 'r')
currentAxis = plt.gca()
```

```
plt.text( - 9.0, 0.9, r'$ y = Sigmoid(x) $ ', fontsize = 13)
currentAxis.xaxis.set_label_text('x', fontsize = 15)
currentAxis.yaxis.set_label_text('y', fontsize = 15)

f = plt.subplot(122)
plt.plot(x, y, color = 'g')
plt.text( - 3.0, 9, r'$ y = ReLU(x) $ ', fontsize = 13)
currentAxis = plt.gca()
currentAxis.xaxis.set_label_text('x', fontsize = 15)
currentAxis.yaxis.set_label_text('y', fontsize = 15)

plt.show()
```

梯度消失现象

在神经网络中,将经过反向传播之后,梯度值衰减到接近于零的现象称为梯度消失现象。

从上面的函数曲线可以看出,当 x 为较大的正数时,Sigmoid 函数数值非常接近于 1,函数曲线变得很平滑,在这些区域 Sigmoid 函数的导数接近 0。当 x 为较小的负数时,Sigmoid 函数值非常接近 0,函数曲线也很平滑,在这些区域 Sigmoid 函数的导数也接近 0。只有当 x 的取值在 0 附近时,Sigmoid 函数的导数才比较大。可以对 Sigmoid 函数求导数,结果为

$$\frac{\mathrm{d}y}{\mathrm{d}x} = -\frac{1}{(1+\mathrm{e}^{-x})^2} \cdot \frac{\mathrm{d}(\mathrm{e}^{-x})}{\mathrm{d}x} = \frac{1}{2+\mathrm{e}^x+\mathrm{e}^{-x}}$$

从上面的式子可以看出,Sigmoid 函数的导数 $\dfrac{\mathrm{d}y}{\mathrm{d}x}$ 最大值为 $\dfrac{1}{4}$。前向传播时,$y=\mathrm{Sigmoid}(x)$;而在反向传播过程中,x 的梯度等于 y 的梯度乘以 Sigmoid 函数的导数,即

$$\frac{\partial L}{\partial x} = \frac{\partial L}{\partial y} \cdot \frac{\partial y}{\partial x}$$

使得 x 的梯度数值最大也不会超过 y 的梯度的 $\dfrac{1}{4}$。

由于最开始是将神经网络的参数随机初始化的,因此 x 很有可能取值在数值很大或者很小的区域,这些地方都可能造成 Sigmoid 函数的导数接近 0,导致 x 的梯度接近 0;即使 x 取值在接近 0 的地方,按上面的分析,经过 Sigmoid 函数反向传播之后,x 的梯度不超过 y 梯度的 $\dfrac{1}{4}$,如果有多层网络使用了 Sigmoid 激活函数,则比较靠后的那些层梯度将衰减到非常小的值。

ReLU 函数则不同,当 $x<0$ 时,ReLU 函数的导数为 0。当 $x \geqslant 0$ 时,ReLU 函数的导数为 1,能够将 y 的梯度完整地传递给 x,而不会引起梯度消失。

3.2.4　批归一化

批归一化(Batch Normalization,BatchNorm)是由 Ioffe 和 Szegedy 于 2015 年提出的,已被广泛应用在深度学习中,其目的是对神经网络中间层的输出进行标准化处理,使中间层

的输出更加稳定。

通常我们会对神经网络的数据进行标准化处理,处理后的样本数据满足均值为 0、方差为 1 的统计分布,这是因为当输入数据的分布比较固定时,有利于算法的稳定和收敛。对于深度神经网络来说,由于参数是不断更新的,即使输入数据已经做过标准化处理,但是对于比较靠后的那些层,其接收到的输入仍然是剧烈变化的,通常会导致数值不稳定,模型很难收敛。批归一化能够使神经网络中间层的输出变得更加稳定,并有如下 3 个优点。

① 使学习快速进行(能够使用较大的学习率)。

② 降低模型对初始值的敏感性。

③ 从一定程度上抑制过拟合。

批归一化主要思路是在训练时以 minibatch 为单位,对神经元的数值进行归一化,使数据的分布满足均值为 0、方差为 1。具体计算过程如下。

1) 计算 minibatch 内样本的均值

$$\mu_B \leftarrow \frac{1}{m} \sum_{i=1}^{m} x^{(i)}$$

式中:$x^{(i)}$ 为 minibatch 中的第 i 个样本。

例如,输入 minibatch 包含 3 个样本,每个样本有 2 个特征,分别为

$$x^{(1)} = (1,2), \quad x^{(2)} = (3,6), \quad x^{(3)} = (5,10)$$

对每个特征分别计算 minibatch 内样本的均值,即

$$\mu_{B0} = \frac{1+3+5}{3} = 3, \quad \mu_{B1} = \frac{2+6+10}{3} = 6$$

则样本均值为

$$\mu_B = (\mu_{B0}, \mu_{B1}) = (3,6)$$

2) 计算 minibatch 内样本的方差

$$\sigma_B^2 \leftarrow \frac{1}{m} \sum_{i=1}^{m} (x^{(i)} - \mu_B)^2$$

上面的计算公式先计算一个批次内样本的均值 μ_B 和方差 σ_B^2,然后再对输入数据做归一化,将其调整成均值为 0、方差为 1 的分布。

对于上述给定的输入数据 $x^{(1)}$、$x^{(2)}$、$x^{(3)}$,可以计算出每个特征对应的方差,即

$$\sigma_{B0}^2 = \frac{1}{3} \cdot ((1-3)^2 + (3-3)^2 + (5-3)^2) = \frac{8}{3}$$

$$\sigma_{B1}^2 = \frac{1}{3} \cdot ((2-6)^2 + (6-6)^2 + (10-6)^2) = \frac{32}{3}$$

则样本方差为

$$\sigma_B^2 = (\sigma_{B0}^2, \sigma_{B1}^2) = \left(\frac{8}{3}, \frac{32}{3}\right)$$

3) 计算标准化之后的输出

$$\hat{x}^{(i)} \leftarrow \frac{x^{(i)} - \mu_B}{\sqrt{(\sigma_B^2 + \varepsilon)}}$$

式中:ε 为一个微小值(如 10^{-7}),其主要作用是为了防止分母为 0。

对于上述给定的输入数据 $x^{(1)}$、$x^{(2)}$、$x^{(3)}$,可以计算出标准化之后的输为

$$\hat{x}^{(1)} = \left(\frac{1-3}{\sqrt{\frac{8}{3}}}, \frac{2-6}{\sqrt{\frac{32}{3}}} \right) = \left(-\sqrt{\frac{3}{2}}, -\sqrt{\frac{3}{2}} \right)$$

$$\hat{x}^{(2)} = \left(\frac{3-3}{\sqrt{\frac{8}{3}}}, \frac{6-6}{\sqrt{\frac{32}{3}}} \right) = (0,0)$$

$$\hat{x}^{(1)} = \left(\frac{5-3}{\sqrt{\frac{8}{3}}}, \frac{10-6}{\sqrt{\frac{32}{3}}} \right) = \left(\sqrt{\frac{3}{2}}, \sqrt{\frac{3}{2}} \right)$$

读者可以自行验证由 $\hat{x}^{(1)}$、$\hat{x}^{(2)}$、$\hat{x}^{(3)}$ 构成的 minibatch 是否满足均值为 0、方差为 1 的分布。

如果强行限制输出层的分布是标准化的,可能会导致某些特征的丢失,所以在标准化之后,批归一化会紧接着对数据做缩放和平移,即

$$y_i \leftarrow \gamma \hat{x}_i + \beta$$

式中:γ 和 β 为可学习的参数,可以赋初始值 $\gamma=1$、$\beta=0$,在训练过程中不断学习调整。

上面列出的是批归一化方法的计算逻辑,下面针对两种类型的输入数据格式分别举例。飞桨支持输入数据的维度大小为 2、3、4、5 这 4 种情况,这里给出的是维度大小为 2 和 4 的示例。

(1) 示例 1　当输入数据形状是 $[N,K]$ 时,一般对应全连接层的输出,示例代码如下:

这种情况下会分别对 K 的每一个分量计算 N 个样本的均值和方差,数据和参数对应如下:

① 输入 x,$[N,K]$。

② 输出 y,$[N,K]$。

③ 均值 μ_{B},$[K,]$。

④ 方差 σ_{B}^2,$[K,]$。

⑤ 缩放参数 γ,$[K,]$。

⑥ 平移参数 β,$[K,]$。

```
# 输入数据形状是 [N, K]时的示例
import numpy as np
import paddle
from paddle.nn import BatchNorm1D
# 创建数据
data = np.array([[1,2,3], [4,5,6], [7,8,9]]).astype('float32')
# 使用 BatchNorm1D 计算归一化的输出
# 输入数据维度[N, K],num_features 等于 K
bn = BatchNorm1D(num_features = 3)
x = paddle.to_tensor(data)
y = bn(x)
print('output of BatchNorm1D Layer: \n {}'.format(y.numpy()))
```

```
# 使用 NumPy 计算均值、方差和归一化的输出
# 这里对第 0 个特征进行验证
a = np.array([1,4,7])
a_mean = a.mean()
a_std = a.std()
b = (a - a_mean) / a_std
print('std {}, mean {}, \n output {}'.format(a_mean, a_std, b))
```

（2）示例 2　当输入数据形状是 $[N, C, H, W]$ 时，一般对应卷积层的输出，示例代码如下：

这种情况下会沿着 C 这一维度进行展开，分别对每一个通道计算 N 个样本中总共 $N \times H \times W$ 个像素点的均值和方差，数据和参数对应如下。

① 输入 x，$[N, C, H, W]$。

② 输出 y，$[N, C, H, W]$。

③ 均值 μ_B，$[C,]$。

④ 方差 σ_B^2，$[C,]$。

⑤ 缩放参数 γ，$[C,]$。

⑥ 平移参数 β，$[C,]$。

```
# 输入数据形状是[N, C, H, W]时的 batchnorm 示例
import numpy as np
import paddle
from paddle.nn import BatchNorm2D

# 设置随机数种子,这样可以保证每次运行结果一致
np.random.seed(100)
# 创建数据
data = np.random.rand(2,3,3,3).astype('float32')
# 使用 BatchNorm2D 计算归一化的输出
# 输入数据维度[N, C, H, W],num_features 等于 C
bn = BatchNorm2D(num_features = 3)
x = paddle.to_tensor(data)
y = bn(x)
print('input of BatchNorm2D Layer: \n {}'.format(x.numpy()))
print('output of BatchNorm2D Layer: \n {}'.format(y.numpy()))

# 取出 data 中第 0 通道的数据
# 使用 NumPy 计算均值、方差及归一化的输出
a = data[:, 0, :, :]
a_mean = a.mean()
a_std = a.std()
b = (a - a_mean) / a_std
print('channel 0 of input data: \n {}'.format(a))
print('std {}, mean {}, \n output: \n {}'.format(a_mean, a_std, b))
```

小窍门：

可能有读者会问："批归一化里面不是还要对标准化之后的结果做仿射变换吗，怎么使

用 NumPy 计算的结果与批归一化算子一致?"这是因为批归一化算子里面自动设置初始值 $\gamma=1$、$\beta=0$,这时仿射变换相当于是恒等变换。在训练过程中这两个参数会不断学习,这时仿射变换就会起作用。

4) 预测时使用批归一化

上面介绍了在训练过程中使用批归一化对一批样本进行归一化的方法,但如果使用同样的方法对需要预测的一批样本进行归一化,则预测结果会出现不确定性。

例如,样本 A、样本 B 作为一批样本计算均值和方差,与样本 A、样本 C 和样本 D 作为一批样本计算均值和方差,得到的结果一般来说是不同的。那么样本 A 的预测结果就会变得不确定,这对预测过程来说是不合理的。解决方法是在训练过程中将大量样本的均值和方差保存下来,预测时直接使用保存好的值而不再重新计算。实际上,在批归一化的具体实现中,训练时会计算均值和方差的移动平均值。在飞桨中,默认是采用如下方式计算,即

$$\text{saved}\_\mu_B \leftarrow \text{saved}\_\mu_B \times 0.9 + \mu_B \times (1 - 0.9)$$

$$\text{saved}\_\sigma_B^2 \leftarrow \text{saved}\_\sigma_B^2 \times 0.9 + \sigma_B^2 \times (1 - 0.9)$$

在训练过程的最开始,将 saved_μ_B 和 $\text{saved}\_\sigma_B^2$ 设置为 0,每次输入一批新的样本,计算出 μ_B 和 σ_B^2,然后通过上面的公式在训练过程中不断更新 saved_μ_B 和 $\text{saved}\_\sigma_B^2$,并作为批归一化层的参数保存下来。预测时将会加载参数 saved_μ_B 和 $\text{saved}\_\sigma_B^2$,用它们来代替 μ_B 和 σ_B^2。

3.2.5 暂退法

暂退法(Dropout)是深度学习中一种常用的抑制过拟合的方法,其做法是在神经网络学习过程中,随机删除一部分神经元。训练时,随机选出一部分神经元,将其输出设置为 0,这些神经元将不对外传递信号。

图 3.20 是暂退法示意图,图 3.20(a)是完整的神经网络,图 3.20(b)是应用了暂退法之后的网络结构。应用暂退法之后,会将标有 ⊗ 的神经元从网络中删除,让它们不向后面的层传递信号。在学习过程中,丢弃哪些神经元是随机决定的,因此模型不会过度依赖某些神经元,能一定程度上抑制过拟合。

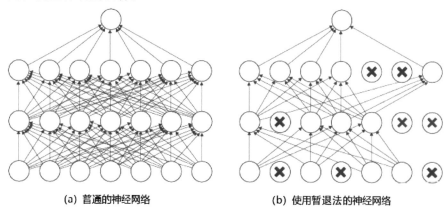

(a) 普通的神经网络   (b) 使用暂退法的神经网络

■图 3.20   暂退法示意图

在预测场景时会向前传递所有神经元的信号,可能会引出一个新的问题:训练时由于部分神经元被随机丢弃了,输出数据的总大小会变小。比如:计算其 $\mathcal{L}_1$ 范数会比不使用暂退法时变小,但是预测时却没有丢弃神经元,这将导致训练和预测时数据的分布不一样。为了解决这个问题,飞桨支持如下两种方法。

1) downgrade_in_infer

训练时以比例 r 随机丢弃一部分神经元,不向后传递它们的信号;预测时向后传递所有神经元的信号,但是将每个神经元上的数值乘以 $(1-r)$。

2) upscale_in_train

训练时以比例 r 随机丢弃一部分神经元,不向后传递它们的信号,但是将那些被保留的神经元上的数值除以 $(1-r)$;预测时向后传递所有神经元的信号,不做任何处理。

在飞桨 Dropout API 中,通过 mode 参数来指定用哪种方式对神经元进行操作:

```
paddle.nn.Dropout(p = 0.5, axis = None, mode = "upscale_in_train", name = None)
```

主要参数如下:

p(float):将输入节点置为 0 的概率,即丢弃概率,默认值为 0.5。该参数对元素的丢弃概率是针对于每一个元素而言的,而不是对所有的元素而言。举例说,假设矩阵内有 12 个数字,经过概率为 0.5 的 dropout 未必一定有 6 个零。

mode(str):暂退法的实现方式,有"downscale_in_infer"和"upscale_in_train"两种,默认是"upscale_in_train"。

说明:

不同框架对于 dropout 的默认处理方式可能不同,读者可以查看飞桨 API 文档了解详情。

下面这段程序展示了经过暂退法之后输出数据的形式:

```
# dropout 操作
import paddle
import numpy as np

# 设置随机数种子,这样可以保证每次运行结果一致
np.random.seed(100)
# 创建数据[N, C, H, W],一般对应卷积层的输出
data1 = np.random.rand(2,3,3,3).astype('float32')
# 创建数据[N, K],一般对应全连接层的输出
data2 = np.arange(1,13).reshape([-1, 3]).astype('float32')
# 使用 dropout 作用在输入数据上
x1 = paddle.to_tensor(data1)
# downgrade_in_infer 模式下
drop11 = paddle.nn.Dropout(p = 0.5, mode = 'downscale_in_infer')
droped_train11 = drop11(x1)
# 切换到 eval 模式。在动态图模式下,使用 eval()切换到求值模式,该模式禁用了 dropout
drop11.eval()
```

```
droped_eval11 = drop11(x1)
# upscale_in_train 模式下
drop12 = paddle.nn.Dropout(p = 0.5, mode = 'upscale_in_train')
droped_train12 = drop12(x1)
# 切换到 eval 模式
drop12.eval()
droped_eval12 = drop12(x1)

x2 = paddle.to_tensor(data2)
drop21 = paddle.nn.Dropout(p = 0.5, mode = 'downscale_in_infer')
droped_train21 = drop21(x2)
# 切换到 eval 模式
drop21.eval()
droped_eval21 = drop21(x2)
drop22 = paddle.nn.Dropout(p = 0.5, mode = 'upscale_in_train')
droped_train22 = drop22(x2)
# 切换到 eval 模式
drop22.eval()
droped_eval22 = drop22(x2)
```

从上述代码的输出可以发现,经过暂退法之后,张量中的某些元素变为 0,这就是暂退法实现的功能,通过随机将输入数据的元素置 0,消除或减弱了神经元节点间的联合适应性,增强模型的泛化能力。

作业

(1) 计算下面卷积中共有多少次乘法和加法操作:

输入数据形状是 $[10,3,224,224]$,卷积核 $k_h = k_w = 3$,输出通道数为 64,步幅 stride $=1$,填充 $p_h = p_w = 1$。则完成该卷积共需要做多少次乘法和加法操作?

(提示:先看输出一个像素点需要做多少次乘法和加法操作,然后再计算总共需要的操作次数。)

(2) 计算下面网络层的输出数据和参数的形状。

网络结构定义如下面的代码,输入数据形状是 $[10,3,224,224]$,请分别计算每一层的输出数据形状以及各层包含的参数形状:

```
# 定义 SimpleNet 网络结构
import paddle
from paddle.nn import Conv2D, MaxPool2D, Linear
import paddle.nn.functional as F

class SimpleNet(paddle.nn.Layer):
    def __init__(self, num_classes = 1):
        #super(SimpleNet, self).__init__(name_scope)
        self.conv1 = Conv2D(in_channels = 3, out_channels = 6, kernel_size = 5, stride = 1, padding = 2)
        self.max_pool1 = MaxPool2D(kernel_size = 2, tride = 2)
        self.conv2 = Conv2D(in_channels = 6, out_channels = 16, kernel_size = 5, stride = 1, padding = 2)
```

```
        self.max_pool2 = MaxPool2D(kernel_size = 2, tride = 2)
        self.fc1 = Linear(in_features = 50176, out_features = 64)
        self.fc2 = Linear(in_features = 64, out_features = num_classes)

    def forward(self, x):
        x = self.conv1(x)
        x = F.relu(x)
        x = self.max_pool1(x)
        x = self.conv2(x)
        x = F.relu(x)
        x = self.max_pool2(x)
        x = paddle.reshape(x, [x.shape[0], -1])
        x = self.fc1(x)
        x = F.sigmoid(x)
        x = self.fc2(x)
        return x
```

提示，第一层卷积 conv1，各项参数为

$$C_{in} = 3, \quad C_{out} = 6, \quad K_h = K_w = 5, \quad p_h = p_w = 2, \quad stride = 1$$

则卷积核权重参数 w 的形状是 $[C_{out}, C_{in}, K_h, K_w] = [6,3,5,5]$，个数 $6 \times 3 \times 5 \times 5 = 450$。

偏置参数 b 的形状是：$[C_{out}]$，偏置参数的个数是 6。

输出特征图的大小是：

$$H_{out} = 224 + 2 \times 2 - 5 + 1 = 224, \quad W_{out} = 224 + 2 \times 2 - 5 + 1 = 224$$

输出特征图的形状是

$$[N, C_{out}, H_{out}, W_{out}] = [10,6,224,224]$$

请将表 3.1 补充完整。

表 3.1　数据记录表

名称	w 形状	w 参数个数	b 形状	b 参数个数	输出形状
conv1	$[6,3,5,5]$	450	$[6]$	6	$[10, 6, 224, 224]$
pool1	无	无	无	无	$[10, 6, 112, 112]$
conv2					
pool2					
fc1					
fc2					

3.3　图像分类

3.3.1　概述

图像分类是根据图像的语义信息对不同类别的图像进行区分，是计算机视觉的核心任务，也是物体检测、图像分割、物体跟踪、行为分析、人脸识别等其他高层次视觉任务的基础。图像分类在许多领域都有着广泛的应用，如安防领域的人脸识别和智能视频分析、交通领域的交通场景识别、互联网领域基于内容的图像检索和相册自动归类、医学领域的图像识

别等。

本节将基于眼疾分类数据集 iChallenge-PM 对图像分类领域的经典卷积神经网络进行剖析,介绍如何应用这些基础模块构建卷积神经网络,解决图像分类问题。涵盖如下卷积神经网络:

(1) LeNet。Yan LeCun 等于 1998 年第一次将卷积神经网络应用到图像分类任务上,在手写数字识别任务上取得了巨大成功。

(2) AlexNet。Alex Krizhevsky 等在 2012 年提出了 AlexNet,并应用在大尺寸图片数据集 ImageNet 上,获得了 2012 年 ImageNet 比赛冠军(ImageNet Large Scale Visual Recognition Challenge,ILSVRC)。

(3) VGG。Simonyan 和 Zisserman 于 2014 年提出了 VGG 网络结构,这是当前最流行的卷积神经网络之一,由于其结构简单、应用性极强而深受研究者欢迎。

(4) GoogLeNet。Christian Szegedy 等在 2014 年提出了 GoogLeNet,并获得了 2014 年 ImageNet 比赛冠军。

(5) ResNet。Kaiming He 等在 2015 年提出了 ResNet,通过引入残差模块加深网络层数,在 ImagNet 数据集上的识别错误率降低到 3.6%,超越了人眼识别水平。ResNet 的设计思想深刻地影响了后来的深度神经网络的设计。

3.3.2   LeNet

LeNet 是最早的卷积神经网络之一。1998 年,Yan LeCun 第一次将 LeNet 卷积神经网络应用到图像分类上,在手写数字识别任务中取得了巨大成功。LeNet 通过连续使用卷积和池化层的组合提取图像特征,其架构如图 3.21 所示,这里展示的是用于 MNIST 手写体数字识别任务中的 LeNet-5 模型。

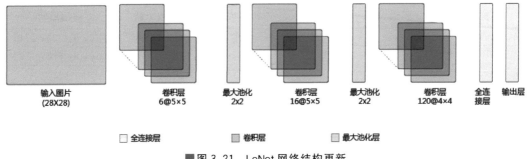

■图 3.21   LeNet 网络结构更新

(1) 第一模块:包含卷积核 5×5 的 6 通道卷积和池化窗口为 2×2 的池化。卷积提取图像中包含的特征模式(激活函数使用 Sigmoid),图像尺寸从 28 减小到 24。经过池化层可以降低输出特征图对空间位置的敏感性,图像尺寸减到 12。

(2) 第二模块:和第一模块尺寸相同,通道数由 6 增加为 16。卷积操作使图像尺寸减小到 8,经过池化后变成 4。

(3) 第三模块:包含卷积核为 4×4 的 120 通道卷积。卷积之后的图像尺寸减小到 1,但是通道数增加为 120。将经过第 3 次卷积提取到的特征图输入到全连接层。第一个全连接层的输出神经元的个数是 64,第二个全连接层的输出神经元个数是分类标签的类别数,对于手写数字识别其大小是 10。然后使用 Softmax 激活函数即可计算出每个类别的预测概率。

提示：

卷积层的输出特征图如何当作全连接层的输入使用呢？

卷积层的输出数据格式是 $[N, C, H, W]$，在输入全连接层时，会自动将数据拉平，也就是对每个样本自动将其转化为长度为 K 的向量。

其中 $K = C \times H \times W$，一个 minibatch 的数据维度变成 $N \times K$ 的二维向量。

---

1. LeNet 在手写数字识别上的应用

LeNet 网络构建的实现代码如下：

```python
# 导入需要的包
import paddle
import numpy as np
from paddle.nn import Conv2D, MaxPool2D, Linear

## 组网
import paddle.nn.functional as F

# 定义 LeNet 网络结构
class LeNet(paddle.nn.Layer):
    def __init__(self, num_classes=1):
        super(LeNet, self).__init__()
        # 创建卷积和池化层
        # 创建第 1 个卷积层
        self.conv1 = Conv2D(in_channels=1, out_channels=6, kernel_size=5)
        self.max_pool1 = MaxPool2D(kernel_size=2, stride=2)
        # 尺寸的逻辑：池化层未改变通道数；当前通道数为 6
        # 创建第 2 个卷积层
        self.conv2 = Conv2D(in_channels=6, out_channels=16, kernel_size=5)
        self.max_pool2 = MaxPool2D(kernel_size=2, stride=2)
        # 创建第 3 个卷积层
        self.conv3 = Conv2D(in_channels=16, out_channels=120, kernel_size=4)
        # 尺寸的逻辑：输入层将数据拉平[B,C,H,W] ->[B,C*H*W]
        # 输入 size 是[28,28]，经过 3 次卷积和两次池化之后，C*H*W 等于 120
        self.fc1 = Linear(in_features=120, out_features=64)
        # 创建全连接层，第一个全连接层的输出神经元个数为 64，第二个全连接层输出神经元个
        # 数为分类标签的类别数
        self.fc2 = Linear(in_features=64, out_features=num_classes)
    # 网络的前向计算过程
    def forward(self, x):
        x = self.conv1(x)
        # 每个卷积层使用 sigmoid 激活函数，后面跟着一个 2×2 的池化
        x = F.sigmoid(x)
        x = self.max_pool1(x)
        x = F.sigmoid(x)
        x = self.conv2(x)
        x = self.max_pool2(x)
```

```
x = self.conv3(x)
# 尺寸的逻辑:输入层将数据拉平[B,C,H,W] ->[B,C*H*W]
x = paddle.reshape(x, [x.shape[0], -1])
x = self.fc1(x)
x = F.sigmoid(x)
x = self.fc2(x)
return x
```

飞桨会根据图片数据的尺寸和卷积核大小自动推断中间层数据 W 和 H 等。下面的程序使用随机数作为输入,查看经过 LeNet-5 的每一层作用之后,输出数据的形状。

```
# 输入数据形状是 [N, 1, H, W]
# 这里用 np.random 创建一个随机数组作为输入数据
x = np.random.randn( *[3,1,28,28])
x = x.astype('float32')

# 创建 LeNet 类的实例,指定模型名称和分类的类别数目
m = LeNet(num_classes = 10)
# 通过调用 LeNet 从基类继承的 sublayers()函数,查看 LeNet 中所包含的子层
print(m.sublayers())
x = paddle.to_tensor(x)
for item in m.sublayers():
    # item 是 LeNet 类中的一个子层,查看经过子层之后的输出数据形状
    try:
        x = item(x)
    except:
        x = paddle.reshape(x, [x.shape[0], -1])
        x = item(x)
    if len(item.parameters()) == 2:
        # 查看卷积层和全连接层的数据和参数的形状,其中 item.parameters()[0]是权重参数 w,
        # item.parameters()[1]是偏置参数 b
        print(item.full_name(), x.shape, item.parameters()[0].shape, item.parameters()[1].
shape)
    else:
        # 池化层没有参数
        print(item.full_name(), x.shape)
```

卷积 Conv2D 的填充大小默认为 0,步长默认为 1,当输入形状为 $[B\times1\times28\times28]$ 时,B 是 batch size,经过第一层卷积(kernel_size=5, out_channels=6)和最大池化之后,得到形状为 $[B\times6\times12\times12]$ 的特征图;经过第二层卷积(kernel_size=5, out_channels=16)和最大池化之后,得到形状为 $[B\times16\times4\times4]$ 的特征图;经过第三层卷积(out_channels=120,kernel_size=4)之后,得到形状为 $[B\times120\times1\times1]$ 的特征图,在全连接层计算之前,将输入特征从卷积得到的四维特征改造到格式为 $[B,120\times1\times1]$ 的特征,这也是 LeNet 中第一层全连接层输入形状为 120 的原因。

LeNet-5 手写数字识别的训练过程代码实现如下:

```
import os
import random
import paddle
```

```
import numpy as np

# 定义训练过程
def train(model):

    # 开启 0 号 GPU 训练
    use_gpu = True
    paddle.set_device('gpu:0') if use_gpu else paddle.set_device('cpu')
    print('start training ... ')
    model.train()
    epoch_num = 5
    opt = paddle.optimizer.Momentum(learning_rate = 0.001, momentum = 0.9, parameters =
model.parameters())

    # 使用飞桨数据读取器
    train_loader = paddle.batch(paddle.dataset.mnist.train(), batch_size = 10)
    valid_loader = paddle.batch(paddle.dataset.mnist.test(), batch_size = 10)
    for epoch in range(epoch_num):
        for batch_id, data in enumerate(train_loader()):
            # 调整输入数据形状和类型
            x_data = np.array([item[0] for item in data], dtype = 'float32').reshape(-1, 1,
28, 28)
            y_data = np.array([item[1] for item in data], dtype = 'int64').reshape(-1, 1)
            # 将 numpy.ndarray 转化成 Tensor
            img = paddle.to_tensor(x_data)
            label = paddle.to_tensor(y_data)
            # 计算模型输出
            logits = model(img)
            # 计算损失函数
            loss = F.softmax_with_cross_entropy(logits, label)
            avg_loss = paddle.mean(loss)

            if batch_id % 1000 == 0:
                print("epoch: {}, batch_id: {}, loss is: {}".format(epoch, batch_id, avg_
loss.numpy()))
            avg_loss.backward()
            opt.step()
            opt.clear_grad()

        model.eval()
        accuracies = []
        losses = []
        for batch_id, data in enumerate(valid_loader()):
            # 调整输入数据形状和类型
            x_data = np.array([item[0] for item in data], dtype = 'float32').reshape(-1, 1,
28, 28)
            y_data = np.array([item[1] for item in data], dtype = 'int64').reshape(-1, 1)
            # 将 numpy.ndarray 转化成 Tensor
            img = paddle.to_tensor(x_data)
            label = paddle.to_tensor(y_data)
            # 计算模型输出
            logits = model(img)
            pred = F.softmax(logits)
```

```
                    # 计算损失函数
                    loss = F.softmax_with_cross_entropy(logits, label)
                    acc = paddle.metric.accuracy(pred, label)
                    accuracies.append(acc.numpy())
                    losses.append(loss.numpy())
               print("[validation] accuracy/loss: {}/{}".format(np.mean(accuracies), np.mean
(losses)))
               model.train()

         # 保存模型参数
      paddle.save(model.state_dict(), 'mnist.pdparams')
# 创建模型
model = LeNet(num_classes = 10)
# 启动训练过程
train(model)
```

通过运行结果可以看出,LeNet 在手写数字识别 MNIST 验证数据集上的准确率高达 92%以上,那么对于其他数据集效果如何呢? 下面通过眼疾识别数据集 iChallenge-PM 验证一下。

2. LeNet 在眼疾识别数据集 iChallenge-PM 上的应用

iChallenge-PM 是百度大脑和中山大学中山眼科中心联合举办的 iChallenge 比赛中,提供的关于病理性近视(Pathologic Myopia,PM)的医疗类数据集,包含 1200 个受试者的眼底视网膜图片,训练集、验证集和测试集数据各 400 张。下面详细介绍 LeNet 在 iChallenge-PM 上的训练过程。

说明:

如今近视已经成为困扰人们健康的一项全球性负担,在近视人群中,有超过 35%的人患有重度近视。近视将会导致眼睛的光轴被拉长,有可能引起视网膜或者络网膜的病变。随着近视度数的不断加深,高度近视有可能引发病理性病变,这将会导致视网膜或者络网膜发生退化、视盘区域萎缩、漆裂样纹损害、Fuchs 斑等症状。因此,及早发现近视患者眼睛的病变并采取治疗手段,显得非常重要。

---

1) 数据集准备

iChallenge-PM 数据集包括如下 3 个文件。

(1) training.zip:训练集的图片和标签。

(2) validation.zip:验证集的图片。

(3) valid_gt.zip:验证集的标签。

2) 查看数据集图片

iChallenge-PM 中既有病理性近视患者的眼底图片,也有非病理性近视患者的图片,命名规则如下。

(1) 病理性近视(PM):文件名以 P 开头。

(2) 非病理性近视(non-PM):

① 高度近视(high myopia),文件名以 H 开头;

② 正常眼睛(normal),文件名以 N 开头。

将病理性患者的图片作为正样本,标签为 1;非病理性患者的图片作为负样本,标签为 0。从数据集中选取两张图片,通过 LeNet 提取特征,构建分类器,对正负样本进行分类,并将图片显示出来(图 3.22)。代码实现如下:

```python
import os
import numpy as np
import matplotlib.pyplot as plt
% matplotlib inline
from PIL import Image
# 数据存储路径可根据实际路径更新
DATADIR = '/home/aistudio/work/palm/PALM - Training400/PALM - Training400'
# 文件名以 N 开头的是正常眼底图片,以 P 开头的是病变眼底图片
file1 = 'N0012.jpg'
file2 = 'P0095.jpg'

# 读取图片
img1 = Image.open(os.path.join(DATADIR, file1))
img1 = np.array(img1)
img2 = Image.open(os.path.join(DATADIR, file2))
img2 = np.array(img2)

# 画出读取的图片 1
plt.figure(figsize = (16, 8))
f = plt.subplot(121)
f.set_title('Normal', fontsize = 20)
plt.imshow(img1)
f = plt.subplot(122)
f.set_title('PM', fontsize = 20)
plt.imshow(img2)
plt.show()
```

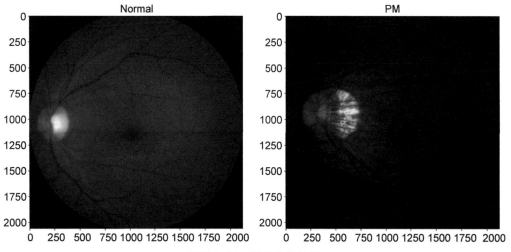

■图 3.22 程序执行结果

3）定义数据读取器

使用 OpenCV 从磁盘读入图片,将每张图缩放到 224×224,并且将像素值调整到[−1,1]之间,代码如下:

```python
import cv2
import random
import numpy as np
import os

# 对读入的图像数据进行预处理
def transform_img(img):
    # 将图片尺寸缩放到 224x224
    img = cv2.resize(img, (224, 224))
    # 读入的图像数据格式是[H, W, C]
    # 使用转置操作将其变成[C, H, W]
    img = np.transpose(img, (2,0,1))
    img = img.astype('float32')
    # 将数据范围调整到[ - 1.0, 1.0]之间
    img = img / 255.
    img = img * 2.0 - 1.0
    return img

# 定义训练集数据读取器
def data_loader(datadir, batch_size = 10, mode = 'train'):
    # 将 datadir 目录下的文件列出来,每个文件都要读入
    filenames = os.listdir(datadir)
    def reader():
        if mode == 'train':
            # 训练时随机打乱数据顺序
            random.shuffle(filenames)
        batch_imgs = []
        batch_labels = []
        for name in filenames:
            filepath = os.path.join(datadir, name)
            img = cv2.imread(filepath)
            img = transform_img(img)
            if name[0] == 'H' or name[0] == 'N':
                # H 开头的文件名表示高度近视,N 开头的文件名表示正常视力
                # 高度近视和正常视力的样本都不是病理性的,属于负样本,标签为 0
                label = 0
            elif name[0] == 'P':
                # P 开头的是病理性近视,属于正样本,标签为 1
                label = 1
            else:
                raise('Not excepted file name')
            # 每读取一个样本的数据,就将其放入数据列表中
            batch_imgs.append(img)
            batch_labels.append(label)
            if len(batch_imgs) == batch_size:
                # 当数据列表的长度等于 batch_size 时,把这些数据当作一个 minibatch,并作
                # 为数据生成器的一个输出
                imgs_array = np.array(batch_imgs).astype('float32')
```

```
                    labels_array = np.array(batch_labels).astype('float32').reshape( - 1, 1)
                    yield imgs_array, labels_array
                    batch_imgs = []
                    batch_labels = []

        if len(batch_imgs) >0:
            # 剩余样本数目不足一个 batch_size 的数据,一起打包成一个 minibatch
            imgs_array = np.array(batch_imgs).astype('float32')
            labels_array = np.array(batch_labels).astype('float32').reshape( - 1, 1)
            yield imgs_array, labels_array

    return reader

# 定义验证集数据读取器
def valid_data_loader(datadir, csvfile, batch_size = 10, mode = 'valid'):
    # 训练集读取时通过文件名来确定样本标签,验证集则通过 csvfile 来读取每个图片对应的标签
    # 请查看解压后的验证集标签数据,观察 csvfile 文件里面所包含的内容
    # csvfile 文件所包含的内容格式如下,每一行代表一个样本,其中第一列是图片 id,第二列是
    # 文件名,第三列是图片标签,第四列和第五列是 Fovea 的坐标,与分类任务无关
    # ID, imgName, Label, Fovea_X, Fovea_Y
    # 1, V0001. jpg, 0, 1157. 74, 1019. 87
    # 2, V0002. jpg, 1, 1285. 82, 1080. 47
    # 打开包含验证集标签的 csvfile,并读入其中的内容
    filelists = open(csvfile).readlines()
    def reader():
        batch_imgs = []
        batch_labels = []
        for line in filelists[1:]:
            line = line.strip().split(',')
            name = line[1]
            label = int(line[2])
            # 根据图片文件名加载图片,并对图像数据作预处理
            filepath = os.path.join(datadir, name)
            img = cv2.imread(filepath)
            img = transform_img(img)
            # 每读取一个样本的数据,就将其放入数据列表中
            batch_imgs.append(img)
            batch_labels.append(label)
            if len(batch_imgs) == batch_size:
                # 当数据列表的长度等于 batch_size 时,把这些数据当作一个 mini - batch,并
                # 作为数据生成器的一个输出
                imgs_array = np.array(batch_imgs).astype('float32')
                labels_array = np.array(batch_labels).astype('float32').reshape( - 1, 1)
                yield imgs_array, labels_array
                batch_imgs = []
                batch_labels = []

        if len(batch_imgs) >0:
            # 剩余样本数目不足一个 batch_size 的数据,一起打包成一个 mini - batch
            imgs_array = np.array(batch_imgs).astype('float32')
            labels_array = np.array(batch_labels).astype('float32').reshape( - 1, 1)
            yield imgs_array, labels_array

    return reader
```

4) 启动训练

定义训练过程,代码如下:

```python
import os
import random
import paddle
import numpy as np

DATADIR = '/home/aistudio/work/palm/PALM - Training400/PALM - Training400'
DATADIR2 = '/home/aistudio/work/palm/PALM - Validation400'
CSVFILE = '/home/aistudio/labels.csv'
```

定义训练过程

```python
def train_pm(model, optimizer):
    # 开启 0 号 GPU 训练
    use_gpu = True
    paddle.set_device('gpu:0') if use_gpu else paddle.set_device('cpu')

    print('start training ... ')
    model.train()
    epoch_num = 5
    # 定义数据读取器,训练数据读取器和验证数据读取器
    train_loader = data_loader(DATADIR, batch_size = 10, mode = 'train')
    valid_loader = valid_data_loader(DATADIR2, CSVFILE)
    for epoch in range(epoch_num):
        for batch_id, data in enumerate(train_loader()):
            x_data, y_data = data
            img = paddle.to_tensor(x_data)
            label = paddle.to_tensor(y_data)
            # 运行模型前向计算,得到预测值
            logits = model(img)
            loss = F.binary_cross_entropy_with_logits(logits, label)
            avg_loss = paddle.mean(loss)

            if batch_id % 10 == 0:
                print("epoch: {}, batch_id: {}, loss is: {}".format(epoch, batch_id, avg_loss.numpy()))
            # 反向传播,更新权重,清除梯度
            avg_loss.backward()
            optimizer.step()
            optimizer.clear_grad()

        model.eval()
        accuracies = []
        losses = []
        for batch_id, data in enumerate(valid_loader()):
            x_data, y_data = data
            img = paddle.to_tensor(x_data)
            label = paddle.to_tensor(y_data)
            # 运行模型前向计算,得到预测值
            logits = model(img)
```

```
        # 二分类,Sigmoid 计算后的结果以 0.5 为阈值分两个类别
        # 计算 Sigmoid 后的预测概率,进行 loss 计算
        pred = F.sigmoid(logits)
        loss = F.binary_cross_entropy_with_logits(logits, label)
        # 计算预测概率小于 0.5 的类别
        pred2 = pred * (-1.0) + 1.0
        # 得到两个类别的预测概率,并沿第一个维度级联
        pred = paddle.concat([pred2, pred], axis=1)
        acc = paddle.metric.accuracy(pred, paddle.cast(label, dtype='int64'))

        accuracies.append(acc.numpy())
        losses.append(loss.numpy())
    print("[validation] accuracy/loss: {}/{}".format(np.mean(accuracies), np.mean
(losses)))
    model.train()

    paddle.save(model.state_dict(), 'palm.pdparams')
    paddle.save(optimizer.state_dict(), 'palm.pdopt')
```

定义评估过程,代码如下:

```
def evaluation(model, params_file_path):

    # 开启 0 号 GPU 预估
    use_gpu = True
    paddle.set_device('gpu:0') if use_gpu else paddle.set_device('cpu')

    # 加载模型参数
    model_state_dict = paddle.load(params_file_path)
    model.load_dict(model_state_dict)

    model.eval()
    eval_loader = data_loader(DATADIR,
                    batch_size=10, mode='eval')

    acc_set = []
    avg_loss_set = []
    for batch_id, data in enumerate(eval_loader()):
        x_data, y_data = data
        img = paddle.to_tensor(x_data)
        label = paddle.to_tensor(y_data)
        y_data = y_data.astype(np.int64)
        label_64 = paddle.to_tensor(y_data)
        # 计算预测和准确率
        prediction, acc = model(img, label_64)
        # 计算损失函数值
        loss = F.binary_cross_entropy_with_logits(prediction, label)
        avg_loss = paddle.mean(loss)
        acc_set.append(float(acc.numpy()))
        avg_loss_set.append(float(avg_loss.numpy()))
    # 求平均准确率
    acc_val_mean = np.array(acc_set).mean()
```

```
    avg_loss_val_mean = np.array(avg_loss_set).mean()

    print('loss = {}, acc = {}'.format(avg_loss_val_mean, acc_val_mean))
```

网络训练,代码如下:

```python
import paddle
import numpy as np
from paddle.nn import Conv2D, MaxPool2D, Linear, Dropout
import paddle.nn.functional as F

# 定义 LeNet 网络结构
class LeNet(paddle.nn.Layer):
    def __init__(self, num_classes = 1):
        super(LeNet, self).__init__()

        # 创建卷积和池化层块,每个卷积层使用 sigmoid 激活函数,后面跟着一个 2×2 的池化
        self.conv1 = Conv2D(in_channels = 3, out_channels = 6, kernel_size = 5)
        self.max_pool1 = MaxPool2D(kernel_size = 2, stride = 2)
        self.conv2 = Conv2D(in_channels = 6, out_channels = 16, kernel_size = 5)
        self.max_pool2 = MaxPool2D(kernel_size = 2, stride = 2)
        # 创建第 3 个卷积层
        self.conv3 = Conv2D(in_channels = 16, out_channels = 120, kernel_size = 4)
        # 创建全连接层,第一个全连接层的输出神经元个数为 64
        self.fc1 = Linear(in_features = 300000, out_features = 64)
        # 第二个全连接层输出神经元个数为分类标签的类别数
        self.fc2 = Linear(in_features = 64, out_features = num_classes)

    # 网络的前向计算过程
    def forward(self, x, label = None):
        x = self.conv1(x)
        x = F.sigmoid(x)
        x = self.max_pool1(x)
        x = self.conv2(x)
        x = F.sigmoid(x)
        x = self.max_pool2(x)
        x = self.conv3(x)
        x = F.sigmoid(x)
        x = paddle.reshape(x, [x.shape[0], -1])
        x = self.fc1(x)
        x = F.sigmoid(x)
        x = self.fc2(x)
        if label is not None:
            acc = paddle.metric.accuracy(input = x, label = label)
            return x, acc
        else:
            return x
```

对比本章最初定义的 LeNet,发现两个 LeNet 的第一个全连接层的输入特征维度不同,一个是 120,另一个是 30000,这是由输入数据的形状不同引起的。手写数字识别的图像输入形状比较小,第三层卷积之前的特征维度是$[B,120×1×1]$,但是眼疾识别数据的输入

数据形状较大,形状为$[B,120\times50\times50]$。因此,不同的输入大小会影响卷积后全连接层的形状。

```
# 创建模型
model = LeNet(num_classes = 1)
# 启动训练过程
opt = paddle.optimizer.Momentum(learning_rate = 0.001, momentum = 0.9, parameters = model.parameters())
train_pm(model, optimizer = opt)
evaluation(model, params_file_path = "palm.pdparams")
```

从运行结果可以看出,在眼疾筛查数据集 iChallenge-PM 上,LeNet 的 Loss 很难下降,模型没有收敛。这是因为 MNIST 数据集的图片尺寸比较小(28×28),但是眼疾识别数据集图片尺寸比较大(原始图片尺寸约为 2000×2000,经过缩放之后变成 224×224),LeNet 模型很难进行有效分类。这说明在图片尺寸比较大时,LeNet 在图像分类任务上存在局限性。

3.3.3 AlexNet

通过上面的实际训练可以看到,虽然 LeNet 在手写数字识别数据集上取得了很好的结果,但在更大的数据集上表现却并不好。自从 1998 年 LeNet 问世以来,接下来 10 几年的时间里,神经网络并没有在计算机视觉领域取得很好的结果,反而一度被其他算法所超越,原因主要有两方面:一是神经网络的计算比较复杂,对当时计算机的算力来说,训练神经网络是件非常耗时的事情;二是当时还没有专门针对神经网络做算法和训练技巧的优化,神经网络的收敛是件非常困难的事情。

随着技术的进步和发展,计算机的算力越来越强大,尤其是在 GPU 并行计算能力的推动下,复杂神经网络的计算也变得更加容易实施。另外,互联网上涌现出越来越多的数据,极大地丰富了数据库。同时也有越来越多的研究人员开始专门针对神经网络做算法和模型的优化,Alex Krizhevsky 等提出的 AlexNet 以很大优势获得了 2012 年 ImageNet 比赛的冠军。这一成果极大地激发了产业界对神经网络的兴趣,开创了使用深度神经网络解决图像问题的途径,随后也在这一领域涌现出越来越多的优秀成果。

AlexNet 与 LeNet 相比,具有更深的网络结构,包含 5 层卷积和 3 层全连接,同时使用了如下 3 种方法改进模型的训练过程。

(1) 数据增强。数据增强是深度学习任务中常见的优化方法,通过对原始数据随机加一些变化,如平移、缩放、裁剪、旋转、翻转或者增减亮度等,产生一系列与原始图片相似但又不完全相同的样本,从而扩大训练数据集。通过这种方式,可以随机改变训练样本,避免模型过度依赖于某些属性,能从一定程度上抑制过拟合。

(2) 使用暂退法抑制过拟合。

(3) 使用 ReLU 激活函数,减少梯度消失现象。

AlexNet 网络结构如图 3.23 所示。

AlexNet 在眼疾筛查数据集 iChallenge-PM 上具体实现的代码如下:

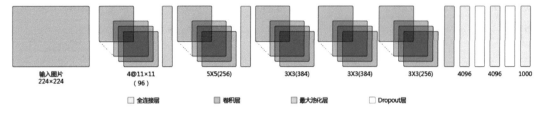

输入图片 224×224 　　4@11×11 (96)　　 5X5(256)　　 3X3(384)　　 3X3(384)　　 3X3(256)　　 4096　 4096　 1000

□ 全连接层　　　■ 卷积层　　　■ 最大池化层　　　□ Dropout层

■图 3.23　AlexNet 网络结构示意图

```python
import paddle
import numpy as np
from paddle.nn import Conv2D, MaxPool2D, Linear, Dropout
## 组网
import paddle.nn.functional as F

# 定义 AlexNet 网络结构
class AlexNet(paddle.nn.Layer):
    def __init__(self, num_classes = 1):
        super(AlexNet, self).__init__()
        # AlexNet 与 LeNet 一样也会同时使用卷积层和池化层提取图像特征
        # 与 LeNet 不同的是激活函数换成了 'relu'
        self.conv1 = Conv2D(in_channels = 3, out_channels = 96, kernel_size = 11, stride = 4, padding = 5)
        self.max_pool1 = MaxPool2D(kernel_size = 2, stride = 2)
        self.conv2 = Conv2D(in_channels = 96, out_channels = 256, kernel_size = 5, stride = 1, padding = 2)
        self.max_pool2 = MaxPool2D(kernel_size = 2, stride = 2)
        self.conv3 = Conv2D(in_channels = 256, out_channels = 384, kernel_size = 3, stride = 1, padding = 1)
        self.conv4 = Conv2D(in_channels = 384, out_channels = 384, kernel_size = 3, stride = 1, padding = 1)
        self.conv5 = Conv2D(in_channels = 384, out_channels = 256, kernel_size = 3, stride = 1, padding = 1)
        self.max_pool5 = MaxPool2D(kernel_size = 2, stride = 2)

        self.fc1 = Linear(in_features = 12544, out_features = 4096)
        self.drop_ratio1 = 0.5
        self.drop1 = Dropout(self.drop_ratio1)
        self.fc2 = Linear(in_features = 4096, out_features = 4096)
        self.drop_ratio2 = 0.5
        self.drop2 = Dropout(self.drop_ratio2)
        self.fc3 = Linear(in_features = 4096, out_features = num_classes)
    # 定义前向计算
    def forward(self, x):
        x = self.conv1(x)
        x = F.relu(x)
        x = self.max_pool1(x)
        x = self.conv2(x)
        x = F.relu(x)
        x = self.max_pool2(x)
        x = self.conv3(x)
        x = F.relu(x)
```

```
x = self.conv4(x)
x = F.relu(x)
x = self.conv5(x)
x = F.relu(x)
x = self.max_pool5(x)
x = paddle.reshape(x, [x.shape[0], -1])
x = self.fc1(x)
x = F.relu(x)
# 在全连接之后使用 dropout 抑制过拟合
x = self.drop1(x)
x = self.fc2(x)
x = F.relu(x)
# 在全连接之后使用 dropout 抑制过拟合
x = self.drop2(x)
x = self.fc3(x)
return x
```

启动模型训练,代码如下:

```
# 创建模型
model = AlexNet()
# 启动训练过程
opt = paddle.optimizer.Adam(learning_rate = 0.001, parameters = model.parameters())
train_pm(model, optimizer = opt)
```

从运行结果可以发现,Loss 能有效下降,经过 5 个回合的训练,在验证集上的准确率可以达到 94%左右。

3.3.4 VGG

VGG 是当前最流行的 CNN 模型之一,2014 年由 Simonyan 和 Zisserman 提出,其命名来源于论文作者所在的实验室 Visual Geometry Group。AlexNet 模型通过构造多层网络,取得了较好的效果,但是并没有给出深度神经网络设计的方向。VGG 通过使用一系列大小为 3×3 的小尺寸卷积核和池化层构造深度卷积神经网络,并取得了较好的效果。VGG 模型因为结构简单、应用性极强而广受研究者欢迎,尤其是它的网络结构设计方法,为构建深度神经网络提供了方向。

图 3.24 所示为 VGG-16 的网络结构示意图,有 13 层卷积和 3 层全连接层。VGG 网络的设计严格使用 3×3 的卷积层和池化层来提取特征,并在网络的最后面使用 3 层全连接层,将最后一层全连接层的输出作为分类的预测。在 VGG 中每层卷积将使用 ReLU 作为激活函数,在全连接层之后添加 dropout 来抑制过拟合。使用小的卷积核能够有效地减少参数的数量,使得训练和测试变得更加高效。比如:使用两层 3×3 卷积层,可以得到感受野大小为 5×5 的特征图,而比使用卷积核大小为 5×5 的卷积层需要更少的参数。由于卷积核比较小,可以堆叠更多的卷积层,加深网络的深度,这对于图像分类任务来说是有利的。VGG 模型的成功证明了增加网络的深度,可以更好地学习图像中的特征模式。

VGG 在眼疾识别数据集 iChallenge-PM 上的具体实现代码如下:

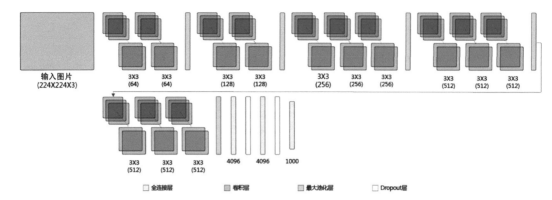

■图 3.24　VGG 网络结构示意图

```python
import numpy as np
import paddle
from paddle.nn import Conv2D, MaxPool2D, BatchNorm2D, Linear

# 定义 vgg 网络
class VGG(paddle.nn.Layer):
    def __init__(self):
        super(VGG, self).__init__()

        in_channels = [3, 64, 128, 256, 512, 512]
        # 定义第一个卷积块,包含两个卷积
        self.conv1_1 = Conv2D(in_channels = in_channels[0], out_channels = in_channels[1],
kernel_size = 3, padding = 1, stride = 1)
        self.conv1_2 = Conv2D(in_channels = in_channels[1], out_channels = in_channels[1],
kernel_size = 3, padding = 1, stride = 1)
        # 定义第二个卷积块,包含两个卷积
        self.conv2_1 = Conv2D(in_channels = in_channels[1], out_channels = in_channels[2],
kernel_size = 3, padding = 1, stride = 1)
        self.conv2_2 = Conv2D(in_channels = in_channels[2], out_channels = in_channels[2],
kernel_size = 3, padding = 1, stride = 1)
        # 定义第三个卷积块,包含 3 个卷积
        self.conv3_1 = Conv2D(in_channels = in_channels[2], out_channels = in_channels[3],
kernel_size = 3, padding = 1, stride = 1)
        self.conv3_2 = Conv2D(in_channels = in_channels[3], out_channels = in_channels[3],
kernel_size = 3, padding = 1, stride = 1)
        self.conv3_3 = Conv2D(in_channels = in_channels[3], out_channels = in_channels[3],
kernel_size = 3, padding = 1, stride = 1)
        # 定义第四个卷积块,包含 3 个卷积
        self.conv4_1 = Conv2D(in_channels = in_channels[3], out_channels = in_channels[4],
kernel_size = 3, padding = 1, stride = 1)
        self.conv4_2 = Conv2D(in_channels = in_channels[4], out_channels = in_channels[4],
kernel_size = 3, padding = 1, stride = 1)
        self.conv4_3 = Conv2D(in_channels = in_channels[4], out_channels = in_channels[4],
kernel_size = 3, padding = 1, stride = 1)
        # 定义第五个卷积块,包含 3 个卷积
        self.conv5_1 = Conv2D(in_channels = in_channels[4], out_channels = in_channels[5],
kernel_size = 3, padding = 1, stride = 1)
        self.conv5_2 = Conv2D(in_channels = in_channels[5], out_channels = in_channels[5],
kernel_size = 3, padding = 1, stride = 1)
```

```
        self.conv5_3 = Conv2D(in_channels = in_channels[5], out_channels = in_channels[5],
kernel_size = 3, padding = 1, stride = 1)

        # 使用 Sequential 将全连接层和 relu 组成一个线性结构(fc + relu)
        # 当输入为 224×224 时,经过 5 个卷积块和池化层后,特征维度变为[512×7×7]
        self.fc1 = paddle.nn.Sequential(paddle.nn.Linear(512 * 7 * 7, 4096), paddle.nn.ReLU())
        self.drop1_ratio = 0.5
        self.dropout1 = paddle.nn.Dropout(self.drop1_ratio, mode = 'upscale_in_train')
        # 使用 Sequential 将全连接层和 relu 组成一个线性结构(fc + relu)
        self.fc2 = paddle.nn.Sequential(paddle.nn.Linear(4096, 4096), paddle.nn.ReLU())

        self.drop2_ratio = 0.5
        self.dropout2 = paddle.nn.Dropout(self.drop2_ratio, mode = 'upscale_in_train')
        self.fc3 = paddle.nn.Linear(4096, 1)

        self.relu = paddle.nn.ReLU()
        self.pool = MaxPool2D(stride = 2, kernel_size = 2)

    def forward(self, x):
        x = self.relu(self.conv1_1(x))
        x = self.relu(self.conv1_2(x))
        x = self.pool(x)

        x = self.relu(self.conv2_1(x))
        x = self.relu(self.conv2_2(x))
        x = self.pool(x)

        x = self.relu(self.conv3_1(x))
        x = self.relu(self.conv3_2(x))
        x = self.relu(self.conv3_3(x))
        x = self.pool(x)

        x = self.relu(self.conv4_1(x))
        x = self.relu(self.conv4_2(x))
        x = self.relu(self.conv4_3(x))
        x = self.pool(x)

        x = self.relu(self.conv5_1(x))
        x = self.relu(self.conv5_2(x))
        x = self.relu(self.conv5_3(x))
        x = self.pool(x)

        x = paddle.flatten(x, 1, -1)
        x = self.dropout1(self.relu(self.fc1(x)))
        x = self.dropout2(self.relu(self.fc2(x)))
        x = self.fc3(x)
        return x
```

启动模型训练,代码如下:

```
# 创建模型
model = VGG()
```

```
opt = paddle.optimizer.Momentum(learning_rate = 0.001, momentum = 0.9, parameters = model.
parameters())

# 启动训练过程
train_pm(model, opt)
```

从运行结果可以发现,Loss 能有效地下降,经过 5 个回合的训练,在验证集上的准确率可以达到 94% 左右。

3.3.5   GoogLeNet

GoogLeNet 是 2014 年 ImageNet 比赛的冠军,它的主要特点是网络不仅有深度,还在横向上具有"宽度"。由于图像信息在空间尺寸上的巨大差异,如何选择合适的卷积核大小来提取特征就显得比较困难了。空间分布范围更广的图像信息适合用较大的卷积核来提取其特征,而空间分布范围较小的图像信息则适合用较小的卷积核来提取其特征。为了解决这个问题,GoogLeNet 提出了一种被称为 Inception 模块的方案,如图 3.25 所示。

说明:
① Google 的研究人员为了向 LeNet 致敬,特地将模型命名为 GoogLeNet。
② Inception 一词来源于电影《盗梦空间》(Inception)。

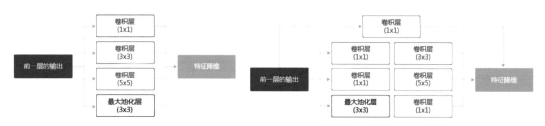

(a) 基础Inception模块设计思想   (b) 带降维的Inception模块设计思想

■图 3.25   Inception 模块结构示意图

图 3.25(a)是 Inception 模块的基本设计思想,使用 3 个不同大小的卷积核对输入图片进行卷积操作,并使用最大池化,将这 4 个操作的输出沿着通道这一维度进行拼接,构成的输出特征图像将会包含经过不同大小的卷积核提取出来的特征。Inception 模块采用多通路(Multi-Path)的设计形式,每个支路使用不同大小的卷积核,最终输出特征图像的通道数是每个支路输出通道数的总和,这将会导致输出通道数变得很大,尤其是使用多个 Inception 模块串联操作时,模型参数量会变得非常巨大。为了减小参数量,Inception 模块使用了图 3.25(b)中的设计方式,在每个卷积核大小为 3×3 和 5×5 的卷积层之前,增加卷积核大小为 1×1 的卷积层来控制输出通道数;在最大池化层后面增加 1×1 卷积层以减小输出通道数。下面这段程序是 Inception 模块的具体实现方式,可以对照图 3.25(b)和代码一起阅读。

提示：

可能有读者会问，经过 3×3 的最大池化之后图像尺寸不会减小吗？为什么还能与另外 3 个卷积输出的特征图像进行拼接？这是因为池化操作可以指定窗口大小 $K_h = K_w = 3$，pool_stride=1 和 pool_padding=1，输出特征图尺寸可以保持不变。

Inception 模块的具体实现代码如下：

```python
import numpy as np
import paddle
from paddle.nn import Conv2D, MaxPool2D, AdaptiveAvgPool2D, Linear
## 组网
import paddle.nn.functional as F

# 定义 Inception 块
class Inception(paddle.nn.Layer):
    def __init__(self, c0, c1, c2, c3, c4, **kwargs):
        '''
        Inception 模块的实现代码，

        c1, 图 3.25(b)中第一条支路 1×1 卷积的输出通道数，数据类型是整数
        c2, 图 3.25(b)中第二条支路卷积的输出通道数，数据类型是 tuple 或 list
                其中 c2[0]是 1×1 卷积的输出通道数，c2[1]是 3×3
        c3, 图 3.25(b)中第三条支路卷积的输出通道数，数据类型是 tuple 或 list
                其中 c3[0]是 1×1 卷积的输出通道数，c3[1]是 5×5
        c4, 图 3.25(b)中第四条支路卷积的输出通道数，其中 c4[0]是 3×3 池化的输出通道数，c4
[1]是 1×1
        '''
        super(Inception, self).__init__()
        # 依次创建 Inception 模块每条支路上使用的操作
        self.p1_1 = Conv2D(in_channels = c0, out_channels = c1, kernel_size = 1)
        self.p2_1 = Conv2D(in_channels = c0, out_channels = c2[0], kernel_size = 1)
        self.p2_2 = Conv2D(in_channels = c2[0], out_channels = c2[1], kernel_size = 3,
padding = 1)
        self.p3_1 = Conv2D(in_channels = c0, out_channels = c3[0], kernel_size = 1)
        self.p3_2 = Conv2D(in_channels = c3[0], out_channels = c3[1], kernel_size = 5,
padding = 2)
        self.p4_1 = MaxPool2D(kernel_size = 3, stride = 1, padding = 1)
        self.p4_2 = Conv2D(in_channels = c0, out_channels = c4, kernel_size = 1)

    def forward(self, x):
        # 支路 1 只包含一个 1×1 卷积
        p1 = F.relu(self.p1_1(x))
        # 支路 2 包含 1×1 卷积 + 3×3 卷积
        p2 = F.relu(self.p2_2(F.relu(self.p2_1(x))))
        # 支路 3 包含 1×1 卷积 + 5×5 卷积
        p3 = F.relu(self.p3_2(F.relu(self.p3_1(x))))
        # 支路 4 包含 最大池化和 1×1 卷积
        p4 = F.relu(self.p4_2(self.p4_1(x)))
        # 将每个支路的输出特征图拼接在一起作为最终的输出结果
        return paddle.concat([p1, p2, p3, p4], axis = 1)
```

GoogLeNet 的网络结构如图 3.26 所示,在主体卷积部分中使用 5 个模块(Block),每个模块之间使用步幅为 2,池化窗口大小为 3×3 的最大池化层来减小输出高宽。

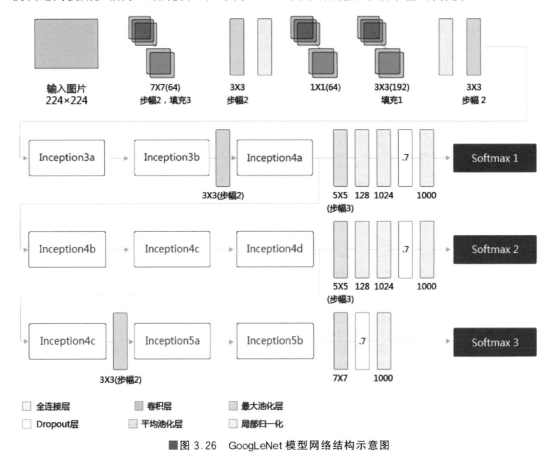

图中标注:
输入图片 224×224
7X7(64) 步幅2,填充3
3X3 步幅2
1X1(64)
3X3(192) 填充1
3X3 步幅2

Inception3a → Inception3b → Inception4a 3X3(步幅2) 5X5 128 1024 1000 (步幅3) .7 → Softmax 1

Inception4b → Inception4c → Inception4d 5X5 128 1024 1000 (步幅3) .7 → Softmax 2

Inception4c → Inception5a → Inception5b 3X3(步幅2) 7X7 1000 .7 → Softmax 3

□ 全连接层　　■ 卷积层　　■ 最大池化层
□ Dropout层　　■ 平均池化层　　■ 局部归一化

■图 3.26　GoogLeNet 模型网络结构示意图

(1)第一模块使用一个 64 通道的卷积核大小为 7×7 的卷积层。

(2)第二模块使用 2 个卷积层:首先是 64 通道的卷积核大小为 1×1 的卷积层,然后是将通道增大 3 倍的卷积核大小为 3×3 的卷积层。

(3)第三模块串联 2 个完整的 Inception 模块。

(4)第四模块串联了 5 个 Inception 模块。

(5)第五模块串联了 2 个 Inception 模块。

(6)第六模块的前面紧跟输出层,使用全局平均池化层来将每个通道的高和宽变成 1,最后接上一个输出个数为标签类别数的全连接层。

说明:

本书在原作者的论文中增加了图 3.26 所示的 Softmax 1 和 Softmax 2 两个辅助分类器,训练时将 3 个分类器的损失函数进行加权求和,以缓解梯度消失现象。这里的程序作了简化,没有加入辅助分类器。

GoogLeNet 的具体实现代码如下:

```python
import numpy as np
import paddle
from paddle.nn import Conv2D, MaxPool2D, AdaptiveAvgPool2D, Linear
## 组网
import paddle.nn.functional as F

# 定义 Inception 块
class Inception(paddle.nn.Layer):
    def __init__(self, c0, c1, c2, c3, c4, **kwargs):
        super(Inception, self).__init__()
        # 依次创建 Inception 块每条支路上使用的操作
        self.p1_1 = Conv2D(in_channels=c0, out_channels=c1, kernel_size=1, stride=1)
        self.p2_1 = Conv2D(in_channels=c0, out_channels=c2[0], kernel_size=1, stride=1)
        self.p2_2 = Conv2D(in_channels=c2[0], out_channels=c2[1], kernel_size=3,
padding=1, stride=1)
        self.p3_1 = Conv2D(in_channels=c0, out_channels=c3[0], kernel_size=1, stride=1)
        self.p3_2 = Conv2D(in_channels=c3[0], out_channels=c3[1], kernel_size=5,
padding=2, stride=1)
        self.p4_1 = MaxPool2D(kernel_size=3, stride=1, padding=1)
        self.p4_2 = Conv2D(in_channels=c0, out_channels=c4, kernel_size=1, stride=1)

    def forward(self, x):
        # 支路 1 只包含一个 1x1 卷积
        p1 = F.relu(self.p1_1(x))
        # 支路 2 包含 1x1 卷积 + 3x3 卷积
        p2 = F.relu(self.p2_2(F.relu(self.p2_1(x))))
        # 支路 3 包含 1x1 卷积 + 5x5 卷积
        p3 = F.relu(self.p3_2(F.relu(self.p3_1(x))))
        # 支路 4 包含 最大池化和 1x1 卷积
        p4 = F.relu(self.p4_2(self.p4_1(x)))
        # 将每个支路的输出特征图拼接在一起作为最终的输出结果
        return paddle.concat([p1, p2, p3, p4], axis=1)

class GoogLeNet(paddle.nn.Layer):
    def __init__(self):
        super(GoogLeNet, self).__init__()
        # GoogLeNet 包含 5 个模块,每个模块后面紧跟一个池化层
        # 第一个模块包含 1 个卷积层
        self.conv1 = Conv2D(in_channels=3, out_channels=64, kernel_size=7, padding=3,
stride=1)
        # 3x3 最大池化
        self.pool1 = MaxPool2D(kernel_size=3, stride=2, padding=1)
        # 第二个模块包含 2 个卷积层
        self.conv2_1 = Conv2D(in_channels=64, out_channels=64, kernel_size=1, stride=1)
        self.conv2_2 = Conv2D(in_channels=64, out_channels=192, kernel_size=3, padding=1,
stride=1)
        # 3x3 最大池化
        self.pool2 = MaxPool2D(kernel_size=3, stride=2, padding=1)
        # 第三个模块包含 2 个 Inception 块
        self.block3_1 = Inception(192, 64, (96, 128), (16, 32), 32)
        self.block3_2 = Inception(256, 128, (128, 192), (32, 96), 64)
        # 3x3 最大池化
        self.pool3 = MaxPool2D(kernel_size=3, stride=2, padding=1)
```

```
# 第四个模块包含 5 个 Inception 块
self.block4_1 = Inception(480, 192, (96, 208), (16, 48), 64)
self.block4_2 = Inception(512, 160, (112, 224), (24, 64), 64)
self.block4_3 = Inception(512, 128, (128, 256), (24, 64), 64)
self.block4_4 = Inception(512, 112, (144, 288), (32, 64), 64)
self.block4_5 = Inception(528, 256, (160, 320), (32, 128), 128)
# 3x3 最大池化
self.pool4 = MaxPool2D(kernel_size = 3, stride = 2, padding = 1)
# 第五个模块包含 2 个 Inception 块
self.block5_1 = Inception(832, 256, (160, 320), (32, 128), 128)
self.block5_2 = Inception(832, 384, (192, 384), (48, 128), 128)
# 全局池化，用的是 global_pooling，不需要设置 pool_stride
self.pool5 = AdaptiveAvgPool2D(output_size = 1)
self.fc = Linear(in_features = 1024, out_features = 1)

def forward(self, x):
    x = self.pool1(F.relu(self.conv1(x)))
    x = self.pool2(F.relu(self.conv2_2(F.relu(self.conv2_1(x)))))
    x = self.pool3(self.block3_2(self.block3_1(x)))
    x = self.block4_3(self.block4_2(self.block4_1(x)))
    x = self.pool4(self.block4_5(self.block4_4(x)))
    x = self.pool5(self.block5_2(self.block5_1(x)))
    x = paddle.reshape(x, [x.shape[0], -1])
    x = self.fc(x)
    return x

# 创建模型
model = GoogLeNet()
print(len(model.parameters()))
opt = paddle.optimizer.Momentum(learning_rate = 0.001, momentum = 0.9, parameters = model.
parameters(), weight_decay = 0.001)
# 启动训练过程
train_pm(model, opt)
```

从运行结果可以发现，Loss 能有效地下降，经过 5 个回合的训练，在验证集上的准确率可以达到 95% 左右。

3.3.6　ResNet

ResNet 是 2015 年 ImageNet 比赛的冠军，将识别错误率降低到 3.6%，这个结果甚至超出了正常人眼识别的精度。

通过前面几个经典模型学习可以发现，随着深度学习的不断发展，神经网络的层数越来越深，网络结构也越来越复杂。那么是否加深网络结构就一定会得到更好的效果呢？从理论上来说，假设新增加的层都是恒等映射，只要原有的层学习出跟原模型一样的参数，那么深模型结构就能达到原模型结构的效果。换句话说，原模型的解只是深模型解的子空间，在深模型解的空间里应该能找到比原模型解对应的子空间更好的结果。但是实践表明，增加网络的层数之后，训练误差往往不降反升。

Kaiming He 等提出了残差网络 ResNet 来解决上述问题，其基本思想如图 3.27 所示。

（1）图 3.27(a) 表示增加网络时，将 x 映射成 $y = F(x)$ 输出。

(2) 图 3.27(b)对图 3.27(a)作了改进,输出 $y=F(x)+x$。这时不是直接学习输出特征 y 的表示,而是学习 $y-x$。

① 如果想学习出原模型的表示,只需将 $F(x)$ 的参数全部设置为 0,则 $y=x$ 是恒等映射。

② $F(x)=y-x$ 也叫作残差项,如果 $x \rightarrow y$ 的映射接近恒等映射,那么图 3.27(b)中通过学习残差项也比图 3.27(a)学习完整映射形式更加容易。

图 3.27(b)所示的结构是残差网络的基础模块,也叫作残差块(Residual block)。输入 x 通过跨层连接,能更快地向前传播数据,或者向后更新梯度。通俗的比喻,综艺节目上有一个"传声筒"的游戏,排在队首的嘉宾把看到的影视片段表演给后面一个嘉宾,经过四五个嘉宾后,最后一个嘉宾如果能表演出更多原剧的内容,就能取得高分。我们常常会发现,刚开始的嘉宾往往表演出最多的信息(类似于 Loss),而随着表演的传递,有效的表演信息越来越少(类似于梯度弥散)。如果每个嘉宾都能看到原始的影视片段,那么相信传声筒的效果会好很多。类似地,由于 ResNet 每层都存在直连的旁路,相当于每一层都和最终的损失有"直接对话"的机会,自然可以更好地解决梯度弥散的问题。

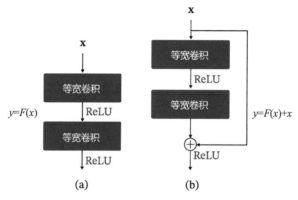

■图 3.27 残差块设计思想

残差块的具体设计方案如图 3.28 所示,这种设计方案也常称为瓶颈结构(BottleNeck)。1×1 的卷积核可以非常方便地调整中间层的通道数,在进入 3×3 的卷积层之前减少通道

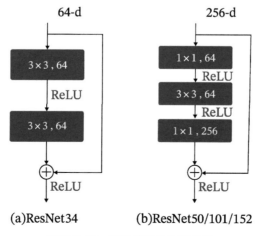

■图 3.28 残差块设计方案示意

数(256→64),经过该卷积层后再恢复通道数(64→256),可以显著减少网络的参数量。这个结构(256→64→256)像一个中间细两头粗的瓶颈,所以被称为"BottleNeck"。

图 3.29 示出了 ResNet-50 的结构,共包含 49 层卷积和 1 层全连接,所以称为 ResNet-50。

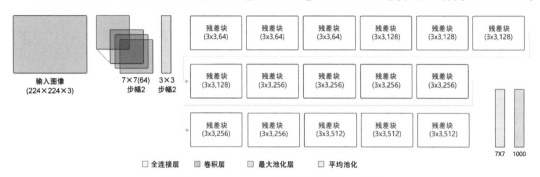

输入图像
(224×224×3)　　7×7(64)步幅2　　3×3步幅2

□ 全连接层　■ 卷积层　■ 最大池化层　□ 平均池化

■图 3.29　ResNet-50 模型网络结构示意图

ResNet-50 的具体实现代码如下:

```python
import numpy as np
import paddle
import paddle.nn as nn
import paddle.nn.functional as F

# ResNet 中使用了 BatchNorm 层,在卷积层的后面加上 BatchNorm 以提升数值稳定性
# 定义卷积批归一化块
class ConvBNLayer(paddle.nn.Layer):
    def __init__(self,
                 num_channels,
                 num_filters,
                 filter_size,
                 stride = 1,
                 groups = 1,
                 act = None):

        """
        num_channels, 卷积层的输入通道数
        num_filters, 卷积层的输出通道数
        stride, 卷积层的步幅
        groups, 分组卷积的组数,默认 groups = 1 不使用分组卷积
        """
        super(ConvBNLayer, self).__init__()

        # 创建卷积层
        self._conv = nn.Conv2D(
            in_channels = num_channels,
            out_channels = num_filters,
            kernel_size = filter_size,
            stride = stride,
            padding = (filter_size - 1) // 2,
            groups = groups,
            bias_attr = False)
```

```
        # 创建 BatchNorm 层
        self._batch_norm = paddle.nn.BatchNorm2D(num_filters)

        self.act = act

    def forward(self, inputs):
        y = self._conv(inputs)
        y = self._batch_norm(y)
        if self.act == 'leaky':
            y = F.leaky_relu(x = y, negative_slope = 0.1)
        elif self.act == 'relu':
            y = F.relu(x = y)
        return y


# 定义残差块
# 每个残差块会对输入图片做 3 次卷积,然后跟输入图片进行短接
# 如果残差块中第三次卷积输出特征图的形状与输入不一致,则对输入图片做 1x1 卷积,将其输出
# 形状调整成一致
class BottleneckBlock(paddle.nn.Layer):
    def __init__(self,
                     num_channels,
                     num_filters,
                     stride,
                     shortcut = True):
        super(BottleneckBlock, self).__init__()
        # 创建第一个卷积层 1x1
        self.conv0 = ConvBNLayer(
            num_channels = num_channels,
            num_filters = num_filters,
            filter_size = 1,
            act = 'relu')
        # 创建第二个卷积层 3x3
        self.conv1 = ConvBNLayer(
            num_channels = num_filters,
            num_filters = num_filters,
            filter_size = 3,
            stride = stride,
            act = 'relu')
        # 创建第三个卷积 1x1,但输出通道数乘以 4
        self.conv2 = ConvBNLayer(
            num_channels = num_filters,
            num_filters = num_filters * 4,
            filter_size = 1,
            act = None)

        # 如果 conv2 的输出跟此残差块的输入数据形状一致,则 shortcut = True
        # 否则 shortcut = False,添加 1 个 1x1 的卷积作用在输入数据上,使其形状变成跟 conv2 一致
        if not shortcut:
            self.short = ConvBNLayer(
                num_channels = num_channels,
                num_filters = num_filters * 4,
                filter_size = 1,
                stride = stride)

        self.shortcut = shortcut
```

```
        self._num_channels_out = num_filters * 4

    def forward(self, inputs):
        y = self.conv0(inputs)
        conv1 = self.conv1(y)
        conv2 = self.conv2(conv1)

        # 如果 shortcut = True,直接将 inputs 跟 conv2 的输出相加
        # 否则需要对 inputs 进行一次卷积,将形状调整成跟 conv2 输出一致
        if self.shortcut:
            short = inputs
        else:
            short = self.short(inputs)

        y = paddle.add(x = short, y = conv2)
        y = F.relu(y)
        return y

# 定义 ResNet 模型
class ResNet(paddle.nn.Layer):
    def __init__(self, layers = 50, class_dim = 1):
        """

        layers, 网络层数,可以是 50、101 或者 152
        class_dim,分类标签的类别数
        """
        super(ResNet, self).__init__()
        self.layers = layers
        supported_layers = [50, 101, 152]
        assert layers in supported_layers, \
            "supported layers are {} but input layer is {}".format(supported_layers, layers)

        if layers == 50:
            #ResNet50 包含多个模块,其中第 2~5 个模块分别包含 3、4、6、3 个残差块
            depth = [3, 4, 6, 3]
        elif layers == 101:
            #ResNet101 包含多个模块,其中第 2~5 个模块分别包含 3、4、23、3 个残差块
            depth = [3, 4, 23, 3]
        elif layers == 152:
            #ResNet152 包含多个模块,其中第 2~5 个模块分别包含 3、8、36、3 个残差块
            depth = [3, 8, 36, 3]

        # 残差块中用到的卷积的输出通道数
        num_filters = [64, 128, 256, 512]

        # ResNet 的第一个模块,包含 1 个 7x7 卷积,后面跟着一个最大池化层
        self.conv = ConvBNLayer(
            num_channels = 3,
            num_filters = 64,
            filter_size = 7,
            stride = 2,
            act = 'relu')
```

```
    self.pool2d_max = nn.MaxPool2D(
        kernel_size = 3,
        stride = 2,
        padding = 1)

    # ResNet 的第 2~5 个模块 c2、c3、c4、c5
    self.bottleneck_block_list = []
    num_channels = 64
    for block in range(len(depth)):
        shortcut = False
        for i in range(depth[block]):
            bottleneck_block = self.add_sublayer(
                'bb_ % d_ % d' % (block, i),
                BottleneckBlock(
                    num_channels = num_channels,
                    num_filters = num_filters[block],
                    stride = 2 if i == 0 and block != 0 else 1,   # c3、c4、c5 将会在第一
                    # 个残差块使用 stride = 2;其余所有残差块 stride = 1
                    shortcut = shortcut))
            num_channels = bottleneck_block._num_channels_out
            self.bottleneck_block_list.append(bottleneck_block)
            shortcut = True

    # 在 c5 的输出特征图上使用全局池化
    self.pool2d_avg = paddle.nn.AdaptiveAvgPool2D(output_size = 1)

    # stdv 用来作为全连接层随机初始化参数的方差
    import math
    stdv = 1.0 / math.sqrt(2048 * 1.0)

    # 创建全连接层,输出大小为类别数目,经过残差网络的卷积和全局池化后,
    # 卷积特征的维度是[B,2048,1,1],故最后一层全连接的输入维度是 2048
    self.out = nn.Linear(in_features = 2048, out_features = class_dim,
                weight_attr = paddle.ParamAttr(
                    initializer = paddle.nn.initializer.Uniform( - stdv, stdv)))

def forward(self, inputs):
    y = self.conv(inputs)
    y = self.pool2d_max(y)
    for bottleneck_block in self.bottleneck_block_list:
        y = bottleneck_block(y)
    y = self.pool2d_avg(y)
    y = paddle.reshape(y, [y.shape[0], - 1])
    y = self.out(y)
    return y
```

启动模型训练,代码如下:

```
# 创建模型
model = ResNet()
# 定义优化器
```

```
opt = paddle.optimizer.Momentum(learning_rate = 0.001, momentum = 0.9, parameters = model.
parameters(), weight_decay = 0.001)
# 启动训练过程
train_pm(model, opt)
```

从运行结果可以发现,Loss 能有效地下降,经过 5 个回合的训练,在验证集上的准确率
可以达到 95% 左右。

3.3.7　使用飞桨高层 API 直接调用图像分类网络

飞桨开源框架 2.0 版本支持全新升级的 API 体系,除了基础 API 外,还支持高层 API。
通过高低融合实现灵活组网,让飞桨 API 更简洁、更易用、更强大。高层 API 支持 paddle.
vision.models 接口,实现了对常用模型的封装,包括 ResNet、VGG、MobileNet、LeNet 等。
使用高层 API 调用这些网络,可以快速完成神经网络的训练和 Fine-tune。

```
import paddle
from paddle.vision.models import resnet50

# 调用高层 API 的 resnet50 模型
model = resnet50()
# 设置 pretrained 参数为 True,可以加载 resnet50 在 imagenet 数据集上的预训练模型
# model = resnet50(pretrained = True)

# 随机生成一个输入
x = paddle.rand([1, 3, 224, 224])
# 得到残差 50 的计算结果
out = model(x)
# 打印输出的形状,由于 resnet50 默认的是 1000 分类
# 所以输出 shape 是[1x1000]
print(out.shape)
```

使用 paddle.vision 中的模型可以简单、快速地构建一个深度学习任务,如下示例,仅 14
行代码即可实现 ResNet-50 在 Cifar10 数据集上的训练:

```
# 从 paddle.vision.models 模块中 import 残差网络、VGG 网络、LeNet 网络
from paddle.vision.models import resnet50, vgg16, LeNet
from paddle.vision.datasets import Cifar10
from paddle.optimizer import Momentum
from paddle.regularizer import L2Decay
from paddle.nn import CrossEntropyLoss
from paddle.metric import Accuracy
from paddle.vision.transforms import Transpose

# 确保从 paddle.vision.datasets.Cifar10 中加载的图像数据是 np.ndarray 类型
paddle.vision.set_image_backend('cv2')
# 调用 resnet50 模型
model = paddle.Model(resnet50(pretrained = False, num_classes - 10))

# 使用 Cifar10 数据集
```

```
train_dataset = Cifar10(mode = 'train', transform = Transpose())
val_dataset = Cifar10(mode = 'test', transform = Transpose())
# 定义优化器
optimizer = Momentum(learning_rate = 0.01,
                     momentum = 0.9,
                     weight_decay = L2Decay(1e - 4),
                     parameters = model.parameters())
# 进行训练前准备
model.prepare(optimizer, CrossEntropyLoss(), Accuracy(topk = (1, 5)))
# 启动训练
model.fit(train_dataset,
          val_dataset,
          epochs = 50,
          batch_size = 64,
          save_dir = "./output",
          num_workers = 8)
```

小结

本节向读者介绍了几种经典的图像分类模型,分别是 LeNet、AlexNet、VGG、GoogLeNet 和 ResNet,并将它们应用到眼疾筛查数据集上。除了 LeNet 不适合大尺寸的图像分类问题外,其他几个模型在此数据集上损失函数都能显著下降,在验证集上的预测精度在 95% 左右。如果读者有兴趣,可以进一步调整学习率和训练轮数等超参数,观察是否能够得到更高的精度。此外,还介绍了高层 API 直接调用常用深度神经网络的方法,方便开发者们快速完成深度学习网络迭代。

作业

如果将 LeNet 的中间层的激活函数 Sigmoid 换成 ReLU,在眼底筛查数据集上将会得到什么样的结果? Loss 是否能收敛? ReLU 和 Sigmoid 之间的区别是引起结果不同的原因吗?

第4章 目标检测YOLOv3

4.1 目标检测基础概念

4.1.1 概述

对计算机而言,能够"看到"的是图像被编码之后的数字,但它很难解释高层语义概念,如图像或者视频帧中出现目标的是人还是物体,更无法定位目标出现在图像中哪个区域。目标检测的主要目的是让计算机可以自动识别图片或者视频帧中所有目标的类别,并在该目标周围绘制边界框,标示出每个目标的位置,如图 4.1 所示。

(a) 分类:动物或者斑马 (b) 检测:准确检测出每匹斑马在图上出现的位置

■图 4.1 图像分类和目标检测示意图

(1) 图 4.1(a)是图像分类任务,只需识别出图片上的动物是斑马。

(2) 图 4.1(b)是目标检测任务,不仅要识别出图片上的动物是斑马,还要标出图中斑马的位置。

4.1.2 目标检测发展历程

在第 3 章中我们学习了图像分类处理基本流程,先使用卷积神经网络提取图像特征,再用这些特征的预测分类概率,根据训练样本标签建立起分类损失函数,开启端到端的训练,如图 4.2 所示。

但对于目标检测问题,按照图 4.2 所示的流程则行不通。因为在图

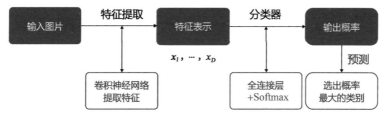

■图 4.2　图像分类流程示意

像分类任务中,对整张图提取特征的过程中没能体现出不同目标之间的区别,最终也就无法分别标示出每个物体所在的位置。

为了解决这个问题,结合图片分类任务取得的成功经验,可以将目标检测任务进行拆分。假设现在有某种方式可以在输入图片上生成一系列可能包含物体的区域,这些区域称为候选区域,在一张图上可以生成很多个候选区域,然后将每个候选区域当成一幅图像来看待,使用图像分类模型对它进行分类,看它属于哪个类别或者背景(即不包含任何物体的类别)。

在前文学过如何解决图像分类任务,使用卷积神经网络对一幅图像进行分类不再是一件困难的事情。那么,现在问题的关键就是如何产生候选区域?比如可以使用穷举法来产生候选区域,如图 4.3 所示。

■图 4.3　候选区域

A 为图像上的某个像素点,B 为 A 右下方另一个像素点,A、B 两点可以确定一个矩形框,记为 AB。

① 如图 4.3(a)所示,A 在图片左上角位置,B 遍历除 A 之外的所有位置,生成矩形框 $A_1B_1,\cdots,A_1B_n,\cdots$。

② 如图 4.3(b)所示,A 在图片中间某个位置,B 遍历 A 右下方所有位置,生成矩形框 $A_kB_1,\cdots,A_kB_n,\cdots$。

当 A 遍历图像上所有像素点,B 则遍历它右下方所有的像素点,最终生成的矩形框集合 $\{A_iB_j\}$ 将会包含图像上所有可以选择的区域。

只要对每个候选区域的分类足够准确,则一定能找到与实际物体足够接近的区域。穷举法也许能得到正确的预测结果,但其计算量也是非常巨大的,其所生成的总的候选区域数目约为 $\dfrac{W^2H^2}{4}$。假设 $H=W=100$,总数将会达到 2.5×10^7 个,如此多的候选区域使得这种方法几乎没有什么实用性。但是通过这种方法可以看出,假设分类任务完成得足够完美,从理论上来讲检测任务也是可以解决的。亟待解决的问题是如何设计出合适的方法来产生候选区域。

科学家们开始思考,是否可以应用传统图像算法先产生候选区域,然后再用卷积神经网络对这些区域进行分类?

(1) 2013 年,Ross Girshick 等首次将 CNN 的方法应用在目标检测任务上,他们使用传统图像算法 Selective Search 产生候选区域,取得了极大的成功,这就是对目标检测领域影响深远的区域卷积神经网络(R-CNN)模型。

(2) 2015 年,Ross Girshick 对此方法进行了改进,提出了 Fast R-CNN 模型。通过将不同区域的物体共用卷积层的计算,大大缩减了计算量,提高了处理速度,而且还引入了调整目标物体位置的回归方法,进一步提高了位置预测的准确性。

(3) 2015 年,Shaoqing Ren 等提出了 Faster R-CNN 模型,提出了 RPN 的方法来产生物体的候选区域,这一方法里面不再需要使用传统的图像处理算法来产生候选区域,进一步提升了处理速度。

(4) 2017 年,Kaiming He 等提出了 Mask R-CNN 模型,只需要在 Faster R-CNN 模型上添加比较少的计算量,就可以同时实现目标检测和物体实例分割成两个任务。

以上都是基于 R-CNN 系列的经典模型,对目标检测方向的研究和发展有着较大的影响力。此外,还有一些其他模型,如 SSD、YOLO(1,2,3,4)、R-FCN 等也都是目标检测领域流行的模型结构。

R-CNN 系列算法分成两个阶段:先在图像上产生候选区域;再对候选区域进行分类并预测目标物体位置。它们通常被叫作两阶段检测算法。SSD 和 YOLO 算法则只使用一个网络同时产生候选区域并预测出物体的类别和位置,因此它们通常被叫作单阶段检测算法。由于篇幅所限,本章将重点介绍 YOLOv3 算法,并用其完成林业病虫害检测任务,主要涵盖如下内容。

① 图像检测基础概念。介绍与目标检测相关的基本概念,包括边界框、锚框和交并比等。

② 林业病虫害数据集。介绍数据集结构及数据预处理方法。

③ 目标检测 YOLOv3。介绍算法原理以及如何应用林业病虫害数据集进行模型训练和测试。

4.1.3　目标检测基础概念

目标检测相关的基本概念包括边界框、锚框和交并比等。

1. 边界框

检测任务需要同时预测物体的类别和位置,因此需要引入一些与位置相关的概念。通常使用边界框(Bounding box,bbox)来表示物体的位置,边界框是正好能包含物体的矩形框,图 4.4 所示的 3 个人分别对应 3 个边界框。

通常有两种格式来表示边界框的位置:

(1) $xyxy$,即 x_1,y_1,x_2,y_2,其中 (x_1,y_1) 是矩形框左上角的坐标,(x_2,y_2) 是矩形框

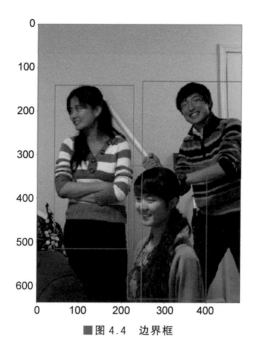

■图4.4 边界框

右下角的坐标。图4.4中3个矩形框用x,y,x,y格式表示如下。

左:(40.93,141.1,226.99,515.73)。

中:(214.29,325.03,399.82,631.37)。

右:(247.2,131.62,480.0,639.32)。

(2) $xywh$,即(x,y,w,h),其中(x,y)是矩形框中心点的坐标,w是矩形框的宽度,h是矩形框的高度。

在检测任务中,训练数据集的标签里会给出目标物体真实边界框所对应的x_1,y_1,x_2,y_2,这样的边界框也被称为真实框(Ground truth box),图4.4中画出了3个人像所对应的真实框。模型会对目标物体可能出现的位置进行预测,由模型预测出的边界框则称为预测框(Prediction box)。

注意:

① 在阅读代码时,应注意使用的是哪一种格式的表示方式。

② 图片坐标的原点在左上角,x轴向右为正方向,y轴向下为正方向。

要完成一项检测任务,通常希望模型能够根据输入的图片,输出一些预测的边界框,以及边界框中所包含的物体的类别或者属于某个类别的概率。例如,格式(L,P,x_1,y_1,x_2,y_2),其中L是类别标签,P是物体属于该类别的概率。一张输入图片可能会产生多个预测框,接下来让我们一起学习如何完成这样一项任务。

2. 锚框

锚框(Anchor Box)与物体边界框不同,是由人们假想出来的一种框。先设定好锚框的大小和形状,再以图像上某一点为中心画出矩形框。在图4.5中,以像素点[300,500]为中心可以使用下面的程序生成 3 个框,如图中蓝色框所示,其中锚框 A_1 跟人像区域非常接近。

```python
# 画图展示如何绘制边界框和锚框
import numpy as np
import matplotlib.pyplot as plt
import matplotlib.patches as patches
from matplotlib.image import imread
import math

# 定义画矩形框的程序
def draw_rectangle(currentAxis, bbox, edgecolor = 'k', facecolor = 'y', fill = False,
linestyle = '-'):
    # currentAxis,坐标轴,通过 plt.gca()获取
    # bbox,边界框,包含 4 个数值的 list, [x1, y1, x2, y2]
    # edgecolor,边框线条颜色
    # facecolor,填充颜色
    # fill, 是否填充
    # linestype,边框线型
    # patches.Rectangle 需要传入左上角坐标、矩形区域的宽度、高度等参数
    rect = patches.Rectangle((bbox[0], bbox[1]), bbox[2] - bbox[0] + 1, bbox[3] - bbox[1V] +
1, linewidth = 1, edgecolor = edgecolor, facecolor = facecolor, fill = fill, linestyle =
linestyle)
    currentAxis.add_patch(rect)

# 绘制图上的 3 个矩形框
plt.figure(figsize = (10, 10))

filename = '/home/aistudio/work/images/section3/000000086956.jpg'
im = imread(filename)
plt.imshow(im)

# 使用 xyxy 格式表示物体真实框
bbox1 = [214.29, 325.03, 399.82, 631.37]
bbox2 = [40.93, 141.1, 226.99, 515.73]
bbox3 = [247.2, 131.62, 480.0, 639.32]

currentAxis = plt.gca()

draw_rectangle(currentAxis, bbox1, edgecolor = 'r')
draw_rectangle(currentAxis, bbox2, edgecolor = 'r')
draw_rectangle(currentAxis, bbox3, edgecolor = 'r')

# 绘制锚框
def draw_anchor_box(center, length, scales, ratios, img_height, img_width):
    """
    以 center 为中心,产生一系列锚框
    其中 length 指定了一个基准的长度
    scales 是包含多种尺寸比例的 list
    ratios 是包含多种长宽比的 list
    img_height 和 img_width 是图片的尺寸,生成的锚框范围不能超出图片尺寸之外
    """
```

```
        bboxes = []
        for scale in scales:
            for ratio in ratios:
                h = length * scale * math.sqrt(ratio)
                w = length * scale/math.sqrt(ratio)
                x1 = max(center[0] - w/2., 0.)
                y1 = max(center[1] - h/2., 0.)
                x2 = min(center[0] + w/2. - 1.0, img_width - 1.0)
                y2 = min(center[1] + h/2. - 1.0, img_height - 1.0)
                print(center[0], center[1], w, h)
                bboxes.append([x1, y1, x2, y2])

        for bbox in bboxes:
            draw_rectangle(currentAxis, bbox, edgecolor = 'b')

img_height = im.shape[0]
img_width = im.shape[1]
draw_anchor_box([300., 500.], 100., [2.0], [0.5, 1.0, 2.0], img_height, img_width)
......
plt.show()
```

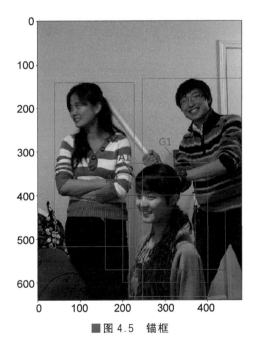

■图 4.5　锚框

在目标检测模型中,通常会以某种规则在图片上生成一系列锚框,将这些锚框当成可能的候选区域。模型对这些候选区域是否包含物体进行预测,如果包含目标物体,还需要进一步预测出物体所属的类别。还有更为重要的一点是,由于锚框位置是固定的,它不大可能刚好跟物体边界框重合,因此需要在锚框的基础上进行微调以形成能准确描述物体位置的预测框,模型需要预测出微调的幅度。在训练过程中,模型通过学习不断调整参数,最终能学会如何判别出锚框所代表的候选区域是否包含物体。如果包含物体,还需判别物体属于哪个类别以及物体边界框相对于锚框位置需要调整的幅度。

不同的模型往往有着不同的生成锚框方式,在后面的内容中,会详细介绍 YOLOv3 算法产生锚框的规则,理解了它的设计方案,也很容易类推到其他模型上。

3. 交并比

图 4.5 画出了以点(300,500)为中心生成的 3 个锚框,从中可以看到锚框 A_1 与真实框 G_1 的重合度比较好。那么如何衡量这 3 个锚框与真实框之间的关系呢? 在检测任务中使用交并比(Intersection of Union,IoU)作为衡量指标。这一概念来源于数学中的集合,用来描述两个集合 A 和 B 之间的关系,它等于两个集合的交集里面所包含的元素个数除以它们的并集里面所包含的元素个数,具体计算公式为

$$IoU = \frac{A \bigcap B}{A \bigcup B}$$

我们用这个概念来描述锚框和真实框之间的重合度。两个框可以看成两个像素的集合,它们的交并比等于两个框重合部分的面积除以它们合并起来的面积,图 4.6 所示的"交集"中青色区域是两个框的重合面积,"并集"中蓝色区域是两个框的相并面积。用这两个面积相除即可得到它们之间的交并比,如图 4.6 所示。

假设两个矩形框 A 和 B 的位置分别为

$$A:[x_{a1}, y_{a1}, x_{a2}, y_{a2}]$$
$$B:[x_{b1}, y_{b1}, x_{b2}, y_{b2}]$$

假如位置关系如图 4.7 所示。

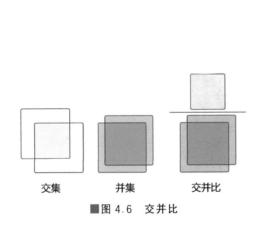

交集　　　并集　　　交并比

■图 4.6　交并比

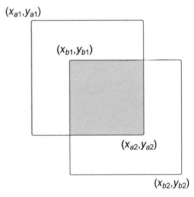

■图 4.7　计算交并比

如果两者有相交部分,则相交部分左上角坐标为

$$x_1 = \max(x_{a1}, x_{b1}), \quad y_1 = \max(y_{a1}, y_{b1})$$

相交部分右下角坐标为

$$x_2 = \min(x_{a2}, x_{b2}), \quad y_2 = \min(y_{a2}, y_{b2})$$

计算交集部分面积,即

$$intersection = \max(x_2 - x_1 + 1.0, 0) \cdot \max(y_2 - y_1 + 1.0, 0)$$

矩形框 A 和 B 的面积分别为

$$S_A = (x_{a2} - x_{a1} + 1.0) \cdot (y_{a2} - y_{a1} + 1.0)$$
$$S_B = (x_{b2} - x_{b1} + 1.0) \cdot (y_{b2} - y_{b1} + 1.0)$$

计算并集部分面积,即

$$union = S_A + S_B - intersection$$

计算交并比,即

$$IoU = \frac{intersection}{union}$$

思考:

两个矩形框之间的相对位置关系,除了上面的示意图外,还有哪些可能? 上面的公式能否覆盖所有的情形吗?

两种坐标形式的交并比计算程序如下:

```python
# 计算 IoU,矩形框的坐标形式为 xyxy
def box_iou_xyxy(box1, box2):
    # 获取 box1 左上角和右下角的坐标
    x1min, y1min, x1max, y1max = box1[0], box1[1], box1[2], box1[3]
    # 计算 box1 的面积
    s1 = (y1max - y1min + 1.) * (x1max - x1min + 1.)
    # 获取 box2 左上角和右下角的坐标
    x2min, y2min, x2max, y2max = box2[0], box2[1], box2[2], box2[3]
    # 计算 box2 的面积
    s2 = (y2max - y2min + 1.) * (x2max - x2min + 1.)

    # 计算相交矩形框的坐标
    xmin = np.maximum(x1min, x2min)
    ymin = np.maximum(y1min, y2min)
    xmax = np.minimum(x1max, x2max)
    ymax = np.minimum(y1max, y2max)
    # 计算相交矩形框的高度、宽度、面积
    inter_h = np.maximum(ymax - ymin + 1., 0.)
    inter_w = np.maximum(xmax - xmin + 1., 0.)
    intersection = inter_h * inter_w
    # 计算相并面积
    union = s1 + s2 - intersection
    # 计算交并比
    iou = intersection / union
    return iou

# 计算 IoU,矩形框的坐标形式为 xywh
def box_iou_xywh(box1, box2):
    x1min, y1min = box1[0] - box1[2]/2.0, box1[1] - box1[3]/2.0
    x1max, y1max = box1[0] + box1[2]/2.0, box1[1] + box1[3]/2.0
    s1 = box1[2] * box1[3]

    x2min, y2min = box2[0] - box2[2]/2.0, box2[1] - box2[3]/2.0
    x2max, y2max = box2[0] + box2[2]/2.0, box2[1V] + box2[3]/2.0
    s2 = box2[2] * box2[3]

    xmin = np.maximum(x1min, x2min)
    ymin = np.maximum(y1min, y2min)
    xmax = np.minimum(x1max, x2max)
    ymax = np.minimum(y1max, y2max)
```

```
inter_h = np.maximum(ymax - ymin, 0.)
inter_w = np.maximum(xmax - xmin, 0.)
intersection = inter_h * inter_w

union = s1 + s2 - intersection
iou = intersection / union
return iou
```

为了直观地展示交并比的大小对锚框和真实框重合程度之间的关系,图 4.8 示意了不同交并比下两个框之间的相对位置,从 IoU=0.95 到 IoU=0。

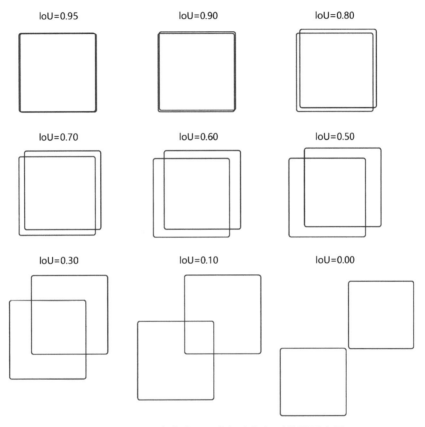

■图 4.8   不同交并比下两个框之间相对位置示意图

问题:
① 什么情况下两个矩形框的 IoU 等于 1?
② 什么情况下两个矩形框的 IoU 等于 0?

4.2   目标检测数据处理

本书使用百度飞桨与林业大学合作开发的林业病虫害防治项目中用到的昆虫数据集为例,介绍计算机视觉任务中常用的数据预处理方法。

1. 读取 AI 识虫数据集标注信息

AI 识虫数据集结构如下,包括:

① 数据集共有 2183 张图片,其中训练集 1693 张图片,验证集 245 张图片,测试集 245 张图片。

② 包含 7 种昆虫类别,分别是 boerner、leconte、linnaeus、acuminatus、armandi、coleoptera 和 linnaeus。

③ insects 文件夹中包含 train、val 和 test 3 个文件夹,每个文件夹下都存放着图片和标注信息。每个标注信息包括图片尺寸、包含的昆虫名称、在图片上出现的位置等信息。

下面将从数据集中读取 xml 文件,将每张图片的标注信息读取出来。在读取具体的标注文件之前,先完成一件事情,就是将昆虫的类别名字(字符串)转化成数字表示的类别。因为神经网络计算时需要的输入类型是数值型的,因此需要将字符串表示的类别转化成具体的数字。

昆虫类别名称的列表是['boerner', 'leconte', 'linnaeus', 'acuminatus', 'armandi', 'coleoptera', 'linnaeus'],约定此列表中'boerner'对应类别 0,'leconte'对应类别 1,…,'linnaeus'对应类别 6。使用下面的程序可以得到表示名称字符串和数字类别之间映射关系的字典。

```python
INSECT_NAMES = ['boerner', 'leconte', 'linnaeus',
                'acuminatus', 'armandi', 'coleoptera', 'linnaeus']

def get_insect_names():
    """
    return a dict, as following,
        {'boerner': 0,
         'leconte': 1,
         'linnaeus': 2,
         'acuminatus': 3,
         'armandi': 4,
         'coleoptera': 5,
         'linnaeus': 6
        }
    It can map the insect name into an integer label.
    """
    insect_category2id = {}
    for i, item in enumerate(INSECT_NAMES):
        insect_category2id[item] = i

    return insect_category2id
cname2cid = get_insect_names()
```

调用 get_insect_names 函数可以返回一个 dict,其键-值对描述了昆虫名称-数字类别之间的映射关系。下面的程序从 annotations/xml 目录下读取所有文件标注信息。

```python
import os
import numpy as np
import xml.etree.ElementTree as ET
```

```python
def get_annotations(cname2cid, datadir):
    filenames = os.listdir(os.path.join(datadir, 'annotations', 'xmls'))
    records = []
    ct = 0
    for fname in filenames:
        fid = fname.split('.')[0]
        fpath = os.path.join(datadir, 'annotations', 'xmls', fname)
        img_file = os.path.join(datadir, 'images', fid + '.jpeg')
        tree = ET.parse(fpath)

        if tree.find('id') is None:
            im_id = np.array([ct])
        else:
            im_id = np.array([int(tree.find('id').text)])

        objs = tree.findall('object')
        im_w = float(tree.find('size').find('width').text)
        im_h = float(tree.find('size').find('height').text)
        gt_bbox = np.zeros((len(objs), 4), dtype=np.float32)
        gt_class = np.zeros((len(objs), ), dtype=np.int32)
        is_crowd = np.zeros((len(objs), ), dtype=np.int32)
        difficult = np.zeros((len(objs), ), dtype=np.int32)
        for i, obj in enumerate(objs):
            cname = obj.find('name').text
            gt_class[i] = cname2cid[cname]
            _difficult = int(obj.find('difficult').text)
            x1 = float(obj.find('bndbox').find('xmin').text)
            y1 = float(obj.find('bndbox').find('ymin').text)
            x2 = float(obj.find('bndbox').find('xmax').text)
            y2 = float(obj.find('bndbox').find('ymax').text)
            x1 = max(0, x1)
            y1 = max(0, y1)
            x2 = min(im_w - 1, x2)
            y2 = min(im_h - 1, y2)
            # 这里使用 xywh 格式来表示目标物体真实框
            gt_bbox[i] = [(x1 + x2)/2.0, (y1 + y2)/2.0, x2 - x1 + 1., y2 - y1 + 1.]
            is_crowd[i] = 0
            difficult[i] = _difficult

        voc_rec = {
            'im_file': img_file,
            'im_id': im_id,
            'h': im_h,
            'w': im_w,
            'is_crowd': is_crowd,
            'gt_class': gt_class,
            'gt_bbox': gt_bbox,
            'gt_poly': [],
            'difficult': difficult
            }
        if len(objs) != 0:
            records.append(voc_rec)
```

```
        ct += 1
return records

# 读取数据
TRAINDIR = '/home/aistudio/work/insects/train'
TESTDIR = '/home/aistudio/work/insects/test'
VALIDDIR = '/home/aistudio/work/insects/val'
cname2cid = get_insect_names()
records = get_annotations(cname2cid, TRAINDIR)
```

通过上面的程序,将所有训练数据集的标注数据全部读取出来并存放在 records 列表中。

2. 数据读取和预处理

数据预处理是完成深度学习任务非常重要的步骤。合适的预处理方法可以帮助模型更好地收敛并防止过拟合。首先需要从磁盘读入数据,然后需要对这些数据进行预处理,为了保证网络运行的速度,通常还要对数据预处理进行加速。

1) 数据读取

下面的程序展示了如何根据 records 里面的描述读取图片及标注信息。

```
# 数据读取
import cv2

def get_bbox(gt_bbox, gt_class):
    # 对于一般的检测任务来说,一张图片上往往会有多个目标物体
    # 设置参数 MAX_NUM = 50, 即一张图片最多取 50 个真实框; 如果真实
    # 框的数目少于 50 个,则将不足部分的 gt_bbox、gt_class 和 gt_score 的各项数值全设置为 0
    MAX_NUM = 50
    gt_bbox2 = np.zeros((MAX_NUM, 4))
    gt_class2 = np.zeros((MAX_NUM,))
    for i in range(len(gt_bbox)):
        gt_bbox2[i, :] = gt_bbox[i, :]
        gt_class2[i] = gt_class[i]
        if i >= MAX_NUM:
            break
    return gt_bbox2, gt_class2

def get_img_data_from_file(record):
    """
    record is a dict as following,
      record = {
            'im_file': img_file,
            'im_id': im_id,
            'h': im_h,
            'w': im_w,
            'is_crowd': is_crowd,
            'gt_class': gt_class,
            'gt_bbox': gt_bbox,
            'gt_poly': [],
            'difficult': difficult
```

```
                }
    """
    im_file = record['im_file']
    h = record['h']
    w = record['w']
    is_crowd = record['is_crowd']
    gt_class = record['gt_class']
    gt_bbox = record['gt_bbox']
    difficult = record['difficult']

    img = cv2.imread(im_file)
    img = cv2.cvtColor(img, cv2.COLOR_BGR2RGB)

    # check if h and w in record equals that read from img
    assert img.shape[0] == int(h), \
            "image height of {} inconsistent in record({}) and img file({})".format(
                im_file, h, img.shape[0])

    assert img.shape[1] == int(w), \
            "image width of {} inconsistent in record({}) and img file({})".format(
                im_file, w, img.shape[1])

    gt_boxes, gt_labels = get_bbox(gt_bbox, gt_class)

    # gt_bbox 用相对值
    gt_boxes[:, 0] = gt_boxes[:, 0] / float(w)
    gt_boxes[:, 1] = gt_boxes[:, 1] / float(h)
    gt_boxes[:, 2] = gt_boxes[:, 2] / float(w)
    gt_boxes[:, 3] = gt_boxes[:, 3] / float(h)

    return img, gt_boxes, gt_labels, (h, w)
```

get_img_data_from_file()函数可以返回图片数据的数据,它们是图像数据 img、真实框坐标 gt_boxes、真实框包含的物体类别 gt_labels 和图像尺寸 scales。

2) 数据预处理

在计算机视觉中,通常会对图片做一些随机的变化,产生相似但又不完全相同的样本。主要作用是通过扩大训练数据集抑制过拟合,从而提升模型的泛化能力,常用的方法为:

① 随机改变亮暗、对比度和颜色。

② 随机填充。

③ 随机裁剪。

④ 随机缩放。

⑤ 随机翻转。

⑥ 随机打乱真实框排列顺序。

下面使用 NumPy 分别实现这些数据增强方法。

(1) 随机改变亮暗、对比度和颜色等。代码如下:

```
import numpy as np
import cv2
```

```
from PIL import Image, ImageEnhance
import random

# 随机改变亮暗、对比度和颜色等
def random_distort(img):
    # 随机改变亮度
    def random_brightness(img, lower = 0.5, upper = 1.5):
        e = np.random.uniform(lower, upper)
        return ImageEnhance.Brightness(img).enhance(e)
    # 随机改变对比度
    def random_contrast(img, lower = 0.5, upper = 1.5):
        e = np.random.uniform(lower, upper)
        return ImageEnhance.Contrast(img).enhance(e)
    # 随机改变颜色
    def random_color(img, lower = 0.5, upper = 1.5):
        e = np.random.uniform(lower, upper)
        return ImageEnhance.Color(img).enhance(e)

    ops = [random_brightness, random_contrast, random_color]
    np.random.shuffle(ops)

    img = Image.fromarray(img)
    img = ops[0](img)
    img = ops[1](img)
    img = ops[2](img)
    img = np.asarray(img)

    return img
```

（2）随机填充。代码如下：

```
# 随机填充
def random_expand(img,
                  gtboxes,
                  max_ratio = 4.,
                  fill = None,
                  keep_ratio = True,
                  thresh = 0.5):
    if random.random() > thresh:
        return img, gtboxes

    if max_ratio < 1.0:
        return img, gtboxes

    h, w, c = img.shape
    ratio_x = random.uniform(1, max_ratio)
    if keep_ratio:
        ratio_y = ratio_x
    else:
        ratio_y = random.uniform(1, max_ratio)
    oh = int(h * ratio_y)
    ow = int(w * ratio_x)
```

```
off_x = random.randint(0, ow - w)
off_y = random.randint(0, oh - h)

out_img = np.zeros((oh, ow, c))
if fill and len(fill) == c:
    for i in range(c):
        out_img[:, :, i] = fill[i] * 255.0

out_img[off_y:off_y + h, off_x:off_x + w, :] = img
gtboxes[:, 0] = ((gtboxes[:, 0] * w) + off_x) / float(ow)
gtboxes[:, 1] = ((gtboxes[:, 1] * h) + off_y) / float(oh)
gtboxes[:, 2] = gtboxes[:, 2] / ratio_x
gtboxes[:, 3] = gtboxes[:, 3] / ratio_y

return out_img.astype('uint8'), gtboxes
```

（3）随机裁剪。

随机裁剪之前需要先定义两个函数，即 multi_box_iou_xywh 和 box_crop，这两个函数将被保存在 box_utils.py 文件中。

```
import numpy as np

def multi_box_iou_xywh (box1, box2):
    """
    In this case, box1 or box2 can contain multi boxes.
    Only two cases can be processed in this method:
        1, box1 and box2 have the same shape, box1.shape == box2.shape
        2, either box1 or box2 contains only one box, len(box1) == 1 or len(box2) == 1
    If the shape of box1 and box2 does not match, and both of them contain multi boxes, it will be wrong.
    """
    assert box1.shape[-1] == 4, "Box1 shape[-1] should be 4."
    assert box2.shape[-1] == 4, "Box2 shape[-1] should be 4."


    b1_x1, b1_x2 = box1[:, 0] - box1[:, 2] / 2, box1[:, 0] + box1[:, 2] / 2
    b1_y1, b1_y2 = box1[:, 1] - box1[:, 3] / 2, box1[:, 1] + box1[:, 3] / 2
    b2_x1, b2_x2 = box2[:, 0] - box2[:, 2] / 2, box2[:, 0] + box2[:, 2] / 2
    b2_y1, b2_y2 = box2[:, 1] - box2[:, 3] / 2, box2[:, 1] + box2[:, 3] / 2

    inter_x1 = np.maximum(b1_x1, b2_x1)
    inter_x2 = np.minimum(b1_x2, b2_x2)
    inter_y1 = np.maximum(b1_y1, b2_y1)
    inter_y2 = np.minimum(b1_y2, b2_y2)
    inter_w = inter_x2 - inter_x1
    inter_h = inter_y2 - inter_y1
    inter_w = np.clip(inter_w, a_min = 0., a_max = None)
    inter_h = np.clip(inter_h, a_min = 0., a_max = None)

    inter_area = inter_w * inter_h
    b1_area = (b1_x2 - b1_x1) * (b1_y2 - b1_y1)
    b2_area = (b2_x2 - b2_x1) * (b2_y2 - b2_y1)
```

```
        return inter_area / (b1_area + b2_area - inter_area)

def box_crop(boxes, labels, crop, img_shape):
    x, y, w, h = map(float, crop)
    im_w, im_h = map(float, img_shape)

    boxes = boxes.copy()
    boxes[:, 0], boxes[:, 2] = (boxes[:, 0] - boxes[:, 2] / 2) * im_w, (
        boxes[:, 0] + boxes[:, 2] / 2) * im_w
    boxes[:, 1], boxes[:, 3] = (boxes[:, 1] - boxes[:, 3] / 2) * im_h, (
        boxes[:, 1] + boxes[:, 3] / 2) * im_h

    crop_box = np.array([x, y, x + w, y + h])
    centers = (boxes[:, :2] + boxes[:, 2:]) / 2.0
    mask = np.logical_and(crop_box[:2] < = centers, centers < = crop_box[2:]).all(
        axis = 1)

    boxes[:, :2] = np.maximum(boxes[:, :2], crop_box[:2])
    boxes[:, 2:] = np.minimum(boxes[:, 2:], crop_box[2:])
    boxes[:, :2] -= crop_box[:2]
    boxes[:, 2:] -= crop_box[:2]

    mask = np.logical_and(mask, (boxes[:, :2] < boxes[:, 2:]).all(axis = 1))
    boxes = boxes * np.expand_dims(mask.astype('float32'), axis = 1)
    labels = labels * mask.astype('float32')
    boxes[:, 0], boxes[:, 2] = (boxes[:, 0] + boxes[:, 2]) / 2 / w, (
        boxes[:, 2] - boxes[:, 0]) / w
    boxes[:, 1], boxes[:, 3] = (boxes[:, 1] + boxes[:, 3]) / 2 / h, (
        boxes[:, 3] - boxes[:, 1]) / h

    return boxes, labels, mask.sum()
```

随机裁剪

```
def random_crop(img,
                boxes,
                labels,
                scales = [0.3, 1.0],
                max_ratio = 2.0,
                constraints = None,
                max_trial = 50):
    if len(boxes) == 0:
        return img, boxes

    if not constraints:
        constraints = [(0.1, 1.0), (0.3, 1.0), (0.5, 1.0), (0.7, 1.0),
                       (0.9, 1.0), (0.0, 1.0)]

    img = Image.fromarray(img)
    w, h = img.size
    crops = [(0, 0, w, h)]
    for min_iou, max_iou in constraints:
```

```
        for _ in range(max_trial):
            scale = random.uniform(scales[0], scales[1])
            aspect_ratio = random.uniform(max(1 / max_ratio, scale * scale), \
                                    min(max_ratio, 1 / scale / scale))
            crop_h = int(h * scale / np.sqrt(aspect_ratio))
            crop_w = int(w * scale * np.sqrt(aspect_ratio))
            crop_x = random.randrange(w - crop_w)
            crop_y = random.randrange(h - crop_h)
            crop_box = np.array([[(crop_x + crop_w / 2.0) / w,
                                (crop_y + crop_h / 2.0) / h,
                                crop_w / float(w), crop_h / float(h)]])

            iou = multi_box_iou_xywh(crop_box, boxes)
            if min_iou <= iou.min() and max_iou >= iou.max():
                crops.append((crop_x, crop_y, crop_w, crop_h))
                break

    while crops:
        crop = crops.pop(np.random.randint(0, len(crops)))
        crop_boxes, crop_labels, box_num = box_crop(boxes, labels, crop, (w, h))
        if box_num < 1:
            continue
        img = img.crop((crop[0], crop[1], crop[0] + crop[2],
                        crop[1] + crop[3])).resize(img.size, Image.LANCZOS)
        img = np.asarray(img)
        return img, crop_boxes, crop_labels
    img = np.asarray(img)
    return img, boxes, labels
```

（4）随机缩放。代码如下：

```
# 随机缩放
def random_interp(img, size, interp=None):
    interp_method = [
        cv2.INTER_NEAREST,
        cv2.INTER_LINEAR,
        cv2.INTER_AREA,
        cv2.INTER_CUBIC,
        cv2.INTER_LANCZOS4,
    ]
    if not interp or interp not in interp_method:
        interp = interp_method[random.randint(0, len(interp_method) - 1)]
    h, w, _ = img.shape
    im_scale_x = size / float(w)
    im_scale_y = size / float(h)
    img = cv2.resize(
        img, None, None, fx=im_scale_x, fy=im_scale_y, interpolation=interp)
    return img
```

（5）随机翻转。代码如下：

```
# 随机翻转
def random_flip(img, gtboxes, thresh=0.5):
    if random.random() > thresh:
```

```
            img = img[:, ::-1, :]
            gtboxes[:, 0] = 1.0 - gtboxes[:, 0]
        return img, gtboxes
```

（6）随机打乱真实框排列顺序。代码如下：

```
# 随机打乱真实框排列顺序
def shuffle_gtbox(gtbox, gtlabel):
    gt = np.concatenate(
        [gtbox, gtlabel[:, np.newaxis]], axis=1)
    idx = np.arange(gt.shape[0])
    np.random.shuffle(idx)
    gt = gt[idx, :]
    return gt[:, :4], gt[:, 4]
```

（7）图像增广方法汇总，代码如下：

```
# 图像增广方法汇总
def image_augment(img, gtboxes, gtlabels, size, means=None):
    # 随机改变亮暗、对比度和颜色等
    img = random_distort(img)
    # 随机填充
    img, gtboxes = random_expand(img, gtboxes, fill=means)
    # 随机裁剪
    img, gtboxes, gtlabels, = random_crop(img, gtboxes, gtlabels)
    # 随机缩放
    img = random_interp(img, size)
    # 随机翻转
    img, gtboxes = random_flip(img, gtboxes)
    # 随机打乱真实框排列顺序
    gtboxes, gtlabels = shuffle_gtbox(gtboxes, gtlabels)

    return img.astype('float32'), gtboxes.astype('float32'),
gtlabels.astype('int32')
img, gt_boxes, gt_labels, scales = get_img_data_from_file(record)
size = 512
img, gt_boxes, gt_labels = image_augment(img, gt_boxes, gt_labels, size)
```

这里得到的 img 数据数值需要调整，需要除以 255.0，并且减去均值和方差，再将维度从[H,W,C]调整为[C,H,W]。代码如下：

```
mean = [0.485, 0.456, 0.406]
std = [0.229, 0.224, 0.225]
mean = np.array(mean).reshape((1, 1, -1))
std = np.array(std).reshape((1, 1, -1))
img = (img / 255.0 - mean) / std
img = img.astype('float32').transpose((2, 0, 1))
```

将上面的过程整理成一个函数 get_img_data：

```
def get_img_data(record, size=640):
    img, gt_boxes, gt_labels, scales = get_img_data_from_file(record)
```

```
        img, gt_boxes, gt_labels = image_augment(img, gt_boxes, gt_labels, size)
        mean = [0.485, 0.456, 0.406]
        std = [0.229, 0.224, 0.225]
        mean = np.array(mean).reshape((1, 1, -1))
        std = np.array(std).reshape((1, 1, -1))
        img = (img / 255.0 - mean) / std
        img = img.astype('float32').transpose((2, 0, 1))
        return img, gt_boxes, gt_labels, scales
TRAINDIR = '/home/aistudio/work/insects/train'
TESTDIR = '/home/aistudio/work/insects/test'
VALIDDIR = '/home/aistudio/work/insects/val'
cname2cid = get_insect_names()
records = get_annotations(cname2cid, TRAINDIR)
record = records[0]
img, gt_boxes, gt_labels, scales = get_img_data(record, size=480)
```

上述代码中使用 NumPy 实现了多种数据增强方式。同时飞桨也提供了"**拿来即用**"的数据增强方法,paddle.vision.transforms,提供了数十种数据增强方式,包括亮度增强(adjust_brightness)、对比度增强(adjust_contrast)、随机裁剪(RandomCrop)等,更多的关于高层 API 的使用方法可登录飞桨官网。

使用飞桨高层 API 完成数据增强,代码如下:

```
# 对图像随机裁剪
# 从 paddle.vision.transforms 模块中 import 随机剪切的 API RandomCrop
from paddle.vision.transforms import RandomCrop

# RandomCrop 是一个 python 类,需要事先声明
# RandomCrop 还需要传入剪切的形状,这里设置为 640
transform = RandomCrop(640)
# 将图像转换为 PIL.Image 格式
srcimg = Image.fromarray(np.array(srcimg))
# 调用声明好的 API 实现随机剪切
img_res = transform(srcimg)
```

使用飞桨高层 API 实现亮度增强,代码如下:

```
from paddle.vision.transforms import BrightnessTransform

# BrightnessTransform 是一个 python 类,需要事先声明
transform = BrightnessTransform(0.4)
# 将图像转换为 PIL.Image 格式
srcimg = Image.fromarray(np.array(srcimg))
# 调用声明好的 API 实现随机剪切
img_res = transform(srcimg)
```

3)批量数据读取与加速

上面的程序展示了如何读取一张图片的数据并加速,下面的代码实现了批量数据读取。

```
# 将 list 形式的 batch 数据转化成多个 array 构成的 tuple
def make_array(batch_data):
    img_array = np.array([item[0] for item in batch_data], dtype = 'float32')
    gt_box_array = np.array([item[1] for item in batch_data], dtype = 'float32')
    gt_labels_array = np.array([item[2] for item in batch_data], dtype = 'int32')
    img_scale = np.array([item[3] for item in batch_data], dtype='int32')
    return img_array, gt_box_array, gt_labels_array, img_scale
```

由于数据预处理耗时较长,可能会成为网络训练速度的瓶颈,因此需要对预处理部分进行优化。通过使用飞桨提供的 paddle.io.DataLoader API 中的 num_workers 参数设置进程数量,实现多进程读取数据。代码实现如下:

```
import paddle

# 定义数据读取类,继承 Paddle.io.Dataset
class TrainDataset(paddle.io.Dataset):
    def __init__(self, datadir, mode = 'train'):
        self.datadir = datadir
        cname2cid = get_insect_names()
        self.records = get_annotations(cname2cid, datadir)
        self.img_size = 640

    def __getitem__(self, idx):
        record = self.records[idx]
        img, gt_bbox, gt_labels, im_shape = get_img_data(record, size=self.img_size)

        return img, gt_bbox, gt_labels, np.array(im_shape)

    def __len__(self):
        return len(self.records)

# 创建数据读取类
train_dataset = TrainDataset(TRAINDIR, mode = 'train')

# 使用 paddle.io.DataLoader 创建数据读取器,并设置 batchsize,进程数量 num_workers 等参数
train_loader = paddle.io.DataLoader(train_dataset, batch_size = 2, shuffle = True, num_
workers = 2, drop_last = True)
```

至此,完成了查看数据集中的数据、提取数据标注信息、从文件读取图像和标注数据、数据增强、批量读取和加速等过程,通过 paddle.io.Dataset 可以返回 img、gt_boxes、gt_labels 和 im_shape 等数据,接下来就可以将它们输入到神经网络并应用在具体算法上。

在开始具体的算法讲解之前,先补充一下读取测试数据的代码,测试数据没有标注信息,也不需要做图像增广,代码如下:

```
import os
# 将 list 形式的 batch 数据转化成多个 array 构成的 tuple
def make_test_array(batch_data):
    img_name_array = np.array([item[0] for item in batch_data])
    img_data_array = np.array([item[1] for item in batch_data], dtype = 'float32')
    img_scale_array = np.array([item[2] for item in batch_data], dtype='int32')
```

```
            return img_name_array, img_data_array, img_scale_array

# 测试数据读取
def test_data_loader(datadir, batch_size = 10, test_image_size = 608, mode = 'test'):
    """
    加载测试用的图片,测试数据没有 groundtruth 标签
    """
    image_names = os.listdir(datadir)
    def reader():
        batch_data = []
        img_size = test_image_size
        for image_name in image_names:
            file_path = os.path.join(datadir, image_name)
            img = cv2.imread(file_path)
            img = cv2.cvtColor(img, cv2.COLOR_BGR2RGB)
            H = img.shape[0]
            W = img.shape[1]
            img = cv2.resize(img, (img_size, img_size))

            mean = [0.485, 0.456, 0.406]
            std = [0.229, 0.224, 0.225]
            mean = np.array(mean).reshape((1, 1, -1))
            std = np.array(std).reshape((1, 1, -1))
            out_img = (img / 255.0 - mean) / std
            out_img = out_img.astype('float32').transpose((2, 0, 1))
            img = out_img # np.transpose(out_img, (2,0,1))
            im_shape = [H, W]

            batch_data.append((image_name.split('.')[0], img, im_shape))
            if len(batch_data) == batch_size:
                yield make_test_array(batch_data)
                batch_data = []
        if len(batch_data) >0:
            yield make_test_array(batch_data)

    return reader
```

4.3 目标检测的经典算法 YOLOv3

4.3.1 YOLOv3 设计思想

第 4.1 节介绍的 R-CNN 系列算法需要先产生候选区域,再对候选区域做分类和位置坐标的预测,这类算法被称为两阶段目标检测算法。近几年,很多研究人员相继提出一系列单阶段的检测算法,只需要一个网络即可同时产生候选区域并预测出物体的类别和位置坐标。

Joseph Redmon 等人在 2015 年提出 YOLO(You Only Look Once)算法,通常也被称为 YOLOv1;2016 年,他们对算法进行改进,又提出 YOLOv2;2018 年发展出 YOLOv3,至今已经演进到 YOLOv4。YOLOv3 使用单网络结构,在产生候选区域的同时即可预测出物

体类别和位置。另外,YOLOv3 产生的预测框数目比 Faster R-CNN 少很多,Faster R-CNN 中每个真实框可能对应多个标签为正的候选区域,而 YOLOv3 中每个真实框只对应一个正的候选区域,使得 YOLOv3 具有更快的计算速度,达到实时响应的水平。

YOLOv3 的基本思想可以分成如下两部分。

(1) 按一定规则在图片上产生一系列候选区域,然后根据这些候选区域与图片上物体真实框之间的位置关系对候选区域进行标注。与真实框足够接近的那些候选区域会被标注为正样本,同时将真实框的位置作为正样本的位置目标。偏离真实框较大的那些候选区域则会被标注为负样本,负样本不需要预测位置或者类别。

(2) 使用卷积神经网络提取图片特征并对候选区域的位置和类别进行预测。这样每个预测框就可以看成一个样本,根据真实框相对它的位置和类别进行了标注而获得标签值,通过网络模型预测其位置和类别,将网络预测值和标签值进行比较,就可以建立起损失函数。

YOLOv3 训练过程如图 4.9 所示。

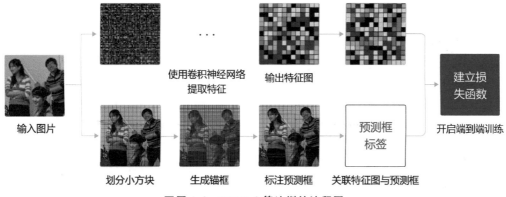

图 4.9 YOLOv3 算法训练流程图

① 图 4.9 左边是输入图片,上半部分所示的过程是使用卷积神经网络对图片提取特征,随着网络不断向前传播,特征图的尺寸越来越小,每个像素点会代表更加抽象的特征模式,直到输出特征图,其尺寸减小为原图的 1/32。

② 图 4.9 下半部分描述了生成候选区域的过程,首先将原图划分成多个小方块,每个小方块的大小是 32×32,然后以每个小方块为中心分别生成一系列锚框,整张图片都会被锚框覆盖,在每个锚框的基础上产生一个与之对应的预测框,根据锚框和预测框与图片上物体真实框之间的位置关系,对这些预测框进行标注。

③ 将上方支路中输出的特征图与下方支路中产生的预测框标签建立关联,创建损失函数,开启端到端的训练过程。

4.3.2 产生候选区域

如何产生候选区域是检测模型的核心设计方案。目前大多数基于卷积神经网络的模型所采用的方式大体如下。

① 按一定的规则在图片上生成一系列位置固定的锚框,将这些锚框看作可能的候选区域。

② 对锚框是否包含目标物体进行预测,如果包含目标物体,还需要预测所包含物体的

类别以及预测框相对于锚框位置需要调整的幅度。

1. 生成锚框

将原始图片划分成 $m \times n$ 个区域,如图 4.10 所示,原始图片高度 $H = 640$,宽度 $W = 480$,如果选择小块区域的尺寸为 32×32,则 m 和 n 分别为

$$m = \frac{640}{32} = 20, \quad n = \frac{480}{32} = 15$$

如图 4.10 所示,将原始图像分成 20 行 15 列小方块区域。

YOLOv3 会在每个区域的中心生成一系列锚框。为了展示方便,首先在图中第 10 行第 4 列的小方块位置附近画出生成的锚框,如图 4.11 所示。

■图 4.10　将图片划分成多个 32×32 的小方块

■图 4.11　在第 10 行第 4 列的小方块区域生成 3 个锚框

注意:

这里为了与程序中的编号相对应,最上面的行号是第 0 行,最左边的列号是第 0 列。

如图 4.12 所示,展示在每个区域附近都生成 3 个锚框,很多锚框堆叠在一起可能不太容易看清楚,但过程与上面类似,只是需要以每个区域的中心点为中心,分别生成 3 个锚框。

2. 生成预测框

锚框的位置都是固定好的,不可能刚好与物体边界框重合,需要在锚框的基础上进行位置的微调以生成预测框。预测框相对于锚框会有不同的中心位置和大小,采用什么方式能产生出在锚框上面微调得到的预测框呢?首先来考虑如何生成其中心位置坐标。

比如图 4.12 中在第 10 行第 4 列的小方块区域中心生成的一个锚框,如绿色虚线框所示。以小方格的宽度为单位长度,此小方块区域左上角的位置坐标为

$$c_x = 4, \quad c_y = 10$$

此锚框的区域中心坐标为

$$center\_x = c_x + 0.5 = 4.5$$

■图4.12　在每个小方块区域生成3个锚框

$$\text{center\_}y = c_y + 0.5 = 10.5$$

可以通过如下公式生成预测框的中心坐标,即

$$b_x = c_x + \sigma(t_x)$$

$$b_y = c_y + \sigma(t_y)$$

式中:t_x 和 t_y 为实数;$\sigma(x)$ 为之前学过的 Sigmoid 函数,其定义为

$$\sigma(x) = \frac{1}{1 + \exp(-x)}$$

由于 Sigmoid 的函数值总是在 0~1 之间,因此由上式计算出来的预测框中心点总是落在第 10 行第 4 列的小区域内部。

当 $t_x = t_y = 0$ 时,$b_x = c_x + 0.5$、$b_y = c_y + 0.5$,预测框中心与锚框中心重合,都是小区域的中心。

锚框的大小是预先设定好的,在模型中可以当作超参数,图4.13中画出的锚框尺寸为

$$p_h = 350$$

$$p_w = 250$$

通过下面的公式生成预测框的大小,即

$$b_h = p_h \mathrm{e}^{t_h}$$

$$b_w = p_w \mathrm{e}^{t_w}$$

如果 $t_x = t_y = 0$、$t_h = t_w = 0$,则预测框和锚框重合。

如果给 t_x、t_y、t_w、t_h 随机赋值为

$$t_x = 0.2, \quad t_y = 0.3, \quad t_w = 0.1, \quad t_h = -0.12$$

则可以得到预测框的坐标是(154.98,357.44,276.29,310.42),如图4.13中蓝色框所示。

说明:

这里坐标采用 (x, y, w, h) 的格式。

■图 4.13   生成预测框

那么当 t_x, t_y, t_w, t_h 取值为多少时,预测框能与真实框重合?为了回答这个问题,只需将上面预测框坐标中的 b_x, b_y, b_w, b_h 设置为真实框的位置,即可求解出 t 的数值。令

$$\sigma(t_x^*) + c_x = gt_x$$

$$\sigma(t_y^*) + c_y = gt_y$$

$$p_w e^{t_w^*} = gt_w$$

$$p_h e^{t_h^*} = gt_h$$

可以求解出 $(t_x^*, t_y^*, t_w^*, t_h^*)$。

如果 t 是网络预测的输出值,将 t^* 作为目标值,以它们之间的差距作为损失函数,则可以建立起一个回归问题,通过学习网络参数,使 t 足够接近 t^*,从而能够求解出预测框的位置坐标与大小。

预测框可以看作在锚框基础上的一个微调,每个锚框会有一个与它对应的预测框,需要确定上面计算式中的 t_x, t_y, t_w, t_h,从而计算出与锚框对应的预测框的位置和形状。

4.3.3   对候选区域进行标注

每个区域可以产生 3 种不同形状的锚框,每个锚框都是一个可能的候选区域,对这些候选区域我们希望知道如下几件事情:

① 锚框是否包含了物体,看成一个二分类问题,使用标签 objectness 来表示。当锚框包含了物体时,objectness=1,表示预测框属于正类;当锚框不包含物体时,objectness=0,表示锚框属于负类。

② 如果锚框包含了物体,那么它对应预测框的中心位置和大小应该是多少,或者说上面计算式中的 t_x, t_y, t_w, t_h 应该是多少,使用 location 标签。

③ 如果锚框包含了物体,那么具体类别是什么。这里使用变量 label 来表示其所属类别的标签。

现在对于任意一个锚框,需要对它进行标注,也就是需要确定其对应的 objectness、t_x、t_y、t_w、t_h 和 label,下面将分别讲述如何确定这 3 个标签的值。

1. 标注锚框是否包含物体

如图 4.14 所示,这里共有 3 个目标,以最左边的人像为例,其真实框 GT 的坐标是 $(133.96,328.42,186.06,374.63)$。

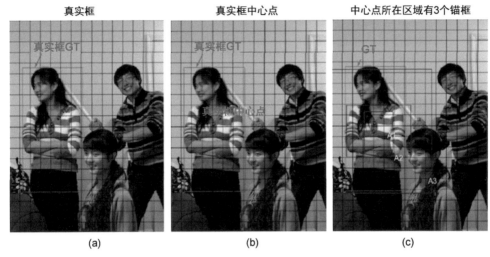

■图 4.14 选出与真实框中心位于同一区域的锚框

真实框的中心点坐标为

$$center\_x = 133.96$$
$$center\_y = 328.42$$
$$i = 133.96/32 = 4.18625$$
$$j = 328.42/32 = 10.263125$$

它落在了第 10 行第 4 列的小方块内,如图 4.14(b)所示。此小方块区域可以生成 3 个不同形状的锚框,其在图上的编号和大小分别是 $A_1(116,90)$、$A_2(156,198)$、$A_3(373,326)$。用这 3 个不同形状的锚框与真实框计算 IoU,并选出 IoU 值最大的锚框。这里为了简化计算,只考虑锚框的形状,不考虑它与真实框中心之间的偏移,具体计算结果如图 4.15 所示。IoU 最大的是锚框 A_3,大小是$(373,326)$,将它所对应的预测框的 objectness 标签设置为 1,其所包括的物体类别就是真实框里面的物体所属类别。

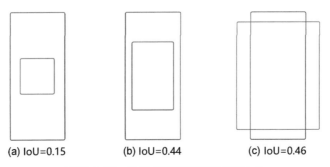

(a) IoU=0.15   (b) IoU=0.44   (c) IoU=0.46

■图 4.15 选出与真实框与锚框的 IoU

依次类推,可以找出其他几个真实框对应的 IoU 最大锚框,然后将它们的预测框的 objectness 标签也都设置为 1。这里共有 $20 \times 15 \times 3 = 900$ 个锚框,但只有 3 个预测框会被标注为正。

由于每个真实框只对应一个 objectness 标签为正的预测框,如果有些预测框跟真实框之间的 IoU 也很大,但并不是最大的值,那么直接将其 objectness 标签设置为 0 当作负样本可能并不妥当。为了避免这种情况,YOLOv3 设置了一个 IoU 阈值 iou_thresh,当预测框的 objectness 不为 1,但是其与某个真实框的 IoU 大于 iou_thresh 时,就将其 objectness 标签设置为 -1,不参与损失函数的计算。所有其他的预测框,其 objectness 标签均设置为 0,表示负类。

对于 objectness$=1$ 的预测框,需要进一步确定其位置和包含物体的具体分类标签,但是对于 objectness$=0$ 或者 -1 的预测框,则不用计算它们的位置和类别。

2. 标注预测框的位置坐标标签

当锚框 objectness$=1$ 时,需要确定预测框位置相对于它微调的幅度,也就是锚框的位置标签。

前面已经问过这样一个问题:当 t_x, t_y, t_w, t_h 取值为多少时,预测框能够与真实框重合?其做法是将预测框坐标中的 b_x, b_y, b_w, b_h 设置为真实框的坐标,即可求解出 t 的数值。令

$$\sigma(t_x^*) + c_x = gt_x$$
$$\sigma(t_y^*) + c_y = gt_y$$
$$p_w \mathrm{e}^{t_w^*} = gt_w$$
$$p_h \mathrm{e}^{t_h^*} = gt_h$$

对于 t_x^* 和 t_y^*,由于 Sigmoid 的反函数不易计算,可以直接使用 $\sigma(t_x^*)$ 和 $\sigma(t_y^*)$ 作为回归的目标。

$$d_x^* = \sigma(t_x^*) = gt_x - c_x$$
$$d_y^* = \sigma(t_y^*) = gt_y - c_y$$
$$t_w^* = \log\left(\frac{gt_w}{p_w}\right)$$
$$t_h^* = \log\left(\frac{gt_h}{p_h}\right)$$

如果 (t_x, t_y, t_w, t_h) 是网络预测的输出值,将 $(d_x^*, d_y^*, t_w^*, t_h^*)$ 作为 $(\sigma(t_x), \sigma(t_y), t_w, t_h)$ 的目标值,以它们之间的差距作为损失函数,则可以建立起一个回归问题,通过学习网络参数,使得 t 足够接近 t^*,从而能够求解出预测框的位置。

3. 标注锚框包含物体类别的标签

对于 objectness$=1$ 的锚框,需要确定其具体类别。正如上面所说,objectness 标注为 1 的锚框,会有一个真实框与它对应,该锚框所属物体类别即是其所对应的真实框包含的物体类别。这里使用 one-hot 向量来表示类别标签 label。比如共有 10 个分类,而真实框里面包

含的物体类别是第 2 类,则 label 为(0,1,0,0,0,0,0,0,0,0)

对上述步骤进行总结,标注的流程如图 4.16 所示。

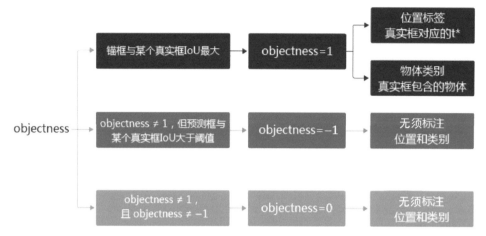

■图 4.16 标注流程示意图

通过这种方式,在每个小方块区域都生成了一系列的锚框作为候选区域,并且根据图片上真实物体的位置,标注出了每个候选区域对应的 objectness 标签、位置需要调整的幅度以及包含的物体所属类别。位置需要调整的幅度由 4 个变量描述(t_x,t_y,t_w,t_h),objectness 标签需要用一个变量 obj 描述,描述所属类别的变量长度等于类别数 C。

对于每个锚框,模型需要预测输出(t_x,t_y,t_w,t_h,P_{obj},P_1,P_2,$\cdots$,P_C),其中 P_{obj} 是锚框是否包含物体的概率,P_1,P_2,$\cdots$,P_C 则是锚框包含的物体属于每个类别的概率。接下来让我们一起学习如何通过卷积神经网络计算这样的预测值。

4. 标注锚框的具体程序

上面描述了如何对预锚框进行标注,但读者可能仍然对里面的细节不太了解,下面将通过具体程序完成这一步骤。其中:

- img:输入的图像数据,形状是[N,C,H,W]。
- gt_boxes:真实框,维度是[N,50,4],其中 50 是真实框数目的上限,当图片中真实框不足 50 时,不足部分的坐标全为 0。真实框坐标格式是[x,y,w,h],这里使用相对值。
- gt_labels:真实框所属类别,维度是[N,50]。
- iou_threshold:当预测框与真实框的 IoU 大于 iou_threshold 时,不将其看作负样本。
- anchors:锚框可选的尺寸。
- num_classes:类别数目。
- downsample:特征图相对于输入网络的图片尺寸变化的比例。

```
# 标注预测框的 objectness
def get_objectness_label(img, gt_boxes, gt_labels, iou_threshold = 0.7,
                    anchors = [116, 90, 156, 198, 373, 326],
                    num_classes = 7, downsample = 32):
```

```
img_shape = img.shape
batchsize = img_shape[0]
num_anchors = len(anchors) // 2
input_h = img_shape[2]
input_w = img_shape[3]
# 将输入图片划分成 num_rows x num_cols 个小方块区域,每个小方块的边长是 downsample
# 计算共有多少行小方块
num_rows = input_h // downsample
# 计算共有多少列小方块
num_cols = input_w // downsample

label_objectness = np.zeros([batchsize, num_anchors, num_rows, num_cols])
label_classification = np.zeros([batchsize, num_anchors, num_classes, num_rows, num_
cols])
label_location = np.zeros([batchsize, num_anchors, 4, num_rows, num_cols])
scale_location = np.ones([batchsize, num_anchors, num_rows, num_cols])
# 对 batch size 进行循环,依次处理每张图片
for n in range(batchsize):
    # 对图片上的真实框进行遍历,依次找出与真实框形状最匹配的锚框
    for n_gt in range(len(gt_boxes[n])):
        gt = gt_boxes[n][n_gt]
        gt_cls = gt_labels[n][n_gt]
        gt_center_x = gt[0]
        gt_center_y = gt[1]
        gt_width = gt[2]
        gt_height = gt[3]
        if (gt_width < 1e-3) or (gt_height < 1e-3):
            continue
        i = int(gt_center_y * num_rows)
        j = int(gt_center_x * num_cols)
        ious = []
        for ka in range(num_anchors):
            bbox1 = [0., 0., float(gt_width), float(gt_height)]
            anchor_w = anchors[ka * 2]
            anchor_h = anchors[ka * 2 + 1]
            bbox2 = [0., 0., anchor_w/float(input_w), anchor_h/float(input_h)]
            # 计算 IoU
            iou = box_iou_xywh(bbox1, bbox2)
            ious.append(iou)
        ious = np.array(ious)
        inds = np.argsort(ious)
        k = inds[-1]
        label_objectness[n, k, i, j] = 1
        c = gt_cls
        label_classification[n, k, c, i, j] = 1.
        dx_label = gt_center_x * num_cols - j
        dy_label = gt_center_y * num_rows - i
        dw_label = np.log(gt_width * input_w / anchors[k * 2])
        dh_label = np.log(gt_height * input_h / anchors[k * 2 + 1])
        label_location[n, k, 0, i, j] = dx_label
        label_location[n, k, 1, i, j] = dy_label
        label_location[n, k, 2, i, j] = dw_label
        label_location[n, k, 3, i, j] = dh_label
```

```
                    # scale_location用来调节不同尺寸的锚框对损失函数的贡献,作为加权系数和位置
                    损失函数相乘
                    scale_location[n, k, i, j] = 2.0 - gt_width * gt_height

            # 目前根据每张图片上所有出现过的 gt box,都标注出了 objectness 为正的预测框,剩下的预
            # 测框则默认 objectness 为 0
            # 对于 objectness 为 1 的预测框,标出了它们所包含的物体类别以及位置回归的目标
            return label_objectness.astype('float32'), label_location.astype('float32'), label_
        classification.astype('float32'), \
                    scale_location.astype('float32')

# 计算 IoU,矩形框的坐标形式为 xywh
def box_iou_xywh(box1, box2):
    x1min, y1min = box1[0] - box1[2]/2.0, box1[1] - box1[3]/2.0
    x1max, y1max = box1[0] + box1[2]/2.0, box1[1] + box1[3]/2.0
    s1 = box1[2] * box1[3]

    x2min, y2min = box2[0] - box2[2]/2.0, box2[1] - box2[3]/2.0
    x2max, y2max = box2[0] + box2[2]/2.0, box2[1] + box2[3]/2.0
    s2 = box2[2] * box2[3]

    xmin = np.maximum(x1min, x2min)
    ymin = np.maximum(y1min, y2min)
    xmax = np.minimum(x1max, x2max)
    ymax = np.minimum(y1max, y2max)
    inter_h = np.maximum(ymax - ymin, 0.)
    inter_w = np.maximum(xmax - xmin, 0.)
    intersection = inter_h * inter_w

    union = s1 + s2 - intersection
    iou = intersection / union
    return iou

# 读取数据
import paddle
reader = paddle.io.DataLoader(train_dataset, batch_size = 2, shuffle = True, num_workers = 1,
drop_last = True)
img, gt_boxes, gt_labels, im_shape = next(reader())
img, gt_boxes, gt_labels, im_shape = img.numpy(), gt_boxes.numpy(), gt_labels.numpy(), im_
shape.numpy()

# 计算出锚框对应的标签
label_objectness, label_location, label_classification, scale_location = get_objectness_
label(img,
gt_boxes, gt_labels,
iou_threshold = 0.7,
anchors = [116, 90, 156, 198, 373, 326],
num_classes = 7, downsample = 32)

img.shape, gt_boxes.shape, gt_labels.shape, im_shape.shape
```

输出结果为：

((2, 3, 640, 640), (2, 50, 4), (2, 50), (2, 2))

```
label _ objectness. shape, label _ location. shape, label _ classification. shape, scale _
location. shape
```

输出结果为：

((2, 3, 20, 20), (2, 3, 4, 20, 20), (2, 3, 7, 20, 20), (2, 3, 20, 20))

上面的程序实现了对锚框进行标注，对于每个真实框，选出了与它形状最匹配的锚框，将其 objectness 标注为 1，并且将 $(d_x^*, d_y^*, t_w^*, t_h^*)$ 作为正样本位置的标签，真实框包含的物体类别作为锚框的类别。而其余的锚框，objectness 将被标注为 0，无须标注出位置和类别的标签。

注意：

这里还遗留一个小问题，前面说对于与真实框 IoU 较大的那些锚框，需要将其 objectness 标注为 -1，不参与损失函数的计算。我们先将这个问题放一放，等到后面建立损失函数时再回答。

4.3.4　图像特征提取

在第 4.2 节中介绍了通过卷积神经网络提取图片特征。通过连续使用多层卷积和池化等操作，能得到语义信息更加丰富的特征图。在检测问题中，也使用卷积神经网络逐层提取图片特征，通过最终的输出特征图来表征物体位置和类别等信息。

YOLOv3 使用的骨干网络是 Darknet-53。Darknet-53 网络的具体结构如图 4.17 所示，在 ImageNet 图像分类任务上取得了很好的成绩。在检测任务中，将图中 C_0 后面的平均池化、全连接层和 Softmax 去掉，保留从输入到 C_0 部分的网络结构，作为检测模型的基础网络结构，也称为骨干网络(backbone)。YOLOv3 在骨干网络的基础上，再添加检测相关的网络模块。

下面的程序是 Darknet-53 骨干网络的实现代码，这里将图 4.17 中 C_0、C_1、C_2 所表示的输出数据取出，并查看它们的形状分别是 $C_0[1,1024,20,20]$、$C_1[1,512,40,40]$、$C_2[1,256,80,80]$。

说明：

特征图的步幅。

在提取特征的过程中通常会使用步幅大于 1 的卷积或者池化，导致后面的特征图尺寸越来越小，特征图的步幅等于输入图片尺寸除以特征图尺寸。例如，C_0 的尺寸是 20×20，原图尺寸是 640×640，则 C_0 的步幅是 $\dfrac{640}{20} = 32$。同理，C_1 的步幅是 16，C_2 的步幅是 8。

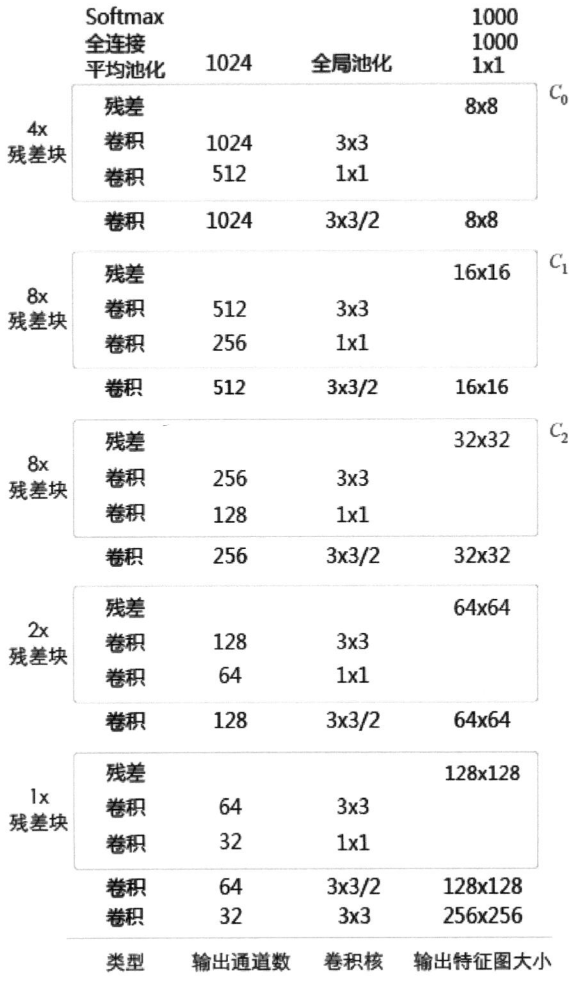

重复	类型	输出通道数	卷积核	输出特征图大小	
	Softmax			1000	
	全连接			1000	
	平均池化	1024	全局池化	1x1	
4x 残差块	残差			8x8	C_0
	卷积	1024	3x3		
	卷积	512	1x1		
	卷积	1024	3x3/2	8x8	
8x 残差块	残差			16x16	C_1
	卷积	512	3x3		
	卷积	256	1x1		
	卷积	512	3x3/2	16x16	
8x 残差块	残差			32x32	C_2
	卷积	256	3x3		
	卷积	128	1x1		
	卷积	256	3x3/2	32x32	
2x 残差块	残差			64x64	
	卷积	128	3x3		
	卷积	64	1x1		
	卷积	128	3x3/2	64x64	
1x 残差块	残差			128x128	
	卷积	64	3x3		
	卷积	32	1x1		
	卷积	64	3x3/2	128x128	
	卷积	32	3x3	256x256	

■图 4.17 Darknet-53 网络结构

YOLOv3 骨干网络结构 Darknet-53 的实现代码如下：

```python
import paddle
import paddle.nn.functional as F
import numpy as np
class ConvBNLayer(paddle.nn.Layer):
    def __init__(self, ch_in, ch_out,
                kernel_size = 3, stride = 1, groups = 1,
                padding = 0, act = "leaky"):
        super(ConvBNLayer, self).__init__()
        self.conv = paddle.nn.Conv2D(in_channels = ch_in, out_channels = ch_out, kernel_
size = kernel_size, stride = stride, padding = padding, groups = groups,
            weight_attr = paddle.ParamAttr(initializer = paddle.nn.initializer.Normal(0.,
0.02)),bias_attr = False)
        self.batch_norm = paddle.nn.BatchNorm2D(
            num_features = ch_out,
            weight_attr = paddle.ParamAttr(
                initializer = paddle.nn.initializer.Normal(0., 0.02),
```

```
                    regularizer = paddle.regularizer.L2Decay(0.)),
            bias_attr = paddle.ParamAttr(
                    initializer = paddle.nn.initializer.Constant(0.0),
                    regularizer = paddle.regularizer.L2Decay(0.)))
        self.act = act

    def forward(self, inputs):
        out = self.conv(inputs)
        out = self.batch_norm(out)
        if self.act == 'leaky':
            out = F.leaky_relu(x = out, negative_slope = 0.1)
        return out
```

定义下采样,将图片尺寸减半,具体实现方式是使用步幅大小为 2 的卷积:

```
class DownSample(paddle.nn.Layer):
    def __init__(self, ch_in, ch_out, kernel_size = 3, stride = 2, padding = 1):
        super(DownSample, self).__init__()
        self.conv_bn_layer = ConvBNLayer(ch_in = ch_in, ch_out = ch_out, kernel_size =
kernel_size, stride = stride, padding = padding)
        self.ch_out = ch_out
    def forward(self, inputs):
        out = self.conv_bn_layer(inputs)
        return out
```

基本残差块的定义,先输入 x 经过两层卷积,然后第二层卷积的输出和输入 x 相加:

```
class BasicBlock(paddle.nn.Layer):
    def __init__(self, ch_in, ch_out):
        super(BasicBlock, self).__init__()

        self.conv1 = ConvBNLayer(ch_in = ch_in, ch_out = ch_out, kernel_size = 1, stride = 1,
padding = 0)
        self.conv2 = ConvBNLayer( ch_in = ch_out, ch_out = ch_out * 2, kernel_size = 3, stride = 1,
padding = 1)
    def forward(self, inputs):
        conv1 = self.conv1(inputs)
        conv2 = self.conv2(conv1)
        out = paddle.add(x = inputs, y = conv2)
        return out
```

添加多层残差块,组成 Darknet-53 网络的一个层级:

```
class LayerWarp(paddle.nn.Layer):
    def __init__(self, ch_in, ch_out, count, is_test = True):
        super(LayerWarp, self).__init__()

        self.basicblock0 = BasicBlock(ch_in,
            ch_out)
        self.res_out_list = []
        for i in range(1, count):
```

```
            res_out = self.add_sublayer("basic_block_%d" % (i),
            # 使用 add_sublayer 添加子层
                BasicBlock(ch_out * 2, ch_out))
            self.res_out_list.append(res_out)
    def forward(self,inputs):
        y = self.basicblock0(inputs)
        for basic_block_i in self.res_out_list:
            y = basic_block_i(y)
        return y
```

Darknet-53 最终实现。代码实现如下：

```
DarkNet_cfg = {53: ([1, 2, 8, 8, 4])}

class DarkNet53_conv_body(paddle.nn.Layer):
    def __init__(self):
        super(DarkNet53_conv_body, self).__init__()
        self.stages = DarkNet_cfg[53]
        self.stages = self.stages[0:5]

        # 第一层卷积
        self.conv0 = ConvBNLayer(ch_in = 3, ch_out = 32, kernel_size = 3, stride = 1, padding = 1)
        # 下采样，使用 stride = 2 的卷积来实现
        self.downsample0 = DownSample(ch_in = 32,ch_out = 32 * 2)

        # 添加各个层级的实现
        self.darknet53_conv_block_list = []
        self.downsample_list = []
        for i, stage in enumerate(self.stages):
            conv_block = self.add_sublayer(
                "stage_%d" % (i),
                LayerWarp(32 * (2 ** (i + 1)),
                32 * (2 ** i),
                stage))
            self.darknet53_conv_block_list.append(conv_block)
        # 两个层级之间使用 DownSample 将尺寸减半
        for i in range(len(self.stages) - 1):
            downsample = self.add_sublayer(
                "stage_%d_downsample" % i,
                DownSample(ch_in = 32 * (2 ** (i + 1)), ch_out = 32 * (2 ** (i + 2))))
            self.downsample_list.append(downsample)

    def forward(self,inputs):
        out = self.conv0(inputs)
        out = self.downsample0(out)
        blocks = []
        for i, conv_block_i in enumerate(self.darknet53_conv_block_list):
            # 依次将各个层级作用在输入上面
            out = conv_block_i(out)
            blocks.append(out)
```

```
        if i < len(self.stages) - 1:
            out = self.downsample_list[i](out)
    return blocks[-1: -4: -1]      # 将C0, C1, C2 作为返回值
```

查看 Darknet-53 网络输出特征图。代码实现如下：

```
import numpy as np
backbone = DarkNet53_conv_body()
x = np.random.randn(1, 3, 640, 640).astype('float32')
x = paddle.to_tensor(x)
C0, C1, C2 = backbone(x)
print(C0.shape, C1.shape, C2.shape)
```

输出结果为：

```
[1, 1024, 20, 20] [1, 512, 40, 40] [1, 256, 80, 80]
```

上面这段示例代码，指定输入数据的形状是$(1,3,640,640)$，则 3 个层级的输出特征图的形状分别是 $C_0(1,1024,20,20)$、$C_1(1,1024,40,40)$ 和 $C_2(1,256,80,80)$。

4.3.5　计算预测框位置和类别

YOLOv3 对每个预测框计算逻辑的步骤如下：

① 预测框是否包含物体。也可理解为 objectness＝1 的概率是多少，假设网络输出一个实数 x，使用 Sigmoid(x) 表示 objectness 为正的概率 P_{obj}。

② 预测物体位置和形状。物体的位置和形状可以用网络输出 4 个实数值(t_x, t_y, t_w, t_h)来计算。

③ 预测物体类别。预测图像中物体的类别，或者说其属于每个类别的概率。总的类别数为 C，需要预测物体属于每个类别的概率为 $P_1, P_2, \cdots, P_C$。假设网络输出 C 个实数 x_1，$x_2, \cdots, x_C$，对每个实数分别求 Sigmoid 函数，$P_i=$Sigmoid(x_i)，则可以表示出物体属于每个类别的概率。

对于一个预测框，网络需要输出 $5+C$ 个实数来表征它是否包含物体、位置和形状尺寸以及属于每个类别的概率。由于在每个小方块区域都生成了 K 个预测框，则所有预测框共需要网络输出的预测值为

$$[K(5+C)] \times m \times n$$

还有更重要的一点是，网络输出必须要能区分出小方块区域的位置，不能直接将特征图连接一个输出大小为$[K(5+C)] \times m \times n$ 的全连接层。

1. 建立输出特征图与预测框之间的关联

现在观察特征图，经过多次卷积核池化后，其步幅为 32、640×480 大小的输入图片变成了 20×15 的特征图；而小方块区域的数目正好是 20×15。也就是说，可以让特征图上每个像素点分别与原图上一个小方块区域对应。这也是为什么最开始将小方块区域的尺寸设置为 32 的原因，这样可以巧妙地将小方块区域与特征图上的像素点对应起来，解决了空间位置的对应关系。

如图 4.18 所示,需要将像素点(i,j)与第 i 行、第 j 列的小方块区域所需要的预测值关联起来,每个小方块区域产生 K 个预测框,每个预测框需要 $5+C$ 个实数预测值,则每个像素点相对应的要有 $K(5+C)$ 个实数。为了解决这一问题,对特征图进行多次卷积,并将最终的输出通道数设置为 $K(5+C)$,即可将生成的特征图与每个预测框所需要的预测值巧妙地对应起来。当然,这种对应是为了将骨干网络提取的特征和输出层尺寸来形成损失函数。实际中,这几个尺寸可以随着数据分布的不同而调整,只要保证特征图输出尺寸(控制卷积核和下采样)和输出层尺寸(控制小方块区域的大小)相同即可。

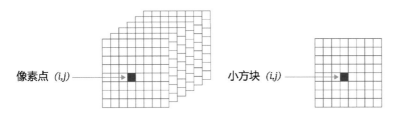

像素点 *(i,j)* 输出特征图1024×*m*×*n*

小方块 *(i,j)* 原始图片划分为*m*×*n*个小方块区域

■图 4.18 特征图 C_0 与小方块区域形状对比

骨干网络的输出特征图是 C_0,下面的程序是对 C_0 进行多次卷积以得到与预测框相关的特征图 P_0:

```python
class YoloDetectionBlock(paddle.nn.Layer):
    # define YOLOv3 detection head
    # 使用多层卷积和 BN 提取特征
    def __init__(self,ch_in,ch_out,is_test = True):
        super(YoloDetectionBlock, self).__init__()

        assert ch_out % 2 == 0, \
            "channel {} cannot be divided by 2".format(ch_out)

        self.conv0 = ConvBNLayer( ch_in = ch_in, ch_out = ch_out, kernel_size = 1, stride = 1,
padding = 0)
        self.conv1 = ConvBNLayer(ch_in = ch_out, ch_out = ch_out * 2, kernel_size = 3, stride = 1,
padding = 1)
        self.conv2 = ConvBNLayer(ch_in = ch_out * 2, ch_out = ch_out, kernel_size = 1, stride = 1,
padding = 0)
        self.conv3 = ConvBNLayer(ch_in = ch_out, ch_out = ch_out * 2, kernel_size = 3, stride = 1,
padding = 1)
        self.route = ConvBNLayer(ch_in = ch_out * 2, ch_out = ch_out, kernel_size = 1, stride = 1,
padding = 0)
        self.tip = ConvBNLayer(ch_in = ch_out, ch_out = ch_out * 2, kernel_size = 3, stride = 1,
padding = 1)
    def forward(self, inputs):
        out = self.conv0(inputs)
        out = self.conv1(out)
        out = self.conv2(out)
        out = self.conv3(out)
        route = self.route(out)
        tip = self.tip(route)
        return route, tip
```

```
NUM_ANCHORS = 3
NUM_CLASSES = 7
num_filters = NUM_ANCHORS * (NUM_CLASSES + 5)

backbone = DarkNet53_conv_body()
detection = YoloDetectionBlock(ch_in = 1024, ch_out = 512)
conv2d_pred = paddle.nn.Conv2D(in_channels = 1024, out_channels = num_filters, kernel_size = 1)

x = np.random.randn(1, 3, 640, 640).astype('float32')
x = paddle.to_tensor(x)
C0, C1, C2 = backbone(x)
route, tip = detection(C0)
P0 = conv2d_pred(tip)

print(P0.shape)
```

输出结果为：

```
[1, 36, 20, 20]
```

如上面的代码所示,可以由特征图 C_0 生成特征图 P_0,P_0 的形状是 $[1,36,20,20]$。每个小方块区域生成的锚框或者预测框的数量是 3,物体类别数目是 7,每个区域需要的预测值个数是 $3 \times (5+7) = 36$,正好等于 P_0 的输出通道数。

将 $P_0[t,0,12,i,j]$ 与输入的第 t 张图片上小方块区域 (i,j) 第 1 个预测框所需要的 12 个预测值相对应,$P_0[t,12,24,i,j]$ 与输入的第 t 张图片上小方块区域 (i,j) 第 2 个预测框所需要的 12 个预测值相对应,$P_0[t,24,36,i,j]$ 与输入的第 t 张图片上小方块区域 (i,j) 第 3 个预测框所需要的 12 个预测值相对应。

将 $P_0[t,0,4,i,j]$ 与输入的第 t 张图片上小方块区域 (i,j) 第 1 个预测框的位置相对应,$P_0[t,4,i,j]$ 与输入的第 t 张图片上小方块区域 (i,j) 第 1 个预测框的 objectness 相对应,$P_0[t,5,12,i,j]$ 与输入的第 t 张图片上小方块区域 (i,j) 第 1 个预测框的类别相对应。

如图 4.19 所示,通过这种方式可以巧妙地将网络输出特征图与每个小方块区域生成的预测框对应起来。

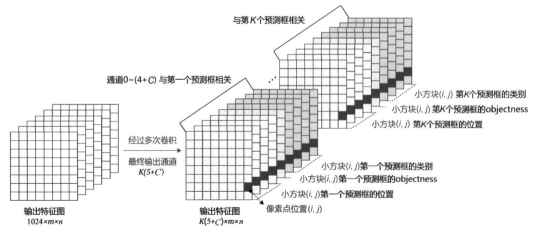

■图 4.19　特征图 P_0 与候选区域的关联

2. 计算预测框是否包含物体的概率

根据前面的分析,$P_0[t,4,i,j]$ 与输入的第 t 张图片上小方块区域 (i,j) 第 1 个预测框的 objectness 相对应,$P_0[t,4+12,i,j]$ 与第 2 个预测框的 objectness 相对应,依次类推,则可以使用下面的程序将与 objectness 相关的预测取出,并使用 paddle. nn. functional. sigmoid 计算输出概率。

```python
NUM_ANCHORS = 3
NUM_CLASSES = 7
num_filters = NUM_ANCHORS * (NUM_CLASSES + 5)

backbone = DarkNet53_conv_body()
detection = YoloDetectionBlock(ch_in = 1024, ch_out = 512)
conv2d_pred = paddle.nn.Conv2D(in_channels = 1024, out_channels = num_filters, kernel_size = 1)

x = np.random.randn(1, 3, 640, 640).astype('float32')
x = paddle.to_tensor(x)
C0, C1, C2 = backbone(x)
route, tip = detection(C0)
P0 = conv2d_pred(tip)

reshaped_p0 = paddle.reshape(P0, [ - 1, NUM_ANCHORS, NUM_CLASSES + 5, P0.shape[2], P0.shape[3]])
pred_objectness = reshaped_p0[:, :, 4, :, :]
pred_objectness_probability = F.sigmoid(pred_objectness)
print(pred_objectness.shape, pred_objectness_probability.shape)
```

输出结果为:

```
[1, 3, 20, 20] [1, 3, 20, 20]
```

从输出结果看,其数据形状是 $[1,3,20,20]$,与上面提到的预测框个数一致,数据大小在 $0\sim1$,表示预测框为正样本的概率。

3. 计算预测框位置坐标

$P_0[t,0:4,i,j]$ 与输入的第 t 张图片上小方块区域 (i,j) 第 1 个预测框的位置对应,$P_0[t,12:16,i,j]$ 与第 2 个预测框的位置对应,依此类推,则使用下面的程序可以从 P_0 中取出与预测框位置相关的预测值:

```python
NUM_ANCHORS = 3
NUM_CLASSES = 7
num_filters = NUM_ANCHORS * (NUM_CLASSES + 5)

backbone = DarkNet53_conv_body()
detection = YoloDetectionBlock(ch_in = 1024, ch_out = 512)
conv2d_pred = paddle.nn.Conv2D(in_channels = 1024, out_channels = num_filters, kernel_size = 1)

x = np.random.randn(1, 3, 640, 640).astype('float32')
x = paddle.to_tensor(x)
C0, C1, C2 = backbone(x)
```

```
route, tip = detection(C0)
P0 = conv2d_pred(tip)


reshaped_p0 = paddle.reshape(P0, [-1, NUM_ANCHORS, NUM_CLASSES + 5, P0.shape[2], P0.shape[3]])
pred_objectness = reshaped_p0[:, :, 4, :, :]
pred_objectness_probability = F.sigmoid(pred_objectness)

pred_location = reshaped_p0[:, :, 0:4, :, :]
print(pred_location.shape)
```

输出结果为：

[1, 3, 4, 20, 20]

网络输出值是(t_x, t_y, t_w, t_h)，还需要将其转化为(x_1, y_1, x_2, y_2)形式的坐标表示。使用飞桨 paddle. vision. ops. yolo_box API 可以直接计算出结果，但为了给读者更清楚的展示算法的实现过程，使用 NumPy 来实现这一过程。

```
# 定义 sigmoid 函数
def sigmoid(x):
    return 1./(1.0 + np.exp(-x))

# 将网络特征图输出的[tx, ty, tw, th]转化成预测框的坐标[x1, y1, x2, y2]
def get_yolo_box_xxyy(pred, anchors, num_classes, downsample):
    """
    pred 是网络输出特征图转化成的 numpy.ndarray
    anchors 是一个 list.表示锚框的大小,
                例如 anchors = [116, 90, 156, 198, 373, 326],表示有 3 个锚框,
                第一个锚框[w, h]大小是[116, 90],第二个锚框大小是[156, 198],第三个锚框
                大小是[373, 326]
    """
    batchsize = pred.shape[0]
    num_rows = pred.shape[-2]
    num_cols = pred.shape[-1]

    input_h = num_rows * downsample
    input_w = num_cols * downsample

    num_anchors = len(anchors) // 2

    # pred 的形状是[N, C, H, W],其中 C = NUM_ANCHORS * (5 + NUM_CLASSES)
    # 对 pred 进行改造
    pred = pred.reshape([-1, num_anchors, 5+num_classes, num_rows, num_cols])
    pred_location = pred[:, :, 0:4, :, :]
    pred_location = np.transpose(pred_location, (0,3,4,1,2))
    anchors_this = []
    for ind in range(num_anchors):
        anchors_this.append([anchors[ind*2], anchors[ind*2+1]])
    anchors_this = np.array(anchors_this).astype('float32')
```

```
# 最终输出数据保存在 pred_box 中,其形状是[N, H, W, NUM_ANCHORS, 4],
# 其中最后一个维度 4 代表位置的 4 个坐标
pred_box = np.zeros(pred_location.shape)
for n in range(batchsize):
    for i in range(num_rows):
        for j in range(num_cols):
            for k in range(num_anchors):
                pred_box[n, i, j, k, 0] = j
                pred_box[n, i, j, k, 1] = i
                pred_box[n, i, j, k, 2] = anchors_this[k][0]
                pred_box[n, i, j, k, 3] = anchors_this[k][1]

    # 这里使用相对坐标,pred_box 的输出元素数值在 0.～1.0 之间
    pred_box[:, :, :, :, 0] = (sigmoid(pred_location[:, :, :, :, 0]) + pred_box[:, :, :, :,
0]) / num_cols
    pred_box[:, :, :, :, 1] = (sigmoid(pred_location[:, :, :, :, 1]) + pred_box[:, :, :, :,
1]) / num_rows
    pred_box[:, :, :, :, 2] = np.exp(pred_location[:, :, :, :, 2]) * pred_box[:, :, :, :, 2] /
input_w
    pred_box[:, :, :, :, 3] = np.exp(pred_location[:, :, :, :, 3]) * pred_box[:, :, :, :, 3] /
input_h

    # 将坐标从 xywh 转化成 xyxy
    pred_box[:, :, :, :, 0] = pred_box[:, :, :, :, 0] - pred_box[:, :, :, :, 2] / 2.
    pred_box[:, :, :, :, 1] = pred_box[:, :, :, :, 1] - pred_box[:, :, :, :, 3] / 2.
    pred_box[:, :, :, :, 2] = pred_box[:, :, :, :, 0] + pred_box[:, :, :, :, 2]
    pred_box[:, :, :, :, 3] = pred_box[:, :, :, :, 1] + pred_box[:, :, :, :, 3]

    pred_box = np.clip(pred_box, 0., 1.0)

    return pred_box
```

通过调用上面定义的 get_yolo_box_xxyy 函数,可以从 P_0 计算出预测框坐标,具体程序如下:

```
NUM_ANCHORS = 3
NUM_CLASSES = 7
num_filters = NUM_ANCHORS * (NUM_CLASSES + 5)

backbone = DarkNet53_conv_body()
detection = YoloDetectionBlock(ch_in = 1024, ch_out = 512)
conv2d_pred = paddle.nn.Conv2D(in_channels = 1024, out_channels = num_filters, kernel_size = 1)

x = np.random.randn(1, 3, 640, 640).astype('float32')
x = paddle.to_tensor(x)
C0, C1, C2 = backbone(x)
route, tip = detection(C0)
P0 = conv2d_pred(tip)

reshaped_p0 = paddle.reshape(P0, [-1, NUM_ANCHORS, NUM_CLASSES + 5, P0.shape[2], P0.shape[3]])
pred_objectness = reshaped_p0[:, :, 4, :, :]
pred_objectness_probability = F.sigmoid(pred_objectness)
```

```
pred_location = reshaped_p0[:, :, 0:4, :, :]

# anchors 包含了预先设定好的锚框尺寸
anchors = [116, 90, 156, 198V, 373, 326]
# downsample 是特征图 P0 的步幅
pred_boxes = get_yolo_box_xxyy(P0.numpy(), anchors, num_classes = 7, downsample = 32)
                                          # 由输出特征图 P0 计算预测框位置坐标
print(pred_boxes.shape)
```

输出结果为：

```
(1, 20, 20, 3, 4)
```

上面程序计算出来的 pred_boxes 的形状是 $[N, H, W, \text{num\_anchors}, 4]$，坐标格式是 (x_1, y_1, x_2, y_2)，数值在 $0 \sim 1$ 之间，表示相对坐标。

4. 计算物体属于每个类别概率

$P_0[t, 5:12, i, j]$ 与输入的第 t 张图片上小方块区域 (i, j) 第 1 个预测框包含物体的类别对应，$P_0[t, 17:24, i, j]$ 与第 2 个预测框的类别对应，依此类推，则使用下面的程序可以从 P_0 中取出与预测框类别相关的预测值：

```
NUM_ANCHORS = 3
NUM_CLASSES = 7
num_filters = NUM_ANCHORS * (NUM_CLASSES + 5)

backbone = DarkNet53_conv_body()
detection = YoloDetectionBlock(ch_in = 1024, ch_out = 512)
conv2d_pred = paddle.nn.Conv2D(in_channels = 1024, out_channels = num_filters, kernel_size = 1)

x = np.random.randn(1, 3, 640, 640).astype('float32')
x = paddle.to_tensor(x)
C0, C1, C2 = backbone(x)
route, tip = detection(C0)
P0 = conv2d_pred(tip)

reshaped_p0 = paddle.reshape(P0, [-1, NUM_ANCHORS, NUM_CLASSES + 5, P0.shape[2], P0.shape[3]])
# 取出与 objectness 相关的预测值
pred_objectness = reshaped_p0[:, :, 4, :, :]
pred_objectness_probability = F.sigmoid(pred_objectness)
# 取出与位置相关的预测值
pred_location = reshaped_p0[:, :, 0:4, :, :]
# 取出与类别相关的预测值
pred_classification = reshaped_p0[:, :, 5:5 + NUM_CLASSES, :, :]
pred_classification_probability = F.sigmoid(pred_classification)
print(pred_classification.shape)
```

输出结果为：

```
[1, 3, 7, 20, 20]
```

上面的程序通过 P_0 计算出了预测框包含的物体所属类别的概率，pred_classification_probability 的形状是 $[1,3,7,20,20]$，数值在 $0\sim1$ 之间。

4.3.6 定义损失函数

上面从概念上将输出特征图上的像素点与预测框关联起来了，那么要对神经网络进行求解，还必须从数学上将网络输出和预测框关联起来，也就是要建立起损失函数与网络输出之间的关系。对于每个预测框，YOLOv3 会建立 3 种类型的损失函数。

（1）表征是否包含目标物体的损失函数，通过 pred_objectness 和 label_objectness 计算：

```
loss_obj = paddle.nn.fucntional.binary_cross_entropy_with_logits(pred_objectness, label_objectness)
```

（2）表征物体位置的损失函数，通过 pred_location 和 label_location 计算：

```
pred_location_x = pred_location[:, :, 0, :, :]
pred_location_y = pred_location[:, :, 1, :, :]
pred_location_w = pred_location[:, :, 2, :, :]
pred_location_h = pred_location[:, :, 3, :, :]
loss_location_x = paddle.nn.fucntional.binary_cross_entropy_with_logits(
pred_location_x, label_location_x)
loss_location_y = paddle.nn.fucntional.binary_cross_entropy_with_logits(
pred_location_y, label_location_y)
loss_location_w = paddle.abs(pred_location_w - label_location_w)
loss_location_h = paddle.abs(pred_location_h - label_location_h)
loss_location = loss_location_x + loss_location_y + loss_location_w + loss_location_h
```

（3）表征物体类别的损失函数，通过 pred_classification 和 label_classification 计算：

```
loss_obj = paddle.nn.fucntional.binary_cross_entropy_with_logits(pred_classification,
label_classification)
```

在第 4.3.5 小节已经知道如何计算预测值和标签的方法，但是遗留了一个问题，就是没有标注出哪些锚框的 objectness 为 -1。为了完成这一步，需要计算出所有预测框与真实框之间的 IoU，然后把那些 IoU 大于阈值的真实框挑选出来。代码实现如下：

```
# 挑选出与真实框 IoU 大于阈值的预测框
def get_iou_above_thresh_inds(pred_box, gt_boxes, iou_threshold):
    batchsize = pred_box.shape[0]
    num_rows = pred_box.shape[1]
    num_cols = pred_box.shape[2]
    num_anchors = pred_box.shape[3]
    ret_inds = np.zeros([batchsize, num_rows, num_cols, num_anchors])
    for i in range(batchsize):
        pred_box_i = pred_box[i]
        gt_boxes_i = gt_boxes[i]
```

```
        for k in range(len(gt_boxes_i)):
            gt = gt_boxes_i[k]
            gtx_min = gt[0] - gt[2] / 2.
            gty_min = gt[1] - gt[3] / 2.
            gtx_max = gt[0] + gt[2] / 2.
            gty_max = gt[1] + gt[3] / 2.
            if (gtx_max - gtx_min < 1e-3) or (gty_max - gty_min < 1e-3):
                continue
            x1 = np.maximum(pred_box_i[:, :, :, 0], gtx_min)
            y1 = np.maximum(pred_box_i[:, :, :, 1], gty_min)
            x2 = np.minimum(pred_box_i[:, :, :, 2], gtx_max)
            y2 = np.minimum(pred_box_i[:, :, :, 3], gty_max)
            intersection = np.maximum(x2 - x1, 0.) * np.maximum(y2 - y1, 0.)
            s1 = (gty_max - gty_min) * (gtx_max - gtx_min)
            s2 = (pred_box_i[:, :, :, 2] - pred_box_i[:, :, :, 0]) * (pred_box_i[:, :, :, 3] -
pred_box_i[:, :, :, 1])
            union = s2 + s1 - intersection
            iou = intersection / union
            above_inds = np.where(iou > iou_threshold)
            ret_inds[i][above_inds] = 1
    ret_inds = np.transpose(ret_inds, (0,3,1,2))
    return ret_inds.astype('bool')
```

通过上面的函数可以得到哪些锚框的 objectness 需要被标注为−1,通过下面的程序,对 label_objectness 进行处理,将 IoU 大于阈值但又不是正样本的那些锚框标注为−1:

```
def label_objectness_ignore(label_objectness, iou_above_thresh_indices):
    # 注意:这里不能简单地使用 label_objectness[iou_above_thresh_indices] = -1,
    #        这样可能会造成 label_objectness 为 1 的点被设置为−1
    #        只有将那些被标注为 0,且与真实框 IoU 超过阈值的预测框才被标注为−1
    negative_indices = (label_objectness < 0.5)
    ignore_indices = negative_indices * iou_above_thresh_indices
    label_objectness[ignore_indices] = -1
    return label_objectness
# 读取数据
reader = paddle.io.DataLoader(train_dataset, batch_size = 2, shuffle = True, num_workers = 1,
drop_last = True)
img, gt_boxes, gt_labels, im_shape = next(reader())
img, gt_boxes, gt_labels, im_shape = img.numpy(), gt_boxes.numpy(), gt_labels.numpy(), im_
shape.numpy()
# 计算出锚框对应的标签
label_objectness, label_location, label_classification, scale_location = get_objectness_
label(img, gt_boxes, gt_labels, iou_threshold = 0.7,
anchors = [116, 90, 156, 198, 373, 326],
num_classes = 7, downsample = 32)

NUM_ANCHORS = 3
NUM_CLASSES = 7
num_filters = NUM_ANCHORS * (NUM_CLASSES + 5)

backbone = DarkNet53_conv_body()
detection = YoloDetectionBlock(ch_in = 1024, ch_out = 512)
```

```
conv2d_pred = paddle.nn.Conv2D(in_channels = 1024, out_channels = num_filters, kernel_size = 1)

x = paddle.to_tensor(img)
C0, C1, C2 = backbone(x)
route, tip = detection(C0)
P0 = conv2d_pred(tip)

# anchors 包含了预先设定好的锚框尺寸
anchors = [116, 90, 156, 198, 373, 326]
# downsample 是特征图 P0 的步幅
pred_boxes = get_yolo_box_xxyy(P0.numpy(), anchors, num_classes = 7, downsample = 32)
iou_above_thresh_indices = get_iou_above_thresh_inds(pred_boxes, gt_boxes, iou_threshold = 0.7)
label_objectness = label_objectness_ignore(label_objectness, iou_above_thresh_indices)
```

使用这种方式就可以将没有被标注为正样本,但真实框 IoU 比较大的样本 objectness 标签设置为−1了,不计算其对任何一种损失函数的贡献。

计算总的损失函数的代码如下:

```
def get_loss(output, label_objectness, label_location, label_classification,
scales, num_anchors = 3, num_classes = 7):
    # 将 output 从[N, C, H, W]变形为[N, NUM_ANCHORS, NUM_CLASSES + 5, H, W]
    reshaped_output = paddle.reshape(output, [ − 1, num_anchors, num_classes + 5, output.
shape[2], output.shape[3]])

    # 从 output 中取出与 objectness 相关的预测值
    pred_objectness = reshaped_output[:, :, 4, :, :]
    loss_objectness = F.binary_cross_entropy_with_logits(pred_objectness, label_
objectness, reduction = "none")

    # pos_samples 只有在正样本的地方取值为 1.,其他地方取值全为 0
    pos_objectness = label_objectness > 0
    pos_samples = paddle.cast(pos_objectness, 'float32')
    pos_samples.stop_gradient = True

    # 从 output 中取出所有与位置相关的预测值
    tx = reshaped_output[:, :, 0, :, :]
    ty = reshaped_output[:, :, 1, :, :]
    tw = reshaped_output[:, :, 2, :, :]
    th = reshaped_output[:, :, 3, :, :]

    # 从 label_location 中取出各个位置坐标的标签
    dx_label = label_location[:, :, 0, :, :]
    dy_label = label_location[:, :, 1, :, :]
    tw_label = label_location[:, :, 2, :, :]
    th_label = label_location[:, :, 3, :, :]

    # 构建损失函数
    loss_location_x = F.binary_cross_entropy_with_logits(tx, dx_label, reduction = "none")
    loss_location_y = F.binary_cross_entropy_with_logits(ty, dy_label, reduction = "none")
    loss_location_w = paddle.abs(tw − tw_label)
    loss_location_h = paddle.abs(th − th_label)
```

```python
    # 计算总的位置损失函数
    loss_location = loss_location_x + loss_location_y + loss_location_h + loss_location_w

    # 乘以 scales
    loss_location = loss_location * scales
    # 只计算正样本的位置损失函数
    loss_location = loss_location * pos_samples

    # 从 output 取出所有与物体类别相关的像素点
    pred_classification = reshaped_output[:, :, 5:5 + num_classes, :, :]

    # 计算分类相关的损失函数
    loss_classification = F.binary_cross_entropy_with_logits(pred_classification, label_
classification, reduction = "none")

    # 将第二维求和
    loss_classification = paddle.sum(loss_classification, axis = 2)
    # 只计算 objectness 为正的样本的分类损失函数
    loss_classification = loss_classification * pos_samples
    total_loss = loss_objectness + loss_location + loss_classification
    # 对所有预测框的 loss 进行求和
    total_loss = paddle.sum(total_loss, axis = [1,2,3])
    # 对所有样本求平均
    total_loss = paddle.mean(total_loss)

    return total_loss
```

计算锚框对应的标签：

```python
from paddle.nn import Conv2D
label_objectness, label_location, label_classification, scale_location = get_objectness_
label(img, gt_boxes, gt_labels, iou_threshold = 0.7, anchors = [116, 90, 156, 198, 373,
326], num_classes = 7, downsample = 32)

NUM_ANCHORS = 3
NUM_CLASSES = 7
num_filters = NUM_ANCHORS * (NUM_CLASSES + 5)

backbone = DarkNet53_conv_body()
detection = YoloDetectionBlock(ch_in = 1024, ch_out = 512)
conv2d_pred = Conv2D(in_channels = 1024, out_channels = num_filters, kernel_size = 1)

x = paddle.to_tensor(img)
C0, C1, C2 = backbone(x)
route, tip = detection(C0)
P0 = conv2d_pred(tip)
# anchors 包含了预先设定好的锚框尺寸
anchors = [116, 90, 156, 198, 373, 326]
# downsample 是特征图 P0 的步幅
pred_boxes = get_yolo_box_xxyy(P0.numpy(), anchors, num_classes = 7, downsample = 32)
iou_above_thresh_indices = get_iou_above_thresh_inds(pred_boxes, gt_boxes, iou_threshold = 0.7)
```

```
label_objectness = label_objectness_ignore(label_objectness, iou_above_thresh_indices)

label_objectness = paddle.to_tensor(label_objectness)
label_location = paddle.to_tensor(label_location)
label_classification = paddle.to_tensor(label_classification)
scales = paddle.to_tensor(scale_location)
label_objectness.stop_gradient = True
label_location.stop_gradient = True
label_classification.stop_gradient = True
scales.stop_gradient = True

total_loss = get_loss(P0, label_objectness, label_location, label_classification, scales,
                       num_anchors = NUM_ANCHORS, num_classes = NUM_CLASSES)
total_loss_data = total_loss.numpy()
print(total_loss_data)
```

上面的程序计算出了总的损失函数,看到这里,读者已经了解了 YOLOv3 的大部分内容,包括如何生成锚框、给锚框打上标签、通过卷积神经网络提取特征、将输出特征图与预测框相关联、建立起损失函数。

4.3.7 多尺度检测

目前计算损失函数是在特征图 P_0 的基础上进行的,它的步幅为 32。特征图的尺寸比较小,像素点数目比较少,每个像素点的感受野很大,具有非常丰富的高层级语义信息,比较容易检测到较大的目标。为了能够检测到尺寸较小的目标,需要在尺寸较大的特征图上面建立预测输出。如果在 C_1 或者 C_2 这种层级的特征图上直接产生预测输出,可能面临新的问题:它们没有经过充分的特征提取,像素点包含的语义信息不够丰富,有可能难以提取到有效的特征模式。在目标检测中,解决这一问题的方式是将高层级的特征图尺寸放大后与低层级的特征图进行融合,得到的新特征图既能包含丰富的语义信息,又具有较多的像素点,能够描述更加精细的结构。具体的网络实现方式如图 4.20 所示。

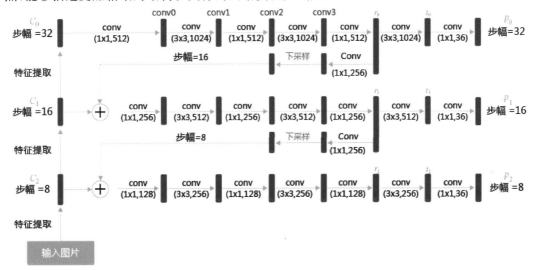

■图 4.20 生成多层级的输出特征图

　　YOLOv3 在每个区域的中心位置产生 3 个锚框,在 3 个层级的特征图上产生锚框的大小分别为 $P_2\big[(10\times 13),(16\times 30),(33\times 23)\big]$、$P_1\big[(30\times 61),(62\times 45),(59\times 119)\big]$、$P_0\big[(116\times 90),(156\times 198),(373\times 326)\big]$。越往后的特征图上用到的锚框尺寸也越大,能捕捉到大尺寸目标的信息;越往前的特征图上锚框尺寸越小,能捕捉到小尺寸目标的信息。

　　因为有多尺度的检测,所以需要对上面的代码进行较大的修改,而且实现过程也略显烦琐,所以推荐大家直接使用飞桨 paddle. vision. ops. yolo_loss API。

```
paddle.vision.ops.yolo_loss(x, gt_box, gt_label, anchors, anchor_mask, class_num, ignore_thresh,
downsample_ratio, gt_score = None, use_label_smooth = True, name = None, scale_x_y = 1.0)
```

　　关键参数说明如下。
- x:输出特征图。
- gt_box:真实框。
- gt_label:真实框标签。
- ignore_thresh,预测框与真实框 IoU 超过 ignore_thresh 时,不作为负样本,此处设置为 0.7。
- downsample_ratio,特征图 P_0 的下采样比例,使用 Darknet-53 骨干网络时为 32。
- gt_score,真实框的置信度,在使用 mixup 技巧时用到。
- use_label_smooth,一种训练技巧,如不使用,则设置为 False。
- name,该层的名字,如'yolov3_loss',默认值为 None,一般无需设置。

对于使用多层级特征图产生预测框的方法,具体实现代码如下。

定义上采样模块。

```
class Upsample(paddle.nn.Layer):
    def __init__(self, scale = 2):
        super(Upsample, self).__init__()
        self.scale = scale

    def forward(self, inputs):
        获得动态上采样输出形状
        shape_nchw = paddle.shape(inputs)
        shape_hw = paddle.slice(shape_nchw, axes = [0], starts = [2], ends = [4])
        shape_hw.stop_gradient = True
        in_shape = paddle.cast(shape_hw, dtype = 'int32')
        out_shape = in_shape * self.scale
        out_shape.stop_gradient = True

        # reisze by actual_shape
        out = paddle.nn.functional.interpolate(
            x = inputs, scale_factor = self.scale, mode = "NEAREST")
        return out
```

定义 YOLOv3 网络。

```
class YOLOv3(paddle.nn.Layer):
    def __init__(self, num_classes = 7):
        super(YOLOv3, self).__init__()
```

```
        self.num_classes = num_classes
        # 提取图像特征的骨干代码
        self.block = DarkNet53_conv_body()
        self.block_outputs = []
        self.yolo_blocks = []
        self.route_blocks_2 = []
        # 生成3个层级的特征图 P0、P1、P2
        for i in range(3):
            # 添加从 ci 生成 ri 和 ti 的模块
            yolo_block = self.add_sublayer("yolo_detecton_block_%d" % (i),
                YoloDetectionBlock(ch_in = 512//(2 ** i) * 2 if i == 0 else 512//(2 ** i) * 2 +
512//(2 ** i), ch_out = 512//(2 ** i)))
            self.yolo_blocks.append(yolo_block)

            num_filters = 3 * (self.num_classes + 5)

            # 添加从 ti 生成 pi 的模块,这是一个 Conv2D 操作,输出通道数为 3 * (num_classes + 5)
            block_out = self.add_sublayer("block_out_%d" % (i),
                paddle.nn.Conv2D(in_channels = 512//(2 ** i) * 2,
                    out_channels = num_filters,
                    kernel_size = 1,
                    stride = 1,
                    padding = 0,
                    weight_attr = paddle.ParamAttr(
                        initializer = paddle.nn.initializer.Normal(0., 0.02)),
                    bias_attr = paddle.ParamAttr(
                        initializer = paddle.nn.initializer.Constant(0.0),
                        regularizer = paddle.regularizer.L2Decay(0.))))
            self.block_outputs.append(block_out)
            if i < 2:
                # 对 ri 进行卷积
                route = self.add_sublayer("route2_%d" % i,
                    ConvBNLayer(ch_in = 512//(2 ** i),
                        ch_out = 256//(2 ** i),
                        kernel_size = 1,
                        stride = 1,
                        padding = 0))
                self.route_blocks_2.append(route)
            # 将 ri 放大以便跟 c_{i+1} 保持同样的尺寸
            self.upsample = Upsample()
    def forward(self, inputs):
        outputs = []
        blocks = self.block(inputs)
        for i, block in enumerate(blocks):
            if i > 0:
                # 将 r_{i-1} 经过卷积和上采样之后得到特征图,与这一级的 ci 进行拼接
                block = paddle.concat([route, block], axis = 1)
            # 从 ci 生成 ti 和 ri
            route, tip = self.yolo_blocks[i](block)
            # 从 ti 生成 pi
            block_out = self.block_outputs[i](tip)
            # 将 pi 放入列表
```

```
                outputs.append(block_out)

            if i < 2:
                # 对 ri 进行卷积调整通道数
                route = self.route_blocks_2[i](route)
                # 对 ri 进行放大,使其尺寸和 c_{i+1}保持一致
                route = self.upsample(route)

        return outputs

    def get_loss(self, outputs, gtbox, gtlabel, gtscore = None,
                anchors = [10, 13, 16, 30, 33, 23, 30, 61, 62, 45, 59, 119, 116, 90, 156, 198,
373, 326],

                anchor_masks = [[6, 7, 8], [3, 4, 5], [0, 1, 2]],
                ignore_thresh = 0.7,
                use_label_smooth = False):
        """
        使用 paddle.vision.ops.yolo_loss,直接计算损失函数,过程更简洁、速度也更快
        """
        self.losses = []
        downsample = 32
        for i, out in enumerate(outputs):                    # 对 3 个层级分别求损失函数
            anchor_mask_i = anchor_masks[i]
            loss = paddle.vision.ops.yolo_loss(
                    x = out,                        # out 是 P0, P1, P2 中的一个
                    gt_box = gtbox,                 # 真实框坐标
                    gt_label = gtlabel,             # 真实框类别
                    gt_score = gtscore,             # 真实框得分,使用 mixup 训练技巧时需
                                                    # 要,不使用该技巧时直接设置为 1,形状
                                                    # 与 gtlabel 相同

                    anchors = anchors,              # 锚框尺寸,包含[w0, h0, w1, h1, ..., w8,
                                                    # h8]共 9 个锚框的尺寸

                    anchor_mask = anchor_mask_i,    # 筛选锚框的 mask,如 anchor_mask_i = [3,
                                                    # 4, 5],将 anchors 中第 3、4、5 个锚框挑
                                                    # 选出来给该层级使用

                    class_num = self.num_classes,   # 分类类别数
                    ignore_thresh = ignore_thresh,  # 当预测框与真实框 IoU > ignore_thresh,
                                                    # 标注 objectness = -1

                    downsample_ratio = downsample,  # 特征图相对于原图缩小的倍数,如 P0 是
                                                    # 32、P1 是 16、P2 是 8

                    use_label_smooth = False)       # 使用 label_smooth 训练技巧时会用到,
                                                    # 这里没用此技巧,直接设置为 False
            self.losses.append(paddle.mean(loss))   # mean 对每张图片求和
            downsample = downsample //               # 下一级特征图的缩放倍数会减半
        return sum(self.losses)                      # 对每个层级求和
```

4.3.8 网络训练

训练过程的流程如图 4.21 所示,输入图片经过特征提取得到 3 个层级的输出特征图,即 P_0(stride=32)、P_1(stride=16)和 P_2(stride=8),相应地分别使用不同大小的小方块区域去生成对应的锚框和预测框,并对这些锚框进行标注。

① P_0 层级特征图,对应使用 32×32 大小的小方块,在每个区域中心生成大小分别为

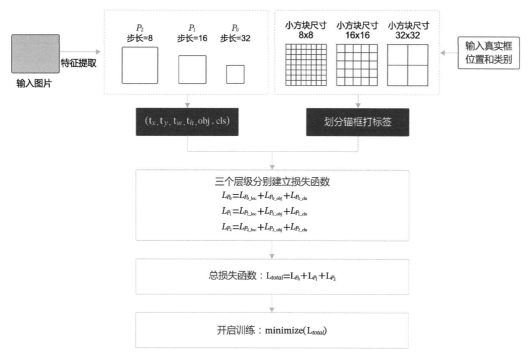

■图4.21　端到端训练流程

$[116,90]$、$[156,198]$和$[373,326]$的 3 种锚框。

② P_1 层级特征图，对应使用 16×16 大小的小方块，在每个区域中心生成大小分别为 $[30,61]$、$[62,45]$和$[59,119]$的 3 种锚框。

③ P_2 层级特征图，对应使用 8×8 大小的小方块，在每个区域中心生成大小分别为 $[10,13]$、$[16,30]$和$[33,23]$的 3 种锚框。

将 3 个层级的特征图与对应锚框之间的标签关联，并建立损失函数，总的损失函数等于 3 个层级的损失函数相加，开启端到端的训练过程，使得损失函数最小。

训练过程的具体实现代码如下：

```python
import time
import os
import paddle


ANCHORS = [10, 13, 16, 30, 33, 23, 30, 61, 62, 45, 59, 119, 116, 90, 156, 198, 373, 326]
ANCHOR_MASKS = [[6, 7, 8], [3, 4, 5], [0, 1, 2]]
IGNORE_THRESH = .7
NUM_CLASSES = 7

def get_lr(base_lr = 0.0001, lr_decay = 0.1):
    bd = [10000, 20000]
    lr = [base_lr, base_lr * lr_decay, base_lr * lr_decay * lr_decay]
    learning_rate = paddle.optimizer.lr.PiecewiseDecay(boundaries = bd, values = lr)
    return learning_rate
```

```
if __name__ == '__main__':

    TRAINDIR = '/home/aistudio/work/insects/train'
    TESTDIR = '/home/aistudio/work/insects/test'
    VALIDDIR = '/home/aistudio/work/insects/val'
    paddle.set_device("gpu:0")
    # 创建数据读取类
    train_dataset = TrainDataset(TRAINDIR, mode = 'train')
    valid_dataset = TrainDataset(VALIDDIR, mode = 'valid')
    test_dataset = TrainDataset(VALIDDIR, mode = 'valid')
    # 使用 paddle.io.DataLoader 创建数据读取器,并设置 batchsize,进程数量 num_workers 等
    # 参数
    train_loader = paddle.io.DataLoader(train_dataset, batch_size = 10, shuffle = True, num_
workers = 0, drop_last = True, use_shared_memory = False)
    valid_loader = paddle.io.DataLoader(valid_dataset, batch_size = 10, shuffle = False, num_
workers = 0, drop_last = False, use_shared_memory = False)
    model = YOLOv3(num_classes = NUM_CLASSES)                    # 创建模型
    learning_rate = get_lr()
    opt = paddle.optimizer.Momentum(
                learning_rate = learning_rate,
                momentum = 0.9,
                weight_decay = paddle.regularizer.L2Decay(0.0005),
                parameters = model.parameters())                 # 创建优化器

    MAX_EPOCH = 200
    for epoch in range(MAX_EPOCH):
        for i, data in enumerate(train_loader()):
            img, gt_boxes, gt_labels, img_scale = data
            gt_scores = np.ones(gt_labels.shape).astype('float32')
            gt_scores = paddle.to_tensor(gt_scores)
            img = paddle.to_tensor(img)
            gt_boxes = paddle.to_tensor(gt_boxes)
            gt_labels = paddle.to_tensor(gt_labels)
            outputs = model(img)                                 # 前向传播,输出[P0, P1, P2]
            loss = model.get_loss(outputs, gt_boxes, gt_labels, gtscore = gt_scores,
                            anchors = ANCHORS,
                            anchor_masks = ANCHOR_MASKS,
                            ignore_thresh = IGNORE_THRESH,
                            use_label_smooth = False)    # 计算损失函数

            loss.backward()                                      # 反向传播计算梯度
            opt.step()                                           # 更新参数
            opt.clear_grad()
            if i % 10 == 0:
                timestring = time.strftime("%Y - %m - %d %H:%M:%S", time.localtime
(time.time()))
                print('{}[TRAIN]epoch {}, iter {}, output loss: {}'.format(timestring,
epoch, i, loss.numpy()))

        # 保存模型参数
        if (epoch % 5 == 0) or (epoch == MAX_EPOCH - 1):
            paddle.save(model.state_dict(), 'yolo_epoch{}'.format(epoch))

        # 每个 epoch 结束之后在验证集上进行测试
        model.eval()
```

```
for i, data in enumerate(valid_loader()):
    img, gt_boxes, gt_labels, img_scale = data
    gt_scores = np.ones(gt_labels.shape).astype('float32')
    gt_scores = paddle.to_tensor(gt_scores)
    img = paddle.to_tensor(img)
    gt_boxes = paddle.to_tensor(gt_boxes)
    gt_labels = paddle.to_tensor(gt_labels)
    outputs = model(img)
    loss = model.get_loss(outputs, gt_boxes, gt_labels, gtscore = gt_scores,
                          anchors = ANCHORS,
                          anchor_masks = ANCHOR_MASKS,
                          ignore_thresh = IGNORE_THRESH,
                          use_label_smooth = False)
    if i % 1 == 0:
        timestring = time.strftime("%Y-%m-%d %H:%M:%S",time.localtime
(time.time()))
        print('{}[VALID]epoch {}, iter {}, output loss: {}'.format(timestring,
epoch, i, loss.numpy())))
    model.train()
```

4.3.9　模型预测

模型预测流程如图 4.22 所示。

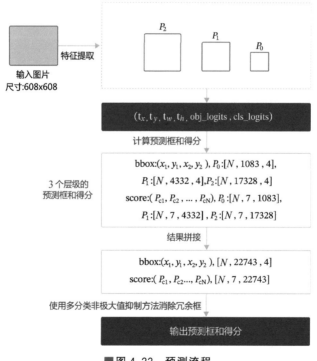

■图 4.22　预测流程

预测过程可以分为如下两步。

① 通过网络输出计算出预测框位置和所属类别的得分。

② 使用非极大值抑制来消除重叠较大的预测框。

对于第①步,前面已经讲过如何通过网络输出值计算 pred_objectness_probability、pred_boxes 及 pred_classification_probability,推荐读者使用飞桨 API paddle.vision.ops. yolo_box。

```
paddle.vision.ops.yolo_box(x, img_size, anchors, class_num, conf_thresh, downsample_ratio,
clip_bbox = True, name = None, scale_x_y = 1.0)
```

返回值包括 boxes 和 scores,其中 boxes 是所有预测框的坐标值,scores 是所有预测框的得分。预测框得分的定义是所属类别的概率乘以其预测框是否包含目标物体的 objectness 概率,即

$$score = P_{obj} \cdot P_{classification}$$

在上面定义的类 YOLOv3 下面添加函数 get_pred,通过调用 paddle.vision.ops.yolo_box 获得 P_0、P_1、P_2 这 3 个层级的特征图对应的预测框和得分,并将它们拼接,即可得到所有的预测框及其属于各个类别的得分。

```
# 定义 YOLOv3 模型
class YOLOv3(paddle.nn.Layer):
    def __init__(self, num_classes = 7):
        super(YOLOv3,self).__init__()

        self.num_classes = num_classes
        # 提取图像特征
        self.block = DarkNet53_conv_body()
        self.block_outputs = []
        self.yolo_blocks = []
        self.route_blocks_2 = []
        # 生成 3 个层级的特征图 P0、P1、P2
        for i in range(3):
            # 添加从 ci 生成 ri 和 ti 的模块
            yolo_block = self.add_sublayer(
                "yolo_detecton_block_%d" % (i),
                YoloDetectionBlock(
                            ch_in = 512//(2 ** i) * 2 if i == 0 else 512//(2 ** i) * 2 +
512//(2 ** i),
                            ch_out = 512//(2 ** i)))
            self.yolo_blocks.append(yolo_block)

            num_filters = 3 * (self.num_classes + 5)

            # 添加从 ti 生成 pi 的模块,这是一个 Conv2D 操作,输出通道数为 3 * (num_classes + 5)
            block_out = self.add_sublayer(
                "block_out_%d" % (i),
                paddle.nn.Conv2D(in_channels = 512//(2 ** i) * 2,
                        out_channels = num_filters,
                        kernel_size = 1,
                        stride = 1,
                        padding = 0,
                        weight_attr = paddle.ParamAttr(
```

```
                                 initializer = paddle.nn.initializer.Normal(0., 0.02)),
                         bias_attr = paddle.ParamAttr(
                             initializer = paddle.nn.initializer.Constant(0.0),
                             regularizer = paddle.regularizer.L2Decay(0. ))))
            self.block_outputs.append(block_out)
            if i < 2:
                # 对 ri 进行卷积
                route = self.add_sublayer("route2_%d" % i,
                                    ConvBNLayer(ch_in = 512//(2 ** i),
                                                ch_out = 256//(2 ** i),
                                                kernel_size = 1,
                                                stride = 1,
                                                padding = 0))
                self.route_blocks_2.append(route)
            # 将 ri 放大以便跟 c_{i + 1}保持同样的尺寸
            self.upsample = Upsample()
    def forward(self, inputs):
        outputs = []
        blocks = self.block(inputs)
        for i, block in enumerate(blocks):
            if i > 0:
                # 将 r_{i - 1}经过卷积和上采样之后得到特征图,与这一级的 ci 进行拼接
                block = paddle.concat([route, block], axis = 1)
            # 从 ci 生成 ti 和 ri
            route, tip = self.yolo_blocks[i](block)
            # 从 ti 生成 pi
            block_out = self.block_outputs[i](tip)
            # 将 pi 放入列表
            outputs.append(block_out)

            if i < 2:
                # 对 ri 进行卷积调整通道数
                route = self.route_blocks_2[i](route)
                # 对 ri 进行放大,使其尺寸和 c_{i + 1}保持一致
                route = self.upsample(route)

        return outputs


    def get_loss(self, outputs, gtbox, gtlabel, gtscore = None,
                anchors = [10, 13, 16, 30, 33, 23, 30, 61, 62, 45, 59, 119, 116, 90, 156,
198, 373, 326],
                anchor_masks = [[6, 7, 8], [3, 4, 5], [0, 1, 2]],
                ignore_thresh = 0.7,
                use_label_smooth = False):
        """
        使用 paddle.vision.ops.yolo_loss,直接计算损失函数,过程更简洁,速度也更快
        """
        self.losses = []
        downsample = 32
        for i, out in enumerate(outputs):                # 对 3 个层级分别求损失函数
            anchor_mask_i = anchor_masks[i]
            loss = paddle.vision.ops.yolo_loss(
                    x = out,                              # out 是 P0、P1、P2 中的一个
```

```
            gt_box = gtbox,                   # 真实框坐标
            gt_label = gtlabel,               # 真实框类别
            gt_score = gtscore,               # 真实框得分,使用 mixup 训练技巧时需
                                              # 要,不使用该技巧时直接设置为 1,形状
                                              # 与 gtlabel 相同
            anchors = anchors,                # 锚框尺寸,包含[w0, h0, w1, h1, ..., w8,
                                              # h8]共 9 个锚框的尺寸
            anchor_mask = anchor_mask_i,      # 筛选锚框的 mask,如 anchor_mask_i = [3,
                                              # 4, 5],将 anchors 中第 3、4、5 个锚框挑
                                              # 选出来给该层级使用
            class_num = self.num_classes,     # 分类类别数
            ignore_thresh = ignore_thresh,    # 当预测框与真实框 IoU > ignore_thresh,
                                              # 标注 objectness = -1
            downsample_ratio = downsample,    # 特征图相对于原图缩小的倍数,如 P0 是
                                              # 32、P1 是 16、P2 是 8
            use_label_smooth = False)         # 使用 label_smooth 训练技巧时会用到,
                                              # 这里没用此技巧,直接设置为 False
        self.losses.append(paddle.mean(loss)) # mean 对每张图片求和
        downsample = downsample // 2          # 下一级特征图的缩放倍数会减半
    return sum(self.losses)                   # 对每个层级求和

def get_pred(self,
            outputs,
            im_shape = None,
            anchors = [10, 13, 16, 30, 33, 23, 30, 61, 62, 45, 59, 119, 116, 90, 156,
198, 373, 326],
            anchor_masks = [[6, 7, 8], [3, 4, 5], [0, 1, 2]],
            valid_thresh = 0.01):
    downsample = 32
    total_boxes = []
    total_scores = []
    for i, out in enumerate(outputs):
        anchor_mask = anchor_masks[i]
        anchors_this_level = []
        for m in anchor_mask:
            anchors_this_level.append(anchors[2 * m])
            anchors_this_level.append(anchors[2 * m + 1])

        boxes, scores = paddle.vision.ops.yolo_box(
                x = out,
                img_size = im_shape,
                anchors = anchors_this_level,
                class_num = self.num_classes,
                conf_thresh = valid_thresh,
                downsample_ratio = downsample,
                name = "yolo_box" + str(i))
        total_boxes.append(boxes)
        total_scores.append(
                paddle.transpose(
                scores, perm = [0, 2, 1]))
        downsample = downsample // 2

    yolo_boxes = paddle.concat(total_boxes, axis = 1)
```

```
          yolo_scores = paddle.concat(total_scores, axis = 2)
          return yolo_boxes, yolo_scores

# 画图展示目标物体边界框
plt.figure(figsize = (10, 10))

filename = '/home/aistudio/work/images/section3/000000086956.jpg'
im = imread(filename)
plt.imshow(im)

currentAxis = plt.gca()

# 预测框位置
boxes = np.array([[4.21716537e + 01, 1.28230896e + 02, 2.26547668e + 02, 6.00434631e + 02],
      [3.18562988e + 02, 1.23168472e + 02, 4.79000000e + 02, 6.05688416e + 02],
      [2.62704697e + 01, 1.39430557e + 02, 2.20587097e + 02, 6.38959656e + 02],
      [4.24965363e + 01, 1.42706665e + 02, 2.25955185e + 02, 6.35671204e + 02],
      [2.37462646e + 02, 1.35731537e + 02, 4.79000000e + 02, 6.31451294e + 02],
      [3.19390472e + 02, 1.29295090e + 02, 4.79000000e + 02, 6.33003845e + 02],
      [3.28933838e + 02, 1.22736115e + 02, 4.79000000e + 02, 6.39000000e + 02],
      [4.44292603e + 01, 1.70438187e + 02, 2.26841858e + 02, 6.39000000e + 02],
      [2.17988785e + 02, 3.02472412e + 02, 4.06062927e + 02, 6.29106628e + 02],
      [2.00241089e + 02, 3.23755096e + 02, 3.96929321e + 02, 6.36386108e + 02],
      [2.14310303e + 02, 3.23443665e + 02, 4.06732849e + 02, 6.35775269e + 02]])

# 预测框得分
scores = np.array([0.5247661 , 0.51759845, 0.86075854, 0.9910175 , 0.39170712,
      0.9297706 , 0.5115228 , 0.270992  , 0.19087596, 0.64201415, 0.879036])

# 画出所有预测框
for box in boxes:
    draw_rectangle(currentAxis, box)
```

预测框如图 4.23 所示。在每个人像周围，都出现了多个预测框，需要消除冗余的预测框以得到最终的预测结果。

这里使用非极大值抑制（Non-Maximum Suppression，NMS）来消除冗余框，其基本思想是，如果有多个预测框都对应同一个物体，则只选出得分最高的预测框，其余预测框被丢弃掉。那么如何判断多个预测框对应的是同一个物体呢？如果多个预测框的类别一样，而且它们的位置重合度比较大，则可以认为它们是在预测同一个目标。非极大值抑制的做法是，选出某个类别得分最高的预测框，然后看哪些预测框跟它的 IoU 大于阈值，就把这些预测框丢弃。这里 IoU 的阈值是超参数，需要提前设置，YOLOv3 里面设置的是 0.5。

比如在上面的程序中，boxes 共对应 11 个

■图 4.23　预测框

预测框,scores 给出了它们预测"人"这一类别的得分。非极大值抑制的实现方法包括如下 8 个步骤:

步骤 0:创建选中列表,keep_list = []。

步骤 1:对得分进行排序,remain_list = [3,5,10,2,9,0,1,6,4,7,8]。

步骤 2:选出 boxes[3],此时 keep_list 为空,不需要计算 IoU,直接将其放入 keep_list,keep_list=[3],remain_list=[5,10,2,9,0,1,6,4,7,8]。

步骤 3:选出 boxes[5],此时 keep_list 中已经存在 boxes[3],计算出 IoU(boxes[3],boxes[5])=0.0,显然小于阈值,则 keep_list=[3,5], remain_list = [10,2,9,0,1,6,4,7,8]。

步骤 4:选出 boxes[10],此时 keep_list=[3,5],计算 IoU(boxes[3], boxes[10])=0.0268,IoU(boxes[5], boxes[10])=0.0268 = 0.24,都小于阈值,则 keep_list = [3,5,10],remain_list=[2,9,0,1,6,4,7,8]。

步骤 5:选出 boxes[2],此时 keep_list=[3,5,10],计算 IoU(boxes[3], boxes[2]) = 0.88,超过了阈值,直接将 boxes[2]丢弃,keep_list=[3,5,10],remain_list=[9,0,1,6,4,7,8]。

步骤 6:选出 boxes[9],此时 keep_list = [3,5,10],计算 IoU(boxes[3], boxes[9])=0.0577,IoU(boxes[5], boxes[9])=0.205,IoU(boxes[10], boxes[9]) = 0.88,超过了阈值,将 boxes[9]丢弃。keep_list=[3,5,10],remain_list=[0,1,6,4,7,8]。

步骤 7:重复步骤 6,直到 remain_list 为空。

最终得到 keep_list=[3,5,10],也就是预测框 3、5、10 被挑选出来了,如图 4.24 所示。

```
# 画图展示目标物体边界框
plt.figure(figsize = (10, 10))

filename = '/home/aistudio/work/images/section3/000000086956.jpg'
im = imread(filename)
plt.imshow(im)

currentAxis = plt.gca()

boxes = np.array([[4.21716537e + 01, 1.28230896e + 02, 2.26547668e + 02, 6.00434631e + 02],
        [3.18562988e + 02, 1.23168472e + 02, 4.79000000e + 02, 6.05688416e + 02],
        [2.62704697e + 01, 1.39430557e + 02, 2.20587097e + 02, 6.38959656e + 02],
        [4.24965363e + 01, 1.42706665e + 02, 2.25955185e + 02, 6.35671204e + 02],
        [2.37462646e + 02, 1.35731537e + 02, 4.79000000e + 02, 6.31451294e + 02],
        [3.19390472e + 02, 1.29295090e + 02, 4.79000000e + 02, 6.33003845e + 02],
        [3.28933838e + 02, 1.22736115e + 02, 4.79000000e + 02, 6.39000000e + 02],
        [4.44292603e + 01, 1.70438187e + 02, 2.26841858e + 02, 6.39000000e + 02],
        [2.17988785e + 02, 3.02472412e + 02, 4.06062927e + 02, 6.29106628e + 02],
        [2.00241089e + 02, 3.23755096e + 02, 3.96929321e + 02, 6.36386108e + 02],
        [2.14310303e + 02, 3.23443665e + 02, 4.06732849e + 02, 6.35775269e + 02]])

scores = np.array([0.5247661 , 0.51759845, 0.86075854, 0.9910175 , 0.39170712,
        0.9297706 , 0.5115228 , 0.270992 , 0.19087596, 0.64201415, 0.879036])
```

```
left_ind = np.where((boxes[:, 0]<60) * (boxes[:, 0]>20))
left_boxes = boxes[left_ind]
left_scores = scores[left_ind]

colors = ['r', 'g', 'b', 'k']

# 画出最终保留的预测框
inds = [3, 5, 10]
for i in range(3):
    box = boxes[inds[i]]
    draw_rectangle(currentAxis, box, edgecolor = colors[i])
```

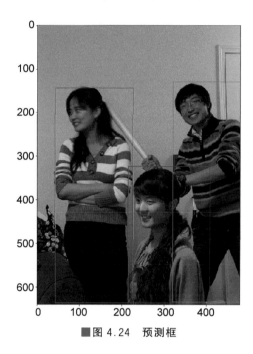

■图 4.24 预测框

非极大值抑制的具体实现代码如下面 nms 函数的定义。需要说明的是,数据集中含有多个类别的物体,因此这里需要做多分类非极大值抑制,其实现原理与非极大值抑制相同,区别在于需要对每个类别都做非极大值抑制,使用 multiclass_nms 函数。

```
# 非极大值抑制
def nms(bboxes, scores, score_thresh, nms_thresh, pre_nms_topk, i = 0, c = 0):
    inds = np.argsort(scores)
    inds = inds[::-1]
    keep_inds = []
    while(len(inds) > 0):
        cur_ind = inds[0]
        cur_score = scores[cur_ind]
        # 如果该框的分数小于 score.thresh,则丢弃该框
        if cur_score < score_thresh:
            break

        keep = True
```

```
        for ind in keep_inds:
            current_box = bboxes[cur_ind]
            remain_box = bboxes[ind]
            iou = box_iou_xyxy(current_box, remain_box)
            if iou > nms_thresh:
                keep = False
                break
        if i == 0 and c == 4 and cur_ind == 951:
            print('suppressed, ', keep, i, c, cur_ind, ind, iou)
        if keep:
            keep_inds.append(cur_ind)
        inds = inds[1:]

    return np.array(keep_inds)


# 多分类非极大值抑制
def multiclass_nms(bboxes, scores, score_thresh = 0.01, nms_thresh = 0.45, pre_nms_topk =
1000, pos_nms_topk = 100):
    """
    This is for multiclass_nms
    """
    batch_size = bboxes.shape[0]
    class_num = scores.shape[1]
    rets = []
    for i in range(batch_size):
        bboxes_i = bboxes[i]
        scores_i = scores[i]
        ret = []
        for c in range(class_num):
            scores_i_c = scores_i[c]
            keep_inds = nms(bboxes_i, scores_i_c, score_thresh, nms_thresh, pre_nms_topk, i= i,
c = c)
            if len(keep_inds) < 1:
                continue
            keep_bboxes = bboxes_i[keep_inds]
            keep_scores = scores_i_c[keep_inds]
            keep_results = np.zeros([keep_scores.shape[0], 6])
            keep_results[:, 0] = c
            keep_results[:, 1] = keep_scores[:]
            keep_results[:, 2:6] = keep_bboxes[:, :]
            ret.append(keep_results)
        if len(ret) < 1:
            rets.append(ret)
            continue
        ret_i = np.concatenate(ret, axis = 0)
        scores_i = ret_i[:, 1]
        if len(scores_i) > pos_nms_topk:
            inds = np.argsort(scores_i)[::-1]
            inds = inds[:pos_nms_topk]
            ret_i = ret_i[inds]

        rets.append(ret_i)

    return rets
```

下面是完整的模型预测程序,在测试集上的输出结果将会被保存在 pred_results.json 文件中。

```python
import json
import os
ANCHORS = [10, 13, 16, 30, 33, 23, 30, 61, 62, 45, 59, 119, 116, 90, 156, 198, 373, 326]
ANCHOR_MASKS = [[6, 7, 8], [3, 4, 5], [0, 1, 2]]
VALID_THRESH = 0.01
NMS_TOPK = 400
NMS_POSK = 100
NMS_THRESH = 0.45
NUM_CLASSES = 7


if __name__ == '__main__':
    TRAINDIR = '/home/aistudio/work/insects/train/images'
    TESTDIR = '/home/aistudio/work/insects/test/images'
    VALIDDIR = '/home/aistudio/work/insects/val'

    model = YOLOv3(num_classes = NUM_CLASSES)
    params_file_path = '/home/aistudio/yolo_epoch50.pdparams'
    model_state_dict = paddle.load(params_file_path)
    model.load_dict(model_state_dict)
    model.eval()

    total_results = []
    test_loader = test_data_loader(TESTDIR, batch_size = 1, mode = 'test')
    for i, data in enumerate(test_loader()):
        img_name, img_data, img_scale_data = data
        img = paddle.to_tensor(img_data)
        img_scale = paddle.to_tensor(img_scale_data)

        outputs = model.forward(img)
        bboxes, scores = model.get_pred(outputs,
                            im_shape = img_scale,
                            anchors = ANCHORS,
                            anchor_masks = ANCHOR_MASKS,
                            valid_thresh = VALID_THRESH)

        bboxes_data = bboxes.numpy()
        scores_data = scores.numpy()
        result = multiclass_nms(bboxes_data, scores_data,
                    score_thresh = VALID_THRESH,
                    nms_thresh = NMS_THRESH,
                    pre_nms_topk = NMS_TOPK,
                    pos_nms_topk = NMS_POSK)
        for j in range(len(result)):
            result_j = result[j]
            img_name_j = img_name[j]
            total_results.append([img_name_j, result_j.tolist()])
        print('processed {} pictures'.format(len(total_results)))

    print('')
    json.dump(total_results, open('pred_results.json', 'w'))
```

json 文件中保存着测试结果,是包含所有图片预测结果的 list,其构成如下:

```
[[img_name, [[label, score, x1, y1, x2, y2], ..., [label, score, x1, y1, x2, y2]]],
[img_name, [[label, score, x1, y1, x2, y2], ..., [label, score, x1, y1, x2, y2]]],
   ...
[img_name, [[label, score, x1, y1, x2, y2], ..., [label, score, x1, y1, x2, y2]]]]
```

list 中的每个元素是一张图片的预测结果,list 的总长度等于图片的数目,每张图片预测结果的格式如下:

```
[img_name, [[label, score, x1, y1, x2, y2], ..., [label, score, x1, y1, x2, y2]]]
```

其中,第一个元素是图片名称 image_name;第二个元素是包含该图片所有预测框的 list,预测框列表如下:

```
[[label, score, x1, x2, y1, y2], ..., [label, score, x1, x2, y1, y2]]
```

预测框列表中每个元素 $[label, score, x_1, x_2, y_1, y_2]$ 描述了一个预测框,label 是预测框所属类别标签,score 是预测框的得分;x_1,x_2,y_1,y_2 对应预测框左上角坐标 (x_1, y_1) 和右下角坐标 (x_2, y_2)。每张图片可能有很多个预测框,则将其全部放在预测框列表中。

4.3.10　模型效果可视化

1. 创建数据读取器以读取单张图片的数据

代码实现如下:

```python
# 读取单张测试图片
def single_image_data_loader(filename, test_image_size = 608, mode = 'test'):
    """
    加载测试用的图片,测试数据没有 groundtruth 标签
    """
    batch_size = 1
    def reader():
        batch_data = []
        img_size = test_image_size
        file_path = os.path.join(filename)
        img = cv2.imread(file_path)
        img = cv2.cvtColor(img, cv2.COLOR_BGR2RGB)
        H = img.shape[0]
        W = img.shape[1]
        img = cv2.resize(img, (img_size, img_size))

        mean = [0.485, 0.456, 0.406]
        std = [0.229, 0.224, 0.225]
        mean = np.array(mean).reshape((1, 1, -1))
        std = np.array(std).reshape((1, 1, -1))
```

```
        out_img = (img / 255.0 - mean) / std
        out_img = out_img.astype('float32').transpose((2, 0, 1))
        img = out_img          # np.transpose(out_img, (2,0,1))
        im_shape = [H, W]

        batch_data.append((image_name.split('.')[0], img, im_shape))
        if len(batch_data) == batch_size:
            yield make_test_array(batch_data)
            batch_data = []

    return reader
```

2. 定义绘制预测框的画图函数

代码实现如下:

```
# 定义画图函数
INSECT_NAMES = ['Boerner', 'Leconte', 'Linnaeus',
                'acuminatus', 'armandi', 'coleoptera', 'linnaeus']

# 定义绘制预测结果的函数
def draw_results(result, filename, draw_thresh = 0.5):
    plt.figure(figsize = (10, 10))
    im = imread(filename)
    plt.imshow(im)
    currentAxis = plt.gca()
    colors = ['r', 'g', 'b', 'k', 'y', 'c', 'purple']
    for item in result:
        box = item[2:6]
        label = int(item[0])
        name = INSECT_NAMES[label]
        if item[1] > draw_thresh:
            draw_rectangle(currentAxis, box, edgecolor = colors[label])
            plt.text(box[0], box[1], name, fontsize = 12, color = colors[label])
```

3. 计算预测框和得分并展示最终结果

使用上面定义的 single_image_data_loader 函数读取指定的图片,输入网络并计算出预测框和得分,然后使用多分类非极大值抑制消除冗余的框。将最终结果画图展示出来。代码实现如下:

```
import json

import paddle

ANCHORS = [10, 13, 16, 30, 33, 23, 30, 61, 62, 45, 59, 119, 116, 90, 156, 198, 373, 326]
ANCHOR_MASKS = [[6, 7, 8], [3, 4, 5], [0, 1, 2]]
VALID_THRESH = 0.01
NMS_TOPK = 400
NMS_POSK = 100
NMS_THRESH = 0.45

NUM_CLASSES = 7
```

```
if __name__ == '__main__':
    image_name = '/home/aistudio/work/insects/test/images/2599.jpeg'
    params_file_path = '/home/aistudio/yolo_epoch50.pdparams'

    model = YOLOv3(num_classes = NUM_CLASSES)
    model_state_dict = paddle.load(params_file_path)
    model.load_dict(model_state_dict)
    model.eval()

    total_results = []
    test_loader = single_image_data_loader(image_name, mode = 'test')
    for i, data in enumerate(test_loader()):
        img_name, img_data, img_scale_data = data
        img = paddle.to_tensor(img_data)
        img_scale = paddle.to_tensor(img_scale_data)

        outputs = model.forward(img)
        bboxes, scores = model.get_pred(outputs,
                            im_shape = img_scale,
                            anchors = ANCHORS,
                            anchor_masks = ANCHOR_MASKS,
                            valid_thresh = VALID_THRESH)

        bboxes_data = bboxes.numpy()
        scores_data = scores.numpy()
        results = multiclass_nms(bboxes_data, scores_data,
                        score_thresh = VALID_THRESH,
                        nms_thresh = NMS_THRESH,
                        pre_nms_topk = NMS_TOPK,
                        pos_nms_topk = NMS_POSK)

result = results[0]
draw_results(result, image_name, draw_thresh = 0.5)
```

最终结果如图 4.25 所示。

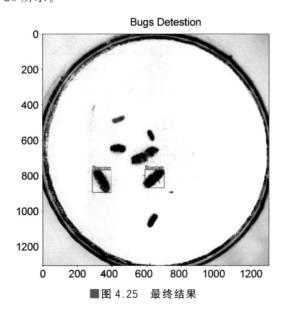

■图 4.25   最终结果

上面的程序清晰地给读者展示了如何使用训练好的权重,对图片进行预测并将结果可视化。最终在输出的图片上检测出了每个昆虫,标出了它们的边界框和具体类别。

4.4 AI识虫比赛

4.4.1 AI识虫比赛介绍

目标检测是计算机视觉中的一个重要应用方向,与之相关的应用也越来越多。

百度飞桨与北京林业大学合作开发的 AI 识虫项目,是将 AI 与农业相结合的产业应用。本次比赛选用林业病虫数据集,使用目标检测算法对图片中的虫子类别和位置进行预测。

在之前的内容中介绍了基于 YOLOv3 的目标检测任务,但只包含最基本的功能。因此,可以在该网络的基础上进行修改,使检测效果更好、精度更高。

本次比赛的项目代码、实战分享和相关讲解可以在本书配套的课程中找到,感兴趣的同学可以自行学习。链接 ttps://aistudio.baidu.com/aistudio/course/introduce/888

4.4.2 实现参考

下面介绍完成 AI 识虫任务的几个关键环节及代码实现。

① 查看环境并准备数据。
② 启动训练。
③ 启动评估。
④ 预测单张图片并可视化预测结果。

```
# 查看当前挂载的数据集目录,该目录下的变更重启环境后会自动还原
!ls /home/aistudio/data

# 查看工作区文件,该目录下的变更将会持久保存. 请及时清理不必要的文件, 避免加载过慢.
!ls /home/aistudio/work

# 将数据解压缩到 /home/aistudio/work 目录下面
# 初次运行时需要将代码注释取消
!unzip -d /home/aistudio/work /home/aistudio/data/data67206/insects.zip

# 进入工作目录 /home/aistudio/workV
%cd /home/aistudio/work

# 查看工作目录下的文件列表
!ls
```

1. 启动训练

通过运行 train.py 文件启动训练,训练好的模型参数会保存在/home/aistudio/work目录下:

```
!python train.py
```

2. 启动评估

通过运行 eval.py 启动评估,需要制定待评估的图片文件存放路径和需要用到的模型参数。评估结果会被保存在 pred_results.json 文件中。

① 为了演示计算过程,下面使用的是验证集下的图片 ./insects/val/images,在提交比赛结果时,请使用测试集图片 ./insects/test/images。

② 这里提供的 yolo_epoch50.pdparams 是未充分训练好的权重参数,请在学习时换成自己训练好的权重参数。

```
# 在测试集 test 上评估训练模型,image_dir 指向测试集路径,weight_file 指向要使用的权重路径
# 参加比赛时需要在测试集上运行这段代码,并把生成的 pred_results.json 提交上去
!python eval.py -- image_dir = insects/test/images -- weight_file = yolo_epoch50.pdparams
# 在验证集 val 上评估训练模型,image_dir 指向验证集路径,weight_file 指向要使用的权重路径
!python eval.py -- image_dir = insects/val/images -- weight_file = yolo_epoch50.pdparams
```

3. 计算精度指标

通过运行 calculate_map.py 计算最终精度指标 mAP。

① 同学们训练完后,可以在 val 数据集上计算 mAP 查看结果,所如下面用到的是 val 标注数据 ./insects/val/annotations/xmls。

② 提交比赛成绩需要在测试集上计算 mAP,本地没有测试集的标注,只能提交 json 文件到比赛服务器上查看成绩。

```
!python calculate_mAP.py  -- anno_dir = ./insects/val/annotations/xmls -- pred_result = ./pred_results.json
```

4. 预测单张图片并可视化预测结果

```
!python predict.py -- image_name = ./insects/test/images/3157.jpeg -- weight_file = ./yolo_epoch50.pdparams
# 预测结果保存在"/home/aistudio/work/output_pic.png"图像中,运行下面的代码进行可视化

# 可视化检测结果
from PIL import Image
import matplotlib.pyplot as plt
img = Image.open("/home/aistudio/work/output_pic.png")
plt.figure("Object Detection", figsize = (15, 15))      # 图像窗口名称
plt.imshow(img)
plt.axis('off')                                          # 关掉坐标轴为 off
plt.title('Bugs Detestion')                              # 图像题目
plt.show()
```

预测结果如图 4.26 所示。

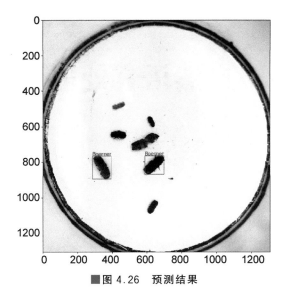

■图 4.26 预测结果

4.4.3 更多思路参考

这里给出的是一份基础版本的代码,通常在上面继续改进提升,通常使用的改进方案有如下几个。

① 使用其他模型,如 faster rcnn 等(难度系数 5)。

② 使用数据增多,可以对原图进行翻转、裁剪等操作(难度系数 3)。

③ 修改 anchor 参数的设置,教案中的 anchor 参数设置直接使用原作者在 coco 数据集上的设置,针对此模型是否要调整(难度系数 3)。

④ 调整优化器、学习率策略、正则化系数等是否能提升模型精度(难度系数 1)。

第5章 自然语言处理

5.1 自然语言处理综述

5.1.1 概述

自然语言处理(Natural Language Processing,NLP)被誉为人工智能皇冠上的明珠,是计算机科学和人工智能领域的一个重要方向。它主要研究人与计算机之间,使用自然语言进行有效通信的各种理论和方法。简单来说,计算机以用户的自然语言数据为输入,在其内部通过定义的算法进行加工、计算等系列操作后(用以模拟人类对自然语言的理解),再返回用户所期望的结果,如图5.1所示。

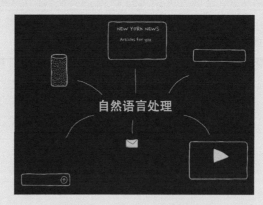

■图 5.1 自然语言处理示意图

自然语言处理是一门融语言学、计算机科学和数学于一体的科学。它不仅限于研究语言学,而且是研究能高效实现自然语言理解和自然语言生成的计算机系统,特别是其中的软件系统,因此它是计算机科学的一部分。

随着计算机和互联网技术的发展,自然语言处理技术在各领域广泛应用,如图5.2所示。在过去的几个世纪,工业革命用机械解放了人类的双手,在当今的人工智能革命中,计算机将代替人工,处理大规模的自然语言信息。我们平时常用的搜索引擎、新闻推荐、智能音箱等产品,都是

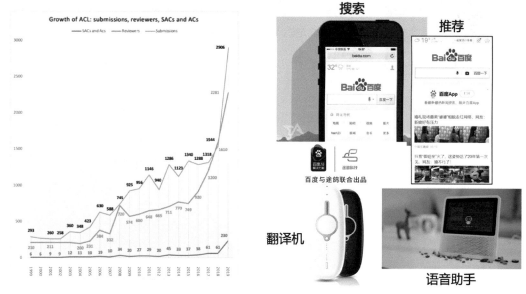

■图 5.2　自然语言处理技术在各领域的应用

以自然语言处理技术为核心的互联网和人工智能产品。

此外,自然语言处理技术的研究也在日新月异地变化,每年投向 ACL(Annual Meeting of the Association for Computational Linguistics,计算语言学年会,自然语言处理领域的顶级会议)的论文数成倍增长,自然语言处理的应用成果被不断刷新,有趣的任务和算法更是层出不穷。

本章为读者简要介绍自然语言处理的发展历程、主要挑战以及如何使用飞桨快速完成常见的自然语言处理任务。

致命密码:一场关于语言的较量

事实上,人们并非只在近代才开始研究和处理自然语言,在漫长的历史长河中,是否妥当处理自然语言对战争的胜利或是政权的更迭往往起到关键性作用。

16 世纪的英国大陆,英格兰和苏格兰刚刚完成统一,统治者为英格兰女王伊丽莎白一世,苏格兰女王玛丽因被视为威胁而遭到囚禁。玛丽女王和其他苏格兰贵族谋反,这些贵族们通过信件同被囚禁的玛丽女王联络,商量如何营救玛丽女王并推翻伊丽莎白女王的统治。为了能更安全地跟同伙沟通,玛丽使用了一种传统的文字加密形式——凯撒密码,对他们之间的信件进行加密,如图 5.3 所示。

这种密码通过把原文中的每个字母替换成另一个字符的形式,达到加密手段。然而他们的阴谋活动早在英格兰贵族监控之下,英格兰国务大臣弗朗西斯·沃尔辛厄姆爵士通过统计英文字母的出现频率和玛丽女王密函中的字母频率,找到了破解密码的规律。最终,玛丽和其他贵族在举兵谋反前夕被捕。这是近代西方第一次破译密码,开启了近现代密码学的先河。

5.1.2　自然语言处理的发展历程

自然语言处理有着悠久的发展史,可粗略地分为兴起、符号主义、连接主义和深度学习 4 个阶段,如图 5.4 所示。

■图5.3　凯撒密码

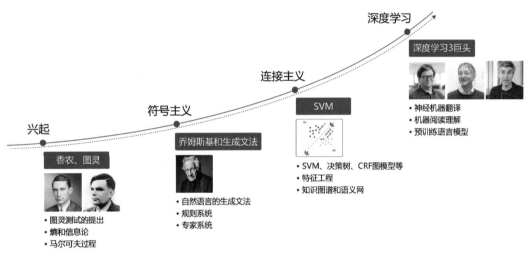

■图5.4　自然语言处理的发展历程

1. 兴起时期

大多数人认为,自然语言处理的研究兴起于 1950 年前后。在第二次世界大战中,破解纳粹德国的恩尼格玛密码成为盟军对抗纳粹的重要战场,如图 5.5 所示。经过第二次世界大战的洗礼,曾经参与过密码破译的香农和图灵等科学家开始思考自然语言处理和计算之间的关系。

1948 年香农把马尔可夫过程模型（Markov Progress）应用于建模自然语言,并提出把热力学中"熵"（Entropy）的概念扩展到自然语言建模领域。香农相信,自然语言跟其他物理世界的信号一样,是具有统计学规律的,通过统计分析可以帮助我们更好地理解自然语言。

■图5.5　恩尼格玛密码机

1950 年,艾伦·图灵提出著名的图灵测试,标志着人工智能领域的开端。二战后,受到美苏冷战的影响,美国政府开始重视机器自动翻译的研究工作,以便于随时监视苏联最新的科技进展。1954 年美国乔治城大学在一项实验中,成功将约 60 句俄文自动翻译成英文,被视为机器翻译可行的开端。自此开始的 10 年间,政府与企业相继投入大量的资金,用于机器翻译的研究。

1956 年,乔姆斯基(Chomsky)提出了"生成式文法"这一大胆猜想,他假设在客观世界存在一套完备的自然语言生成规律,每一句话都遵守这套规律而生成。总结出这个客观规律,人们就掌握了自然语言的奥秘。从此,自然语言的研究就被分为以语言学为基础的符号主义学派以及以概率统计为基础的连接主义学派。

2. 符号主义时期

在自然语言处理发展的初期阶段,大量的自然语言研究工作都聚焦从语言学角度,分析自然语言的词法、句法等结构信息,并通过总结这些结构之间的规则,达到处理和使用自然语言的目的。这一时期的代表人物就是乔姆斯基和他提出的"生成式文法"。1966 年,完全基于规则的对话机器人 ELIZA 在 MIT 人工智能实验室诞生了,如图 5.6 所示。

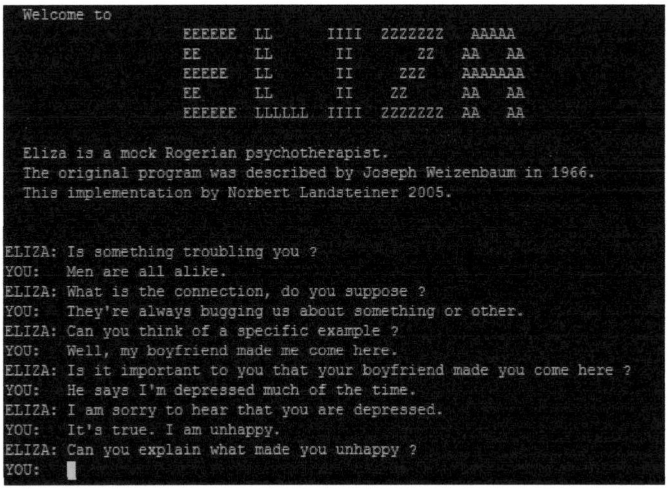

■图 5.6 基于规则的聊天机器人 ELIZA

然而同年,ALPAC(Automatic Language Processing Advisory Committee,自动语言处理顾问委员会)发布的一项报告中指出,10 年来的机器翻译研究进度缓慢,未达到预期。该项报告发布后,机器翻译和自然语言的研究资金大为减缩,自然语言处理和人工智能的研究进入寒冰期。

3. 连接主义时期

1980 年,由于计算机技术的发展和算力的提升,个人计算机可以处理更加复杂的计算任务,自然语言处理研究得以复苏,研究人员开始使用统计机器学习方法处理自然语言任务。

起初研究人员尝试使用浅层神经网络,结合少量标注数据的方式训练模型,虽然取得了一定的效果,但是仍然无法让大部分人满意。后来研究者开始使用人工提取自然语言特征的方式,结合简单的统计机器学习算法解决自然语言问题。其实现方式是基于研究者在不同领域总结的经验,将自然语言抽象成一组特征,使用这组特征结合少量标注样本,训练各种统计机器学习模型(如支持向量机、决策树、随机森林、概率图模型等),完成不同的自然语言任务。

统计机器学习简单、鲁棒性强的特点,这个时期神经网络技术被大部分人所遗忘。

4. 深度学习时期

从 2006 年深度神经网络反向传播算法的提出开始,伴随着互联网的爆炸式发展和计算机(特别是 GPU)算力的进一步提高,人们不再依赖语言学知识和有限的标注数据,自然语言处理领域迈入了深度学习时代。

基于互联网海量数据,并结合深度神经网络的强大拟合能力,人们可以非常轻松地应对各种自然语言处理问题。有越来越多的自然语言处理技术趋于成熟并显现出巨大的商业价值,自然语言处理和人工智能领域的发展进入了鼎盛时期。

自然语言处理的发展经历了多个历史阶段的演进,不同学派之间相互补充促进,共同推动了自然语言处理技术的快速发展。

5.1.3　自然语言处理技术面临的挑战

如何让机器像人一样,能够准确地理解和使用自然语言?这是自然语言处理领域面临的最大挑战。为了解决这一问题,需要从语言学和计算两个角度思考。

1. 语言学角度

自然语言数量多、形态各异,理解自然语言对人来说本身也是一件复杂的事情,如同义词、情感倾向、歧义性、长文本处理、语言惯性表达等。通过如下几个例子一同感受一下。

1)同义词问题

请问下列词语是否为同义词?(题目来源网络:四川话和东北话 6 级模拟考试)

瓜分分和铁憨憨

嘎嘎和肉(you)

磕搀和难看

吭呲瘪肚和速度慢

2)情感倾向问题

请问如何正确理解下面两个场景?

场景一:女朋友生气了,男朋友电话道歉。

女生:就算你买包我也不会原谅你!

男生:宝贝,放心,我不买,你别生气了。

问:女生会不会生气。

场景二:两个人同宿舍的室友,甲和乙对话。

甲:钥匙好像没了,你把锁别别。

乙:到底没没没。

甲:我也不道没没没。

乙:要没没你让我别,别别了,别秃鲁了咋整。

问:到底别不别?

3）歧义性问题

请问如何理解下面三句话？

一行行行行行，一行不行行行不行。

来到杨过曾经生活过的地方，小龙女说："我也想过过过儿过过的生活"。

来到儿子等校车的地方，邓超对孙俪说："我也想等等等等等过的那辆车"。

相信大多数人都需要花点脑筋去理解上面的句子，在不同的上下文中，相同的单词可以具有不同的含义，这种问题称之为歧义性问题。

4）对话/篇章等长文本处理问题

在处理长文本（如一篇新闻报道、一段多人对话甚至一篇长篇小说）时，需要经常处理各种省略、指代、话题转折和切换等语言学现象，如图 5.7 所示，都给机器理解自然语言带来了挑战。

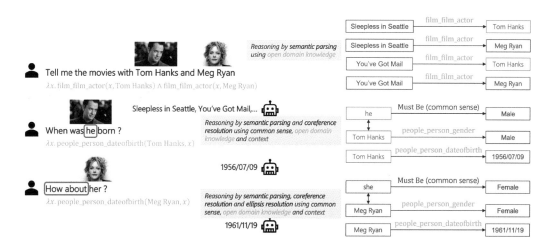

■图 5.7 多轮对话中的指代和省略

5）探索自然语言理解的本质问题

> 研表究明，汉字的顺序并不定一能影阅响读，比如当你看完这句话后，才发这现里的字全是都乱的。

上面这句话从语法角度来说完全是错的，但是对大部分人来说完全不影响理解，甚至很多人都不会意识到这句话的语法是错的。

2. 计算角度

自然语言技术的发展除了受语言学的制约外，在计算角度也天然存在局限。顾名思义，计算机是计算的机器，现有的计算机都以浮点数为输入和输出，擅长执行加、减、乘、除类计算。自然语言本身并不是浮点数，计算机为了能存储和显示自然语言，需要把自然语言中的字符转换为一个固定长度（或者变长）的二进制编码，如图 5.8 所示。

由于这个编码本身不是数字，对这个编码的计算往往不具备数学和物理含义。例如，把"法国"和"首都"放在一起，大多数人首先联想到的内容是"巴黎"。但是如果使用"法国"和

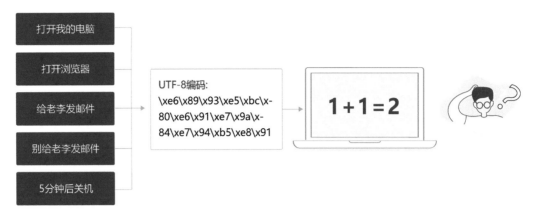

■图 5.8　计算机计算自然语言流程

"首都"的 UTF-8 编码去做加、减、乘、除等运算,是无法轻易获取到"巴黎"的 UTF-8 编码,甚至无法获得一个有效的 UTF-8 编码。因此,如何让计算机有效地计算自然语言,是计算机科学家和工程师面临的巨大挑战。

此外,目前也有研究人员正在关注自然语言处理方法中的社会问题,包括自然语言处理模型中的偏见和歧视、大规模计算对环境和气候带来的影响、传统工作被取代后人的失业和再就业问题等。

5.1.4　自然语言处理的常见任务

自然语言处理是非常复杂的领域,是人工智能中最为困难的问题之一,常见的任务如图 5.9 所示。

■图 5.9　自然语言处理常见任务

(1) 词和短语级任务:如切词、词性标注、命名实体识别(如"苹果很好吃"和"苹果很伟大"中的"苹果"哪个是苹果公司?)、同义词计算(如"好吃"的同义词是什么?)等以词为研究对象的任务。

（2）句子和段落级任务：如文本倾向性分析（如客户说："你们公司的产品真好用!"是在夸赞还是在讽刺?）、文本相似度计算（如"我坐高铁去广州"和"我坐火车去广州"是一个意思吗?）等以句子为研究对象的任务。

（3）对话和篇章级任务：如机器阅读理解（如使用医药说明书回答患者的咨询问题）、对话系统（如打造一个 24 小时在线的 AI 话务员）等复杂的自然语言处理系统等。

（4）自然语言生成：如机器翻译（如"我爱飞桨"的英文是什么?）、机器写作（以 AI 为题目写一首诗）等自然语言生成任务。

5.1.5 使用深度学习解决自然语言处理任务的套路

一般来说，使用深度学习框架（如飞桨）解决自然语言处理任务，都可以遵守一个相似的套路，如图 5.10 所示。

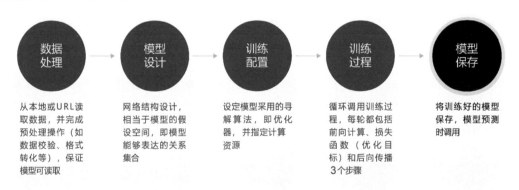

■图 5.10 使用飞桨框架构建神经网络过程

接下来探索几个经典的自然语言处理任务。

① 计算词语之间的关系（如同义词）：词嵌入。

② 理解一个自然语言句子：文本分类和相似度计算。

5.2 词嵌入

5.2.1 概述

在自然语言处理任务中，词嵌入（Word Embedding）是表示自然语言里单词的一种方法，即把每个词都表示为一个 N 维空间内的点，即一个高维空间内的向量。通过这种方法，实现把自然语言计算转换为向量计算。

在图 5.11 所示的词嵌入计算任务中，先把每个词（如 queen、king 等）转换成一个高维空间的向量，这些向量在一定意义上可以代表这个词的语义信息。再通过计算这些向量之间的距离，就可以计算出词语之间的关联关系，从而达到让计算机像计算数值一样去计算自然语言的目的。

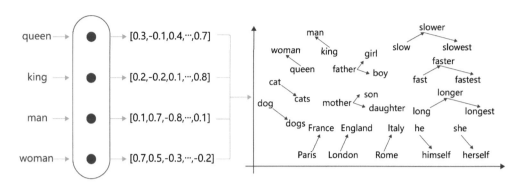

■图 5.11　词嵌入计算示意图

大部分词嵌入模型都需要回答如下两个问题。

① 如何把词转换为向量？

自然语言单词是离散信号,如"香蕉""橘子""水果"在我们看来就是 3 个离散的词。如何把每个离散的单词转换为一个向量？

② 如何让向量具有语义信息？

比如,我们知道在很多情况下,"香蕉"和"橘子"更加相似,而"香蕉"和"句子"就没有那么相似,同时,"香蕉"和"食物""水果"的相似程度可能介于"橘子"和"句子"之间。那么,如何让词嵌入具备这样的语义信息？

5.2.2　把词转换为向量

自然语言单词是离散信号,如"我""爱""人工""智能"。如何把每个离散的单词转换为一个向量？通常情况下,可以维护一个图 5.12 所示的查询表。表中每一行都存储了一个特定词语的向量值,每一列的第一个元素都代表着这个词本身,以便进行词和向量的映射(如"我"对应的向量值为$[0.3,0.5,0.7,0.9,-0.2,0.03]$)。给定任何一个或者一组单词,都可以通过查询这个表,实现把单词转换为向量的目的,这个查询和替换过程称为嵌入查找。

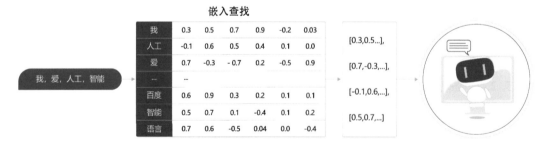

■图 5.12　词嵌入查询表

上述过程也可以使用一个字典数据结构实现。事实上,如果不考虑计算效率,使用字典实现上述功能是个不错的选择。然而在进行神经网络计算的过程中,需要大量的算力,常常要借助特定硬件(如 GPU)满足训练速度的需求。GPU 上所支持的计算都是以张量(Tensor)为单位展开的,因此在实际场景中,需要把嵌入查找的过程转换为张量计算,如

图 5.13 所示。

■图 5.13 张量计算示意图

假设对于句子"我,爱,人工,智能",把嵌入查找的过程转换为张量计算的流程如下。

(1) 查询字典,先把句子中的单词转换成一个 ID(通常是一个不小于 0 的整数),这个单词到 ID 的映射关系可以根据需求自定义(如图 5.13 中,我→1、人工→2、爱→3,…)。

(2) 得到 ID 后,再把每个 ID 转换成一个固定长度的向量。假设字典的词表中有 5000 个词,那么,对于单词"我"就可以用一个 5000 维的向量来表示。由于"我"的 ID 是 1,因此这个向量的第一个元素是 1,其他元素都是 0([1,0,0,…,0]);同样对于单词"人工",第二个元素是 1,其他元素都是 0。用这种方式就实现了用一个张量表示一个单词。由于每个单词的向量表示都只有一个元素为 1,而其他元素为 0,因此称上述过程为热码。

(3) 经过独热编码后,句子"我,爱,人工,智能"就被转换成为了一个形状为 4×5000 的张量,记为 V。在这个张量里共有 4 行 5000 列,从上到下每一行分别代表了"我""爱""人工""智能"4 个单词的独热编码。最后,把这个张量 V 和另外一个稠密张量 W 相乘,其中 W 张量的形状为 5000×128(5000 表示词表大小,128 表示每个词的向量大小)。经过张量乘法,就得到了一个 4×128 的张量,从而完成了把单词表示成向量的目的。

5.2.3　让向量具有语义信息

得到每个单词的向量表示后需要思考下一个问题:如何让词嵌入具备语义信息呢?

首先学习自然语言处理领域的一个小技巧。在自然语言处理研究中,科研人员通常有一个共识:使用一个单词的上下文来了解这个单词的语义,比如:

(1)"苹果手机质量不错,就是价格有点贵。"

(2)"这个苹果很好吃,非常脆。"

(3)"菠萝质量也还行,但是不如苹果支持的 App 多。"

在上面的句子中,通过上下文可以推断出第一个"苹果"指的是苹果手机,第二个"苹果"指的是水果苹果,而第三个"菠萝"指的应该也是一个手机。事实上,在自然语言处理领域,使用上下文描述一个词语或者元素的语义是一个常见且有效的做法。可以使用同样的方式训练词嵌入,让这些词嵌入具备表示语义信息的能力。

2013 年,Mikolov 提出的经典 word2vec 算法就是通过上下文来学习语义信息的。word2vec 包含两个经典模型,即 CBOW(Continuous Bag-of-Words)和 Skip-gram,如图 5.14 所示。

(1) CBOW:通过上下文推理中心词。

(2) Skip-gram:根据中心词推理上下文。

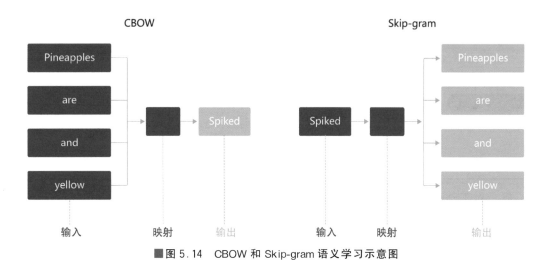

■图5.14 CBOW 和 Skip-gram 语义学习示意图

假设有一个句子"Pineapples are spiked and yellow",两个模型的推理方式如下。

(1) 在 CBOW 中,先在句子中选定一个中心词,并把其他词作为这个中心词的上下文。如图 5.14 中 CBOW 所示,把"Spiked"作为中心词,把"Pineapples,are,and,yellow"作为中心词的上下文。在学习过程中,使用上下文的词嵌入推理中心词,这样中心词的语义就被传递到上下文的词嵌入中,如"Spiked→Pineapple",从而达到学习语义信息的目的。

(2) 在 Skip-gram 中,同样先选定一个中心词,并把其他词作为这个中心词的上下文。如图 5.14 中 Skip-gram 所示,把"Spiked"作为中心词,把"Pineapples、are、and、yellow"作为中心词的上下文。不同的是,在学习过程中,使用中心词的词嵌入去推理上下文,这样上下文定义的语义被传入中心词的表示中,如"Pineapple→Spiked",从而达到学习语义信息的目的。

说明:

一般来说,CBOW 比 Skip-gram 训练速度快,训练过程更加稳定,原因是 CBOW 使用上下文平均的方式进行训练,每个训练步会见到更多样本。而在生僻字(出现频率低的字)处理上,Skip-gram 比 CBOW 效果更好,原因是 Skip-gram 不会刻意回避生僻字(CBOW 结构输入存在生僻字时,生僻字会被其他非生僻字的权重冲淡)。

5.2.4 CBOW 和 Skip-gram 的算法实现

下面以"Pineapples are spiked and yellow"为例介绍 CBOW 和 Skip-gram 算法的实现。

如图 5.15 所示,CBOW 是一个具有 3 层结构的神经网络,分别如下。

(1) 输入层:一个形状为 $C \times V$ 的独热张量,其中 C 代表上下文中词的个数,通常是一个偶数。假设为 4;V 表示词表大小,假设为 5000,该张量的每一行都用一个上下文词的独热向量表示,如"Pineapples,are,and,yellow"。

(2) 隐藏层:一个形状为 $V \times N$ 的参数张量 W_1,一般称为词嵌入,N 表示每个词的词向量长度,假设为 128。输入张量和 W_1 进行矩阵乘法,就会得到一个形状为 $C \times N$ 的张

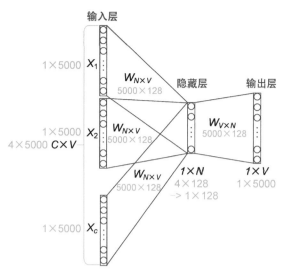

■图 5.15 CBOW 的算法实现

量。综合考虑上下文中所有词的信息去推理中心词,将上下文中 C 个词相加得一个 $1 \times N$ 的向量,是整个上下文的一个隐含表示。

(3) 输出层:创建另一个形状为 $N \times V$ 的参数张量,将隐藏层得到的 $1 \times N$ 的向量乘以该 $N \times V$ 的参数张量,得到一个形状为 $1 \times V$ 的向量。最终,$1 \times V$ 的向量代表了使用上下文去推理中心词。对每个候选词打分,再经过 Softmax 函数的归一化,即得到了对中心词的推理概率,即

$$\text{Softmax}(O_i) = \frac{\exp(O_i)}{\sum_j \exp(O_j)}$$

如图 5.16 所示,Skip-gram 是一个具有 3 层结构的神经网络,分别如下。

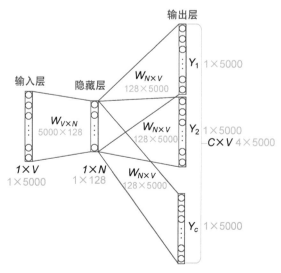

■图 5.16 Skip-gram 算法实现

（1）输入层：接收一个独热张量 $V \in R^{1 \times vocab\_size}$ 作为网络的输入，里面存储着当前句子中心词的独热表示。

（2）隐藏层：将张量 V 乘以一个词嵌入张量 $W_1 \in R^{vocab\_size \times embed\_size}$，并把结果作为隐藏层的输出，得到一个形状为 $R^{1 \times embed\_size}$ 的张量，里面存储着当前句子中心词的词嵌入。

（3）输出层：将隐藏层的结果乘以另一个词嵌入张量 $W_2 \in R^{embed\_size \times vocab\_size}$，得到一个形状为 $R^{1 \times vocab\_size}$ 的张量。这个张量经过 Softmax 变换后，就得到了使用当前中心词对上下文的预测结果。根据 Softmax 的结果，就可以训练词嵌入模型了。

在实际操作中，使用一个滑动窗口（一般情况下长度是奇数），从左到右开始扫描当前句子。每个扫描出来的片段被当成一个小句子，每个小句子中间的词被认为是中心词，其余的词被认为是这个中心词的上下文。

1. Skip-gram 的理想实现

使用神经网络实现 Skip-gram 中，模型接收的输入应该有 2 个不同的张量。

（1）代表中心词的张量。假设称为中心词 V，一般来说，这个张量是一个形状为[batch_size, vocab_size]的独热张量，表示在小批量数据中，每个中心词的 ID，对应位置为 1，其余为 0。

（2）代表目标词的张量：目标词是指需要推理出来的上下文词，假设称之为目标词 T，一般来说，这个张量是一个形状为[batch_size, 1]的整型张量，这个张量中的每个元素是一个[0, vocab_size-1]的值，代表目标词的 ID。

在理想情况下，可以使用一个简单的方式实现 Skip-gram。即把需要推理的每个目标词都当成一个标签，把 Skip-gram 当成一个大规模分类任务进行网络构建，过程如下。

（1）声明一个形状为[vocab_size, embedding_size]的张量，作为需要学习的词嵌入，记为 W_0。对于给定的输入 V，使用向量乘法，将 V 乘以 W_0 就得到一个形状为[batch_size, embedding_size]的张量，记为 $H = V \times W_0$。这个张量 H 就可以看成经过词嵌入查表后的结果。

（2）声明另一个需要学习的参数 W_1，这个参数的形状为[embedding_size, vocab_size]。将上一步得到的 H 去乘以 W_1，得到一个新的张量 $O = H \times W_1$，此时的 O 是一个形状为[batch_size, vocab_size]的张量，表示当前这个小批量数据中的每个中心词预测出的目标词的概率。

（3）使用 Softmax 函数对小批量数据中每个中心词的预测结果做归一化，即可完成网络构建。

2. Skip-gram 的实际实现

然而在实际情况中，词汇大小通常很大（几十万甚至几百万），导致 W_0 和 W_1 也会非常大。对于 W_0 而言，所参与的矩阵运算并不是通过一个矩阵乘法实现，而是通过指定 ID，对参数 W_0 进行访存的方式获取。然而对 W_1 而言，仍要处理一个非常大的矩阵运算（计算过程非常缓慢，需要消耗大量的内存/显存）。为了缓解这个问题，通常采取负采样（negative_sampling）的方式来近似模拟多分类任务。此时新定义的 W_0 和 W_1 均为形状为[vocab_size, embedding_size]的张量。

假设有一个中心词 c 和一个上下文词正样本 t_p。在 Skip-gram 的理想实现里，需要最大化使用 c 推理 t_p 的概率。在使用 Softmax 学习时，需要最大化 t_p 的推理概率，同时最小化其他词表中词的推理概率。之所以计算缓慢，是因为需要对词表中的所有词都计算一遍。

然而还可以使用另一种方法,就是随机从词表中选择几个代表词,通过最小化这几个代表词的概率,去近似最小化整体的预测概率。比如,先指定一个中心词(如"人工")和一个目标词正样本(如"智能"),再随机在词表中采样几个目标词负样本(如"日本""喝茶"等)。有了这些内容,Skip-gram 模型就变成了一个二分类任务。对于目标词正样本,需要最大化它的预测概率;对于目标词负样本,需要最小化它的预测概率。通过这种方式就可以完成计算加速。上述做法称为负采样。

在实现的过程中,通常会让模型接收 3 个张量输入。

(1) 代表中心词的张量:假设称之为中心词 V,一般来说,这个张量是一个形状为 $[\text{batch\_size}, \text{vocab\_size}]$ 的独热张量,表示在小批量数据中每个中心词具体的 ID。

(2) 代表目标词的张量:假设称之为目标词 T,一般来说,这个张量同样是一个形状为 $[\text{batch\_size}, \text{vocab\_size}]$ 的独热张量,表示在小批量数据中每个目标词具体的 ID。

(3) 代表目标词标签的张量:假设称之为标签 L,一般来说,这个张量是一个形状为 $[\text{batch\_size}, 1]$ 的张量,每个元素不是 0 就是 1(0:负样本,1:正样本)。

模型训练过程如下。

(1) 用 V 去查询 W_0,用 T 去查询 W_1,分别得到两个形状为 $[\text{batch\_size}, \text{embedding\_size}]$ 的张量,记为 H_1 和 H_2。

(2) 将这两个张量进行点积运算,最终得到一个形状为 $[\text{batch\_size}]$ 的张量 $O = \left[O_i = \sum_j H_0[i,j] * H_1[i,j] \right]_{i=1}^{\text{batch\_size}}$。

(3) 使用 Sigmoid 函数作用在 O 上,将上述点乘的结果归一化为一个 0~1 的概率值,作为预测概率,根据标签信息 L 训练这个模型即可。

在结束模型训练后,一般使用 W_0 作为最终要使用的词嵌入,用 W_0 的向量表示。通过向量点乘的方式,计算不同词之间的相似度。

5.3 使用飞桨实现 Skip-gram

5.3.1 数据处理

使用一个合适的语料用于训练 word2vec 模型。这里选择 text8 数据集,这个数据集包含了大量从维基百科收集到的英文语料,可以通过如下代码下载数据集,下载后的文件被保存在当前目录的 text8.txt 文件内:

```
# encoding = utf8
import io
import os
import sys
import requests
from collections import OrderedDict
import math
import random
import numpy as np
import paddle
```

```
from paddle.nn import Embedding
import paddle.nn.functional as F
# 下载语料用来训练 word2vec
def download():
    # 可以从百度云服务器下载一些开源数据集(dataset.bj.bcebos.com)
    corpus_url = "https://dataset.bj.bcebos.com/word2vec/text8.txt"
    # 使用 Python 的 requests 包下载数据集到本地
    web_request = requests.get(corpus_url)
    corpus = web_request.content
    # 把下载后的文件存储在当前目录的 text8.txt 文件内
    with open("./text8.txt", "wb") as f:
        f.write(corpus)
    f.close()
download()
```

把下载的语料读取到程序里,并打印前 500 个字符:

```
# 读取 text8 数据
def load_text8():
    with open("./text8.txt", "r") as f:
        corpus = f.read().strip("\n")
    f.close()

    return corpus

corpus = load_text8()

# 打印前 500 个字符,简要看一下这个语料的样子
print(corpus[:500])
```

输出结果为:

anarchism originated as a term of abuse first used against early working class radicals including the diggers of the english revolution and the sans culottes of the french revolution whilst the term is still used in a pejorative way to describe any act that used violent means to destroy the organization of society it has also been taken up as a positive label by self defined anarchists the word anarchism is derived from the greek without archons ruler chief king anarchism as a political philoso

一般来说,在自然语言处理中,需要先对语料进行切词。对于英文来说,可以比较简单地直接使用空格进行切词,代码实现如下:

```
# 对语料进行预处理(分词)
def data_preprocess(corpus):
    # 由于英文单词出现在句首时经常要大写,所以把所有英文字符都转换为小写,
    # 以便对语料进行归一化处理(Apple vs apple 等)
    corpus = corpus.strip().lower()
    corpus = corpus.split(" ")
    return corpus

corpus = data_preprocess(corpus)
print(corpus[:50])
```

在经过切词后,需要对语料进行统计,为每个词构造 ID。一般来说,可以根据每个词在语料中出现的频次构造 ID,频次越高 ID 越小,便于对词典进行管理,代码实现如下:

```
# 构造词典,统计每个词的频率,并根据频率将每个词转换为一个整数 id
def build_dict(corpus):
    # 首先统计每个不同词的频率(出现的次数),使用一个词典记录
    word_freq_dict = dict()
    for word in corpus:
        if word not in word_freq_dict:
            word_freq_dict[word] = 0
        word_freq_dict[word] += 1

    # 将这个词典中的词按照出现次数排序,出现次数越高排序越靠前
    # 一般来说,出现频率高的高频词往往是 1,the,you 这种代词,而出现频率低的词,往往是一些
名词,如 nlp
    word_freq_dict = sorted(word_freq_dict.items(), key = lambda x:x[1], reverse = True)

    # 构造 3 个不同的词典,分别存储,
    # 每个词到 id 的映射关系:word2id_dict
    # 每个 id 出现的频率:word2id_freq
    # 每个 id 到词的映射关系:id2word_dict
    word2id_dict = dict()
    word2id_freq = dict()
    id2word_dict = dict()

    # 按照频率从高到低,开始遍历每个单词,并为这个单词构造一个独一无二的 id
    for word, freq in word_freq_dict:
        curr_id = len(word2id_dict)
        word2id_dict[word] = curr_id
        word2id_freq[word2id_dict[word]] = freq
        id2word_dict[curr_id] = word

    return word2id_freq, word2id_dict, id2word_dict

word2id_freq, word2id_dict, id2word_dict = build_dict(corpus)
vocab_size = len(word2id_freq)
print("there are totoally %d different words in the corpus" % vocab_size)
for _, (word, word_id) in zip(range(50), word2id_dict.items()):
    print("word %s, its id %d, its word freq %d" % (word, word_id, word2id_freq[word_id]))
```

得到 word2id 词典后,还需要进一步处理原始语料,把每个词替换成对应的 ID,便于神经网络进行处理,代码实现如下:

```
# 把语料转换为 id 序列
def convert_corpus_to_id(corpus, word2id_dict):
    # 使用一个循环,将语料中的每个词替换成对应的 id,以便于神经网络进行处理
    corpus = [word2id_dict[word] for word in corpus]
    return corpus

corpus = convert_corpus_to_id(corpus, word2id_dict)
print("%d tokens in the corpus" % len(corpus))
print(corpus[:50])
```

接下来,需要使用二次采样法处理原始文本。二次采样法的主要思想是降低高频词在语料中出现的频次,降低的方法是随机高频的词抛弃,频率越高,被抛弃的概率就越高,频率越低,被抛弃的概率就越低,这样像标点符号或冠词这样的高频词就会被抛弃,从而优化整个词表的词嵌入训练效果,代码实现如下:

```python
# 使用二次采样算法处理语料,强化训练效果
def subsampling(corpus, word2id_freq):

    # discard 函数决定了一个词会不会被替换,这个函数是具有随机性的,每次调用结果不同
    # 如果一个词出现的频率很大,那么它被遗弃的概率就很大
    def discard(word_id):
        return random.uniform(0, 1) < 1 - math.sqrt(
            1e-4 / word2id_freq[word_id] * len(corpus))

    corpus = [word for word in corpus if not discard(word)]
    return corpus

corpus = subsampling(corpus, word2id_freq)
print("%d tokens in the corpus" % len(corpus))
print(corpus[:50])
```

完成语料数据预处理后,需要构造训练数据。根据前文的描述,需要使用一个滑动窗口对语料从左到右扫描,在每个窗口内,中心词需要预测它的上下文,并形成训练数据。

在实际操作中,由于词表往往很大,对大词表的一些矩阵运算(如 Softmax)需要消耗巨大的资源,因此可以通过负采样的方式模拟 Softmax 的结果,代码实现如下。

① 给定一个中心词和一个需要预测的上下文词,把这个上下文词作为正样本。

② 通过词表随机采样的方式,选择若干个负样本。

③ 把一个大规模分类问题转化为一个二分类问题,通过这种方式优化计算速度。

```python
# 构造数据,准备模型训练
# max_window_size 代表了最大的 window_size 的大小,程序会根据 max_window_size 从左到右扫描
# 整个语料
# negative_sample_num 代表了对每个正样本需要随机采样多少负样本用于训练,
# 一般来说,negative_sample_num 的值越大,训练效果越稳定,但是训练速度越慢
def build_data(corpus, word2id_dict, word2id_freq, max_window_size = 3, negative_sample_num = 4):

    # 使用一个 list 存储处理好的数据
    dataset = []

    # 从左到右,开始枚举每个中心点的位置
    for center_word_idx in range(len(corpus)):
        # 以 max_window_size 为上限,随机采样一个 window_size,这样会使训练更加稳定
        window_size = random.randint(1, max_window_size)
        # 当前的中心词就是 center_word_idx 所指向的词
        center_word = corpus[center_word_idx]

        # 以当前中心词为中心,左、右两侧在 window_size 内的词都可以看成正样本
        positive_word_range = (max(0, center_word_idx - window_size), min(len(corpus) - 1, center_word_idx + window_size))
```

```
            positive_word_candidates = [corpus[idx] for idx in range(positive_word_range[0],
positive_word_range[1] + 1) if idx != center_word_idx]

            # 对于每个正样本来说,随机采样 negative_sample_num 个负样本用于训练
            for positive_word in positive_word_candidates:
                # 首先把(中心词,正样本,label = 1)的三元组数据放入 dataset 中,
                # 这里 label = 1 表示这个样本是个正样本
                dataset.append((center_word, positive_word, 1))

                # 开始负采样
                i = 0
                while i < negative_sample_num:
                    negative_word_candidate = random.randint(0, vocab_size - 1)

                    if negative_word_candidate not in positive_word_candidates:
                        # 把(中心词,正样本,label = 0)的三元组数据放入 dataset 中,
                        # 这里 label = 0 表示这个样本是个负样本
                        dataset.append((center_word, negative_word_candidate, 0))
                        i += 1
    return dataset
corpus_light = corpus[:int(len(corpus) * 0.2)]
dataset = build_data(corpus_light, word2id_dict, word2id_freq)
for _, (center_word, target_word, label) in zip(range(50), dataset):
    print("center_word % s, target % s, label % d" % (id2word_dict[center_word],
                                            id2word_dict[target_word], label))
```

训练数据准备好后,把训练数据都组装成小批量数据,并准备输入到网络中进行训练。
代码实现如下:

```
# 构造小批量数据,准备对模型进行训练
# 将不同类型的数据放到不同的张量里,便于神经网络进行处理
# 并通过 NumPy 的 array 函数构造出不同的张量,并把这些张量送入神经网络中进行训练
def build_batch(dataset, batch_size, epoch_num):

    # center_word_batch 缓存 batch_size 个中心词
    center_word_batch = []
    # target_word_batch 缓存 batch_size 个目标词(可以是正样本或者负样本)
    target_word_batch = []
    # label_batch 缓存了 batch_size 个 0 或 1 的标签,用于模型训练
    label_batch = []

    for epoch in range(epoch_num):
        # 每次开启一个新 epoch 之前,都对数据进行一次随机打乱以提高训练效果
        random.shuffle(dataset)

        for center_word, target_word, label in dataset:
            # 遍历 dataset 中的每个样本,并将这些数据送到不同的张量里
            center_word_batch.append([center_word])
            target_word_batch.append([target_word])
            label_batch.append(label)

            # 当样本积攒到一个 batch_size 后,就把数据都返回来
```

```
# 在这里使用 NumPy 的 array 函数把 list 封装成张量
# 并使用 Python 的迭代器机制,将数据产生出来
# 使用迭代器的好处是可以节省内存
if len(center_word_batch) == batch_size:
    yield np.array(center_word_batch).astype("int64"), \
        np.array(target_word_batch).astype("int64"), \
        np.array(label_batch).astype("float32")
    center_word_batch = []
    target_word_batch = []
    label_batch = []

if len(center_word_batch) > 0:
    yield np.array(center_word_batch).astype("int64"), \
        np.array(target_word_batch).astype("int64"), \
        np.array(label_batch).astype("float32")

for _, batch in zip(range(10), build_batch(dataset, 128, 3)):
    print(batch)
```

5.3.2 网络定义

定义 Skip-gram 的网络结构用于模型训练。在飞桨动态图中,对于任意网络,都需要定义一个继承自 paddle.nn.layer 的类来搭建网络结构、参数等数据的声明。同时需要在 forward 函数中定义网络的计算逻辑。值得注意的是,仅需要定义网络的前向计算逻辑,飞桨会自动完成神经网络的后向计算。

在 Skip-gram 的网络结构中,使用 paddle.nn.Embedding API 实现 Embedding 的网络层。

```
paddle.nn.Embedding ( numembeddings, embeddingdim, paddingidx = None, sparse = False,
weightattr = None, name = None)
```

该接口用于构建嵌入的一个可调用对象,其根据输入中的 ID 信息从嵌入矩阵中查询对应嵌入信息,并根据输入的 size (num_embedding,embedding_dim)自动构造一个二维嵌入矩阵。输出张量的形状是在输入 Tensor shape 的最后一维后面添加了 emb_size 的维度。注:输入中的 ID 必须满足 $0 \leqslant ID < size[0]$;否则程序会抛出异常并退出。

```
# 定义 Skip - gram 训练网络结构
class SkipGram(paddle.nn.Layer):
    def __init__(self, vocab_size, embedding_size, init_scale = 0.1):
        # vocab_size 定义了 skipgram 模型的词表大小
        # embedding_size 定义了词嵌入的维度是多少
        # init_scale 定义了词嵌入初始化的范围,一般来说,比较小的初始化范围有助于模型
        # 训练
        super(SkipGram, self).__init__()
        self.vocab_size = vocab_size
        self.embedding_size = embedding_size
```

```
# 使用 embedding 函数构造一个词嵌入参数
# 这个参数的初始化方式为在[ - init_scale, init_scale]区间进行均匀采样
self.embedding = Embedding(
    num_embeddings = self.vocab_size,
    embedding_dim = self.embedding_size,
    weight_attr = paddle.ParamAttr(
        initializer = paddle.nn.initializer.Uniform(
            low = - init_scale, high = init_scale)))

# 使用 embedding 函数构造另一个词嵌入参数
# 这个参数的大小为[self.vocab_size, self.embedding_size]
# 这个参数的初始化方式为在[ - init_scale, init_scale]区间进行均匀采样
self.embedding_out = Embedding(
    num_embeddings = self.vocab_size,
    embedding_dim = self.embedding_size,
    weight_attr = paddle.ParamAttr(
        initializer = paddle.nn.initializer.Uniform(
            low = - init_scale, high = init_scale)))

# 定义网络的前向计算逻辑
# center_words 是一个 tensor(mini - batch),表示中心词
# target_words 是一个 tensor(小批量数据),表示目标词
# label 是一个 tensor(mini - batch),表示这个词是正样本还是负样本(用 0 或 1 表示)
# 用于在训练中计算这个张量中对应词的同义词,用于观察模型的训练效果
def forward(self, center_words, target_words, label):
    # 首先,通过 self.embedding 参数,将小批量数据中的词转换为词嵌入
    # 这里 center_words 和 eval_words_emb 查询的是一个相同的参数
    # 而 target_words_emb 查询的是另一个参数
    center_words_emb = self.embedding(center_words)
    target_words_emb = self.embedding_out(target_words)

    # 通过点乘的方式计算中心词到目标词的输出概率,并通过 sigmoid 函数估计这个词是正
    # 样本还是负样本的概率。
    word_sim = paddle.multiply(center_words_emb, target_words_emb)
    word_sim = paddle.sum(word_sim, axis = - 1)
    word_sim = paddle.reshape(word_sim, shape = [ - 1])
    pred = F.sigmoid(word_sim)

    # 通过估计的输出概率定义损失函数,注意使用的是 binary_cross_entropy_with_logits
    # 函数
    # 将 sigmoid 计算和 cross entropy 合并成一步计算可以更好地优化,所以输入的是 word_
    # sim,而不是 pred
    loss = F.binary_cross_entropy_with_logits(word_sim, label)
    loss = paddle.mean(loss)

    # 返回前向计算的结果,飞桨会通过 backward 函数自动计算出反向结果
    return pred, loss
```

5.3.3 网络训练

定义每隔 100 步打印一次 Loss,以确保当前的网络是正常收敛的。同时,每隔 10000 步观察 Skip-gram 计算出来的同义词(使用 embedding 的乘积),可视化网络训练效果,代

码实现如下：

```python
# 开始训练,定义一些训练过程中需要使用的超参数
batch_size = 512
epoch_num = 3
embedding_size = 200
step = 0
learning_rate = 0.001

# 定义一个使用 word-embedding 查询同义词的函数,这个函数 query_token 是要查询的词,k 表示
# 要返回多少个最相似的词,embed 是学习到的 word-embedding 参数
# 通过计算不同词之间的 cosine 距离,来衡量词和词的相似度
# 具体实现如下,x 代表要查询词的 Embedding,Embedding 参数矩阵 W 代表所有词的 Embedding
# 两者计算 cos 得出所有词对查询词的相似度得分向量,排序取 top_k 放入 indices 列表
def get_similar_tokens(query_token, k, embed):
    W = embed.numpy()
    x = W[word2id_dict[query_token]]
    cos = np.dot(W, x) / np.sqrt(np.sum(W * W, axis=1) * np.sum(x * x) + 1e-9)
    flat = cos.flatten()
    indices = np.argpartition(flat, -k)[-k:]
    indices = indices[np.argsort(-flat[indices])]
    for i in indices:
        print('for word %s, the similar word is %s' % (query_token, str(id2word_dict[i])))

# 将模型放到 GPU 上训练
paddle.set_device('gpu:0')

# 通过定义的 SkipGram 类,来构造一个 Skip-gram 模型网络
skip_gram_model = SkipGram(vocab_size, embedding_size)

# 构造训练这个网络的优化器
adam = paddle.optimizer.Adam(learning_rate=learning_rate, parameters=skip_gram_model.
parameters())

# 使用 build_batch 函数,以小批量数据为单位,遍历训练数据,并训练网络
for center_words, target_words, label in build_batch(
    dataset, batch_size, epoch_num):
    # 使用 paddle.to_tensor,将一个 NumPy 的张量转换为飞桨可计算的张量
    center_words_var = paddle.to_tensor(center_words)
    target_words_var = paddle.to_tensor(target_words)
    label_var = paddle.to_tensor(label)

    # 将转换后的张量送入飞桨中,进行一次前向计算,并得到计算结果
    pred, loss = skip_gram_model(
        center_words_var, target_words_var, label_var)

    # 程序自动完成反向计算
    loss.backward()
    # 程序根据 loss,完成一步对参数的优化更新
    adam.step()
    # 清空模型中的梯度,以便下一个小批量数据进行更新
    adam.clear_grad()
```

```
# 每经过100个小批量数据,打印一次当前的loss,看看loss是否在稳定下降
step += 1
if step % 1000 == 0:
    print("step %d, loss %.3f" % (step, loss.numpy()[0]))
```

输出结果为:

```
step 1000, loss 0.692
step 2000, loss 0.684
step 3000, loss 0.620
step 4000, loss 0.511
step 5000, loss 0.391
step 6000, loss 0.292
step 7000, loss 0.275
step 8000, loss 0.267
step 9000, loss 0.241
step 10000, loss 0.244
step 11000, loss 0.211
step 12000, loss 0.212
step 13000, loss 0.215
step 14000, loss 0.225
step 15000, loss 0.181
......
step 201000, loss 0.196
step 202000, loss 0.123
step 203000, loss 0.126
step 204000, loss 0.094
```

从打印结果可以看到,经过一定步骤的训练,Loss逐渐下降并趋于稳定。同时也可以发现 Skip-gram 模型可以学习到一些有趣的语言现象,如与 who 比较接近的词是"who,he,she,him,himself"。

5.3.4 词嵌入的有趣使用

在词嵌入过程中,研究人员发现了一些有趣的现象。比如当得到整个词表的词嵌入之后,对任意词都可以基于向量乘法计算与这个词最接近的词,就会发现,模型可以自动学习出一些同义词关系。例如:

```
Top 5 words closest to "beijing" are:
1. newyork
2. paris
3. tokyo
4. berlin
5. seoul

...

Top 5 words closest to "apple" are:
1. banana
```

```
2. pineapple
3. huawei
4. peach
5. orange
```

此外,研究人员还发现可以使用加减法完成一些基于语言的逻辑推理。例如:

```
Top 1 words closest to "king - man + woman" are
1. queen

...

Top 1 words closest to "captial - china + america" are
1. Washington
```

还有更多有趣的例子,赶快使用飞桨尝试实现一下吧!

作业

(1) 如何使用飞桨实现 CBOW 算法。

(2) 有些词天然具有歧义,如"苹果",在词嵌入时,如何解决和区分歧义性词。

(3) 如何构造一个自然语言句子的向量表示。

第6章　情感分析

6.1　自然语言情感分析

6.1.1　概述

人类自然语言具有高度的复杂性,相同的对话在不同的情景、不同的情感、由不同的人演绎,表达出的效果往往也会迥然不同。例如,"你真的太瘦了",当你聊天的对象是一位身材苗条的人时,这是一句赞美的话;当你聊天的对象是一位肥胖的人时,这就变成了一句嘲讽。感兴趣的读者可以看一段来自"肥伦秀"的视频片段,继续感受一下人类语言情感的复杂性。

从视频中的内容可以看出,人类自然语言不只具有复杂性,同时也蕴含着丰富的情感色彩:表达人的情绪(如悲伤和快乐)、表达人的心情(如倦怠和忧郁)、表达人的喜好(如喜欢和讨厌)、表达人的个性特征和表达人的立场等。利用机器自动分析这些情感倾向,不但有助于企业了解消费者对其产品的感受,为产品改进提供依据;同时还有助于企业分析商业伙伴们的态度,以便更好地进行商业决策。

简单地说,可以将情感分析(Sentiment Classification)任务定义为一个分类问题,即指定一个文本输入,机器通过对文本进行分析、处理、归纳和推理后自动输出结论,如图 6.1 所示。

一个自然语言句子
飞桨操作简单,用户界面友好,覆盖模型丰富,基本能满足各行业对人工智能的需求

情感分析结果
如高兴、惊讶、伤心、愤怒等
正向情感、负向情感

输入　深度学习模型　输出

■图 6.1　情感分析任务

通常情况下,人们把情感分析任务看成一个三分类问题,如图 6.2 所示。

■图 6.2 情感分析任务

① 正向：表示正面积极的情感，如高兴、幸福、惊喜、期待等。

② 负向：表示负面消极的情感，如难过、伤心、愤怒、惊恐等。

③ 其他：其他类型的情感。

在情感分析任务中，研究人员除了分析句子的情感类型外，还细化到以句子中具体的"方面"为分析主体进行情感分析(aspect-level)。例如：

> 这个薯片口味有点咸，太辣了，不过口感很脆。

关于薯片的口味方面是一个负向评价(咸、太辣)，然而对于口感方面却是一个正向评价(很脆)。例如：

> 我很喜欢夏威夷，就是这边的海鲜太贵了。

关于夏威夷是一个正向评价(喜欢)，然而对于夏威夷的海鲜却是一个负向评价(价格太贵)。

6.1.2 使用深度神经网络完成情感分析任务

第6.1.1小节学习了通过把每个单词转换成向量的方式，可以完成单词语义计算任务。那么自然会联想到，是否可以把每个自然语言句子也转换成一个向量表示，并使用这个向量表示完成情感分析任务呢？

在日常工作中，有一个非常简单粗暴的解决方式，就是先把一个句子中所有词的嵌入进行加和平均，再用得到的平均嵌入作为整个句子的向量表示。然而由于自然语言变幻莫测，在使用神经网络处理句子时，往往会遇到如下两类问题。

① 变长的句子：自然语言句子往往是变长的，不同的句子长度可能差别很大。然而大部分神经网络接受的输入都是张量，长度是固定的，那么如何让神经网络处理变长数据成为了一大挑战。

② 组合的语义：自然语言句子往往对结构非常敏感，有时稍微颠倒单词的顺序都可能改变这句话的意思，比如：

> • 你等一下我做完作业就走。
> • 我等一下你做完工作就走。
> • 我不爱吃你做的饭。

> - 你不爱吃我做的饭。
> - 我瞅你咋地。
> - 你瞅我咋地。

因此,需要找到一个可以考虑词和词之间顺序(关系)的神经网络,用于更好地实现自然语言句子建模。

1. 处理变长数据

在使用神经网络处理变长数据时,需要先设置一个全局变量 max_seq_len,再对语料中的句子进行处理,将不同的句子组成小批量数据,用于神经网络学习和处理。

1)设置全局变量

设定一个全局变量 max_seq_len,用来控制神经网络最大可以处理文本的长度。可以先观察语料中句子的分布,再设置合理的 max_seq_len 值,以最高的性价比完成句子分类任务(如情感分类)。

2)对语料中的句子进行处理

通常采用截断+填充的方式对语料中的句子进行处理,将不同的句子组成小批量数据,以便让句子转换成一个张量给神经网络进行处理计算,如图 6.3 所示。

■图 6.3 变长数据处理

(1)对于长度超过 max_seq_len 的句子,通常会把这个句子进行截断,以便可以输入到一个张量中。句子截断的过程是有技巧的,有时截取句子的前一部分会比后一部分好,有时则恰好相反。当然也存在其他的截断方式,有兴趣的读者可以翻阅一下相关资料,这里不做赘述。

① 前向截断:"晚饭,真,难,以,下,咽"。

② 后向截断:"今天,的,晚饭,真,难,以"。

(2)对于句子长度不足 max_seq_len 的句子,一般会使用一个特殊的词语对这个句子进行填充(Padding)。假设给定一个句子"我,爱,人工,智能",max_seq_len=6,那么可能得到两种填充方式。

① 前向填充:"[pad],[pad],我,爱,人工,智能"。

② 后向填充:"我,爱,人工,智能,[pad],[pad]"。

同样地,不同的填充方式也对网络训练效果有一定影响。一般来说,比较倾向选择后向填充的方式。

2. 学习句子的语义

前面学习了如何学习每个单词的语义信息,从上面的举例也会观察到,一个句子中词的顺序往往对这个句子的整体语义有重要的影响。因此,在刻画整个句子的语义信息过程中,不能撇开顺序信息。如果简单粗暴地把这个句子中所有词的向量做加和,会使得模型无法区分句子的真实含义,例如:

> 我不爱吃你做的饭。
> 你不爱吃我做的饭。

一个有趣的想法,把一个自然语言句子看成一个序列,把整个自然语言的生成过程看成是一个序列生成的过程。例如,对于句子"我,爱,人工,智能",这句话的生成概率 P(我,爱,人工,智能)可以被表示为

$$P(我,爱,人工,智能) = P(我 \mid <s>) * P(爱 \mid <s>,我)$$
$$* P(人工 \mid <s>,我,爱) * P(智能 \mid <s>,我,爱,人工) *$$
$$P(</s> \mid <s>,我,爱,人工,智能)$$

其中,<s>和</s>是两个特殊的不可见符号,表示一个句子在逻辑上的开始和结束。

上面的公式把一个句子的生成过程建模成一个序列的决策过程,这就是香农在 1950年前后提出的使用马尔可夫过程建模自然语言的思想。使用序列的视角看待和建模自然语言有一个明显的好处,就是在对每个词建模的过程中,都有一个机会去学习这个词和之前生成的词之间的关系,并利用这种关系更好地处理自然语言。如图 6.4 所示,生成句子"我,爱,人工"后,"智能"在下一步生成的概率就变得很高了,因为"人工智能"经常同时出现。

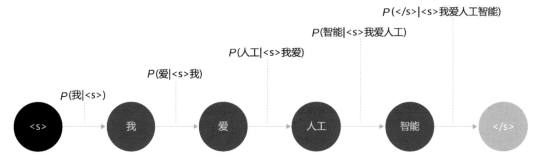

■图 6.4　自然语言生成过程示意图

通过考虑句子内部的序列关系,就可以清晰地区分"我不爱吃你做的菜"和"你不爱吃我做的菜"这两句话之间的联系与不同了。事实上,目前大多数成功的自然语言模型都建立在对句子的序列化建模上。下面学习一个经典的序列化建模模型:循环神经网络(Recurrent Neural Network,RNN)和长短时记忆网络(Long Short-Term Memory,LSTM)。

作业

(1) 情感分析任务对你有什么启发?

(2) 对一个句子生成一个单一的向量表示有什么缺点? 你还知道其他方式吗?

6.2 循环神经网络（RNN）和长短时记忆网络（LSTM）

6.2.1 RNN 和 LSTM 网络的设计思考

与读者熟悉的卷积神经网络（Convolutional Neural Networks，CNN）一样，各种形态的神经网络在设计之初，均有针对特定场景的奇思妙想。卷积神经网络的设计具备适合视觉任务"局部视野"特点，是因为视觉信息是局部有效的。例如，在一张图片的 1/4 区域上有一只小猫，如果将图片 3/4 的内容遮挡，人类仍然可以判断这是一只猫。

与此类似，RNN 和 LSTM 的设计初衷是部分场景神经网络需要有"记忆"能力才能解决的任务。在自然语言处理任务中，往往一段文字中某个词的语义可能与前一段句子的语义相关，只有记住了上下文的神经网络才能很好地处理句子的语义关系。例如：

> 我一边吃着苹果，一边玩着苹果手机。

网络只有正确地记忆两个"苹果"的上下文"吃着"和"玩着…手机"，才能正确识别两个苹果的语义，分别是水果和手机品牌。如果网络没有记忆功能，那么两个"苹果"只能归结到更高概率出现的语义上，得到一个相同的语义输出，这显然是不合理的。

如何设计神经网络的记忆功能呢？首先了解一下 RNN 网络是如何实现记忆功能的。RNN 相当于将神经网络单元进行横向连接，处理前一部分输入的 RNN 单元不仅有正常的模型输出，还会输出"记忆"传递到下一个 RNN 单元。而处于后一部分的 RNN 单元，不仅有来自任务数据的输入，同时会接收从前一个 RNN 单元传递过来的记忆输入，这样就使整个神经网络具备了"记忆"能力。

但是 RNN 网络只是初步实现了"记忆"功能，在此基础上科学家们又发明了一些 RNN 的变体来加强网络的记忆能力。但 RNN 对"记忆"能力的设计是比较粗糙的，当网络处理的序列数据过长时，累积的内部信息就会越来越复杂，直到超过网络的承载能力，通俗地说"事无巨细的记录，总有一天大脑会崩溃"。为了解决这个问题，科学家巧妙地设计了一种记忆单元，称为"长短时记忆网络（Long Short-Term Memory，LSTM）"。在每个处理单元内部，加入了输入门、输出门和遗忘门的设计，三者有明确的任务分工。

输入门：控制有多少输入信号会被融合。

遗忘门：控制有多少过去的记忆会被遗忘。

输出门：控制最终输出多少记忆。

三者的作用与人类的记忆方式有异曲同工之处，即：

① 与当前任务无关的信息会直接过滤掉，如非常专注地开车时，人们几乎不注意沿途的风景；

② 过去记录的事情不一定都要永远记住，如令人伤心或者不重要的事，通常会很快被淡忘；

③ 根据记忆和现实观察进行决策，如开车时会结合记忆中的路线和当前看到的路标，决策 转弯或直行。

了解这些关于网络设计的本质理解后，下面进入实现方案的细节。

6.2.2　RNN 网络结构

RNN 是一个非常经典的面向序列的模型,可以对自然语言句子或是其他时序信号进行建模,网络结构如图 6.5 所示。

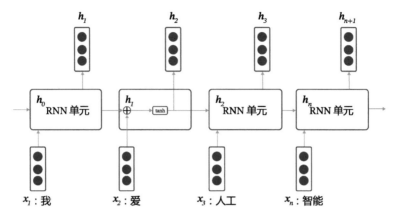

■图 6.5　RNN 单元展开图

不同于其他常见的神经网络结构,循环神经网络的输入是一个序列信息。假设给定任意一句话 $[x_0, x_1, \cdots, x_N]$,如"我,爱,人工,智能",其中每个 x_i 都代表了一个词。循环神经网络从左到右逐词阅读这个句子,并不断调用一个相同的 RNN 单元来处理时序信息。每阅读一个单词,循环神经网络会先将本次输入的单词通过嵌入查找转换为一个向量表示。再把这个单词的向量表示和这个模型内部记忆的向量 h_n 融合起来,形成一个更新的记忆。最后将这个融合后的表示输出,作为它当前阅读到的所有内容的语义表示。当循环神经网络阅读过整个句子后,就可以认为它的最后一个输出状态表示了整个句子的语义信息。

听上去很复杂,下面以一个简单地例子来说明。假设输入的句子为:"我,爱,人工,智能"。

循环神经网络开始从左到右阅读这个句子,在未经过任何阅读之前,循环神经网络中的记忆向量是空白的。其处理逻辑如下。

(1) 网络阅读单词"我",并把单词"我"的向量表示和空白记忆相融合,输出一个向量 h_1,用于表示"空白＋我"的语义。

(2) 网络开始阅读单词"爱",这时循环神经网络内部存在"空白＋我"的记忆。循环神经网络会将"空白＋我"和"爱"的向量表示相融合,并输出"空白＋我＋爱"的向量表示 h_2,用于表示"空白＋我＋爱"这个短语的语义信息。

(3) 网络开始阅读单词"人工",同样经过融合之后,输出"空白＋我＋爱＋人工"的向量表示 h_3,用于表示"空白＋我＋爱＋人工"语义信息。

(4) 最终在网络阅读了"智能"单词后,便可以输出"我爱人工智能"这一句子的整体语义信息。

说明:

在实现当前输入 x_t 和已有记忆 h_{t-1} 融合时,循环神经网络采用相加并通过一个激活函数 tanh( )的方式实现：$\boldsymbol{h}_t = \tanh(\boldsymbol{Wx}_t + \boldsymbol{Vh}_{t-1} + b)$

tanh( )函数是一个值域为$(-1,1)$的函数,其作用是长期维持内部记忆在一个固定的数值范围内,防止因多次迭代更新导致数值爆炸。同时 tanh( )的导数是一个平滑的函数,会让神经网络的训练变得简单。

6.2.3 LSTM 网络结构

上述方法听上去很有效(事实上在有些任务上效果还不错),但是存在一个明显的缺陷,就是当阅读很长的序列时,网络内部的信息会变得越来越复杂,甚至会超过网络的记忆能力,使最终的输出信息变得混乱无用。长短时记忆网络(Long Short-Term Memory,LSTM)内部的复杂结构正是为处理这类问题而设计的,其网络结构如图 6.6 所示。

长短时记忆网络的结构和循环神经网络非常类似,都是通过不断调用同一个单元来逐次处理时序信息。每阅读一个新单词 x_t,就会输出一个新的信号 h_t,用来表示当前阅读到所有内容的整体向量表示。不过两者又有一个明显区别,长短时记忆网络在不同细胞之间传递的是两个记忆信息,而不像循环神经网络那样只有一个记忆信息。此外,长短时记忆网络的内部结构也更加复杂,如图 6.7 所示。

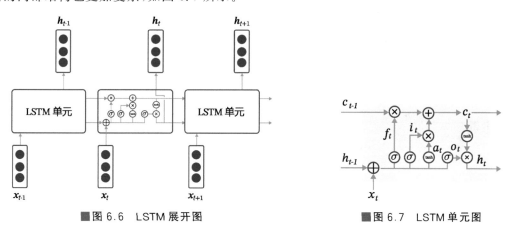

■图 6.6 LSTM 展开图　　　　　　■图 6.7 LSTM 单元图

区别于循环神经网络 RNN,长短时记忆网络最大的特点是在更新内部记忆时,引入了遗忘机制。即允许网络忘记过去阅读过程中看到的一些无关紧要的信息,只保留有用的历史信息。通过这种方式延长了记忆长度。例如:

> 我觉得这家餐馆的菜品很不错,烤鸭非常正宗,包子也不错,酱牛肉很有嚼劲。但是服务员态度太恶劣了,我们在门口等了50分钟都没有能成功进去,好不容易进去了,桌子也半天没人打扫。整个环境非常吵闹,我的孩子都被吓哭了,我下次不会带朋友来。

当阅读上面这段话时,可能会记住一些关键词,如烤鸭好吃、牛肉有嚼劲、环境吵等,但也会忽略一些不重要的内容,如"我觉得""好不容易"等,长短时记忆网络正是受这个启发而设计的。

长短时记忆网络的细胞有 3 个输入。

① 这个网络新看到的输入信号,如下一个单词,记为 x_t,其中 x_t 是一个向量,t 代表了当前时刻。

② 这个网络在上一步的输出信号,记为 h_{t-1},这是一个向量,维度同 x_t 相同。

③ 这个网络在上一步的记忆信号,记为 c_{t-1},这是一个向量,维度同 x_t 相同。

得到这两个信号后,长短时记忆网络没有立即去融合这两个向量,而是计算了权重。

① 输入门:$i_t = \mathrm{Sigmoid}(W_i x_t + V_i h_{t-1} + b_i)$,控制有多少输入信号会被融合。

② 遗忘门:$f_t = \mathrm{Sigmoid}(W_f x_t + V_f h_{t-1} + b_f)$,控制有多少过去的记忆会被遗忘。

③ 输出门:$o_t = \mathrm{Sigmoid}(W_o x_t + V_o h_{t-1} + b_o)$,控制最终输出多少记忆。

④ 单元状态:$g_t = \tanh(W_g x_t + V_g h_{t-1} + b_g)$,输入信号和过去的输入信号做一个信息融合。

通过学习这些门的权重设置,长短时记忆网络可以根据当前的输入信号和记忆信息,有选择性地忽略或者强化当前的记忆或是输入信号,帮助网络更好地学习长句子的语义信息。

记忆信号为

$$c_t = f_t \cdot c_{t-1} + i_t \cdot g_t$$

输出信号为

$$h_t = o_t \cdot \tanh c_t$$

说明:

事实上,长短时记忆网络之所以能更好地对长文本进行建模,还存在另一套更加严谨的计算和证明,有兴趣的读者可以翻阅引文中的参考资料进行详细研究。

作业

除了 LSTM 外,你还能想到哪些其他方法构造一个句子的向量表示?

6.3　使用 LSTM 完成情感分析任务

6.3.1　概述

借助长短时记忆网络,可以非常轻松地完成情感分析任务,如图 6.8 所示。对于每个句

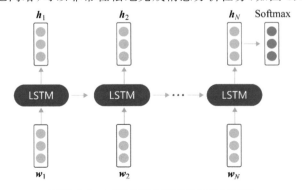

■图 6.8　LSTM 完成情感分析任务流程

子,首先通过截断和填充的方式,把这些句子变成固定长度的向量;然后利用长短时记忆网络,从左到右开始阅读每个句子。在完成阅读之后,使用长短时记忆网络的最后一个输出记忆,作为整个句子的语义信息,并直接把这个向量作为输入,送入一个分类层进行分类,从而完成对情感分析问题的神经网络建模。

6.3.2 使用飞桨实现基于 LSTM 的情感分析模型

接下来看看如何使用飞桨实现一个基于长短时记忆网络的情感分析模型。在飞桨中,不同深度学习模型的训练过程基本一致,流程如下。

(1) 数据处理:选择需要使用的数据,并做好必要的预处理工作。

(2) 网络定义:使用飞桨定义好网络结构,包括输入层、中间层、输出层、损失函数和优化算法。

(3) 网络训练:将准备好的数据送入神经网络进行学习,并观察学习过程是否正常,如损失函数值是否在降低,也可以打印一些中间步骤的结果等。

(4) 网络评估:使用测试集合测试训练好的神经网络,看看训练效果如何。

在数据处理前,需要先加载飞桨平台(如果用户在本地使用,应确保已经安装飞桨)。

```python
# encoding = utf8
import re
import random
import tarfile
import requests
import numpy as np
import paddle
from paddle.nn import Embedding
import paddle.nn.functional as F
from paddle.nn import LSTM, Embedding, Dropout, Linear
```

1. 数据处理

首先,需要下载语料用于模型训练和评估效果。这里使用的是 IMDB 的电影评论数据,这个数据集是一个开源的英文数据集,由训练数据和测试数据组成。每个数据都分别由若干小文件组成,每个小文件内部都是一段用户关于某个电影的真实评价以及他/她对这个电影的情感倾向(是正向还是负向),数据集下载的代码如下:

```python
def download():
    # 通过 Python 的 requests 类,下载存储在
    # https://dataset.bj.bcebos.com/imdb%2FaclImdb_v1.tar.gz 文件中
    corpus_url = "https://dataset.bj.bcebos.com/imdb%2FaclImdb_v1.tar.gz"
    web_request = requests.get(corpus_url)
    corpus = web_request.content

    # 将下载的文件写在当前目录的 aclImdb_v1.tar.gz 文件内
    with open("./aclImdb_v1.tar.gz", "wb") as f:
        f.write(corpus)
    f.close()

download()
```

接下来,将数据集加载到程序中,并打印一小部分数据观察一下数据集的特点,代码实现如下:

```python
def load_imdb(is_training):
    data_set = []

    # aclImdb_v1.tar.gz 解压后是一个目录
    # 可以使用 Python 的 rarfile 库进行解压
    # 训练数据和测试数据已经经过切分,其中训练数据的地址为:
    # ./aclImdb/train/pos/ 和 ./aclImdb/train/neg/,分别存储着正向情感的数据和负向情感的数据
    # 把数据依次读取出来,并放到 data_set 里
    # data_set 中每个元素都是一个二元组(句子,label),其中 label = 0 表示负向情感,label = 1
    # 表示正向情感

    for label in ["pos", "neg"]:
        with tarfile.open("./aclImdb_v1.tar.gz") as tarf:
            path_pattern = "aclImdb/train/" + label + "/.*\\.txt$" if is_training \
                else "aclImdb/test/" + label + "/.*\\.txt$"
            path_pattern = re.compile(path_pattern)
            tf = tarf.next()
            while tf != None:
                if bool(path_pattern.match(tf.name)):
                    sentence = tarf.extractfile(tf).read().decode()
                    sentence_label = 0 if label == 'neg' else 1
                    data_set.append((sentence, sentence_label))
                tf = tarf.next()

    return data_set

train_corpus = load_imdb(True)
test_corpus = load_imdb(False)

for i in range(5):
    print("sentence %d, %s" % (i, train_corpus[i][0]))
    print("sentence %d, label %d" % (i, train_corpus[i][1]))
```

一般来说,在自然语言处理中,需要先对语料进行切词,这里可以使用空格把每个句子切成若干词的序列,代码实现如下:

sentence 0, Zentropa has much in common with The Third Man, another noir-like film set among the rubble of postwar Europe. Like TTM, there is much inventive camera work. There is an innocent American who gets emotionally involved with a woman he doesn't really understand, and whose naivety is all the more striking in contrast with the natives. < br />
But I'd have to say that The Third Man has a more well-crafted storyline. Zentropa is a bit disjointed in this respect. Perhaps this is intentional: it is presented as a dream/nightmare, and making it too coherent would spoil the effect. < br /> < br />This movie is unrelentingly grim -- "noir" in more than one sense; one never sees the sun shine. Grim, but intriguing, and frightening.
sentence 0, label 1

```python
def data_preprocess(corpus):
    data_set = []
```

```
        for sentence, sentence_label in corpus:
            # 这里有一个小窍门是把所有的句子转换为小写,从而减小词表的大小
            # 一般来说这样的做法有助于效果提升
            sentence = sentence.strip().lower()
            sentence = sentence.split(" ")

            data_set.append((sentence, sentence_label))

        return data_set

    train_corpus = data_preprocess(train_corpus)
    test_corpus = data_preprocess(test_corpus)
    print(train_corpus[:5])
    print(test_corpus[:5])
```

在经过切词后,需要构造一个词典,把每个词都转化成一个 ID,以便神经网络训练。代码实现如下:

注意:

在代码中使用了一个特殊的单词"[oov]"(out-of-vocabulary),用于表示词表中没有覆盖到的词。之所以使用"[oov]"符号是为了处理某些词:在测试数据中有但训练数据没有的现象。

```
    # 构造词典,统计每个词的频率,并根据频率将每个词转换为一个整数 id
    def build_dict(corpus):
        word_freq_dict = dict()
        for sentence, _ in corpus:
            for word in sentence:
                if word not in word_freq_dict:
                    word_freq_dict[word] = 0
                word_freq_dict[word] += 1

        word_freq_dict = sorted(word_freq_dict.items(), key = lambda x:x[1], reverse = True)

        word2id_dict = dict()
        word2id_freq = dict()

        # 一般来说,把 oov 和 pad 放在词典前面,给它们一个比较小的 id,这样比较方便记忆,并且易
        # 于后续扩展词表
        word2id_dict['[oov]'] = 0
        word2id_freq[0] = 1e10

        word2id_dict['[pad]'] = 1
        word2id_freq[1] = 1e10

        for word, freq in word_freq_dict:
            word2id_dict[word] = len(word2id_dict)
            word2id_freq[word2id_dict[word]] = freq
```

```
        return word2id_freq, word2id_dict

    word2id_freq, word2id_dict = build_dict(train_corpus)
    vocab_size = len(word2id_freq)
    print("there are totoally %d different words in the corpus" % vocab_size)
    for _, (word, word_id) in zip(range(10), word2id_dict.items()):
        print("word %s, its id %d, its word freq %d" % (word, word_id, word2id_freq[word_id]))
```

在完成 word2id 词典假设后,还需要进一步处理原始语料,把语料中的所有句子都处理成 ID 序列,代码实现如下:

```
# 把语料转换为 id 序列
def convert_corpus_to_id(corpus, word2id_dict):
    data_set = []
    for sentence, sentence_label in corpus:
        # 将句子中的词逐个替换成 id,如果句子中的词不在词表内,则替换成 oov
        # 这里需要注意,一般来说可能需要查看一下 test-set 中句子 oov 的比例,
        # 如果存在过多 oov 的情况,就说明训练数据不足或者切分存在巨大偏差而需要调整
        sentence = [word2id_dict[word] if word in word2id_dict \
                                else word2id_dict['[oov]'] for word in sentence]
        data_set.append((sentence, sentence_label))
    return data_set

train_corpus = convert_corpus_to_id(train_corpus, word2id_dict)
test_corpus = convert_corpus_to_id(test_corpus, word2id_dict)
print("%d tokens in the corpus" % len(train_corpus))
print(train_corpus[:5])
    print(test_corpus[:5])
```

接下来,就可以开始把原始语料中每个句子通过截断和填充转换成一个固定长度的句子,并将所有数据整理成小批量数据用于训练模型,代码实现如下:

```
# 编写一个迭代器,每次调用这个迭代器都会返回一个新的批处理,用于训练或者预测
def build_batch(word2id_dict, corpus, batch_size, epoch_num, max_seq_len, shuffle = True,
drop_last = True):

    # 模型将会接受的两个输入:
    # ① 一个形状为[batch_size, max_seq_len]的张量 sentence_batch,代表了一个 mini-batch
    # 的句子.
    # ② 一个形状为[batch_size, 1]的张量 sentence_label_batch,每个元素都是非 0 即 1,代表了
    # 每个句子的情感类别(正向或者负向)
    sentence_batch = []
    sentence_label_batch = []

    for _ in range(epoch_num):

        # 每个 epoch 前都要置乱一下数据,有助于提高模型训练的效果
        # 但是对于预测任务,不要做数据置乱
        if shuffle:
            random.shuffle(corpus)
```

```
        for sentence, sentence_label in corpus:
            sentence_sample = sentence[:min(max_seq_len, len(sentence))]
            if len(sentence_sample) < max_seq_len:
                for _ in range(max_seq_len - len(sentence_sample)):
                    sentence_sample.append(word2id_dict['[pad]'])


            sentence_sample = [[word_id] for word_id in sentence_sample]

            sentence_batch.append(sentence_sample)
            sentence_label_batch.append([sentence_label])

            if len(sentence_batch) == batch_size:
                yield np.array(sentence_batch).astype("int64"), np.array(sentence_label_
batch).astype("int64")
                sentence_batch = []
                sentence_label_batch = []
    if not drop_last and len(sentence_batch) > 0:
        yield np.array(sentence_batch).astype("int64"), np.array(sentence_label_batch).
astype("int64")

for batch_id, batch in enumerate(build_batch(word2id_dict, train_corpus, batch_size = 3,
epoch_num = 3, max_seq_len = 30)):
    print(batch)
```

2. 网络定义

在讲解卷积神经网络的章节,详细列出了每一种神经网络使用基础算子拼装的详细网络配置,但实际上对于一些常用的网络结构,飞桨框架提供了现成的中高层函数支持。下面用于情感分析的长短时记忆模型就使用 paddle.nn.LSTM API 实现。如果读者对使用基础算子拼装 LSTM 的内容感兴趣,可以查阅 paddle.nn.LSTM 类的源代码。

```
# 定义一个用于情感分类的网络实例 SentimentClassifier
class SentimentClassifier(paddle.nn.Layer):

    def __init__(self, hidden_size, vocab_size, embedding_size, class_num = 2, num_steps =
128, num_layers = 1, init_scale = 0.1, dropout_rate = None):

        # 参数含义如下:
        # ①hidden_size,表示 embedding-size、hidden 和 cell 向量的维度
        # ②vocab_size,模型可以考虑的词表大小
        # ③embedding_size,表示词嵌入的维度
        # ④class_num,情感类型个数,可以是二分类,也可以是多分类
        # ⑤num_steps,表示这个情感分析模型最大可以考虑的句子长度
        # ⑥num_layers,表示网络的层数
        # ⑦dropout_rate,表示使用 dropout 过程中失活的神经元比例
        # ⑧init_scale,表示网络内部参数的初始化范围,长短时记忆网络内部用了很多 tanh、
        # sigmoid 等激活函数,这些函数对数值精度非常敏感,因此一般只使用比较小的初始化
        # 范围,以保证效果
        super(SentimentClassifier, self).__init__()
        self.hidden_size = hidden_size
```

```
        self.vocab_size = vocab_size
        self.embedding_size = embedding_size
        self.class_num = class_num
        self.num_steps = num_steps
        self.num_layers = num_layers
        self.dropout_rate = dropout_rate
        self.init_scale = init_scale

        # 声明一个 LSTM 模型,用来把每个句子抽象成向量
        self.simple_lstm_rnn = paddle.nn.LSTM(input_size = hidden_size, hidden_size =
hidden_size, num_layers = num_layers)

        # 声明一个嵌入层,用来把句子中的每个词转换为向量
        self.embedding = paddle.nn.Embedding(num_embeddings = vocab_size, embedding_dim =
embedding_size, sparse = False, weight_attr = paddle.ParamAttr(initializer = paddle.nn.
initializer.Uniform(low = - init_scale, high = init_scale)))

        # 声明使用上述语义向量映射到具体情感类别时所需要使用的线性层
        self.cls_fc = paddle.nn.Linear(in_features = self.hidden_size, out_features = self.
class_num, weight_attr = None, bias_attr = None)

        # 一般在获取单词的嵌入后,会使用 dropout 层,防止过拟合,提升模型泛化能力
        self.dropout_layer = paddle.nn.Dropout(p = self.dropout_rate, mode = 'upscale_in_
train')

    # forwad 函数即为模型前向计算的函数,它有两个输入,分别为:input 为输入的训练文本,其
    # shape 为[batch_size, max_seq_len];label 训练文本对应的情感标签,其 shape 维[batch_size, 1]
    def forward(self, inputs):
        # 获取输入数据的 batch_size
        batch_size = inputs.shape[0]

        # 本实验默认使用 1 层的 LSTM,首先需要定义 LSTM 的初始 hidden 和 cell,这里使用 0 来
        # 初始化这个序列的记忆
        init_hidden_data = np.zeros(
            (self.num_layers, batch_size, self.hidden_size), dtype = 'float32')
        init_cell_data = np.zeros(
            (self.num_layers, batch_size, self.hidden_size), dtype = 'float32')

        # 将这些初始记忆转换为飞桨可计算的向量,并且设置 stop_gradient = True,避免这些向
        # 量被更新,从而影响训练效果
        init_hidden = paddle.to_tensor(init_hidden_data)
        init_hidden.stop_gradient = True
        init_cell = paddle.to_tensor(init_cell_data)
        init_cell.stop_gradient = True

        # 对应以上第 2 步,将输入的句子的小批量数据转换为词嵌入表示,转换后输入数据 shape
        # 为[batch_size, max_seq_len, embedding_size]
        x_emb = self.embedding(inputs)
        x_emb = paddle.reshape(x_emb, shape = [- 1, self.num_steps, self.embedding_size])
        # 在获取的词嵌入后添加 dropout 层
        if self.dropout_rate is not None and self.dropout_rate > 0.0:
            x_emb = self.dropout_layer(x_emb)
```

```
# 对应以上第 3 步,使用 LSTM 网络,把每个句子转换为语义向量
# 返回的 last_hidden 即为最后一个时间步的输出,其 shape 为[self.num_layers, batch_
# size, hidden_size]
rnn_out, (last_hidden, last_cell) = self.simple_lstm_rnn(x_emb, (init_hidden, init_
cell))

# 提取最后一层隐状态作为文本的语义向量,其 shape 为[batch_size, hidden_size]
last_hidden = paddle.reshape(last_hidden[-1], shape=[-1, self.hidden_size])

# 对应以上第 4 步,将每个句子的向量表示映射到具体的情感类别上,logits 的维度为
# [batch_size, 2]
logits = self.cls_fc(last_hidden)

return logits
```

3. 模型训练

在完成模型定义后,就可以开始训练模型了。当训练结束以后,可以使用测试集合评估一下当前模型的效果,代码如下:

```
# 定义训练参数
epoch_num = 5
batch_size = 128

learning_rate = 0.01
dropout_rate = 0.2
num_layers = 1
hidden_size = 256
embedding_size = 256
max_seq_len = 128
vocab_size = len(word2id_freq)

# 检测是否可以使用 GPU,如果可以则优先使用 GPU
use_gpu = True if paddle.get_device().startswith("gpu") else False
if use_gpu:
    paddle.set_device('gpu:0')

# 实例化模型
sentiment_classifier = SentimentClassifier(hidden_size, vocab_size, embedding_size, num_
steps=max_seq_len, num_layers=num_layers, dropout_rate=dropout_rate)

# 指定优化策略,更新模型参数
optimizer = paddle.optimizer.Adam(learning_rate=learning_rate, beta1=0.9, beta2=0.999,
parameters=sentiment_classifier.parameters())

# 定义训练函数
# 记录训练过程中的损失变化情况,可用于后续画图查看训练情况
losses = []
steps = []

def train(model):
    # 开启模型训练模式
    model.train()
```

```
# 建立训练数据生成器,每次迭代生成一个 batch,每个 batch 包含训练文本和文本对应的情感
# 标签
train_loader = build_batch(word2id_dict, train_corpus, batch_size, epoch_num, max_seq_len)

for step, (sentences, labels) in enumerate(train_loader):
    # 获取数据,并将张量转换为 Tensor 类型
    sentences = paddle.to_tensor(sentences)
    labels = paddle.to_tensor(labels)

    # 前向计算,将数据传输进模型,并得到预测的情感标签和损失
    logits = model(sentences)

    # 计算损失
    loss = F.cross_entropy(input = logits, label = labels, soft_label = False)
    loss = paddle.mean(loss)

    # 后向传播
    loss.backward()
    # 更新参数
    optimizer.step()
    # 清除梯度
    optimizer.clear_grad()

    if step % 100 == 0:
        # 记录当前步骤的 loss 变化情况
        losses.append(loss.numpy()[0])
        steps.append(step)
        # 打印当前 loss 数值
        print("step %d, loss %.3f" % (step, loss.numpy()[0]))

# 训练模型
train(sentiment_classifier)

# 保存模型,包含两部分,即模型参数和优化器参数
model_name = "sentiment_classifier"
# 保存训练好的模型参数
paddle.save(sentiment_classifier.state_dict(), "{}.pdparams".format(model_name))
# 保存优化器参数,方便后续模型继续训练
paddle.save(optimizer.state_dict(), "{}.pdopt".format(model_name))
```

4. 模型评估

在模型训练阶段,保存了训练完成的模型参数。因此,在模型评估阶段,首先需要加载保存到磁盘的模型参数,在获得完整的模型后,利用相应的测试集开始进行模型评估。

```
def evaluate(model):
    # 开启模型测试模式,在该模式下网络不会进行梯度更新
    model.eval()

    # 定义几个统计指标
    tp, tn, fp, fn = 0, 0, 0, 0
```

```python
# 构造测试数据生成器
test_loader = build_batch(word2id_dict, test_corpus, batch_size, 1, max_seq_len)

for sentences, labels in test_loader:
    # 将张量转换为 Tensor 类型
    sentences = paddle.to_tensor(sentences)
    labels = paddle.to_tensor(labels)

    # 获取模型对当前批处理的输出结果
    logits = model(sentences)

    # 使用 softmax 函数进行归一化
    probs = F.softmax(logits)

    # 把输出结果转换为 numpy array 数组,比较预测结果和对应 label 之间的关系,并更新
    # tp、tn、fp 和 fn
    probs = probs.numpy()
    for i in range(len(probs)):
        # 当样本的真实标签是正例
        if labels[i][0] == 1:
            # 模型预测是正例
            if probs[i][1] > probs[i][0]:
                tp += 1
            # 模型预测是负例
            else:
                fn += 1
        # 当样本的真实标签是负例
        else:
            # 模型预测是正例
            if probs[i][1] > probs[i][0]:
                fp += 1
            # 模型预测是负例
            else:
                tn += 1

# 整体准确率
accuracy = (tp + tn) / (tp + tn + fp + fn)

# 输出最终评估的模型效果
print("TP: {}\nFP: {}\nTN: {}\nFN: {}\n".format(tp, fp, tn, fn))
print("Accuracy: %.4f" % accuracy)

# 加载训练好的模型进行预测,重新实例化一个模型,然后将训练好的模型参数加载到新模型里面
saved_state = paddle.load("./sentiment_classifier.pdparams")
sentiment_classifier = SentimentClassifier(hidden_size, vocab_size, embedding_size, num_
steps = max_seq_len, num_layers = num_layers, dropout_rate = dropout_rate)
sentiment_classifier.load_dict(saved_state)

# 评估模型
evaluate(sentiment_classifier)
```

5. 文本匹配

借助相同的思路,可以很轻易地解决文本相似度计算问题,假设给定如下两个句子。

句子 1:我不爱吃烤冷面,但是我爱吃冷面。

句子 2:我爱吃菠萝,但是不爱吃地瓜。

同样使用 LSTM 网络,把每个句子抽象成一个向量表示,通过计算这两个向量之间的相似度,就可以快速完成文本相似度计算任务。在实际场景里,也通常使用 LSTM 网络的最后一步隐藏结果,将一个句子抽象成一个向量,然后通过 cosine 相似度的方式,去衡量两个句子的相似度,如图 6.9 所示。

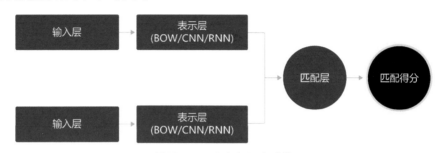

■图 6.9　文本相似度计算

一般情况下,在训练阶段有 point-wise 和 pair-wise 两个常见的训练模式(针对搜索引擎任务,还有一类 list-wise 的方法,这里不做探讨)。

(1) point-wise 训练模式。在 point-wise 训练过程中,把不同的句子划分为两类(或者更多类别):相似、不相似。通过这种方式把句子相似度计算任务转化为一个分类问题,通过常见的二分类函数(如 Sigmoid)即可完成分类任务。在最终预测阶段,使用 Sigmoid 函数的输出作为两个不同句子的相似度值。

(2) pair-wise 训练模式。pair-wise 训练模式相对更复杂些,假定给定 3 个句子 A,B 和 C。已知 A 和 B 相似,但是 A 和 C 不相似,那么原则上,A 和 B 的相似度值应该高于 A 和 C 的相似度值。因此可以构造一个新的训练算法:对于一个相同的相似度计算模型 m,假定 $m(A,B)$ 是 m 输出的 A 和 B 的相似度值,$m(A,C)$ 是 m 输出的 A 和 C 的相似度值,那么 hinge-loss 为

$$L = \begin{cases} \lambda - (m(A,B) - m(A,C)) & m(A,B) - m(A,C) < \lambda \\ 0 & \text{其他} \end{cases}$$

这个损失函数要求对于每个正样本 $m(A,B)$ 的相似度值至少高于负样本 $m(A,C)$ 一个阈值 λ。

hinge-loss 的好处是没有强迫进行单个样本的分类,而是通过考虑样本和样本直接的大小关系来学习相似和不相似关系。相比较而言,pair-wise 训练比 point-wise 任务效果更鲁棒,更适合搜索、排序、推荐等场景的相似度计算任务。

有兴趣的读者可以参考情感分析的模型实现,自行实现一个 point-wise 或 pair-wise 的文本相似度模型,相关数据集可参考文本匹配数据集。

附:THUNews 文本分类比赛

通过前面情感分析章节的学习,大家已经清楚了自然语言处理建模的一般步骤。

① 读取文本数据,并将其转化为字典中对应字或词的 ID,然后输入给模型。

② 将字或词对应的 ID 映射为对应的词向量嵌入。

③ 模型根据嵌入进一步计算,得到模型输出。

④ 将模型的输出映射为对应的语义标签。

在本节中,希望大家能够根据自己学到的知识,基于 THUCNews 数据集实现一个文本分类模型,对新闻标题进行分类。THUCNews 是根据新浪新闻 RSS 订阅频道 2005—2011 年间的历史数据筛选过滤生成,包含 74 万篇新闻文档(2.19 GB),均为 UTF-8 纯文本格式。在原始新浪新闻分类体系的基础上,重新整合划分出 14 个候选分类类别,即财经、彩票、房产、股票、家居、教育、科技、社会、时尚、时政、体育、星座、游戏和娱乐。

为了方便大家处理数据,除了训练、测试、验证集外,还提供了一份字典文件,可用于将字转换为词典 ID;提供了一份标签文件,可用于将"财经"和"彩票"等标签映射为对应的标签 ID,详细数据说明如下。

- dict.txt:字典文件,用于将字转换为词典 ID。
- tag.txt:标签映射文件,用于将标签映射为不同标签 ID。
- train.tsv:训练数据,每列以\t 分割。
- val.tsv:验证数据,每列以\t 分割。
- test.tsv:测试数据,每列以\t 分割。请大家基于以上 THUCNews 数据,设计模型实现文本分类任务。

```python
# coding = utf - 8
import os
import paddle
import numpy as np
from multiprocessing import cpu_count
print(paddle.__version__)

class Classifier(paddle.nn.Layer):
    def __init__(self):
        # 请在此初始化网络层或者参数
        ...

    def forward(self):
        # 请在此实现模型前向传播代码
        ...

def load_data(data_path):
    # 请在此加载数据,并转换为给到模型的数据格式
    ...

def train(model, train_set):
    # 加载训练数据

    # 开始模型训练

    # 保存模型
    ...
```

```
def test(mode, test_set):
    # 加载测试数据

    # 加载训练好的模型

    # 进行模型测试
    ...


if __name__ == "__main__":
    # 初始化模型
    classifier = Classifier()
    # 开始训练模型
    classifier.train(classifier)
    # 开始测试模型
    classifier.test(classifier)
!rm - rf submit.sh
!wget - O submit.sh http://ai - studio - static.bj.bcebos.com/script/submit.sh
!sh submit.sh work/result.txt 密码
```

更多思路参考：上面给出的是一份基础版本的代码，大家可以选择百度其他自然语言领域相关模型进行尝试，并获取更高精度的模型，更多思路参考如下。

（1）在模型选取方面，使用飞桨 NLP 预训练模型，如 ERNIE。ERNIE GitHub：https://github.com/PaddlePaddle/ERNIE。

（2）在算法层面，通过多任务学习提升任务的鲁棒性。飞桨的多任务学习框架 GitHub：https://github.com/PaddlePaddle/PALM。

第7章 推荐系统

7.1 推荐系统介绍

当我们苦于听到一段熟悉的旋律而不得其名、看到一段电影片段而不知其出处时,心中不免颇有遗憾。在另外一些场景,偶然间在某些音乐平台、视频平台的推荐页面找到了心仪的音乐、电影,内心却是极其激动的。这些背后往往离不开推荐系统的影子。

那究竟什么是推荐系统呢?

在此之前,首先了解一下推荐系统产生的背景。

7.1.1 推荐系统产生的背景

互联网和信息计算的快速发展,衍生了海量的数据,我们已经进入了一个信息爆炸的时代,每时每刻都有海量信息产生,然而这些信息并不全是个人所关心的,用户从大量的信息中寻找对自己有用的信息也变得越来越困难。另外,信息的生产方也在绞尽脑汁地把用户感兴趣的信息送到用户面前,每个人的兴趣又不尽相同,所以可以实现千人千面的推荐系统应运而生。简单来说,推荐系统是根据用户的浏览习惯确定用户的兴趣,通过发掘用户的行为将合适的信息推荐给用户,满足用户的个性化需求,帮助用户找到对他胃口但是不易找到的信息或商品。

推荐系统在互联网和传统行业中都有着大量的应用。在互联网行业,几乎所有的互联网平台都应用了推荐系统,如资讯新闻/影视剧/知识社区的内容推荐、电商平台的商品推荐等;在传统行业中,有些用于企业的营销环节,如银行的金融产品推荐、保险公司的保险产品推荐等。根据QuestMobile 报告,以推荐系统技术为核心的短视频行业在 2019 年的用户规模已超 8.2 亿,市场规模达 2 千亿,由此可见这项技术在现代社会的经济价值,如图 7.1 所示。

推荐系统的经济学本质。随着现代工业和互联网的兴起,长尾经济变得越来越流行。在男耕女织的农业时代,人们以"个性化"的模式生产

■图 7.1　随处可见的推荐系统

"个性化"的产品；在流水线模式的工业化时代，人们以"规模化"的模式生产"标准化"的产品；而在互联网和智能制造业不断发展的今天，人们以"规模化"的模式生产"个性化"的产品，极大地丰富了商品种类。在此情况下，用户的注意力和消费力变成极为匮乏的资源。如何从海量的产品和服务中选择自己需要的，成为用户第一关心的事，这就是推荐系统的价值所在。但每个人的喜好极具个性化。例如，年轻人偏爱健身的内容，而父母一代偏爱做菜的内容，如果推荐内容相反，用户会非常不满。正所谓"此之甘露、彼之砒霜"，基于个性化需求进行推荐是推荐系统的关键目标，如图 7.3 所示。

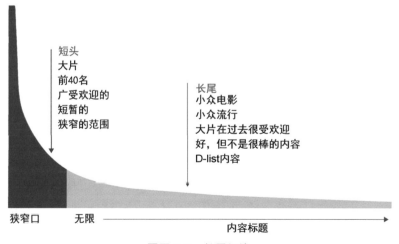

■图 7.2　长尾经济

■图7.3　此之甘露、彼之砒霜

7.1.2　推荐系统的基本概念

构建推荐系统本质上是要解决"5W"的问题。如图 7.4 所示,当用户晚间上网阅读军事小说时,系统在小说的底部向他推荐三国志游戏,并给出了推荐理由"纸上谈兵不如亲身实践"。

■图7.4　个性化推荐解决 5W 问题

这是一个较好的推荐示例,很多军迷用户会下载游戏试玩。但反之,如果在用户白天开会投屏时,弹出提示框向用户推荐"巴厘岛旅游",会给在场的同事留下不认真工作的印象,用户也会非常恼火。可见,除了向谁(who)推荐什么(what)外,承载推荐的产品形式(where)和推荐时机(when)也非常重要。

另外,给出推荐理由(Why)会对推荐效果产生帮助吗?答案是肯定的。心理学家艾伦·兰格做过一个"合理化行为"的实验,发现在提供行动理由的情况下,更容易说服人们采取行动,因为人们会认为自己是"合乎逻辑"的人。

艾伦设计了排队打印的场景,一个实验者想要插队,通过不同的请求方式,观测插队成功的概率。他做了3组实验:

① 第一组:请求话术"打扰了,我有5页资料要复印,能否让我先来?",有60%的成功概率。

② 第二组:请求话术中加入合理的理由"因为……(如赶时间)",成功率上升到94%。

③ 第三组:请求话术变成无厘头的理由"我能先用下复印机吗? 因为我有东西要印。",成功率仅略有下降,达到93%。

由此可见,哪怕我们提供一个不太靠谱的推荐理由,用户接受推荐的概率都会大大提高。虽然完整的推荐系统需要考虑"5W"问题,但向谁(who)推荐什么(what)是问题的核心。所以,本章介绍一个解决这两个核心问题的推荐系统。使用的数据和推荐任务如图7.5所示,已知用户对部分内容的评分(分数范围为1~5分,分数越高代表越喜欢),推测他们对未评分内容的评分,并据此进行推荐。

■图7.5　只保留两个核心问题的推荐任务

7.1.3　思考有哪些信息可以用于推荐

观察只保留两个核心问题的推荐任务示例,思考有哪些信息可以用于推荐? 图7.6中蕴含的数据可以分为如下3种。

① 每个用户的不同特征,如性别、年龄。

② 物品的各种描述属性,如品牌、品类。

③ 用户对部分物品的兴趣表达,即用户与物品的关联数据,如历史上的评分、评价、点击行为和购买行为。

结合这3种信息可以形成类似"女性A喜欢LV包"这样的表达,如图7.6所示。

基于③的关联信息,人们设计了"协同过滤的推荐算法"。基于②的内容信息,设计出"基于内容的推荐算法"。现在的推荐系统普遍同时利用这3种信息,下面就来看看这些方法的原理。

常用的推荐系统算法实现方案有如下3种,如图7.7所示。

(1) 协同过滤推荐(Collaborative Filtering Recommendation)。该算法的核心是分析用户的兴趣和行为,利用共同行为习惯的群体有相似喜好的原则,推荐用户感兴趣的信息。兴趣有高有低,算法会根据用户对信息的反馈(如评分)进行排序,这种方式在学术上称为协

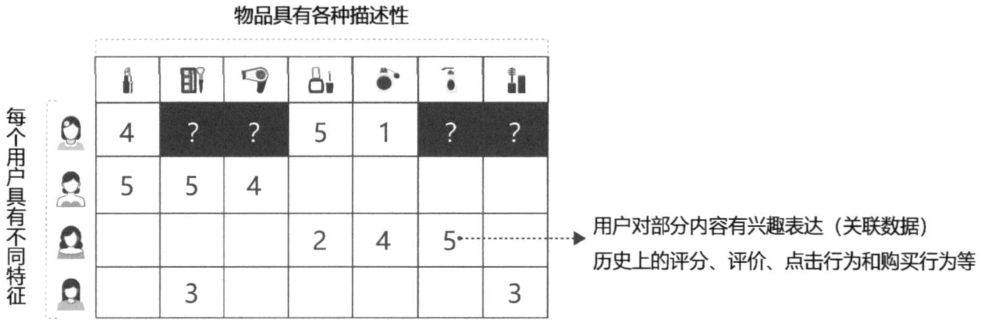

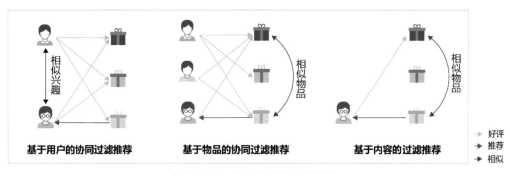

■图7.6 推荐任务的思考

物品具有各种描述性

每个用户具有不同特征

用户对部分内容有兴趣表达（关联数据）
历史上的评分、评价、点击行为和购买行为等

相似兴趣

相似物品

相似物品

基于用户的协同过滤推荐　　　基于物品的协同过滤推荐　　　基于内容的过滤推荐

好评
推荐
相似

■图7.7 常见的推荐系统算法

同过滤。协同过滤算法是经典的推荐算法,经典意味着简单、好用。协同过滤算法又可以简单分为两种。

① 基于用户的协同过滤:根据用户的历史喜好分析出相似兴趣的人,然后给用户推荐其他人喜欢的物品。假如小李、小张对物品A、B都给了10分好评,那么可以认为小李、小张具有相似的兴趣爱好,如果小李给物品C以10分好评,那么可以把C推荐给小张,可简单理解为"人以类聚"。

② 基于物品的协同过滤:根据用户的历史喜好分析出相似物品,然后给用户推荐同类物品。比如:小李对物品A、B、C给了10分好评,小王对物品A、C给了10分好评,从这些用户的喜好中分析出喜欢A的人都喜欢C,物品A、C是相似的,如果小张给了A好评,那么可以把C也推荐给小张,可简单理解为"物以群分"。

(2) 基于内容过滤推荐(Content-based Filtering Recommendation)。基于内容的过滤是信息检索领域的重要研究内容,是更为简单、直接的算法,该算法的核心是衡量出两个物品的相似度。首先对物品或内容的特征作出描述,发现其相关性,然后基于用户以往的喜好记录给用户推荐相似的物品。比如,小张对物品A感兴趣,而物品A和物品C是同类物品(从物品的内容描述上判断),可以把物品C也推荐给小张。

(3) 组合推荐(Hybrid Recommendation)。以上算法各有优、缺点,比如基于内容的过滤推荐是基于物品建模,在系统启动初期往往有较好的推荐效果,但是没有考虑用户群体的关联属性;协同过滤推荐考虑了用户群体喜好信息,可以推荐内容上不相似的新物品,发现用户潜在的兴趣偏好,但是这依赖于足够多且准确的用户历史信息。所以,实际应用中往往不只采用某一种推荐方法,而是通过一定的组合方法将多个算法混合在一起,以实现更好的推荐效果,如加权混合、分层混合等。具体选择哪种方式和应用场景有很大关系。

7.1.4 使用飞桨探索电影推荐

本章探讨基于深度学习模型实现电影推荐系统,使用用户特征、电影特征和用户对电影的评分数据作为推荐输入信息。

在开始动手实践之前,首先来分析一下数据集和模型设计方案。

1. 数据集介绍

个性化推荐算法的数据大多是文本和图像。比如:网易云音乐推荐中,数据是音乐的名字、歌手、音乐类型等文本数据;抖音视频推荐中,数据是视频或图像数据;也有可能同时使用图像和文本数据,比如 YouTube 的视频推荐算法中,会同时考虑用户信息和视频类别、视频内容信息。

本次实践采用 ml-1m 电影推荐数据集,它是 GroupLens Research 从 MovieLens 网站上收集并提供的电影评分数据集。包含了 6000 多位用户对近 3900 个电影的共 100 万条评分数据,评分均为 1~5 的整数,其中每个电影的评分数据至少有 20 条。该数据集包含 3 个数据文件,分别如下。

① users.dat:存储用户属性信息的文本格式文件。

② movies.dat:存储电影属性信息的文本格式文件。

③ ratings.dat:存储电影评分信息的文本格式文件。

另外,为了验证电影推荐的影响因素,还从网上获取了部分电影的海报图像。现实生活中,相似风格的电影在海报设计上也有一定的相似性,如暗黑系列和喜剧系列的电影海报风格是迥异的。所以,在进行推荐时,可以验证一下加入海报后对推荐结果的影响。电影海报图像在 posters 文件夹下,海报图像的名字以"mov_id"+电影 ID+".png"的方式命名。由于这里的电影海报图像有缺失,整理了一个新的评分数据文件,新的文件中包含的电影均是有海报数据的。因此,本次实践使用的数据集在 ml-1m 基础上增加了两份数据:

① posters:包含电影海报图像。

② new_rating.txt:存储包含海报图像的新评分数据文件。

用户信息、电影信息和评分信息包含的内容如表 7.1 至表 7.3 所示。

表 7.1 用户信息

用户信息	UserID	Gender	Age	Occupation
样例	1	F【M/F】	1	10

表 7.2 电影信息

电影信息	MovieID	Title	Genres	PosterID
样例	1	Toy Story	Animation\Children's\Comedy	1

表7.3 评分信息

评分信息	UserID	MovieID	Rating
样例	1	1193	5【1～5】

其中部分数据并不具有真实的含义,只是编号而已。年龄编号和部分职业编号的含义如表7.4所示。

表7.4 编号含义

年 龄 编 号	职 业 编 号
• 1："Under 18" • 18："18-24" • 25："25-34" • 35："35-44" • 45："45-49" • 50："50-55" • 56："56＋"	• 0："other" or not specified • 1："academic/educator" • 2："artist" • 3："clerical/admin" • 4："college/grad student" • 5："customer service" • 6："doctor/health care" • 7："executive/managerial"

海报对应着尺寸大约为 180×270 的图片,每张图片尺寸稍有差别,如图7.8所示。

从样例的特征数据中可以分析出特征,共有如下4类。

① ID类特征:UserID、MovieID、Gender、Age、Occupation,内容为ID值,前两个ID映射到具体用户和电影,后3个ID会映射到具体分档。

② 列表类特征:Genres,每个电影有多个类别标签,将电影类别编号,使用数字ID替换原始类别,内容是对应几个ID值的列表。

③ 图像类特征:Poster,内容是一张 180×270 的图片。

④ 文本类特征:Title,内容是一段英文文本。

因为特征数据有4种不同类型,所以构建模型网络的输入层预计也会有4种子结构。

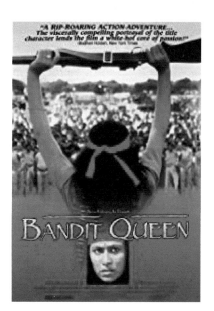

■图7.8 1号海报的图片

2. 实现推荐系统

如何根据上述数据实现推荐系统呢?首先思考一下实现推荐系统究竟需要什么?

如果能将用户A的原始特征转变成一种代表用户A喜好的特征向量,将电影1的原始特征转变成一种代表电影1特性的特征向量。那么计算两个向量的相似度,就可以代表**用户A对电影1的喜欢程度**,据此推荐系统可以如此构建:假如给用户A推荐,计算电影库中"每一个电影的特征向量"与"用户A的特征向量"的余弦相似度,根据相似度排序电影库,取 Top k 的电影推荐给A,如图7.9所示。

这样设计的核心是两个特征向量的有效性,会决定推荐的效果。

3. 获得有效特征

如何获取两种有效代表用户和电影的特征向量? 首先需要明确什么是"有效"?

对于用户评分较高的电影,电影的特征向量和用户的特征向量应该高度相似;反之则相异。

我们已经获得大量评分样本,因此可以构建一个训练模型如图 7.10 所示,根据用户对电影的评分样本,学习出用户特征向量和电影特征向量的计算方案(灰色箭头)。

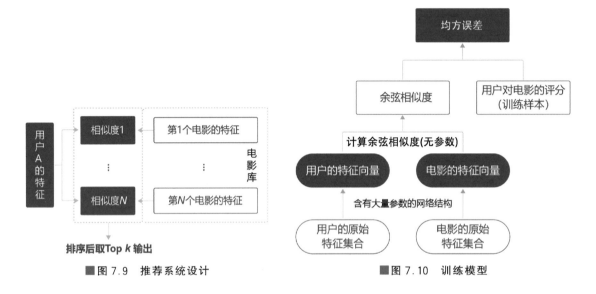

■图 7.9　推荐系统设计　　　　　■图 7.10　训练模型

(1) 第一层结构:特征变换,原始特征集合变换为两个特征向量。

(2) 第二层结构:计算向量相似度。为确保结果与电影评分可比较,两个特征向量的相似度从 0~1 缩放 5 倍到 0~5。

(3) 第三层结构:计算 Loss,计算缩放后的相似度与用户对电影的真实评分的"均方误差"。

以在训练样本上的 Loss 最小化为目标,即可学习出模型的网络参数,这些网络参数本质上就是**从原始特征集合到特征向量的计算方法**。根据训练好的网络,可以计算任意用户和电影向量的相似度,以进一步完成推荐。

4. 从原始特征到特征向量之间的网络设计

基于上面的分析,推荐模型的网络结构初步设想如图 7.11 所示。

将每个原始特征转变成嵌入表示,再合并成一个用户特征向量和一个电影特征向量。计算两个特征向量的相似度后,再与训练样本(已知的用户对电影的评分)做损失计算。

但不同类型的原始特征应该如何变换? 有哪些网络设计细节需要考虑? 将在后续几节结合实现代码逐一探讨,包括 4 个小节。

① 数据处理,将 MovieLens 的数据处理成神经网络理解的形式。

② 模型设计,设计神经网络模型,将离散的文字数据映射为向量。

③ 配置训练参数并完成训练,提取并保存训练后的数据特征。

④ 利用保存的特征构建相似度矩阵完成推荐。

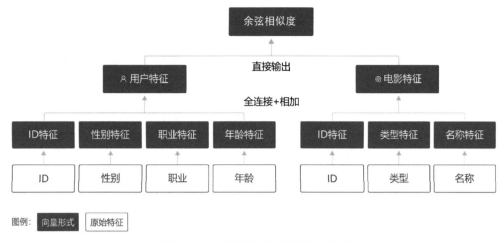

■图7.11　推荐模型的网络结构设想

作业

基于 CV 和 NLP 章节所学知识,给出一个推荐模型的网络设计方案,并将网络结构用画图或代码表示。

7.2　数据处理与读取

7.2.1　数据处理流程

在计算机视觉和自然语言处理章节中,已经了解到数据处理是算法应用的前提,并掌握了图像数据处理和自然语言数据处理的方法。总结一下,数据处理就是将人类容易理解的图像文本数据,转换为机器容易理解的数字形式,把离散的数据转换为连续的数据。在推荐算法中,这些数据处理方法也是通用的。

本次实验中,数据处理共包含如下 6 步。

① 读取用户数据,存储到字典。

② 读取电影数据,存储到字典。

③ 读取评分数据,存储到字典。

④ 读取海报数据,存储到字典。

⑤ 将各个字典中的数据拼接,形成数据读取器。

⑥ 划分训练集和验证集,生成迭代器,每次提供一个批次的数据。

数据处理流程如图 7.12 所示。

1. 用户数据处理

用户数据文件 user.dat 中的数据格式为:UserID::Gender::Age::Occupation::Zip-code,存储形式如图 7.13 所示。

图 7.13 中,每一行表示一个用户的数据,以::隔开,第一列到最后一列分别表示 UserID、Gender、Age、Occupation、Zip-code,各数据对应关系如表 7.5 所示。

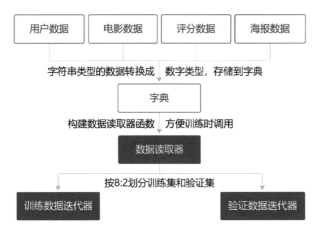

■图 7.12 数据处理流程框图

■图 7.13 user.dat 数据格式

表 7.5 用户数据文件中各数据对应关系

数 据 类 别	数 据 说 明	数 据 示 例
UserID	每个用户的数字代号	1、2、3 等序号
Gender	F 表示女性,M 表示男性	F 或 M
Age	用数字表示各个年龄段	• 1: "Under 18" • 18: "18-24" • 25: "25-34" • 35: "35-44" • 45: "45-49" • 50: "50-55" • 56: "56+"
Occupation	用数字表示不同职业	• 0: "other" or not specified • 1: "academic/educator" • 2: "artist" • 3: "clerical/admin" • 4: "college/grad student" • 5: "customer service" • 6: "doctor/health care" • 7: "executive/managerial" • 8: "farmer" • 9: "homemaker" • 10: "K-12 student" • 11: "lawyer" • 12: "programmer" • 13: "retired" • 14: "sales/marketing" • 15: "scientist" • 16: "self-employed" • 17: "technician/engineer" • 18: "tradesman/craftsman" • 19: "unemployed" • 20: "writer"
Zip-code	邮政编码,与用户所处的地理位置有关。在本次实验中,不使用这个数据	48067

比如：82::M::25::17::48380 表示 ID 为 82 的用户，性别为男，年龄为 25～34 岁，职业为 technician/engineer。

首先，读取用户信息文件中的数据：

```
# 解压数据集
!unzip -o -q -d ~/work/ ~/data/data19736/ml-1m.zip

import numpy as np
usr_file = "./work/ml-1m/users.dat"
# 打开文件，读取所有行到 data 中
with open(usr_file, 'r') as f:
    data = f.readlines()
# 打印 data 的数据长度、第一条数据、数据类型
print("data 数据长度是:", len(data))
print("第一条数据是:", data[0])
print("数据类型:", type(data[0]))
```

观察以上结果，用户数据共有 6040 条，以::分隔，是字符串类型。为了方便后续数据读取，区分用户的 ID、年龄、职业等数据，一个简单的方式是将数据存储到字典中。另外，从自然语言处理章节中了解到，文本数据无法直接输入到神经网络中进行计算，所以需要将字符串类型的数据转换成数字类型。另外，用户的性别 F、M 是字母数据，这里需要转换成数字表示。

定义如下函数实现字母转换为数字，将性别 M、F 转换成数字 0、1 表示：

```
def gender2num(gender):
    return 1 if gender == 'F' else 0
print("性别 M 用数字 {} 表示".format(gender2num('M')))
print("性别 F 用数字 {} 表示".format(gender2num('F')))
```

接下来，把用户数据的字符串类型的数据转换成数字类型，并存储到字典中，代码实现如下：

```
usr_info = {}
max_usr_id = 0              # 按行索引数据 for item in data:
    # 去除每一行中和数据无关的部分
    item = item.strip().split("::")
    usr_id = item[0]
    # 将字符数据转成数字并保存在字典中
    usr_info[usr_id] = {'usr_id': int(usr_id),
                        'gender': gender2num(item[1]),
                        'age': int(item[2]),
                        'job': int(item[3])}
    max_usr_id = max(max_usr_id, int(usr_id))
print("用户 ID 为 3 的用户数据是:", usr_info['3'])
```

至此，就完成了用户数据的处理，完整的代码如下：

```
import numpy as np
def get_usr_info(path):
    # 性别转换函数,M-0, F-1
    def gender2num(gender):
        return 1 if gender == 'F' else 0

    # 打开文件,读取所有行到 data 中
    with open(path, 'r') as f:
        data = f.readlines()
    # 建立用户信息的字典
    use_info = {}

    max_usr_id = 0
    #按行索引数据
    for item in data:
        # 去除每一行中和数据无关的部分
        item = item.strip().split("::")
        usr_id = item[0]
        # 将字符数据转换成数字并保存在字典中
        use_info[usr_id] = {'usr_id': int(usr_id),
                            'gender': gender2num(item[1]),
                            'age': int(item[2]),
                            'job': int(item[3])}
        max_usr_id = max(max_usr_id, int(usr_id))

    return use_info, max_usr_id

usr_file = "./work/ml-1m/users.dat"
usr_info, max_usr_id = get_usr_info(usr_file)
print("用户数量:", len(usr_info))
print("最大用户 ID:", max_usr_id)
print("第 1 个用户的信息是:", usr_info['1'])
```

从上面的结果可以得出,共有 6040 个用户,其中 ID 为 1 的用户信息是{'usr_id': [1], 'gender': [1], 'age': [1], 'job': [10]},表示用户的性别序号是 1(女)、年龄序号是 1(Under 18),职业序号是 10(K-12 student),都已处理成数字类型。

2. 电影数据处理

电影信息包含在 movies.dat 中,数据格式为: MovieID::Title::Genres,保存的格式与用户数据相同,每一行表示一条电影数据信息,如图 7.14 所示。

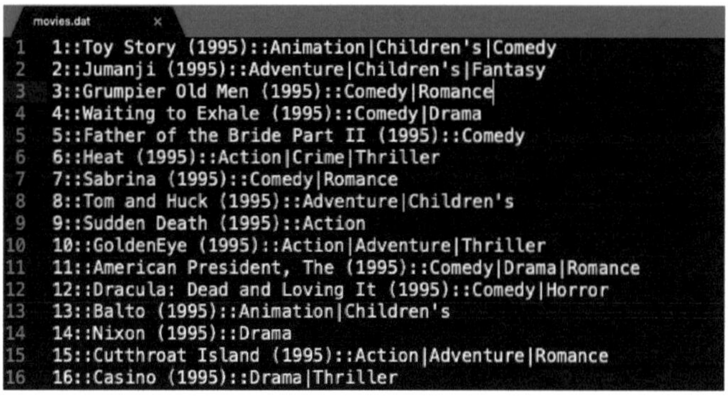
```
movies.dat
1::Toy Story (1995)::Animation|Children's|Comedy
2::Jumanji (1995)::Adventure|Children's|Fantasy
3::Grumpier Old Men (1995)::Comedy|Romance
4::Waiting to Exhale (1995)::Comedy|Drama
5::Father of the Bride Part II (1995)::Comedy
6::Heat (1995)::Action|Crime|Thriller
7::Sabrina (1995)::Comedy|Romance
8::Tom and Huck (1995)::Adventure|Children's
9::Sudden Death (1995)::Action
10::GoldenEye (1995)::Action|Adventure|Thriller
11::American President, The (1995)::Comedy|Drama|Romance
12::Dracula: Dead and Loving It (1995)::Comedy|Horror
13::Balto (1995)::Animation|Children's
14::Nixon (1995)::Drama
15::Cutthroat Island (1995)::Action|Adventure|Romance
16::Casino (1995)::Drama|Thriller
```

图 7.14 movies.dat 数据格式

各数据对应关系如表 7.6 所示。

表 7.6　电影数据中各数据对应关系

数 据 类 别	数 据 说 明	数 据 示 例
MovieID	每个电影的数字代号	1、2、3 等序号
Title	每个电影的名字和首映时间	如 Toy Story（1995）
Genres	电影的种类，每个电影不止一个类别，不同类别以"|"隔开	如 Animation| Children's|Comedy 包含的类别有"Action，Adventure，Animation，Children's，Comedy，Crime，Documentary，Drama，Fantasy，Film-Noir，Horror，Musical，Mystery，Romance，Sci-Fi，Thriller，War，Western"

首先，读取电影信息文件里的数据。需要注意的是，电影数据的存储方式和用户数据不同，在读取电影数据时，需要指定编码方式为"ISO-8859-1"：

```python
movie_info_path = "./work/ml-1m/movies.dat"
# 打开文件，编码方式选择 ISO-8859-1，读取所有数据到 data 中
with open(movie_info_path, 'r', encoding="ISO-8859-1") as f:
    data = f.readlines()

# 读取第一条数据并打印
item = data[0]
print(item)
item = item.strip().split("::")
print("movie ID:", item[0])
print("movie title:", item[1][:-7])
print("movie year:", item[1][-5:-1])
print("movie genre:", item[2].split('|'))
```

输出结果为：

```
1::Toy Story (1995)::Animation|Children's|Comedy

movie ID: 1
movie title: Toy Story
movie year: 1995
movie genre: ['Animation', "Children's", 'Comedy']
```

从上述代码可以看出，每条电影数据以::分隔，是字符串类型。类似处理用户数据的方式，需要将字符串类型的数据转换成数字类型，存储到字典中。不同的是，在用户数据处理中，把性别数据 M、F 处理成 0、1，而电影数据中 Title 和 Genres 都是长文本信息，为了便于后续神经网络计算，把其中每个单词都拆分出来，不同的单词用对应的数字序号指代。所以，需要对这些数据进行如下处理：

① 统计电影 ID 信息；

② 统计电影名字的单词并给每个单词一个数字序号；

③ 统计电影类别单词并给每个单词一个数字序号；

④ 保存电影数据到字典中方便根据电影 ID 进行索引。

实现方法如下。

1) 统计电影 ID 信息

将电影 ID 信息保存到字典中,并获得电影 ID 的最大值:

```
movie_info_path = "./work/ml-1m/movies.dat"
# 打开文件,编码方式选择 ISO-8859-1,读取所有数据到 data 中
with open(movie_info_path, 'r', encoding="ISO-8859-1") as f:
    data = f.readlines()

movie_info = {}
for item in data:
    item = item.strip().split("::")
    # 获得电影的 ID 信息
    v_id = item[0]
    movie_info[v_id] = {'mov_id': int(v_id)}
max_id = max([movie_info[k]['mov_id'] for k in movie_info.keys()])
print("电影的最大 ID 是:", max_id)
```

输出结果为:

电影的最大 ID 是: 3952

2) 统计电影名字的单词并给每个单词一个数字序号

不同于用户数据,电影数据中包含文字数据,但神经网络模型无法直接处理文本数据。可以借助自然语言处理中词嵌入的方式完成文本到数字向量之间的转换。按照词嵌入的步骤,需要先将每个单词用数字代替,然后利用嵌入的方法完成数字到映射向量之间的转换。此处,只需要先完成文本到数字的转换,即把电影名称的单词用数字代替。在读取电影数据的同时,统计出现过的单词,从数字 1 开始对不同单词进行编码。

```
    # 用于记录电影 title 每个单词对应哪个序号
movie_titles = {}
    #记录电影名字包含的单词最大数量
max_title_length = 0
    # 对不同的单词从 1 开始计数
t_count = 1
    # 按行读取数据并处理
for item in data:
    item = item.strip().split("::")
    # 1. 获得电影的 ID 信息
    v_id = item[0]
    v_title = item[1][:-7]          # 去掉 title 中年份数据
    v_year = item[1][-5:-1]
    titles = v_title.split()
    # 获得 title 最大长度
    max_title_length = max((max_title_length, len(titles)))

    # 2. 统计电影名字的单词并给每个单词一个序号,放在 movie_titles 中
    for t in titles:
        if t not in movie_titles:
```

```
                movie_titles[t] = t_count
                t_count += 1

    v_tit = [movie_titles[k] for k in titles]
    # 保存电影 ID 数据和 title 数据到字典中
    movie_info[v_id] = {'mov_id': int(v_id),
                        'title': v_tit,
                        'years': int(v_year)}

print("最大电影 title 长度是:", max_title_length)
ID = 1
# 读取第一条数据, 并打印
item = data[0]
item = item.strip().split("::")
print("电影 ID:", item[0])
print("电影 title:", item[1][:-7])
print("ID 为 1 的电影数据是:", movie_info['1'])
```

输出结果为:

```
最大电影 title 长度是: 15
电影 ID: 1
电影 title: Toy Story
ID 为 1 的电影数据是: {'mov_id': 1, 'title': [1, 2], 'years': 1995}
```

考虑到年份对衡量两个电影的相似度没有很大的影响, 后续神经网络处理时, 并不使用年份数据。

3) 统计电影类别的单词并给每个单词一个数字序号

参考处理电影名字的方法处理电影类别, 给不同类别的单词不同数字序号。

```
# 用于记录电影类别每个单词对应哪个序号
movie_titles, movie_cat = {}, {}
max_title_length = 0
max_cat_length = 0

t_count, c_count = 1, 1
# 按行读取数据并处理
for item inV data:
    item = item.strip().split("::")
    # 1. 获得电影的 ID 信息
    v_id = item[0]
    cats = item[2].split('|')

    # 获得电影类别数量的最大长度
    max_cat_length = max((max_cat_length, len(cats)))

    v_cat = item[2].split('|')
    # 统计电影类别单词并给每个单词一个序号, 放在 movie_cat 中
    for cat in cats:
        if cat not in movie_cat:
```

```
            movie_cat[cat] = c_count
            c_count += 1
    v_cat = [movie_cat[k] for k in v_cat]

    # 保存电影 ID 数据和 title 数据到字典中
    movie_info[v_id] = {'mov_id': int(v_id),
                        'category': v_cat}

print("电影类别数量最多是:", max_cat_length)
ID = 1
# 读取第一条数据,并打印
item = data[0]
item = item.strip().split("::")
print("电影 ID:", item[0])
print("电影种类 category:", item[2].split('|'))
print("ID 为 1 的电影数据是:", movie_info['1'])
```

输出结果为:

```
电影类别数量最多是: 6
电影 ID: 1
电影种类 category: ['Animation', "Children's", 'Comedy']
ID 为 1 的电影数据是: {'mov_id': 1, 'category': [1, 2, 3]}
```

4) 电影类别和电影名称定长填充并保存所有电影数据到字典中

在保存电影数据到字典前,值得注意的是,由于每个电影名字和类别的单词数量不一样,因此转换成数字表示时,还需要通过补 0 将其补全成固定数据长度。原因是这些数据作为神经网络的输入,其维度影响了第一层网络的权重维度初始化,这要求输入数据的维度是定长的,而不是变长的,所以通过补 0 使其变为定长输入。补 0 并不会影响神经网络运算的最终结果。

从上面两小节已知,最大电影名字长度是 15,最大电影类别长度是 6,15 和 6 分别表示电影名字、种类包含的最大单词数量。因此,通过补 0 使电影名字的列表长度为 15,使电影种类的列表长度补齐为 6。代码实现如下:

```
# 建立 3 个字典,分别存放电影 ID、名字和类别
movie_info, movie_titles, movie_cat = {}, {}, {}
# 对电影名字、类别中不同的单词从 1 开始标号
t_count, c_count = 1, 1

count_tit = {}
# 按行读取数据并处理
for item in data:
    item = item.strip().split("::")
    # 获得电影的 ID 信息
    v_id = item[0]
    v_title = item[1][:-7]          # 去掉 title 中的年份数据
    cats = item[2].split('|')
    v_year = item[1][-5:-1]
```

```
        titles = v_title.split()
        # 统计电影名字的单词并给每个单词一个序号,放在 movie_titles 中
        for t in titles:
            if t not in movie_titles:
                movie_titles[t] = t_count
                t_count += 1
        # 统计电影类别单词并给每个单词一个序号,放在 movie_cat 中
        for cat in cats:
            if cat not in movie_cat:
                movie_cat[cat] = c_count
                c_count += 1
        # 补 0 使电影名称对应的列表长度为 15
        v_tit = [movie_titles[k] for k in titles]
        while len(v_tit) < 15:
            v_tit.append(0)
        # 补 0 使电影种类对应的列表长度为 6
        v_cat = [movie_cat[k] for k in cats]
        while len(v_cat) < 6:
            v_cat.append(0)
        # 保存电影数据到 movie_info 中
        movie_info[v_id] = {'mov_id': int(v_id),
                            'title': v_tit,
                            'category': v_cat,
                            'years': int(v_year)}

print("电影数据数量:", len(movie_info))
ID = 2
print("原始的电影 ID 为 {} 的数据是:".format(ID), data[ID - 1])
print("电影 ID 为 {} 的转换后数据是:".format(ID), movie_info[str(ID)])
```

输出结果为:

电影数据数量: 3883
原始的电影 ID 为 2 的数据是: 2::Jumanji (1995)::Adventure|Children's|Fantasy

电影 ID 为 2 的转换后数据是: {'mov_id': 2, 'title': [3, 0, 0, 0, 0, 0, 0, 0, 0, 0, 0, 0, 0, 0, 0], 'category': [4, 2, 5, 0, 0, 0], 'years': 1995}

完整的电影数据处理代码如下:

```
def get_movie_info(path):
    # 打开文件,编码方式选择 ISO - 8859 - 1,读取所有数据到 data 中
    with open(path, 'r', encoding = "ISO - 8859 - 1") as f:
        data = f.readlines()
    # 建立 3 个字典,分别用于用户存放电影所有信息、电影的名字信息、类别信息
    movie_info, movie_titles, movie_cat = {}, {}, {}
    # 对电影名字、类别中不同的单词计数
    t_count, c_count = 1, 1
    # 初始化电影名字和种类的列表
    titles = []
    cats = []
    count_tit = {}
```

```
    # 按行读取数据并处理
    for item in data:
        item = item.strip().split("::")
        v_id = item[0]
        v_title = item[1][:-7V]
        cats = item[2].split('|')
        v_year = item[1][-5:-1]

        titles = v_title.split()
        # 统计电影名字的单词,并给每个单词一个序号,放在 movie_titles 中
        for t in titles:
            if t not in movie_titles:
                movie_titles[t] = t_count
                t_count += 1
        # 统计电影类别单词,并给每个单词一个序号,放在 movie_cat 中
        for cat in cats:
            if cat not in movie_cat:
                movie_cat[cat] = c_count
                c_count += 1
        # 补 0 使电影名称对应的列表长度为 15
        v_tit = [movie_titles[k] for k in titles]
        while len(v_tit)<15:
            v_tit.append(0)
        # 补 0 使电影种类对应的列表长度为 6
        v_cat = [movie_cat[k] for k in cats]
        while len(v_cat)<6:
            v_cat.append(0)
        # 保存电影数据到 movie_info 中
        movie_info[v_id] = {'mov_id': int(v_id),
                            'title': v_tit,
                            'category': v_cat,
                            'years': int(v_year)}
    return movie_info, movie_cat, movie_titles

movie_info_path = "./work/ml-1m/movies.dat"
movie_info, movie_cat, movie_titles = get_movie_info(movie_info_path)
print("电影数量:", len(movie_info))
ID = 1
print("原始的电影 ID 为 {} 的数据是:".format(ID), data[ID-1])
print("电影 ID 为 {} 的转换后数据是:".format(ID), movie_info[str(ID)])

print("电影种类对应序号:'Animation':{} 'Children's':{} 'Comedy':{}".format(movie_cat
['Animation'], movie_cat["Children's"], movie_cat['Comedy']))
print("电影名称对应序号:'The':{} 'Story':{} ".format(movie_titles['The'], movie_titles
['Story']))
```

输出结果为:

电影数量: 3883
原始的电影 ID 为 1 的数据是: 1::Toy Story (1995)::Animation|Children's|Comedy

电影 ID 为 1 的转换后数据是: {'mov_id': 1, 'title': [1, 2, 0, 0, 0, 0, 0, 0, 0, 0, 0, 0, 0, 0, 0], 'category': [1, 2, 3, 0, 0, 0], 'years': 1995}

电影种类对应序号:'Animation':1 'Children's':2 'Comedy':3
电影名称对应序号:'The':26 'Story':2

从上面的结果来看,ml-1m 数据集中共有 3883 个不同的电影,每个电影信息包含电影 ID、电影名称、电影类别,均已处理成数字形式。

3. 评分数据处理

有了用户数据和电影数据后,还需要获得用户对电影的评分数据,ml-1m 数据集的评分数据在 ratings.dat 文件中。评分数据格式为 UserID::MovieID::Rating::Timestamp,如图 7.15 所示。

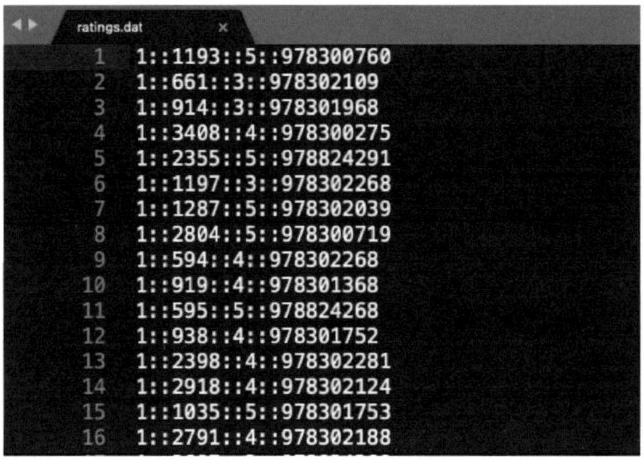

■图 7.15 ratings.dat 数据格式

这份数据很容易理解,如 1::1193::5::978300760 表示 ID 为 1 的用户对电影 ID 为 1193 的评分是 5。978300760 表示 Timestamp 数据,是标注数据时记录的时间信息,对当前任务来说是没有作用的数据,可以忽略这部分信息。

接下来,读取评分文件里的数据:

```
use_poster = False
if use_poster:
    rating_path = "./work/ml-1m/new_rating.txt"
else:
    rating_path = "./work/ml-1m/ratings.dat"
# 打开文件,读取所有行到 data 中
with open(rating_path, 'r') as f:
    data = f.readlines()
# 打印 data 的数据长度,以及第一条数据中的用户 ID、电影 ID 和评分信息
item = data[0]

print(item)

item = item.strip().split("::")
usr_id,movie_id,score = item[0],item[1],item[2]
print("评分数据条数:", len(data))
print("用户 ID:", usr_id)
```

```
print("电影 ID:", movie_id)
print("用户对电影的评分:", score)
```

输出结果为:

```
1::1193::5::978300760
评分数据条数: 1000209
用户 ID: 1
电影 ID: 1193
用户对电影的评分: 5
```

从以上统计结果来看,共有 1000209 条评分数据。电影评分数据不包含文本信息,可以将数据直接存放到字典中。

将评分数据封装到 get_rating_info()函数中,并返回评分数据的信息:

```
def get_rating_info(path):
    # 打开文件,读取所有行到 data 中
    with open(path, 'r') as f:
        data = f.readlines()
    # 创建一个字典
    rating_info = {}
    for item in data:
        item = item.strip().split("::")
        # 处理每行数据,分别得到用户 ID、电影 ID 和评分
        usr_id,movie_id,score = item[0],item[1],item[2]
        if usr_id not in rating_info.keys():
            rating_info[usr_id] = {movie_id:float(score)}
        else:
            rating_info[usr_id][movie_id] = float(score)
    return rating_info

# 获得评分数据
#rating_path = "./work/ml-1m/ratings.dat"
rating_info = get_rating_info(rating_path)
print("ID 为 1 的用户一共评价了{}个电影".format(len(rating_info['1'])))
```

输出结果为:

```
ID 为 1 的用户一共评价了 53 个电影
```

4. 海报图像读取

电影发布时都会包含电影海报,海报图像的名字以"mov_id" + 电影 ID + ".jpg"的方式命名。因此,可以用电影 ID 去索引对应的海报图像。

海报图像展示如图 7.16 所示。

可以从新的评分数据文件 new_rating.txt(注意部分原 rating 数据中的电影由于获取不到海报图片,所以进行了过滤处理)中获取电影 ID,进而索引到图像,代码实现如下:

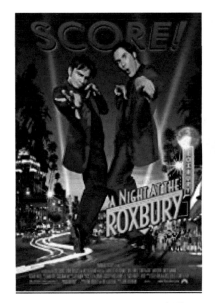 

■图 7.16 电影 ID-2296 和 ID-2291 的海报

```python
from PIL import Image
import matplotlib.pyplot as plt

# 使用海报图像和不使用海报图像的文件路径不同,处理方式相同
use_poster = True
if use_poster:
    rating_path = "./work/ml-1m/new_rating.txt"
else:
    rating_path = "./work/ml-1m/ratings.dat"

with open(rating_path, 'r') as f:
    data = f.readlines()

# 从新的 rating 文件中收集所有的电影 ID
mov_id_collect = []
for item in data:
    item = item.strip().split("::")
    usr_id, movie_id, score = item[0], item[1], item[2]
    mov_id_collect.append(movie_id)

# 根据电影 ID 读取图像
poster_path = "./work/ml-1m/posters/"

# 显示 mov_id_collect 中第几个电影 ID 的图像
idx = 1

poster = Image.open(poster_path + 'mov_id{}.jpg'.format(str(mov_id_collect[idx])))

plt.figure("Image")        # 图像窗口名称
plt.imshow(poster)
plt.axis('on')             # 关掉坐标轴为 off
```

```
plt.title("poster with ID {}".format(mov_id_collect[idx]))    # 图像题目
plt.show()
```

代码执行结果如图 7.17 所示。

■图 7.17　代码执行结果

7.2.2　构建数据读取器

至此已经分别处理了用户、电影和评分数据，接下来要利用这些处理好的数据，构建一个数据读取器，方便在训练神经网络时直接调用。

首先构造一个函数，把读取并处理后的数据整合到一起，即在 rating 数据中补齐用户和电影的所有特征字段。

```
def get_dataset(usr_info, rating_info, movie_info):
    trainset = []
    # 按照评分数据的 key 值索引数据
    for usr_id in rating_info.keys():
        usr_ratings = rating_info[usr_id]
        for movie_id in usr_ratings:
            trainset.append({'usr_info': usr_info[usr_id],
                             'mov_info': movie_info[movie_id],
                             'scores': usr_ratings[movie_id]})
    return trainset

dataset = get_dataset(usr_info, rating_info, movie_info)
print("数据集总数据数:", len(dataset))
```

输出结果为：

数据集总数据数：1000209

接下米构建数据读取器函数 load_data()，先看一下整体结构：

```
import random
def load_data(dataset = None, mode = 'train'):

    """定义一些超参数等"""

    # 定义数据迭代加载器
    def data_generator():

        """ 定义数据的处理过程"""

        data = None
        yield data

    # 返回数据迭代加载器
    return data_generator
```

下面来看一下完整的数据读取器函数实现,核心是将多个样本数据合并到一个列表 (batch),当该列表达到 batchsize 后,以 yield 的方式返回(Python 数据迭代器)。

在进行批次数据拼合的同时,完成数据格式和数据尺寸的转换。

(1) 由于飞桨框架的网络接入层要求将数据先转换成 np. array 类型,再转换成框架内置变量 variable 类型。所以,在数据返回前,需将所有数据均转换成 np. array 的类型,方便后续处理。

(2) 每个特征字段的尺寸也需要根据网络输入层的设计进行调整。根据之前的分析,用户和电影的所有原始特征可以分为 4 类,即 ID 类(用户 ID,电影 ID,性别,年龄,职业)、列表类(电影类别)、文本类(电影名称)和图像类(电影海报)。因为每种特征后续接入的网络层方案不同,所以要求它们的数据尺寸也不同。这里先初步了解即可,待后续阅读了模型设计章节后,将对输入输出尺寸有更好的理解。

数据尺寸的说明如下。

① ID 类(用户 ID,电影 ID,性别,年龄,职业)处理成(256)的尺寸,以便后续接入 Embedding 层,数值 256 是 batchsize。

② 列表类(电影类别)处理成(256,6)的尺寸,数值 6 是电影最多的类别个数,以便后续接入全连接层。

③ 文本类(电影名称)处理成(256,1,15)的尺寸,15 是电影名称的最多单词数,以便接入二维卷积层。二维卷积层要求输入数据为四维,对应到图像处理的场景,各个维度的含义是批次大小、通道数、图像的长、图像的宽,其中 RGB 的彩色图像是 3 通道,灰度图像是单通道。在此处理文本的场景,使用二维卷积层需要将输入处理成其所需要的维度数量。因为 embedding 函数会在输入张量形状的最后一维后面添加 embedding_dim 的维度作为输出的形状,即当输入为(256,1,15),嵌入向量大小为 32 时,embedding 函数会输出(256,1,15,32),这正好是二维卷积层所需要维度数量。

④ 图像类(电影海报)处理成(256,3,64,64)的尺寸,以便接入二维卷积层。图像的原始尺寸是 180×270 彩色图像,使用 resize 函数压缩成 64×64 尺寸,可减少网络计算。

```
import random
use_poster = False
```

```python
def load_data(dataset = None, mode = 'train'):

    # 定义数据迭代 Batch 大小
    BATCHSIZE = 256

    data_length = len(dataset)
    index_list = list(range(data_length))
    # 定义数据迭代加载器
    def data_generator():
        # 训练模式下,打乱训练数据
        if mode == 'train':
            random.shuffle(index_list)
        # 声明每个特征的列表
        usr_id_list,usr_gender_list,usr_age_list,usr_job_list = [], [], [], []
        mov_id_list,mov_tit_list,mov_cat_list,mov_poster_list = [], [], [], []
        score_list = []
        # 索引遍历输入数据集
        for idx, i in enumerate(index_list):
            # 获得特征数据保存到对应特征列表中
            usr_id_list.append(dataset[i]['usr_info']['usr_id'])
            usr_gender_list.append(dataset[i]['usr_info']['gender'])
            usr_age_list.append(dataset[i]['usr_info']['age'])
            usr_job_list.append(dataset[i]['usr_info']['job'])

            mov_id_list.append(dataset[i]['mov_info']['mov_id'])
            mov_tit_list.append(dataset[i]['mov_info']['title'])
            mov_cat_list.append(dataset[i]['mov_info']['category'])
            mov_id = dataset[i]['mov_info']['mov_id']

            if use_poster:
                # 不使用图像特征时,不读取图像数据,加快数据读取速度
                poster = Image.open(poster_path + 'mov_id{}.jpg'.format(str(mov_id)))
                poster = poster.resize([64, 64])
                if len(poster.size) < = 2:
                    poster = poster.convert("RGB")

                mov_poster_list.append(np.array(poster))

            score_list.append(int(dataset[i]['scores']))
            # 如果读取的数据量达到当前的 batch 大小,就返回当前批次
            if len(usr_id_list) == BATCHSIZE:
                # 转换列表数据为数组形式,改造(reshape)到固定形状
                usr_id_arr = np.array(usr_id_list)
                usr_gender_arr = np.array(usr_gender_list)
                usr_age_arr = np.array(usr_age_list)
                usr_job_arr = np.array(usr_job_list)

                mov_id_arr = np.array(mov_id_list)

                mov_cat_arr = np.reshape(np.array(mov_cat_list), [BATCHSIZE, 6]).astype
(np.int64)
                mov_tit_arr = np.reshape(np.array(mov_tit_list), [BATCHSIZE, 1, 15]).
astype(np.int64)
```

```
                    if use_poster:
                        mov_poster_arr = np.reshape(np.array(mov_poster_list)/127.5 - 1,
[BATCHSIZE, 3, 64, 64]).astype(np.float32)
                    else:
                        mov_poster_arr = np.array([0.])

                    scores_arr = np.reshape(np.array(score_list), [-1, 1]).astype(np.float32)

                    # 返回当前批次数据
                    yield [usr_id_arr, usr_gender_arr, usr_age_arr, usr_job_arr], \
                        [mov_id_arr, mov_cat_arr, mov_tit_arr, mov_poster_arr], scores_arr

                    # 清空数据
                    usr_id_list, usr_gender_list, usr_age_list, usr_job_list = [], [], [], []
                    mov_id_list, mov_tit_list, mov_cat_list, score_list = [], [], [], []
                    mov_poster_list = []
    return data_generator
```

load_data()函数通过输入的数据集,处理数据并返回一个数据迭代器。

将数据集按照 8∶2 的比例划分训练集和验证集,可以分别得到训练数据迭代器和验证数据迭代器。

```
dataset = get_dataset(usr_info, rating_info, movie_info)
print("数据集总数量:", len(dataset))

trainset = dataset[:int(0.8 * len(dataset))]
train_loader = load_data(trainset, mode = "train")
print("训练集数量:", len(trainset))

validset = dataset[int(0.8 * len(dataset)):]
valid_loader = load_data(validset, mode = 'valid')
print("验证集数量:", len(validset))
```

输出结果为:

```
数据集总数量: 1000209
训练集数量: 800167
验证集数量: 200042
```

数据迭代器的使用方式如下:

```
for idx, data in enumerate(train_loader()):
    usr_data, mov_data, score = data

    usr_id_arr, usr_gender_arr, usr_age_arr, usr_job_arr = usr_data
    mov_id_arr, mov_cat_arr, mov_tit_arr, mov_poster_arr = mov_data
    print("用户 ID 数据尺寸", usr_id_arr.shape)
    print("电影 ID 数据尺寸", mov_id_arr.shape, ", 电影类别 genres 数据的尺寸", mov_cat_
arr.shape, ", 电影名字 title 的尺寸", mov_tit_arr.shape)
    break
```

输出结果为:

用户 ID 数据尺寸 (256,)
电影 ID 数据尺寸 (256,),电影类别 genres 数据的尺寸 (256,6),电影名字 title 的尺寸
(256, 1, 15)

小结

本节主要介绍了电影推荐数据集 ml-1m,并对数据集中的用户数据、电影数据、评分数据进行介绍和处理,将字符串形式的数据转换成数字表示的数据形式,并构建了数据读取器,最终将数据处理和数据读取封装到一个 Python 类中,如图 7.18 所示。

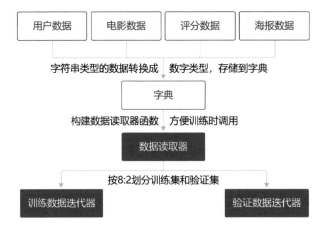

图 7.18　数据处理流程框图

各数据处理前后格式如表 7.7 所示。

表 7.7　各数据处理前后格式

数据分类	输入数据样例	输出数据样例
用户数据	UserID::Gender::Age::Occupation 1::F::1::10	{'usr_id': 1, 'gender': 1, 'age': 1, 'job': 10}
电影数据	MovieID::Title::Genres 2::Jumanji(1995)::Adventure | Children's|Fantasy	{'mov_id': 2, 'title': [3, 0, 0, 0, 0, 0, 0, 0, 0, 0, 0, 0, 0, 0, 0], 'category': [4, 2, 5, 0, 0, 0]}
评分数据	UserID::MovieID::Rating 1::1193::5	{'usr_id': 1, 'mov_id': 1193, 'score': 5}
海报数据	"mov_id" + MovieID+".jpg"格式的图片	64 * 64 * 3 的像素矩阵

虽然将文本的数据转换成了数字表示形式,但是这些数据依然是离散的,不适合直接输入到神经网络中,还需要对其进行嵌入操作,将其映射为固定长度的向量。

7.3　电影推荐模型设计

7.3.1　模型设计介绍

神经网络模型设计是电影推荐任务中的重要一环。它的作用是提取图像、文本或者语音的特征,利用这些特征完成分类、检测、文本分析等任务。在电影推荐任务中,将设计一个神经网络模型,提取用户数据、电影数据的特征向量,然后计算这些向量的相似度,利用相似度的大小去完成推荐。

根据第 1 章中对建模思路的分析,神经网络模型的设计包含如下步骤。

① 分别将用户、电影的多个特征数据转换成特征向量。

② 对这些特征向量,使用全连接层或者卷积层进一步提取特征。

③ 将用户、电影多个数据的特征向量融合成一个向量表示,方便进行相似度计算。

④ 计算特征之间的相似度。

依据这个思路,设计一个简单的电影推荐神经网络模型如图 7.19 所示。

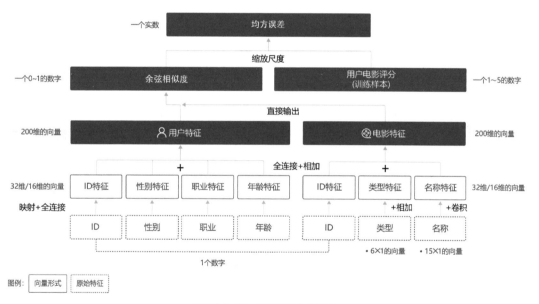

■图 7.19　网络结构的设计

该网络结构包含如下内容。

① 提取用户特征和电影特征作为神经网络的输入,其中:

a. 用户特征包含 4 个属性信息,分别是用户 ID、性别、职业和年龄;

b. 电影特征包含 3 个属性信息,分别是电影 ID、电影类型和电影名称。

② 提取用户特征。使用 Embedding 层将用户 ID 映射为向量表示,输入全连接层,并对其他 3 个属性也做类似的处理。然后将 4 个属性的特征分别全连接并相加。

③ 提取电影特征。将电影 ID 和电影类型映射为向量表示,输入全连接层,电影名字用文本卷积神经网络得到其定长向量表示。然后将 3 个属性的特征表示分别全连接并相加。

④ 得到用户和电影的向量表示后,计算两者的余弦相似度。最后,用该相似度和用户真实评分的均方差作为该回归模型的损失函数。

衡量相似度的计算有多种方式,如计算余弦相似度、皮尔森相关系数、Jaccard 相似系数等,或者通过计算欧几里得距离、曼哈顿距离、明可夫斯基距离等方式计算相似度。余弦相似度是一种简单易用的向量相似度计算方式,通过计算向量之间的夹角余弦值来评估它们的相似度,本节使用余弦相似度计算特征之间的相似度。

网络的主体框架已经在第 1 章中做出了分析,但还有一些细节点没有确定。

(1) 如何将"数字"转变成"向量"?

答:如 NLP 章节的介绍,使用词嵌入(Embedding)的方式可将数字转变成向量。

(2) 如何合并多个向量的信息? 例如,如何将用户 4 个特征(ID、性别、年龄、职业)的向量合并成一个向量?

答:最简单的方式是先将不同特征向量(ID 32 维、性别 16 维、年龄 16 维、职业 16 维)通过 4 个全连接层映射到 4 个等长的向量(200 维度),再将 4 个等长的向量按位相加即可得到一个包含全部信息的向量。

电影类型的特征是多个数字转变成的多个向量(6 个),也可以通过该方式合并成一个向量。

(3) 如何处理文本信息?

答:如 NLP 章节的介绍,使用卷积神经网络(CNN)和长短记忆神经网络(LSTM)处理文本信息会有较好的效果。因为电影标题是相对简单的短文本,所以使用卷积网络结构来处理电影标题。

(4) 尺寸大小应该如何设计? 这涉及信息熵的理念:越丰富的信息,维度越高。所以,信息量较少的原始特征可以用更短的向量表示,如性别、年龄和职业这 3 个特征向量均设置成 16 维,而用户 ID 和电影 ID 这样较多信息量的特征设置成 32 维。综合了 4 个原始用户特征的向量和综合了 3 个电影特征的向量均设计成 200 维度,使它们可以蕴含更丰富的信息。当然,尺寸大小并没有一贯的最优规律,需要根据问题的复杂程度训练样本量、特征的信息量等多方面信息探索出最有效的设计。

第 1 章的设计思想结合上面几个细节方案,即可得出图 7.18 所示的网络结构。

接下来进入代码实现环节,首先看看如何将数据映射为向量。在自然语言处理中,常使用词嵌入(Embedding)的方式完成向量变换。

7.3.2 Embedding 介绍

Embedding 是一个嵌入层,将输入的非负整数矩阵中的每个数值,转换为具有固定长度的向量。

在 NLP 任务中,一般把输入文本映射成向量表示,以方便神经网络的处理。在数据处理章节,已经将用户和电影的特征用数字表示。嵌入层 Embedding 可以完成数字到向量的映射。

飞桨已经支持 Embedding API,该接口根据输入从 Embedding 矩阵中查询对应 Embedding 信息,并会根据输入参数 num_embeddings 和 embedding_dim 自动构造一个二维 Embedding 矩阵。

```
class paddle.nn.Embedding (num_embeddings, embedding_dim,
        padding_idx = None, sparse = False, weight_attr = None, name = None)
```

常用参数含义如下。

① num_embeddings（int）：表示嵌入字典的大小。

② embedding_dim：表示每个嵌入向量的大小。

③ sparse（bool）：是否使用稀疏更新，在词嵌入权重较大的情况下，使用稀疏更新能够获得更快的训练速度及更小的内存/显存占用。

④ weight_attr（ParamAttr）：指定嵌入向量的配置，包括初始化方法，具体用法可参见 ParamAttr，一般无需设置，默认值为 None。

需要特别注意，embedding 函数在输入张量形状的最后一维后面添加 embedding_dim 的维度，所以输出的维度数量会比输入多一个。如下面的代码为例，当输入的张量尺寸是 [1]、embedding_dim 是 32 时，输出张量的尺寸是[1,32]。

```
import paddle
from paddle.nn import Linear, Embedding, Conv2D
import numpy as np
import paddle.nn.functional as F

# 声明用户的最大 ID,在此基础上加 1(算上数字 0)
USR_ID_NUM = 6040 + 1
# 声明 Embedding 层,将 ID 映射为 32 长度的向量
usr_emb = Embedding(num_embeddings = USR_ID_NUM,
                    embedding_dim = 32,
                    sparse = False)
# 声明输入数据,将其转换成 tensor
arr_1 = np.array([1], dtype = "int64").reshape(( -1))
print(arr_1)
arr_pd1 = paddle.to_tensor(arr_1)
print(arr_pd1)
# 计算结果
emb_res = usr_emb(arr_pd1)
# 打印结果
print("数字 1 的 embedding 结果是: ", emb_res.numpy(), "\n 形状是:", emb_res.shape)
```

使用 Embedding 时，需要注意 num_embeddings 和 embedding_dim 这两个参数。num_embeddings 表示词表大小；embedding_dim 表示 Embedding 层维度。

使用的 ml-1m 数据集的用户 ID 最大为 6040，考虑到 0 号 ID 的存在，因此这里需要将 num_embeddings 设置为 6041(6040＋1)。embedding_dim 表示将数据映射为 embedding_dim 维度的向量。这里将用户 ID 数据 1 转换成维度为 32 的向量表示。32 是设置的超参数，读者可以自行调整大小。

通过上面的代码，简单了解了 Embedding 的工作方式，但是 Embedding 层是如何将数字映射为高维度向量的呢？

实际上，Embedding 层和 Conv2D、Linear 层一样，Embedding 层也有可学习的权重，通过矩阵相乘的方法对输入数据进行映射。Embedding 中将输入映射成向量的实际步骤如下。

① 将输入数据转换成 one-hot 格式的向量。

② one-hot 向量和 Embedding 层的权重进行矩阵相乘得到 Embedding 的结果。

下面展示了另一个使用 Embedding 函数的示例。该示例从 0 到 9 的 10 个 ID 数字中随机取出 3 个,查看使用默认初始化方式的 Embedding 结果,再查看使用 KaimingNormal (0 均值的正态分布)初始化方式的 Embedding 结果。实际上,无论使用哪种参数初始化的方式,这些参数都是要在后续的训练过程中优化,只是更符合任务场景的初始化方式可以使训练更快收敛,部分场景可以取得略好的模型精度。

```python
# 声明用户的最大 ID,在此基础上加 1(算上数字 0)
USR_ID_NUM = 10
# 声明 Embedding 层,将 ID 映射为 16 长度的向量
usr_emb = Embedding(num_embeddings = USR_ID_NUM,
                    embedding_dim = 16,
                    sparse = False)
# 定义输入数据,输入数据为不超过 10 的整数,将其转成 tensor
arr = np.random.randint(0, 10, (3)).reshape((-1)).astype('int64')
print("输入数据是:", arr)
arr_pd = paddle.to_tensor(arr)
emb_res = usr_emb(arr_pd)
print("默认权重初始化 embedding 层的映射结果是:", emb_res.numpy())

# 观察 Embedding 层的权重
emb_weights = usr_emb.state_dict()
print(emb_weights.keys())

print("\n查看 embedding 层的权重形状:", emb_weights['weight'].shape)

# 声明 Embedding 层,将 ID 映射为 16 长度的向量,自定义权重初始化方式
# 定义 KaimingNorma 初始化方式
init = paddle.nn.initializer.KaimingNormal()
param_attr = paddle.ParamAttr(initializer = init)

usr_emb2 = Embedding(num_embeddings = USR_ID_NUM,
                     embedding_dim = 16,
                     weight_attr = param_attr)
emb_res = usr_emb2(arr_pd)
print("KaimingNormal 初始化权重 embedding 层的映射结果是:", emb_res.numpy())
```

输出结果为:

```
输入数据是: [1 4 9]
默认权重初始化 embedding 层的映射结果是: [[-0.07559231   0.46109134  -0.17617545
  -0.2632709    0.04440361   0.03021485
  -0.33481532   0.46221858   0.18059582  -0.310695      0.35020006  -0.2682178
  -0.09613737  -0.41793132  -0.29280508  -0.12745944]
 [-0.38570142   0.166713    -0.34719235  -0.16140386  -0.06184858  -0.20724228
  -0.06870237   0.44924378  -0.38813472   0.3347426     0.40100622   0.05968314
  -0.40234727  -0.04549411  -0.41187727  -0.23398468]
 [-0.35217947   0.17998767   0.2391913    0.25739622    0.44642985   0.2946385
  -0.17868212  -0.32654923   0.39072788  -0.4247006     0.11755955   0.40622634
```

```
      0.37872875  − 0.3500846    0.33671618   − 0.382438   ]]
odict_keys(['weight'])
```

查看 embedding 层的权重形状：[10, 16]
KaimingNormal 初始化权重 embedding 层的映射结果是：[[− 0.28677347 − 0.1705432   0.2987513
    0.24275354   − 0.6326506   − 0.45437163
   − 0.07351629 − 0.21466267 0.63450587   − 0.32486862   0.5489589   − 1.3371551
   − 0.1845428   − 0.3407158   0.01930108   − 0.19336407]
  [0.5956444   − 0.2708108   0.27161372   − 0.4332114   − 0.473155   − 0.5902645
   − 0.7067252   − 0.29935208 − 0.40748447 − 0.02663262   0.7250387   0.37857506
    0.1831376   − 0.17772828 − 0.22422215 − 0.03368116]
  [− 0.68832195   0.75668186 − 0.57853657   0.18433066   0.03109945   0.14204665
    0.13284403   − 1.57638   0.25036728   − 0.32798365   0.104678   − 0.28829753
   − 0.7802544   0.30158752   0.35971668   − 0.54211533]]

上面代码中，在[0，10]上随机产生了 3 个整数，因此数据的最大值为 9，最小值为 0。因此，输入数据映射为每个 one-hot 向量的维度是 10，定义 Embedding 权重的第一个维度 USR_ID_NUM 为 10。

这里输入的数据形状是[3，1]，Embedding 层的权重形状则是[10，16]，Embedding 在计算时，首先将输入数据转换成 one-hot 向量，one-hot 向量的长度和 Embedding 层的输入参数 size 的第一个维度有关。比如这里设置的是 10，所以输入数据将被转换成维度为[3，10]的 one-hot 向量，参数 size 决定了 Embedding 层的权重形状。最终维度为[3，10]的 one-hot 向量与维度为[10，16]的 Embedding 权重相乘，得到最终维度为[3，16]的映射向量。

也可以对 Embeding 层的权重进行初始化，如果不设置初始化方式，则采用默认的初始化方式。

神经网络处理文本数据时，需要用数字代替文本，Embedding 层则是将输入数字数据映射成高维向量，然后就可以使用卷积、全连接、LSTM 等网络层处理数据了，接下来开始设计用户和电影数据的特征提取网络。

理解 Embedding 后，就可以开始构建提取用户特征的神经网络了，如图 7.20 所示。

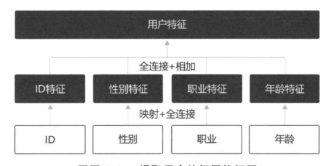

■图 7.20　提取用户特征网络框图

用户特征网络主要包括：
① 将用户 ID 数据映射为向量表示，通过全连接层得到 ID 特征；
② 将用户性别数据映射为向量表示，通过全连接层得到性别特征；

③ 将用户职业数据映射为向量表示,通过全连接层得到职业特征;

④ 将用户年龄数据影射为向量表示,通过全连接层得到年龄特征;

⑤ 融合 ID、性别、职业、年龄特征,得到用户的特征表示。

在用户特征计算网络中,对每个用户数据做嵌入处理,然后经过一个全连接层,激活函数使用 ReLU,得到用户所有特征后将特征整合,经过一个全连接层得到最终的用户数据特征,该特征的维度是 200 维,用于和电影特征计算相似度。

1. 提取用户 ID 特征

开始构建用户 ID 的特征提取网络,ID 特征提取包括两个部分。首先,使用 Embedding 将用户 ID 映射为向量;然后,使用一层全连接层和 ReLU 激活函数进一步提取用户 ID 特征。相比较电影类别和电影名称,用户 ID 只包含一个数字,数据更为简单。这里需要考虑将用户 ID 映射为多少维度的向量合适,使用维度过大的向量表示用户 ID 容易造成信息冗余,维度过低又不足以表示该用户的特征。从理论上来说,如果使用二进制表示用户 ID,用户最大 ID 是 6040,小于 2 的 13 次方,因此,理论上使用 13 维度的向量已经足够了,为了让不同 ID 的向量更具区分性,选择将用户 ID 映射为维度为 32 维的向量。

下面是用户 ID 特征提取代码实现:

```
# 自定义一个用户 ID 数据
usr_id_data = np.random.randint(0, 6040, (2)).reshape((-1)).astype('int64')
print("输入的用户 ID 是:", usr_id_data)

USR_ID_NUM = 6040 + 1
# 定义用户 ID 的 embedding 层和 fc 层
usr_emb = Embedding(num_embeddings = USR_ID_NUM,
                    embedding_dim = 32,
                    sparse = False)
usr_fc = Linear(in_features = 32, out_features = 32)

usr_id_var = paddle.to_tensor(usr_id_data)
usr_id_feat = usr_fc(usr_emb(usr_id_var))

usr_id_feat = F.relu(usr_id_feat)
print("用户 ID 的特征是:", usr_id_feat.numpy(), "\n 其形状是:", usr_id_feat.shape)
```

输出结果为:

```
输入的用户 ID 是: [3673  603]
用户 ID 的特征是: [[0.         0.01973414 0.02144782 0.         0.         0.
  0.00363597 0.         0.         0.         0.00861626 0.03429735
  0.         0.01516718 0.03690353 0.         0.         0.01882378
  0.         0.         0.01090848 0.02734157 0.         0.01510335
  0.         0.         0.00086916 0.00083421 0.0375373  0.01950407
  0.         0.0036423 ]
 [0.00177084 0.01983142 0.         0.         0.         0.00400646
  0.02201955 0.         0.         0.         0.         0.
  0.         0.00673456 0.00300174 0.         0.02012531 0.
  0.00057964 0.00807733 0.         0.         0.         0.
  0.00551907 0.01994854 0.01152299 0.01468143 0.         0.02226564
```

```
    0.01047609 0.            ]]
```
其形状是：[2, 32]

注意到，将用户 ID 映射为 one-hot 向量时，Embedding 层参数 size 的第一个参数是在用户的最大 ID 基础上加上 1。原因很简单，从上一节数据处理已经发现，用户 ID 是从 1 开始计数的，最大的用户 ID 是 6040。并且已经知道通过 Embedding 映射输入数据时，是先把输入数据转换成 one-hot 向量。向量中只有一个 1 的向量才被称为 one-hot 向量，比如，0 用四维的 one-hot 向量表示是[1，0，0，0]，同时，四维的 one-hot 向量最大只能表示 3。所以，要把数字 6040 用 one-hot 向量表示，至少需要用 6041 维度的向量。

接下来会看到，类似的 Embeding 层也适用于处理用户性别、年龄和职业以及电影 ID 等特征，实现代码均是类似的。

2. 提取用户性别特征

接下来构建用户性别的特征提取网络，同用户 ID 特征提取步骤，使用 Embedding 层和全连接层提取用户性别特征。用户性别不像用户 ID 数据那样有数千数万种不同数据，性别只有两种可能，不需要使用高维度的向量表示其特征，这里将用户性别用 16 维的向量表示。

下面是用户性别特征提取实现：

```
# 自定义一个用户性别数据
usr_gender_data = np.array((0, 1)).reshape(-1).astype('int64')
print("输入的用户性别是:", usr_gender_data)

# 用户的性别用 0、1 表示
# 性别最大 ID 是 1，所以 Embedding 层 size 的第一个参数设置为 1 + 1 = 2
USR_ID_NUM = 2
# 对用户性别信息做映射并紧接着一个 FC 层
USR_GENDER_DICT_SIZE = 2
usr_gender_emb = Embedding(num_embeddings = USR_GENDER_DICT_SIZE,
                           embedding_dim = 16)

usr_gender_fc = Linear(in_features = 16, out_features = 16)

usr_gender_var = paddle.to_tensor(usr_gender_data)
usr_gender_feat = usr_gender_fc(usr_gender_emb(usr_gender_var))
usr_gender_feat = F.relu(usr_gender_feat)
print("用户性别特征的数据特征是:", usr_gender_feat.numpy(), "\n 其形状是:", usr_gender_
feat.shape)
print("\n 性别 0 对应的特征是:", usr_gender_feat.numpy()[0, :])
print("性别 1 对应的特征是:", usr_gender_feat.numpy()[1, :])
```

输出结果为：

```
输入的用户性别是:[0 1]
用户性别特征的数据特征是:
[[0.          0.14182808   0.          0.          0.          0.13223661
  0.290768    0.05445036   0.          0.          0.45628783   0.
  0.          0.           0.0980798  0.46899053]
 [0.2865728   0.16436882   0.          0.          0.4018238   0.2942576
  0.32367375  0.           0.0249909  0.          0.          0.03561644
```

```
    0.                0.19508833        0.196251   0.              ]]
```
其形状是：[2, 16]

性别 0 对应的特征是：
```
[0.               0.14182808  0.            0.               0.             0.13223661
0.290768         0.05445036  0.            0.               0.45628783 0.
0.               0.          0.0980798     0.46899053]
```
性别 1 对应的特征是：
```
[0.2865728        0.16436882  0.            0.               0.4018238      0.2942576
0.32367375       0.          0.0249909     0.               0.             0.03561644
0.               0.19508833  0.196251      0.               ]
```

3. 提取用户年龄特征

构建用户年龄的特征提取网络，同样采用 Embedding 层和全连接层的方式提取特征。前面了解到年龄数据分布是：

- 1：''Under 18''；
- 18：''18-24''；
- 25：''25-34''；
- 35：''35-44''；
- 45：''45-49''；
- 50：''50-55''；
- 56：''56＋''。

得知用户年龄最大值为 56，这里仍将用户年龄用 16 维的向量表示：

```python
# 自定义一个用户年龄数据
usr_age_data = np.array((1, 18)).reshape(-1).astype('int64')
print("输入的用户年龄是:", usr_age_data)

# 对用户年龄信息做映射,并紧接着一个 Linear 层
# 年龄的最大 ID 是 56,所以 Embedding 层 size 的第一个参数设置为 56 + 1 = 57
USR_AGE_DICT_SIZE = 56 + 1

usr_age_emb = Embedding(num_embeddings = USR_AGE_DICT_SIZE,
                            embedding_dim = 16)
usr_age_fc = Linear(in_features = 16, out_features = 16)

usr_age = paddle.to_tensor(usr_age_data)
usr_age_feat = usr_age_emb(usr_age)
usr_age_feat = usr_age_fc(usr_age_feat)
usr_age_feat = F.relu(usr_age_feat)

print("用户年龄特征的数据特征是:", usr_age_feat.numpy(), "\n 其形状是:", usr_age_feat.
shape)
print("\n 年龄 1 对应的特征是:", usr_age_feat.numpy()[0, :])
print("年龄 18 对应的特征是:", usr_age_feat.numpy()[1, :])
```

输出结果为：

输入的用户年龄是：[1 18]

用户年龄特征的数据特征是：

```
[[0.18603195    0.06866093    0.           0.           0.           0.04583025
  0.01045843    0.11252148    0.15186861 0.           0.           0.
  0.            0.            0.           0.           ]
 [0.556911      0.46708024    0.           0.02739867 0.14870974 0.
  0.            0.26320955    0.09309161 0.           0.15999144 0.
  0.            0.            0.           0.           ]]
```

其形状是：[2, 16]

年龄 1 对应的特征是：

```
[0.18603195    0.06866093    0.           0.           0.           0.04583025
 0.01045843    0.11252148    0.15186861 0.           0.           0.
 0.            0.            0.           0.           ]
```

年龄 18 对应的特征是：

```
[0.556911      0.46708024    0.           0.02739867 0.14870974 0.
 0.            0.26320955    0.09309161 0.           0.15999144 0.
 0.            0.            0.           0.           ]
```

4. 提取用户职业特征

参考用户年龄的处理方式实现用户职业的特征提取，同样采用 Embedding 层和全连接层的方式提取特征。由前文信息可以得知用户职业的最大数字表示是 20。

```
# 自定义一个用户职业数据
usr_job_data = np.array((0, 20)).reshape(-1).astype('int64')
print("输入的用户职业是:", usr_job_data)

# 对用户职业信息做映射,并紧接着一个 Linear 层
# 用户职业的最大 ID 是 20,所以 Embedding 层 size 的第一个参数设置为 20 + 1 = 21
USR_JOB_DICT_SIZE = 20 + 1
usr_job_emb = Embedding(num_embeddings = USR_JOB_DICT_SIZE, embedding_dim = 16)
usr_job_fc = Linear(in_features = 16, out_features = 16)

usr_job = paddle.to_tensor(usr_job_data)
usr_job_feat = usr_job_emb(usr_job)
usr_job_feat = usr_job_fc(usr_job_feat)
usr_job_feat = F.relu(usr_job_feat)

print("用户职业特征的数据特征是:", usr_job_feat.numpy(), "\n 其形状是:", usr_job_feat.
shape)
print("\n 职业 0 对应的特征是:", usr_job_feat.numpy()[0, :])
print("职业 20 对应的特征是:", usr_job_feat.numpy()[1, :])
```

输出结果为：

```
输入的用户职业是: [ 0 20]
用户职业特征的数据特征是:
[[0.08083373    0.10315916    0.22323959    0.23572789    0.           0.25177816
  0.            0.            0.11510143    0.           0.04173706 0.
  0.            0.1895727     0.            0.28244483]
 [0.4114391     0.00448131    0.           0.           0.           0.
  0.56984323    0.5105604     0.           0.           0.           0.17038038
```

　　0.0591015　　　0.7131713　　　0.　　　　　　　　　0.19361043]]
其形状是：[2, 16]

职业 0 对应的特征是：
[0.08083373　　0.10315916　0.22323959　　0.23572789　　0.　　　　　0.25177816
0.　　　　　　0.　　　　　0.11510143　　0.　　　　　　0.04173706　0.
0.　　　　　　0.1895727　　0.　　　　　　0.28244483]
职业 20 对应的特征是：
[0.4114391　　0.00448131　0.　　　　　0.　　　　　　0.　　　　　0.
0.56984323　　0.5105604　　0.　　　　　0.　　　　　　0.　　　　　0.17038038
0.0591015　　0.7131713　　0.　　　　　0.19361043]

5. 融合用户特征

　　特征融合是一种常用的特征增强手段，通过结合不同特征的长处，达到取长补短的目的。简单的融合方法有特征(加权)相加、特征级联、特征正交等。此处使用特征融合是为了将用户的多个特征融合到一起，用单个向量表示每个用户，更方便计算用户与电影的相似度。上文使用 Embedding 加全连接的方法，分别得到了用户 ID、年龄、性别、职业的特征向量，可以使用全连接层将每个特征映射到固定长度，然后进行相加，得到融合特征。

```
FC_ID = Linear(in_features = 32, out_features = 200)
FC_JOB = Linear(in_features = 16, out_features = 200)
FC_AGE = Linear(in_features = 16, out_features = 200)
FC_GENDER = Linear(in_features = 16, out_features = 200)

# 收集所有的用户特征
_features = [usr_id_feat, usr_job_feat, usr_age_feat, usr_gender_feat]
_features = [k.numpy() for k in _features]
_features = [paddle.to_tensor(k) for k in _features]

id_feat = F.tanh(FC_ID(_features[0]))
job_feat = F.tanh(FC_JOB(_features[1]))
age_feat = F.tanh(FC_AGE(_features[2]))
genger_feat = F.tanh(FC_GENDER(_features[-1]))

# 对特征求和
usr_feat = id_feat + job_feat + age_feat + genger_feat
print("用户融合后特征的维度是:", usr_feat.shape)
```

输出结果为：

用户融合后特征的维度是：[2, 200]

　　这里使用全连接层进一步提取特征，而不是直接相加得到用户特征的原因有如下两点。
　　① 用户每个特征数据维度不一致，无法直接相加。
　　② 用户每个特征仅使用了一层全连接层，提取特征不充分，多使用一层全连接层能进一步提取特征。而且，这里用高维度(200 维)的向量表示用户特征，能包含更多的信息，每个用户特征之间的区分也更明显。
　　上述实现中需要对每个特征都使用一个全连接层，实现较为复杂。一种简单的替换方式是，先将每个用户特征沿着长度维度进行级联，然后使用一个全连接层获得整个用户特征向量，两种方式的对比如图 7.21 所示。

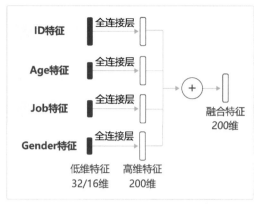 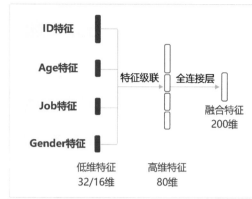

方案1 全连接+向量相加　　　　　　**方案2** 特征级联(向量拼接)+全连接

■图 7.21　两种特征方式对比示意

两种方式均可实现向量的合并，虽然两者的数学公式不同，但它们的表达方式是类似的。

下面是图 7.21 中方案 2 的代码实现：

```
usr_combined = Linear(in_features = 80, out_features = 200)

# 收集所有的用户特征
_features = [usr_id_feat, usr_job_feat, usr_age_feat, usr_gender_feat]

print("打印每个特征的维度:", [f.shape for f in _features])

_features = [k.numpy() for k in _features]
_features = [paddle.to_tensor(k) for k in _features]

# 对特征沿着最后一个维度级联
usr_feat = paddle.concat(_features, axis = 1)
usr_feat = F.tanh(usr_combined(usr_feat))
print("用户融合后特征的维度是:", usr_feat.shape)
```

输出结果为：

```
打印每个特征的维度: [[2, 32], [2, 16], [2, 16], [2, 16]]
用户融合后特征的维度是: [2, 200]
```

上述代码中，使用了 paddle.concat API，表示沿着第几个维度将输入数据级联到一起。

```
paddle.concat (x, axis = 0, name = None)
```

常用参数含义如下。

① x (list|tuple)：待连接的 Tensor list 或者 Tensor tuple，x 中所有 Tensor 的数据类型应该一致。

② axis（int｜Tensor，可选）：指定对输入 x 进行运算的轴，默认值为 0。

至此已经完成了用户特征提取网络的设计，包括 ID 特征提取、性别特征提取、年龄特征提取、职业特征提取和特征融合模块。

7.3.3　电影特征提取网络

接下来构建提取电影特征的神经网络，与用户特征网络结构不同的是，电影的名称和类别均有多个数字信息，构建网络时对这两类特征的处理方式也不同，如图 7.22 所示。

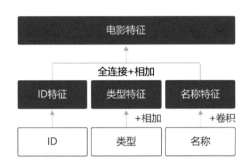

■图 7.22　构建神经网络基本方式

电影特征网络主要包括如下内容。

① 将电影 ID 数据映射为向量表示，通过全连接层得到 ID 特征。

② 将电影类别数据映射为向量表示，对电影类别的向量求和得到类别特征。

③ 将电影名称数据映射为向量表示，通过卷积层计算得到名称特征。

1. 提取电影 ID 特征

与计算用户 ID 特征的方式类似，通过如下方式实现电影 ID 特性提取。根据上一节信息得知电影 ID 的最大值是 3952。

```
# 自定义一个电影 ID 数据
mov_id_data = np.array((1, 2)).reshape(-1).astype('int64')
# 对电影 ID 信息做映射，并紧接着一个 FC 层
MOV_DICT_SIZE = 3952 + 1
mov_emb = Embedding(num_embeddings = MOV_DICT_SIZE, embedding_dim = 32)
mov_fc = Linear(32, 32)

print("输入的电影 ID 是:", mov_id_data)
mov_id_data = paddle.to_tensor(mov_id_data)
mov_id_feat = mov_fc(mov_emb(mov_id_data))
mov_id_feat = F.relu(mov_id_feat)
print("计算的电影 ID 的特征是", mov_id_feat.numpy(), "\n 其形状是:", mov_id_feat.shape)
print("\n 电影 ID 为 {} 计算得到的特征是:{}".format(mov_id_data.numpy()[0], mov_id_feat.numpy()[0]))
print("电影 ID 为 {} 计算得到的特征是:{}".format(mov_id_data.numpy()[1], mov_id_feat.numpy()[1]))
```

输出结果为：

输入的电影 ID 是：[1 2]
计算的电影 ID 的特征是

```
[[0.02731299    0.            0.00167207    0.02620771    0.            0.
  0.            0.            0.00351396    0.            0.00208839    0.01650126
  0.0007954     0.            0.0118051     0.            0.            0.03977888
  0.            0.            0.            0.            0.            0.
  0.            0.            0.            0.04166289    0.            0.01048511
  0.00695774    0.00047735]
 [0.            0.            0.01456528    0.            0.            0.
  0.            0.            0.            0.            0.            0.
  0.00154174    0.            0.02671057    0.            0.            0.02783004
  0.            0.            0.            0.            0.01872267    0.00220706
  0.03723875    0.            0.00298987    0.            0.03633026    0.
  0.            0.0375267 ]]
```

其形状是：[2, 32]

电影 ID 为 1 计算得到的特征是：

```
[0.02731299    0.            0.00167207    0.02620771    0.            0.
 0.            0.            0.00351396    0.            0.00208839    0.01650126
 0.0007954     0.            0.0118051     0.            0.            0.03977888
 0.            0.            0.            0.            0.            0.
 0.            0.            0.            0.04166289    0.            0.01048511
 0.00695774 0.00047735]
```

电影 ID 为 2 计算得到的特征是：

```
[0.            0.            0.01456528    0.            0.            0.
 0.00154174    0.            0.02671057    0.            0.            0.02783004
 0.            0.            0.            0.            0.01872267    0.00220706
 0.03723875    0.            0.00298987    0.            0.03633026    0.
 0.            0.0375267 ]
```

2. 提取电影类别特征

与电影 ID 数据不同的是，每个电影有多个类别，提取类别特征时，如果对每个类别数据都使用一个全连接层，电影最多的类别数是 6，会导致类别特征提取网络参数过多而不利于学习。通常对于电影类别特征提取的处理方式如下。

① 通过 Embedding 网络层将电影类别数字映射为特征向量。

② 对 Embedding 后的向量沿着类别数量维度进行求和，得到一个类别映射向量。

③ 通过一个全连接层计算类别特征向量。

数据处理章节已经介绍过，每个电影的类别数量是不固定的，且一个电影最大的类别数量是 6，类别数量不足 6 的通过补 0 到 6 维。因此，每个类别的数据维度是 6，每个电影类别有 6 个 Embedding 向量。我们希望用一个向量就可以表示电影类别，可以对电影类别数量维度降维，这里对 6 个 Embedding 向量通过求和的方式降维，得到电影类别的向量表示。下面是电影类别特征提取的实现方法：

```python
# 自定义一个电影类别数据
mov_cat_data = np.array(((1, 2, 3, 0, 0, 0), (2, 3, 4, 0, 0, 0))).reshape(2, -1).astype('int64')
# 对电影 ID 信息做映射，并紧接着一个 Linear 层
MOV_DICT_SIZE = 6 + 1
```

```
mov_emb = Embedding(num_embeddings = MOV_DICT_SIZE, embedding_dim = 32)
mov_fc = Linear(in_features = 32, out_features = 32)

print("输入的电影类别是:", mov_cat_data[:, :])
mov_cat_data = paddle.to_tensor(mov_cat_data)
# 1. 通过 Embedding 映射电影类别数据;
mov_cat_feat = mov_emb(mov_cat_data)
# 2. 对 Embedding 后的向量沿着类别数量维度进行求和,得到一个类别映射向量;
mov_cat_feat = paddle.sum(mov_cat_feat, axis = 1, keepdim = False)

# 3. 通过一个全连接层计算类别特征向量。
mov_cat_feat = mov_fc(mov_cat_feat)
mov_cat_feat = F.relu(mov_cat_feat)
print("计算的电影类别的特征是", mov_cat_feat.numpy(), "\n 其形状是:", mov_cat_feat.shape)
print("\n 电影类别为 {} 计算得到的特征是:{}".format(mov_cat_data.numpy()[0, :], mov_cat_
feat.numpy()[0]))
print("\n 电影类别为 {} 计算得到的特征是:{}".format(mov_cat_data.numpy()[1, :], mov_cat_
feat.numpy()[1]))
```

输出结果为:

```
输入的电影类别是:[[1 2 3 0 0 0]
 [2 3 4 0 0 0]]
计算的电影类别的特征是
[[0.6402396   0.         1.2985941   0.         0.12497373  0.23355854
   0.46911374  0.         0.37726617  0.985829    0.          0.19915642
   0.          0.         1.3345814   0.         0.09877057  0.
   0.17743063  0.         2.2288063   1.1559979   0.          0.
   0.          0.         0.57117856  0.         2.0076277   0.36469832
   0.          1.6319056 ]
 [1.0064387   0.         1.408426    0.          0.          0.10785803
   0.93035805  0.         0.5230174   0.6931638   0.          0.
   0.          0.         1.319242    0.          0.          0.
   0.7317005   0.         1.4158642   0.5753635   0.06837557  0.
   0.          0.         0.7097149   0.          1.8589765   0.2443251
   0.11476904  1.7846234 ]]
其形状是:[2, 32]

电影类别为 [1 2 3 0 0 0] 计算得到的特征是:
[0.6402396   0.         1.2985941   0.         0.12497373  0.23355854
 0.46911374  0.         0.37726617  0.985829    0.          0.19915642
 0.          0.         1.3345814   0.         0.09877057  0.
 0.17743063  0.         2.2288063   1.1559979   0.          0.
 0.          0.         0.57117856  0.         2.0076277   0.36469832
 0.          1.6319056 ]

电影类别为 [2 3 4 0 0 0] 计算得到的特征是:
[1.0064387   0.         1.408426    0.          0.          0.10785803
 0.93035805  0.         0.5230174   0.6931638   0.          0.
 0.          0.         1.319242    0.          0.          0.
 0.7317005   0.         1.4158642   0.5753635   0.06837557  0.
 0.          0.         0.7097149   0.          1.8589765   0.2443251
 0.11476904  1.7846234 ]
```

待合并的 6 个向量具有相同的维度,直接按位相加即可得到综合的向量表示。当然,也可以采用向量级联的方式,将 6 个 32 维的向量级联成 192 维的向量,再通过全连接层压缩成 32 维度,代码实现上要臃肿些。

3. 提取电影名称特征

与电影类别数据一样,每个电影名称具有多个单词。通常对于电影名称特征提取的处理方式如下。

① 通过 Embedding 映射电影名称数据,得到对应的特征向量。

② 对 Embedding 后的向量使用卷积层＋全连接层进一步提取特征。

③ 对特征进行降采样,降低数据维度。

提取电影名称特征时,使用了卷积层＋全连接层的方式提取特征。这是因为电影名称单词较多,最大单词数量是 15,如果采用和电影类别同样的处理方式,即沿着数量维度求和,显然会损失很多信息。考虑到 15 这个维度较高,可以使用卷积层进一步提取特征,同时通过控制卷积层的步长,降低电影名称特征的维度。

如果只是简单地经过一层或二层卷积后,特征的维度依然很大,为了得到更低维度的特征向量,有两种方式,一种是利用求和降采样的方式,另一种是继续使用神经网络层进行特征提取并逐渐降低特征维度。这里采用"简单求和"的降采样方式压缩电影名称特征的维度,通过飞桨的 reduce_sum API 实现。

下面是提取电影名称特征的代码实现:

```
# 自定义两个电影名称数据
mov_title_data = np.array(((1, 2, 3, 4, 0, 0, 0, 0, 0, 0, 0, 0, 0, 0, 0),
                           (2, 3, 4, 5, 0, 0, 0, 0, 0, 0, 0, 0, 0, 0, 0))).reshape(2, 1,
15).astype('int64')
# 对电影名称做映射,紧接着 FC 和 pool 层
MOV_TITLE_DICT_SIZE = 1000 + 1
mov_title_emb = Embedding(num_embeddings = MOV_TITLE_DICT_SIZE, embedding_dim = 32)
mov_title_conv = Conv2D(in_channels = 1, out_channels = 1, kernel_size = (3, 1), stride = (2,
1), padding = 0)
# 使用 3 * 3 卷积层代替全连接层
mov_title_conv2 = Conv2D(in_channels = 1, out_channels = 1, kernel_size = (3, 1), stride = 1,
padding = 0)

mov_title_data = paddle.to_tensor(mov_title_data)
print("电影名称数据的输入形状: ", mov_title_data.shape)
# 1. 通过 Embedding 映射电影名称数据
mov_title_feat = mov_title_emb(mov_title_data)
print("输入通过 Embedding 层的输出形状: ", mov_title_feat.shape)
# 2. 对 Embedding 后的向量使用卷积层进一步提取特征
mov_title_feat = F.relu(mov_title_conv(mov_title_feat))
print("第一次卷积之后的特征输出形状: ", mov_title_feat.shape)
mov_title_feat = F.relu(mov_title_conv2(mov_title_feat))
print("第二次卷积之后的特征输出形状: ", mov_title_feat.shape)

batch_size = mov_title_data.shape[0]
# 3. 最后对特征进行降采样,keepdim = False 会让输出的维度减少,而不是用[2,1,1,32]的形式
# 占位
```

```
mov_title_feat = paddle.sum(mov_title_feat, axis = 2, keepdim = False)
print("reduce_sum 降采样后的特征输出形状: ", mov_title_feat.shape)

mov_title_feat = F.relu(mov_title_feat)
mov_title_feat = paddle.reshape(mov_title_feat, [batch_size, -1])
print("电影名称特征的最终特征输出形状:", mov_title_feat.shape)

print("\n 计算的电影名称的特征是", mov_title_feat.numpy(), "\n 其形状是:", mov_title_feat.
shape)
print("\n 电影名称为 {} 计算得到的特征是:{}".format(mov_title_data.numpy()[0,:, 0], mov_
title_feat.numpy()[0]))
print("\n 电影名称为 {} 计算得到的特征是:{}".format(mov_title_data.numpy()[1,:, 0], mov_
title_feat.numpy()[1]))
```

输出结果为:

电影名称数据的输入形状: [2, 1, 15]
输入通过 Embedding 层的输出形状: [2, 1, 15, 32]
第一次卷积之后的特征输出形状: [2, 1, 7, 32]
第二次卷积之后的特征输出形状: [2, 1, 5, 32]
reduce_sum 降采样后的特征输出形状: [2, 1, 32]
电影名称特征的最终特征输出形状:[2, 32]

计算的电影名称的特征是
[[0.19347487	0.20244373	0.05032152	0.39382714	0.01159328	0.05599444
0.09524031	0.18835364	0.16867128	0.35439697	0.04051654	0.29369873
0.20872502	0.06676929	0.01795955	0.25938153	0.14358824	0.01193575
0.	0.28193745	0.26342294	0.02483885	0.01635874	0.1563314
0.12958708	0.17113565	0.27709508	0.19445722	0.20759197	0.21841359
0.03174073	0.34024116]				
[0.12519	0.21419446	0.05822107	0.39894632	0.02934892	0.07554563
0.03294447	0.21350236	0.20381373	0.30511737	0.0375158	0.26808614
0.23612806	0.14110474	0.	0.26721054	0.01824963	0.05126603
0.03114673	0.2155172	0.24756885	0.0932695	0.15480489	0.04929387
0.10404397	0.02752701	0.28425938	0.06685388	0.15514371	0.09343363
0.11478858	0.33487865]]				

其形状是:[2, 32]

电影名称为 [1] 计算得到的特征是:
[0.19347487	0.20244373	0.05032152	0.39382714	0.01159328	0.05599444
0.09524031	0.18835364	0.16867128	0.35439697	0.04051654	0.29369873
0.20872502	0.06676929	0.01795955	0.25938153	0.14358824	0.01193575
0.	0.28193745	0.26342294	0.02483885	0.01635874	0.1563314
0.12958708	0.17113565	0.27709508	0.19445722	0.20759197	0.21841359
0.03174073	0.34024116]				

电影名称为 [2] 计算得到的特征是:
[0.12519	0.21419446	0.05822107	0.39894632	0.02934892	0.07554563
0.03294447	0.21350236	0.20381373	0.30511737	0.0375158	0.26808614
0.23612806	0.14110474	0.	0.26721054	0.01824963	0.05126603
0.03114673	0.2155172	0.24756885	0.0932695	0.15480489	0.04929387
0.10404397	0.02752701	0.28425938	0.06685388	0.15514371	0.09343363
0.11478858	0.33487865]				

上述代码中,通过 Embedding 层已经获得了维度是[batch_size,1,15,32]的电影名称特征向量,因此,该特征可以视为是通道数量为 1 的特征图,很适合使用卷积层进一步提取特征。这里使用两个 3×13×1 大小的卷积核的卷积层提取特征,输出通道保持不变,仍然是 1。特征维度中 15 是电影名称中单词的数量(最大数量),使用 3×13×1 的卷积核,由于卷积感受野的原因,进行卷积时会综合多个单词的特征,同时设置卷积的步长参数 stride 为(2,1),即可对电影名称的维度降维,同时保持每个名称的向量长度不变,以防过度压缩每个名称特征的信息。

从输出结果来看,第一个卷积层之后的输出特征维度依然较大,可以使用第二个卷积层进一步提取特征。获得第二个卷积的特征后,特征的维度已经从 7×32 降低到了 5×32,因此可以直接使用求和(向量按位相加)的方式沿着电影名称维度进行降采样(5×32→1×32),得到最终的电影名称特征向量。

需要注意的是,降维采样后的数据尺寸依然比下一层要求的输入向量多出一维[2,1,32],所以最终输出前需调整一下形状。

4. 融合电影特征

与用户特征融合方式相同,电影特征融合采用特征级联＋全连接层的方式,将电影特征用一个 200 维的向量表示:

```
mov_combined = Linear(in_features = 96, out_features = 200)
# 收集所有的电影特征
_features = [mov_id_feat, mov_cat_feat, mov_title_feat]
_features = [k.numpy() for k in _features]
_features = [paddle.to_tensor(k) for k in _features]

# 对特征沿着最后一个维度级联
mov_feat = paddle.concat(_features, axis = 1)
mov_feat = mov_combined(mov_feat)
mov_feat = F.tanh(mov_feat)
print("融合后的电影特征维度是:", mov_feat.shape)
```

输出结果为:

融合后的电影特征维度是: [2, 200]

至此已经完成了电影特征提取的网络设计,包括电影 ID 特征提取、电影类别特征提取和电影名称特征提取。

下面将这些模块整合到一个 Python 类中,完整代码如下:

```
class MovModel(paddle.nn.Layer):
    def __init__(self, use_poster, use_mov_title, use_mov_cat, use_age_job,fc_sizes):
        super(MovModel, self).__init__()

        # 将传入的 name 信息和 bool 型参数添加到模型类中
        self.use_mov_poster = use_poster
        self.use_mov_title = use_mov_title
```

```
        self.use_usr_age_job = use_age_job
        self.use_mov_cat = use_mov_cat
        self.fc_sizes = fc_sizes

        # 获取数据集的信息,并构建训练集和验证集的数据迭代器
        Dataset = MovieLen(self.use_mov_poster)
        self.Dataset = Dataset
        self.trainset = self.Dataset.train_dataset
        self.valset = self.Dataset.valid_dataset
        self.train_loader = self.Dataset.load_data(dataset = self.trainset, mode = 'train')
        self.valid_loader = self.Dataset.load_data(dataset = self.valset, mode = 'valid')

        """ define network layer for embedding usr info """
        # 对电影 ID 信息做映射,并紧接着一个 Linear 层
        MOV_DICT_SIZE = Dataset.max_mov_id + 1
        self.mov_emb = Embedding(num_embeddings = MOV_DICT_SIZE, embedding_dim = 32)
        self.mov_fc = Linear(32, 32)

        # 对电影类别做映射
        CATEGORY_DICT_SIZE = len(Dataset.movie_cat) + 1
        self.mov_cat_emb = Embedding(num_embeddings = CATEGORY_DICT_SIZE, embedding_dim = 32)
        self.mov_cat_fc = Linear(32, 32)

        # 对电影名称做映射
        MOV_TITLE_DICT_SIZE = len(Dataset.movie_title) + 1
        self.mov_title_emb = Embedding(num_embeddings = MOV_TITLE_DICT_SIZE, embedding_dim = 32)
        self.mov_title_conv = Conv2D(in_channels = 1, out_channels = 1, kernel_size = (3, 1),
stride = (2,1), padding = 0)
        self.mov_title_conv2 = Conv2D(in_channels = 1, out_channels = 1, kernel_size = (3,
1), stride = 1, padding = 0)

        # 新建一个 Linear 层,用于整合电影特征
        self.mov_concat_embed = Linear(in_features = 96, out_features = 200)

        # 电影特征和用户特征使用了不同的全连接层,不共享参数
        movie_sizes = [200] + self.fc_sizes
        acts = ["relu" for _ in range(len(self.fc_sizes))]
        self._movie_layers = []
        for i in range(len(self.fc_sizes)):
            linear = paddle.nn.Linear(
                in_features = movie_sizes[i],
                out_features = movie_sizes[i + 1],
                weight_attr = paddle.ParamAttr(
                    initializer = paddle.nn.initializer.Normal(
                        std = 1.0 / math.sqrt(movie_sizes[i]))))
            self.add_sublayer('linear_movie_%d' % i, linear)
            self._movie_layers.append(linear)
            if acts[i] == 'relu':
                act = paddle.nn.ReLU()
                self.add_sublayer('movie_act_%d' % i, act)
                self._movie_layers.append(act)

    # 定义电影特征的前向计算过程
```

```python
def get_mov_feat(self, mov_var):
    """ get movie features"""
    # 获得电影数据
    mov_id, mov_cat, mov_title, mov_poster = mov_var
    feats_collect = []
    # 获得 batchsize 的大小
    batch_size = mov_id.shape[0]
    # 计算电影 ID 的特征,并存放在 feats_collect 中
    mov_id = self.mov_emb(mov_id)
    mov_id = self.mov_fc(mov_id)
    mov_id = F.relu(mov_id)
    feats_collect.append(mov_id)

    # 如果使用电影的种类数据,计算电影种类特征的映射
    if self.use_mov_cat:
        # 计算电影种类的特征映射,对多个种类的特征求和得到最终特征
        mov_cat = self.mov_cat_emb(mov_cat)
        print(mov_title.shape)
        mov_cat = paddle.sum(mov_cat, axis=1, keepdim=False)

        mov_cat = self.mov_cat_fc(mov_cat)
        feats_collect.append(mov_cat)

    if self.use_mov_title:
        # 计算电影名字的特征映射,对特征映射使用卷积计算最终的特征
        mov_title = self.mov_title_emb(mov_title)
        mov_title = F.relu(self.mov_title_conv2(F.relu(self.mov_title_conv(mov_title))))

        mov_title = paddle.sum(mov_title, axis=2, keepdim=False)
        mov_title = F.relu(mov_title)
        mov_title = paddle.reshape(mov_title, [batch_size, -1])
        feats_collect.append(mov_title)

    # 使用一个全连接层,整合所有电影特征,映射为一个 200 维的特征向量
    mov_feat = paddle.concat(feats_collect, axis=1)
    mov_features = F.tanh(self.mov_concat_embed(mov_feat))
    for n_layer in self._movie_layers:
        mov_features = n_layer(mov_features)
    return mov_features
```

由上述电影特征处理的代码可以观察到如下几点。

① 电影 ID 特征的计算方式和用户 ID 的计算方式相同。

② 对于包含多个元素的电影类别数据,采用将所有元素的映射向量求和的结果,然后加上全连接结构作为最终的电影类别特征表示。考虑到电影类别的数量有限,这里采用简单的求和特征融合方式。

③ 对于电影的名称数据,其包含的元素数量多于电影种类元素数量,则采用卷积计算的方式,之后再将计算的特征沿着数据维度进行求和。读者也可自行设计这部分特征的计算网络,并观察最终训练结果。

下面使用定义好的数据读取器,实现从电影数据中提取电影特征:

```
## 测试电影特征提取网络
fc_sizes = [128, 64, 32]
model = MovModel(use_poster = False,
use_mov_title = True,
use_mov_cat = True,
use_age_job = True,
fc_sizes = fc_sizes)
model.eval()

data_loader = model.train_loader

for idx, data in enumerate(data_loader()):
    # 获得数据,并转为动态图格式
    usr, mov, score = data
    # 只使用每个 Batch 的第一条数据
    mov_v = [var[0:1] for var in mov]

    _mov_v = [np.squeeze(var[0:1]) for var in mov]
    print("输入的电影 ID 数据:{}\n类别数据:{} \n 名称数据:{} ".format( * _mov_v))
    mov_v = [paddle.to_tensor(var) for var in mov_v]
    mov_feat = model.get_mov_feat(mov_v)
    print("计算得到的电影特征维度是:", mov_feat.shape)
    break
```

输出结果为:

```
## 全部数据集实例   1000209
## MovieLens 数据信息
usr num: 6040
movies num: 3883
输入的电影 ID 数据:1419
类别数据:[7 0 0 0 0 0]
名称数据:[2376     0     0     0     0     0     0     0     0     0     0     0     0     0     0
    0]
[1, 1, 15]
计算得到的电影特征维度是: [1, 32]
```

7.3.4   相似度计算

计算得到用户特征和电影特征后,还需要计算特征之间的相似度。如果一个用户对某个电影很感兴趣,并给了 5 分评价,那么该用户和电影特征之间的相似度是很高的。

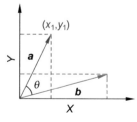

■图 7.23   余弦相似度

衡量向量距离(相似度)有多种方案,如欧几里得距离、曼哈顿距离、切比雪夫距离、余弦相似度等,本节使用忽略尺度信息的余弦相似度构建相似度矩阵。余弦相似度又称为余弦相似性,是通过计算两个向量的夹角余弦值来评估它们的相似度,如图 7.23 所示,两条直线表示两个向量,之间的夹角可以用来表示相似度大小,角度为 0 时余弦值为 1,表示完全相似。

余弦相似度的公式为

$$similarity = \cos\theta = \frac{A \cdot B}{A + B} = \frac{\sum_{i}^{n} A_i \cdot B_i}{\sqrt{\sum_{i}^{n} (A_i)^2 + \sum_{i}^{n} (B_i)^2}}$$

下面是计算相似度的实现方法：输入用户特征和电影特征，计算出两者之间的相似度。另外，将用户对电影的评分作为相似度衡量的标准，由于相似度的数据范围是[0，1]，还需要把计算的相似度扩大到评分数据范围，评分分为 1~5 共 5 个档次，所以需要将相似度扩大 5 倍。飞桨已实现的 scale API，可以对输入数据进行缩放。同时计算余弦相似度可以使用 cosine_similarity API 完成。

```
def similarty(usr_feature, mov_feature):
    res = F.common.cosine_similarity(usr_feature, mov_feature)
    res = paddle.scale(res, scale = 5)
    return usr_feat, mov_feat, res

# 使用上文计算得到的用户特征和电影特征计算相似度
_sim = similarty(usr_feat, mov_feat)
print("相似度是:", np.squeeze(_sim[-1].numpy()))
```

输出结果为：

相似度是：1.9010556

从结果中可以发现相似度很小，主要有如下原因：
① 神经网络并没有训练，模型参数都是随机初始化的，提取出的特征没有规律性；
② 计算相似度的用户数据和电影数据相关性很小。

小结

本节介绍了个性化推荐的模型设计，包括用户特征网络、电影特征网络和特征相似度计算三部分。

其中，用户特征网络将用户数据映射为固定长度的特征向量，电影特征网络将电影数据映射为固定长度的特征向量，最终利用余弦相似度计算出用户特征和电影特征的相似度。相似度越大，表示用户对该电影越喜欢。

7.4 模型训练与保存特征

7.4.1 模型训练

在模型训练前需要定义好训练的参数，包括是否使用 GPU、设置损失函数、选择优化器及学习率等。在本次任务中，由于数据较为简单，故选择在 CPU 上训练，优化器使用 Adam，学习率设置为 0.01，共训练 5 个回合。

然而，针对推荐算法的网络，如何设置损失函数呢？在 CV 和 NLP 章节中用交叉熵作为分类的损失函数,根据损失函数的大小可以衡量出分类的准确性。在电影推荐中,可以作为标签的只有评分数据,因此,这里用评分数据作为监督信息,神经网络的输出作为预测值,使用均方差(Mean Square Error,MSE)损失函数去训练网络模型。

说明:

使用均方差损失函数即使用回归的方法完成模型训练。电影的评分数据只有 5 个,是否可以使用分类损失函数完成训练呢? 事实上,评分数据是一个连续数据,如评分 3 和评分 4 是接近的,如果使用分类的方法,评分 3 和评分 4 是两个类别,容易割裂评分间的连续性。

很多互联网产品会以用户的点击或消费数据作为训练数据,这些数据是二分类问题(点或不点、买或不买),可以采用交叉熵等分类任务常用的损失函数。

整个训练过程和其他的模型训练大同小异,不再赘述。

```python
def train(model):
    # 配置训练参数
    lr = 0.001
    Epoches = 10
    paddle.set_device('cpu')

    # 启动训练
    model.train()
    # 获得数据读取器
    data_loader = model.train_loader
    # 使用 adam 优化器,学习率使用 0.01
    opt = paddle.optimizer.Adam(learning_rate = lr, parameters = model.parameters())

    for epoch in range(0, Epoches):
        for idx, data in enumerate(data_loader()):
            # 获得数据,并转为 tensor 格式
            usr, mov, score = data
            usr_v = [paddle.to_tensor(var) for var in usr]
            mov_v = [paddle.to_tensor(var) for var in mov]
            scores_label = paddle.to_tensor(score)
            # 计算出算法的前向计算结果
            _, _, scores_predict = model(usr_v, mov_v)
            # 计算 loss
            loss = F.square_error_cost(scores_predict, scores_label)
            avg_loss = paddle.mean(loss)

            if idx % 500 == 0:
                print("epoch: {}, batch_id: {}, loss is: {}".format(epoch, idx, avg_loss.numpy()))

            # 损失函数下降,并清除梯度
            avg_loss.backward()
            opt.step()
            opt.clear_grad()

        # 每个 epoch 保存一次模型
        paddle.save(model.state_dict(), './checkpoint/epoch' + str(epoch) + '.pdparams')

# 启动训练
```

```
fc_sizes = [128, 64, 32]
use_poster, use_mov_title, use_mov_cat, use_age_job = False, True, True, True
model = Model(use_poster, use_mov_title, use_mov_cat, use_age_job,fc_sizes)
train(model)
```

输出结果为：

```
# 全部数据集实例: 1000209
# MovieLens 数据信息:
usr num: 6040
movies num: 3883
epoch: 0, batch_id: 0, loss is: [4.638297]
epoch: 0, batch_id: 500, loss is: [0.9697023]
epoch: 0, batch_id: 1000, loss is: [0.8803272]
epoch: 0, batch_id: 1500, loss is: [1.0738981]
epoch: 0, batch_id: 2000, loss is: [0.8791933]
......
epoch: 9, batch_id: 2000, loss is: [0.7266784]
epoch: 9, batch_id: 2500, loss is: [0.73426396]
epoch: 9, batch_id: 3000, loss is: [0.737923]
epoch: 9, batch_id: 3500, loss is: [0.6628717]
```

从训练结果来看，Loss 保持在 1 如下的范围，主要是因为使用的均方差 Loss，计算得到预测评分和真实评分的均方差，真实评分的数据是 1～5 之间的整数，评分数据较大导致计算出来的 Loss 也偏大。

不过不用担心，这里只是通过训练神经网络提取特征向量，Loss 只要收敛即可。

对训练的模型在验证集上做评估，除了训练所使用的 Loss 外，还有如下几个选择：

① 评分预测精度（Accuracy，ACC）：将预测的 float 数字转换成整数，计算预测评分和真实评分的匹配度。评分误差在 0.5 分以内的为正确，否则为错误。

② 评分预测误差（Mean Absolut Error，MAE）：计算预测评分和真实评分之间的平均绝对误差。

③ 均方根误差（Root Mean Square Error，RMSE）：计算预测评分和真实值之间的平均平方误差。

下面是使用训练集评估这几个指标的代码实现：

```
from math import sqrt
def evaluation(model, params_file_path):
    model_state_dict = paddle.load(params_file_path)
    model.load_dict(model_state_dict)
    model.eval()

    acc_set = []
    avg_loss_set = []
    squaredError = []
    for idx, data in enumerate(model.valid_loader()):
        usr, mov, score_label = data
        usr_v = [paddle.to_tensor(var) for var in usr]
        mov_v = [paddle.to_tensor(var) for var in mov]
```

```
        _, _, scores_predict = model(usr_v, mov_v)

        pred_scores = scores_predict.numpy()

        avg_loss_set.append(np.mean(np.abs(pred_scores - score_label)))
        squaredError.extend(np.abs(pred_scores - score_label) ** 2)

        diff = np.abs(pred_scores - score_label)
        diff[diff > 0.5] = 1
        acc = 1 - np.mean(diff)
        acc_set.append(acc)
    RMSE = sqrt(np.sum(squaredError) / len(squaredError))
    # print("RMSE = ", sqrt(np.sum(squaredError) / len(squaredError)))
    # 均方根误差 RMSE
    return np.mean(acc_set), np.mean(avg_loss_set), RMSE

param_path = "./checkpoint/epoch"
for i in range(10):
    acc, mae, RMSE = evaluation(model, param_path + str(i) + '.pdparams')
    print("ACC:", acc, "MAE:", mae, 'RMSE:', RMSE)
```

输出结果为:

```
ACC: 0.286207974415559 MAE: 0.7917654 RMSE: 0.9917459868403109
ACC: 0.2887839098771413 MAE: 0.791705 RMSE: 0.9926482090837597
ACC: 0.29010767348301714 MAE: 0.78782356 RMSE: 0.9932034093375393
ACC: 0.2858049232226152 MAE: 0.7918758 RMSE: 0.9917370314848536
ACC: 0.28364178156241393 MAE: 0.7920213 RMSE: 0.9914832891078539
ACC: 0.2807669271261264 MAE: 0.7964134 RMSE: 0.9895181874853959
ACC: 0.2852360141582978 MAE: 0.7940513 RMSE: 0.9909915992755618
ACC: 0.2803065394743895 MAE: 0.7945212 RMSE: 0.9887671255461
ACC: 0.28646616110434897 MAE: 0.7905642 RMSE: 0.9890110419230278
ACC: 0.2801957683685498 MAE: 0.7931089 RMSE: 0.9873962763883612
```

上述结果中采用了 ACC、MAE 和 RMSE 指标测试在验证集上的评分预测的准确性,其中 ACC 值越大越好,MAE 值和 RMSE 值均越小越好。

可以看到 ACC 和 MAE 的值不是很理想,但这仅仅是对评分预测不准确,不能直接衡量推荐结果的准确性。考虑到我们设计的神经网络是为了完成推荐任务而不是评分任务,所以有如下两点。

① 只针对预测评分任务来说,我们设计的模型不够合理或者训练数据不足,导致评分预测不理想。

② 从损失函数的收敛可以知道网络的训练是有效的,但评分预测的好坏不能完全反映推荐结果的好坏。

至此,已经完成了推荐算法的前 3 步,包括数据的准备、神经网络的设计和神经网络的训练。

目前还需要完成剩余的两个步骤。

① 提取用户和电影数据的特征,并保存到本地。

② 利用保存的特征计算相似度矩阵,利用相似度完成推荐。

下面利用训练的神经网络提取数据的特征,进而完成电影推荐,并观察推荐结果是否令人满意。

7.4.2 保存特征

训练完模型后,得到每个用户、电影对应的特征向量,接下来将这些特征向量保存到本地,这样在进行推荐时,不需要使用神经网络重新提取特征,可节省时间成本。保存特征的流程如下。

① 加载预训练好的模型参数。

② 输入数据集的数据,提取整个数据集的用户特征和电影特征。注意数据输入到模型前,要先转换成内置的 tensor 类型并保证尺寸正确。

③ 分别得到用户特征向量和电影特征向量,使用 Pickle 库保存字典形式的特征向量。

使用用户和电影 ID 为索引,以字典格式存储数据,可以通过用户或者电影的 ID 索引到用户特征和电影特征。

下面的代码中使用了一个 Pickle 库。Pickle 库为 Python 提供了一个简单、持久化功能,可以很容易地将 Python 对象保存到本地,但缺点是保存的文件可读性较差。代码实现如下:

```python
from PIL import Image
# 加载第三方库 Pickle,用来保存 Python 数据到本地
import pickle
# 定义特征保存函数
def get_usr_mov_features(model, params_file_path, poster_path):
    paddle.set_device('cpu')
    usr_pkl = {}
    mov_pkl = {}

    # 定义将 list 中每个元素转换成 tensor 的函数
    def list2tensor(inputs, shape):
        inputs = np.reshape(np.array(inputs).astype(np.int64), shape)
        return paddle.to_tensor(inputs)

    # 加载模型参数到模型中,设置为验证模式 eval()
    model_state_dict = paddle.load(params_file_path)
    model.load_dict(model_state_dict)
    model.eval()
    # 获得整个数据集的数据
    dataset = model.Dataset.dataset

    for i in range(len(dataset)):
        # 获得用户数据、电影数据、评分数据
        # 本示例只转换所有在样本中出现过的 user 和 movie,实际中可以使用业务系统中的全量
        # 数据
        usr_info, mov_info, score = dataset[i]['usr_info'], dataset[i]['mov_info'],dataset[i]['scores']
        usrid = str(usr_info['usr_id'])
```

```
        movid = str(mov_info['mov_id'])

        # 获得用户数据,计算得到用户特征,保存在 usr_pkl 字典中
        if usrid not in usr_pkl.keys():
            usr_id_v = list2tensor(usr_info['usr_id'], [1])
            usr_age_v = list2tensor(usr_info['age'], [1])
            usr_gender_v = list2tensor(usr_info['gender'], [1])
            usr_job_v = list2tensor(usr_info['job'], [1])

            usr_in = [usr_id_v, usr_gender_v, usr_age_v, usr_job_v]
            usr_feat = model.get_usr_feat(usr_in)

            usr_pkl[usrid] = usr_feat.numpy()

        # 获得电影数据,计算得到电影特征,保存在 mov_pkl 字典中
        if movid not in mov_pkl.keys():
            mov_id_v = list2tensor(mov_info['mov_id'], [1])
            mov_tit_v = list2tensor(mov_info['title'], [1, 1, 15])
            mov_cat_v = list2tensor(mov_info['category'], [1, 6])

            mov_in = [mov_id_v, mov_cat_v, mov_tit_v, None]
            mov_feat = model.get_mov_feat(mov_in)

            mov_pkl[movid] = mov_feat.numpy()


    print(len(mov_pkl.keys()))
    # 保存特征到本地
    pickle.dump(usr_pkl, open('./usr_feat.pkl', 'wb'))
    pickle.dump(mov_pkl, open('./mov_feat.pkl', 'wb'))
    print("usr / mov features saved!!!")

param_path = "./checkpoint/epoch9.pdparams"
poster_path = "./work/ml-1m/posters/"
get_usr_mov_features(model, param_path, poster_path)
```

输出结果为:

```
3706
usr / mov features saved!!!
```

保存好有效代表用户和电影的特征向量后,在第 7.5 节讨论如何基于这两个向量构建推荐系统。

作业

(1) 以上算法使用了用户与电影的所有特征(除 Poster 外),可以设计对比实验,验证哪些特征是重要的,把最终的特征挑选出来。为了验证哪些特征起到关键作用,读者可以启用或弃用其中某些特征,或者加入电影海报特征,观察是否对模型 Loss 或评价指标有所提升。

(2) 加入电影海报数据,验证电影海报特征(Poster)对推荐结果的影响,实现并分析推

荐结果(有没有效果？为什么？)。

7.5 电影推荐

7.5.1 根据用户喜好推荐电影

在前面章节已经完成了神经网络的设计,并根据用户对电影的喜好(评分高低)作为训练指标完成训练。神经网络有两个输入,即用户数据和电影数据,通过神经网络提取用户特征和电影特征,并计算特征之间的相似度,相似度的大小和用户对该电影的评分存在对应关系。即如果用户对这个电影感兴趣,那么对这个电影的评分也是偏高的,最终神经网络输出的相似度就更大。完成训练后,就可以开始给用户推荐电影了。

根据用户喜好推荐电影,是通过计算用户特征和电影特征之间的相似性,并排序选取相似度最大的结果来进行推荐,流程如图 7.24 所示。

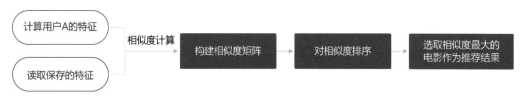

■图 7.24　推荐系统流程框图

从计算相似度到完成推荐的过程,步骤如下。

① 读取保存的特征,根据一个给定的用户 ID 和电影 ID,可以索引到对应的特征向量。

② 通过计算用户特征和其他电影特征向量的相似度,构建相似度矩阵。

③ 对这些相似度排序后,选取相似度最大的几个特征向量,找到对应的电影 ID,即得到推荐清单。

④ 加入随机选择因素,从相似度最大的 top_k 结果中随机选取 pick_num 个推荐结果,其中 pick_num 必须小于 top_k。

1. 读取特征向量

第 7.4 节已经训练好模型,并保存了电影特征,因此可以不用经过计算特征的步骤而直接读取特征。特征以字典的形式保存,字典的键值是用户或者电影的 ID,字典的元素是该用户或电影的特征向量。

下面实现根据指定的用户 ID 和电影 ID,索引到对应的特征向量:

```
! unzip −o data/data19736/ml−1m.zip −d /home/aistudio/work/
! unzip −o data/data20452/save_feat.zip −d /home/aistudio/

import pickle
import numpy as np

mov_feat_dir = 'mov_feat.pkl'
usr_feat_dir = 'usr_feat.pkl'
```

```
usr_feats = pickle.load(open(usr_feat_dir, 'rb'))
mov_feats = pickle.load(open(mov_feat_dir, 'rb'))

usr_id = 2
usr_feat = usr_feats[str(usr_id)]

mov_id = 1
# 通过电影 ID 索引到电影特征
mov_feat = mov_feats[str(mov_id)]

# 电影特征的路径
movie_data_path = "./work/ml-1m/movies.dat"
mov_info = {}
# 打开电影数据文件,根据电影 ID 索引到电影信息
with open(movie_data_path, 'r', encoding="ISO-8859-1") as f:
    data = f.readlines()
    for item in data:
        item = item.strip().split("::")
        mov_info[str(item[0])] = item

usr_file = "./work/ml-1m/users.dat"
usr_info = {}
# 打开文件,读取所有行到 data 中
with open(usr_file, 'r') as f:
    data = f.readlines()
    for item in data:
        item = item.strip().split("::")
        usr_info[str(item[0])] = item

print("当前的用户是:")
print("usr_id:", usr_id, usr_info[str(usr_id)])
print("对应的特征是:", usr_feats[str(usr_id)])

print("\n当前电影是:")
print("mov_id:", mov_id, mov_info[str(mov_id)])
print("对应的特征是:")
print(mov_feat)
```

输出结果为:

当前的用户是:
usr_id: 2 ['2', 'M', '56', '16', '70072']
对应的特征是: [[38.619633   0.   174.79192   0.   71.00403   0.
    7.891301   6.2516866 54.969078   0.   0.   75.082954
  177.14723   184.8181   0.   72.27751   0.   0.
    0.   53.016636   0.   0.   0.   0.
    0.   0.   0.   77.75042   0.   0.
   63.942303   0.   ]]

当前电影是:
mov_id: 1 ['1', 'Toy Story (1995)', "Animation|Children's|Comedy"]
对应的特征是:

```
[[ 93.10382       0.           98.99103       0.           74.27992       0.
    0.          24.089523      0.            0.            0.          27.229246
   80.84544     133.20125      0.            0.            0.            0.
    0.           17.484547      0.            0.            0.            0.
    0.            0.            0.           44.45189      0.            0.
   40.84318      24.7163    ]]
```

通过以上代码索引到 usr_id = 2 的用户特征向量以及 mov_id = 1 的电影特征向量。

2. 计算用户和所有电影的相似度并构建相似度矩阵

如下示例以向 userid=2 的用户推荐电影为例。与训练一致，以余弦相似度作为相似度衡量。

```
import paddle

# 根据用户 ID 获得该用户的特征
usr_ID = 2
# 读取保存的用户特征
usr_feat_dir = 'usr_feat.pkl'
usr_feats = pickle.load(open(usr_feat_dir, 'rb'))
# 根据用户 ID 索引到该用户的特征
usr_ID_feat = usr_feats[str(usr_ID)]

# 记录计算的相似度
cos_sims = []
# 记录下与用户特征计算相似的电影顺序
paddle.disable_static()
# 索引电影特征，计算和输入用户 ID 的特征的相似度
for idx, key in enumerate(mov_feats.keys()):
    mov_feat = mov_feats[key]
    usr_feat = paddle.to_tensor(usr_ID_feat)
    mov_feat = paddle.to_tensor(mov_feat)

    # 计算余弦相似度
    sim = paddle.nn.functional.common.cosine_similarity(usr_feat, mov_feat)
    # 打印特征和相似度的形状
    if idx == 0:
        print("电影特征形状:{}, 用户特征形状:{}, 相似度结果形状:{}, 相似度结果:{}".
format(mov_feat.shape, usr_feat.shape, sim.numpy().shape, sim.numpy()))
    # 从形状为(1,1)的相似度 sim 中获得相似度值 sim.numpy()[0]，并添加到相似度列表 cos_
    # sims 中
    cos_sims.append(sim.numpy()[0])
```

输出结果为：

电影特征形状:[1, 32], 用户特征形状:[1, 32], 相似度结果形状:(1,), 相似度结果:[0.8149737]

3. 对相似度排序并选出最大相似度

使用 np.argsort()函数完成从小到大的排序，注意返回值是原列表位置下标的数组。因为 cos_sims 和 mov_feats.keys()的顺序一致，所以都可以用 index 数组的内容索引，获取最大的相似度值和对应电影。

处理流程是先计算相似度列表 cos_sims，将其排序后返回对应的下标列表 index，最后

从 cos_sims 和 mov_info 中取出相似度值和对应的电影信息。

这个处理流程只是展示推荐系统的推荐效果,实际中推荐系统需要采用效率更高的工程化方案,建立"召回+排序"的检索系统。这一检索系统的架构才能应对推荐系统对大量线上需求的实时响应。

```python
# 对相似度排序,获得最大相似度在 cos_sims 中的位置
index = np.argsort(cos_sims)
# 打印相似度最大的前 topk 个位置
topk = 5
print("相似度最大的前{}个索引是{}\n对应的相似度是:{}\n".format(topk, index[ - topk:],
[cos_sims[k] for k in index[ - topk:]]))

for i in index[ - topk:]:
    print("对应的电影分别是:movie{}".format(mov_info[list(mov_feats.keys())[i]]))
```

从以上代码可以看出,给用户推荐的电影多是 Drama、War、Thriller 类型的电影。

是不是到这里就可以把结果推荐给用户了? 还有一个小步骤需要继续往下看。

4. 加入随机选择因素使每次推荐的结果有"新鲜感"

为了确保推荐的多样性,维持用户阅读推荐内容的"新鲜感",每次推荐的结果需要有所不同,这里随机抽取 top_k 结果中的一部分,作为给用户的推荐。比如: 从相似度排序中获取 10 个结果,每次随机抽取 6 个结果推荐给用户。

使用 np.random.choice 函数实现随机从 top_k 中选择一个未被选的电影,不断选择直到选择列表 res 长度达到 pick_num 为止,其中 pick_num 必须小于 top_k。

读者可以反复运行本段代码,观测推荐结果是否有所变化。代码实现如下:

```python
top_k, pick_num = 10, 6

# 对相似度排序,获得最大相似度在 cos_sims 中的位置
index = np.argsort(cos_sims)[ - top_k:]

print("当前的用户是:")
# usr_id, usr_info 是前面定义、读取的用户 ID、用户信息
print("usr_id:", usr_id, usr_info[str(usr_id)])
print("推荐可能喜欢的电影是:")
res = []

# 加入随机选择因素,确保每次推荐的结果稍有差别
while len(res) < pick_num:
    val = np.random.choice(len(index), 1)[0]
    idx = index[val]
    mov_id = list(mov_feats.keys())[idx]
    if mov_id not in res:
        res.append(mov_id)

for id in res:
    print("mov_id:", id, mov_info[str(id)])
```

输出结果为：

当前的用户是：
usr_id: 2 ['2', 'M', '56', '16', '70072']
推荐可能喜欢的电影是：
mov_id: 3853 ['3853', 'Tic Code, The (1998)', 'Drama']
mov_id: 3468 ['3468', 'Hustler, The (1961)', 'Drama']
mov_id: 3089 ['3089', 'Bicycle Thief, The (Ladri di biciclette) (1948)', 'Drama']
mov_id: 3730 ['3730', 'Conversation, The (1974)', 'Drama|Mystery']
mov_id: 2762 ['2762', 'Sixth Sense, The (1999)', 'Thriller']
mov_id: 1260 ['1260', 'M (1931)', 'Crime|Film-Noir|Thriller']

最后，将根据用户 ID 推荐电影的实现封装成一个函数，以方便直接调用。代码实现
如下：

```python
# 定义根据用户兴趣推荐电影
def recommend_mov_for_usr(usr_id, top_k, pick_num, usr_feat_dir, mov_feat_dir, mov_info_
path):
    assert pick_num <= top_k
    # 读取电影和用户的特征
    usr_feats = pickle.load(open(usr_feat_dir, 'rb'))
    mov_feats = pickle.load(open(mov_feat_dir, 'rb'))
    usr_feat = usr_feats[str(usr_id)]

    cos_sims = []

    # with dygraph.guard():
    paddle.disable_static()
    # 索引电影特征，计算和输入用户 ID 特征的相似度
    for idx, key in enumerate(mov_feats.keys()):
        mov_feat = mov_feats[key]
        usr_feat = paddle.to_tensor(usr_feat)
        mov_feat = paddle.to_tensor(mov_feat)
        # 计算余弦相似度
        sim = paddle.nn.functional.common.cosine_similarity(usr_feat, mov_feat)

        cos_sims.append(sim.numpy()[0])
    # 对相似度排序
    index = np.argsort(cos_sims)[-top_k:]

    mov_info = {}
    # 读取电影文件里的数据，根据电影 ID 索引到电影信息
    with open(mov_info_path, 'r', encoding="ISO-8859-1") as f:
        data = f.readlines()
        for item in data:
            item = item.strip().split("::")
            mov_info[str(item[0])] = item

    print("当前的用户是:")
    print("usr_id:", usr_id)
    print("推荐可能喜欢的电影是:")
    res = []
```

```
# 加入随机选择因素,确保每次推荐的电影都不一样
while len(res) < pick_num:
    val = np.random.choice(len(index), 1)[0]
    idx = index[val]
    mov_id = list(mov_feats.keys())[idx]
    if mov_id not in res:
        res.append(mov_id)

for id in res:
    print("mov_id:", id, mov_info[str(id)])
```

输出结果为:

当前的用户是:
usr_id: 2
推荐可能喜欢的电影是:
mov_id: 3089 ['3089', 'Bicycle Thief, The (Ladri di biciclette) (1948)', 'Drama']
mov_id: 3134 ['3134', 'Grand Illusion (Grande illusion, La) (1937)', 'Drama|War']
mov_id: 1260 ['1260', 'M (1931)', 'Crime|Film-Noir|Thriller']
mov_id: 3468 ['3468', 'Hustler, The (1961)', 'Drama']
mov_id: 3853 ['3853', 'Tic Code, The (1998)', 'Drama']
mov_id: 1263 ['1263', 'Deer Hunter, The (1978)', 'Drama|War']

从上面的推荐结果来看,给 ID 为 2 的用户推荐的电影多是 Drama、War 类型的。可以通过用户的 ID 从已知评分数据中找到其评分最高的电影,观察和推荐结果的区别。

下面代码实现给定用户 ID,输出其评分最高的 top_k 个电影信息,通过对比用户评分最高的电影和当前推荐的电影结果,观察推荐是否有效。

```
# 给定一个用户 ID,找到评分最高的 top_k 个电影

usr_a = 2
topk = 10

##############################################
## 获得 ID 为 usr_a 的用户评分过的电影及对应评分 ##
##############################################
rating_path = "./work/ml-1m/ratings.dat"
# 打开文件,ratings_data
with open(rating_path, 'r') as f:
    ratings_data = f.readlines()

usr_rating_info = {}
for item in ratings_data:
    item = item.strip().split("::")
    # 处理每行数据,分别得到用户 ID、电影 ID 和评分
    usr_id, movie_id, score = item[0], item[1], item[2]
    if usr_id == str(usr_a):
        usr_rating_info[movie_id] = float(score)
```

```
# 获得评分过的电影 ID
movie_ids = list(usr_rating_info.keys())
print("ID为{}的用户,评分过的电影数量是:".format(usr_a), len(movie_ids))

########################################
## 选出 ID 为 usr_a 评分最高的前 topk 个电影 ##
########################################
ratings_topk = sorted(usr_rating_info.items(), key = lambda item:item[1])[-topk:]

movie_info_path = "./work/ml-1m/movies.dat"
# 打开文件,编码方式选择 ISO-8859-1,读取所有数据到 data 中
with open(movie_info_path, 'r', encoding = "ISO-8859-1") as f:
    data = f.readlines()

movie_info = {}
for item in data:
    item = item.strip().split("::")
    # 获得电影的 ID 信息
    v_id = item[0]
    movie_info[v_id] = item

for k, score in ratings_topk:
    print("电影 ID: {},评分是: {}, 电影信息: {}".format(k, score, movie_info[k]))
```

输出结果为:

```
ID为 2 的用户,评分过的电影数量是: 129
电影 ID: 380,评分是: 5.0, 电影信息: ['380', 'True Lies (1994)', 'Action|Adventure|Comedy|
Romance']
电影 ID: 2501,评分是: 5.0, 电影信息: ['2501', 'October Sky (1999)', 'Drama']
电影 ID: 920,评分是: 5.0, 电影信息: ['920', 'Gone with the Wind (1939)', 'Drama|Romance|War']
电影 ID: 2002,评分是: 5.0, 电影信息: ['2002', 'Lethal Weapon 3 (1992)', 'Action|Comedy|Crime|
Drama']
电影 ID: 1962,评分是: 5.0, 电影信息: ['1962', 'Driving Miss Daisy (1989)', 'Drama']
电影 ID: 1784,评分是: 5.0, 电影信息: ['1784', 'As Good As It Gets (1997)', 'Comedy|Drama']
电影 ID: 318,评分是: 5.0, 电影信息: ['318', 'Shawshank Redemption, The (1994)', 'Drama']
电影 ID: 356,评分是: 5.0, 电影信息: ['356', 'Forrest Gump (1994)', 'Comedy|Romance|War']
电影 ID: 1246,评分是: 5.0, 电影信息: ['1246', 'Dead Poets Society (1989)', 'Drama']
电影 ID: 1247,评分是: 5.0, 电影信息: ['1247', 'Graduate, The (1967)', 'Drama|Romance']
```

通过上述代码的输出可以发现,Drama 类型的电影是用户喜欢的类型,可见推荐结果和用户喜欢的电影类型是匹配的。但是推荐结果仍有一些不足,这些可以通过改进神经网络模型等方式来进一步调优。

7.5.2 几点思考收获

(1) 深度学习就是"嵌入一切"。不难发现,深度学习建模是套路满满的。任何事物均用向量的方式表示,可以直接基于向量完成"分类"或"回归"任务;也可以计算多个向量之间的关系,无论这种关系是"相似性"还是"比较排序"。在深度学习兴起不久的 2015 年,当时与 AI 相关的国际学术会议上,大部分论文均是将某个事物嵌入后再进行挖掘,火热的程

度仿佛即使是路边一块石头,也要嵌入一下看看是否能挖掘出价值。直到近些年,能够嵌入的事物基本都发表过论文,嵌入的方法也变得成熟,这方面的论文才逐渐有减少的趋势。

(2) 在深度学习兴起之前,不同领域之间的迁移学习往往要用到很多特殊设计的算法。但深度学习兴起后,迁移学习变得尤其自然。训练模型和使用模型未必是同样的方式,中间基于嵌入的向量表示,即可实现不同任务之间交换信息。例如,本章的推荐模型使用用户对电影的评分数据进行监督训练,训练好的特征向量可以用于计算用户与用户的相似度,以及电影与电影之间的相似度。对特征向量的使用可以极其灵活,而不局限于训练时的任务。

(3) 网络调参。神经网络模型并没有一套理论上可推导的最优规则,实际中的网络设计往往是在理论和经验指导下的"探索"活动。例如,推荐模型的每层网络尺寸的设计遵从了信息熵的原则,原始信息量越大对应表示的向量长度就越长。但具体每一层的向量应该有多长,往往是根据实际训练的效果进行调整。所以,建模工程师被称为数据处理工程师和调参工程师是有道理的,因为他们大量的精力花费在处理样本数据和模型调参上。

图 7.25 所示为推荐系统处理总流程。

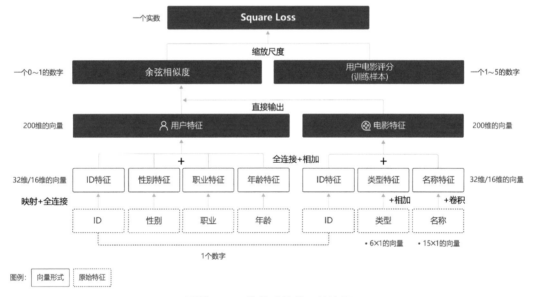

■图 7.25　推荐系统处理总流程

7.5.3　在工业实践中的推荐系统

本章介绍了比较简单的推荐系统构建方法,在实际应用中,验证一个推荐系统的好坏,除了预测准确度中,还需要考虑多方面的因素,比多样性、新颖性甚至商业目标匹配度等。要实践一个好的推荐系统,值得更深入的探索研究。下面将工业实践推荐系统需要考虑的主要问题做一个概要性的介绍。

(1) 推荐来源。推荐来源会更加多样化,除了使用深度学习模型的方式外,还大量使用标签匹配的个性化推荐方式。此外,推荐热门的内容、具有时效性的内容和一定探索性的内容都非常关键。对于新闻类的内容推荐,用户不希望自己对地球人都在谈论的大事毫无所知,期望更快、更全面的了解。如果用户经常使用的推荐产品总推荐"老三样",会使用户丧失"新鲜感"而流失。因此,除了推荐一些用户喜欢的内容外,谨慎地推荐一些用户没有表达过喜欢的内容,可探索用户更广泛的兴趣领域,以便有更多不重复的内容可以向用户推荐。

(2)检索系统。将推荐系统构建成"召回＋排序"架构的高性能检索系统,以更短的特征向量创建倒排索引。在"召回＋排序"的架构下,通常会训练出两种不同长度的特征向量,使用较短的特征向量做召回系统,从海量候选中筛选出几十个可能候选。使用较短的向量做召回,性能高但不够准确,然后使用较长的特征向量做几十个候选的精细排序,因为待排序的候选很少,所以性能低一些也影响不大。

(3)冷启动问题。现实中推荐系统往往要在产品运营的初期一起上线,但这时系统尚没有用户行为数据的积累。此时,往往建立一套专家经验的规则系统,比如一个在美妆行业工作的店小二对各类女性化妆品偏好是非常了解的。通过规则系统运行一段时间积累数据后,再逐渐转向机器学习的系统。很多推荐系统也会主动向用户收集一些信息,比如大家注册一些资讯类 App 时,经常会要求选择一些兴趣标签。

(4)推荐系统的评估。推荐系统的评估不仅是计算模型 Loss 所能代表的,而且是使用推荐系统用户的综合体验。除了采用更多代表不同体验的评估指标外(准确率、召回率、覆盖率和多样性等),还会从两个方面对收集的数据进行分析。

① 行为日志:如用户对推荐内容的点击率、阅读市场、发表评论甚至消费行为等。

② 人工评估:选取不同的具有代表性的评估员,从兴趣相关度、内容质量、多样性、时效性等多个维度评估。如果评估员就是用户,通常是以问卷调研的方式下发和收集。

其中,多样性的指标是针对探索性目标的。而推荐的覆盖度也很重要,代表了所有的内容有多少能够被推荐系统送到用户面前。如果推荐每次只集中在少量的内容,大部分内容无法获得用户流量的话,会影响系统内容生态的健康。比如电商平台如果只推荐少量大商家的产品给用户,多数小商家无法获得购物流量,会导致平台上的商家集中度越来越高,生态不再繁荣稳定。

从上述几点可见,搭建一套实用的推荐系统,不只是一个有效的推荐模型,需要从业务的需求场景出发,构建完整的推荐系统(图 7.26),最后再实现模型的部分。如果技术人员的视野只局限于模型本身,是无法在工业实践中搭建一套有业务价值的推荐系统的。

作业

(1)设计并完成两个推荐系统,即根据相似用户推荐电影(user-based)和根据相似电影推荐电影(item-based),并分析 3 个推荐系统的推荐结果差异。

从书中已经将映射后的用户特征和电影特征向量保存在本地,通过两者的相似度计算结果进行推荐。实际上,还可以计算用户之间的相似度矩阵和电影之间的相似度矩阵,实现根据相似用户推荐电影和根据相似电影推荐电影。

(2)构建一个热门、新品和个性化推荐 3 条推荐路径的混合系统。构建更贴近真实场景的推荐系统,而不仅是个性化推荐模型,每次推荐 10 条,3 种各占比例 2、3、5 条,每次的推荐结果不同。

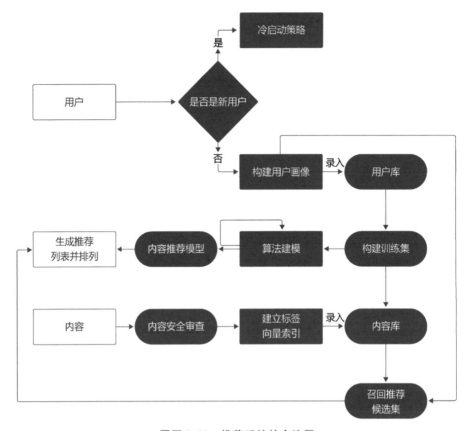

■图 7.26 推荐系统的全流程

（3）推荐系统的示例，实现本地的版本（非 AI Studio 上实现），进行训练和预测并截图提交，有助于大家掌握脱离 AI Studio 平台使用本地机器实现建模的能力。

第8章 精通深度学习的高级内容

8.1 高级内容综述

8.1.1 为什么要精通深度学习的高级内容

在前面章节中,我们层层递进,先学习了深度学习的基本概念,并使用飞桨完成了深度学习中最简单的任务:手写数字识别。从中了解了深度学习的关键要素(数据、模型、学习准则、优化算法和评价指标)和常用的调参方法。之后学习了计算机视觉、自然语言处理和推荐系统等领域经典和前沿模型原理的解读和实现方法。至此,读者已经基本可胜任各个领域的建模任务。但在人工智能的战场上取得胜利并不容易,我们还将面临如下挑战:

① 如何针对业务场景提出最合适的建模方案?

② 在众多的候选模型中,如何确定哪个更加有效?

③ 如何将模型部署到各种类型的硬件上(不同场景的需要)?

④ 在探索前沿模型的突破时,如何向框架补充一些必要能力? 即对框架做二次研发。

如果大家仅仅掌握基础的模型编写能力,就难以应对复杂多变的环境。在本章中,我们将全面介绍飞桨生态中的各种模型资源和辅助工具,以及飞桨框架二次研发的方法,让大家在人工智能的"战场"上和"AI大师"一样无往不利,如图 8.1 所示。

8.1.2 高级内容包含哪些武器

1. 模型资源

飞桨提供了多种模型资源,如图 8.2 所示。

受益于大数据的涌现和算力的不断提升,深度学习算法也在不断突破创新,目前深度学习技术已经在各行业得到广泛应用。当前在实际产业应用中,开发者应用 AI 时往往不是通过编写全新模型实现,而是在开源的模型上进行优化和调参。一方面,这可以减少代码编写的工作量;

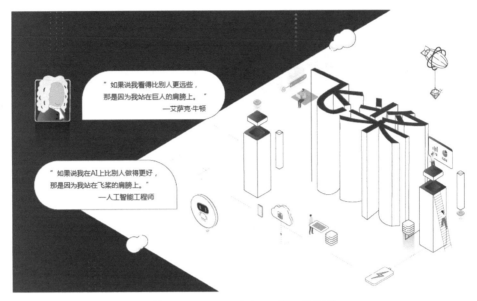

■图 8.1　和"AI 大师"一样无往不利

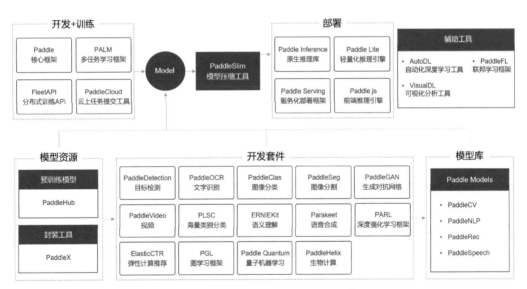

■图 8.2　飞桨各组件使用场景概览

另一方面,开源的模型,尤其是飞桨产业级模型库中的 PP 系列模型在精度和性能上经过反复打磨,应用效果会更好。

那么,这些产业级开源模型如何获取呢?

截至 2022 年 5 月,飞桨支持的算法总数超过 500 个,覆盖计算机视觉、自然语言处理、语音处理、推荐系统等深度学习广泛应用的领域,以及强化学习、图神经网络、科学计算和量子计算等前沿领域。飞桨产业级开源模型库中包含了 20 多个 PP 系列特色模型,这些模型是飞桨社区工程师专门面向产业场景打造的,精度和性能均处于业界领先地位。此外,飞桨产业级模型库按技术领域构建了多个开发套件,如飞桨目标检测套件 PaddleDetection 等。为了使开发者使用便捷,无论是模型库还是开发套件,飞桨都做了非常好的易用性封装,开发者只需要修改配置文件,即可快速进行模型优化。

第8.2节将介绍预训练模型工具PaddleHub的关键特性和快速入门的方法;第8.3节会对飞桨产业级模型库进行全面的解读。

企业用户的评价:

飞桨的产业级模型库相当于一个企业内部强大的AI中台团队,源源不断地为应用研发部门提供解决问题的办法。基于此,我们可以快速地完成许多领域的人工智能应用研发。

---

2. 飞桨产业级部署工具链

与科研和教学场景不同,产业应用的模型是需要部署在非常丰富的硬件环境上的,如将模型嵌入使用C++语言编写的业务系统,或者将模型作为单独的Web服务,或者将模型部署到工业产线的机器上等。除了对模型的部署场景有较高的要求外,模型的性能也非常重要。在数据中心部署的业务往往需要对高并发、大数据量的应用需求及时做出处理,如果模型性能更好,可以极大地节省机器成本。此外,端侧业务往往受限于硬件的计算能力,也需要更快、更小的模型来满足硬件条件和任务需要。

在第8.4节中,我们会全面介绍飞桨系列化部署工具:Paddle Inference、Paddle Serving和Paddle Lite,满足产业级多场景部署需求。此外还会介绍模型压缩工具PaddleSlim,让模型在无损精度的前提下变得更小、更快。此外,为了进一步提升部署效率,飞桨还开源了FastDeploy部署套件,读者可以登录飞桨官网获取详细信息。

3. 飞桨框架的设计思想与二次研发

当挑战创新模型的科研任务(例如探索新的网络结构、新的应用领域如科学计算)时,或者当期望参与飞桨框架的社区共建,协助飞桨框架适配更多种类的硬件时,了解飞桨框架的设计思想和二次研发的知识是十分必要的。

在第8.5节中,我们会系统地介绍飞桨框架的设计思想,阐述动态图和静态图的实现原理,举例说明飞桨框架增加自定义算子的方法,如图8.3所示。这章内容会相对深入,建议有意向深入了解深度学习框架底层技术的读者可以有选择地阅读。

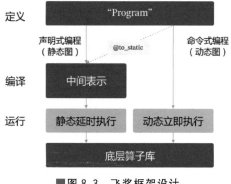

■图8.3　飞桨框架设计

4. 行业应用与项目示例

艾瑞咨询预测,中国未来十年人工智能的产业规模增长率达30%～40%,人工智能作为国家新基建的战略重点,多次在政府报告中被提及,国务院关于AI应用发展规划也有很高的增长预期。虽然人工智能赋能各行各业,在蓬勃发展,但依然有很多传统行业的朋友心存疑虑:

(1)"我所在的行业太传统,人工智能没有用武之地吧?"

在第8.6节中会以能源行业的龙头电力企业为例,分析在实际业务中,人工智能的应用环节,以及使用飞桨建模的方案。

（2）基于模型库和部署工具，如何解决业务场景的问题？

第 8.2～8.3 节介绍了飞桨产业级模型库，第 8.4 节介绍了系列化部署工具，很多读者还会关心如何将这些模型和工具串联在一起使用，完成真实场景的完整技术方案。飞桨与合作伙伴深度合作，开源了飞桨产业范例库，包含 60 多个完整的真实产业应用场景，并提供完整解决方案代码(使用飞桨产业级模型库和部署工具链)和详细解析过程，读者可以登录飞桨官网或 AI Studio 获取。

8.2　模型资源之一：预训练模型应用工具 PaddleHub

8.2.1　概述

10 行代码能干什么？ 相信多数人的答案是可以写个"Hello world"，或者做个简易计算器。本节将告诉你另外一个答案：可以实现人工智能算法应用。PaddleHub 是飞桨预训练模型应用工具，支持大模型、CV、NLP、语音、视频、工业应用等领域的 360 多个预训练模型，1 行命令或 10 行 Python 代码即可实现模型调用，轻松完成主流的人工智能算法应用，如目标检测、人脸识别和语义分割等。此外，PaddleHub 具备 API 服务化部署能力，1 行命令即可实现模型部署；支持 Fine-tune，10 行代码即可完成图片分类、文本分类的迁移学习任务。

图 8.4 是 PaddleHub 实现的趣味应用：街景动漫化任务。代码实现如下。

■ 图 8.4　基于 PaddleHub 实现街景动漫化的效果

（1）安装 PaddleHub。

```
! pip install paddlehub = = 2.1
```

（2）使用 Paddlehub 完成街景动漫化任务。

```
! hub install animegan_v2_hayao_64

import os

import cv2
import paddlehub as hub
import matplotlib.pyplot as plt
% matplotlib inline

os.environ['CUDA_VISIBLE_DEVICES'] = '0'
model = hub.Module(name = 'animegan_v2_hayao_64', use_gpu = True)

# 模型预测
result = model.style_transfer(images = [cv2.imread('demo.jpg')])
plt.figure(figsize = (10,10))
plt.imshow(result[0][:,:,[2,1,0]])
plt.show()
```

代码执行结果如图 8.5 所示。

```
<Figure size 720x720 with 1 Axes>
```

■图 8.5　代码执行结果

8.2.2　预训练模型的应用背景

在本书第 2 章中，我们了解到在深度学习任务中，神经网络的复杂度与数据集息息相关，尤其是大模型时代，更加需要海量数据满足模型训练的需求。在实践中，数据量少、样本类型单一往往是 AI 技术落地面临的挑战，我们常会遇到由于语料数据或者图像数据较少，导致训练出的模型泛化性差,无法满足业务需求的情况。经过不断的探索,我们发现有两种思路可以解决训练数据不足的问题。

1. 多任务学习与迁移学习

很多机器学习或深度学习任务所依赖的信息是具有通用性的,如完成两个不同的任务:"从图片中框选出一只猫"和"识别一个生物是不是猫",都需要提取出标识猫的有效特征。这是符合人类认知的,人们在完成某项任务时也会自然地运用自己从其他任务中学习到的知识和方法,如我们学习英语时,会代入已经掌握的很多中文语法习惯。基于迁移学习的思想,我们可以先让模型在数据丰富的任务上学习,训练出一个初始模型,然后在新任务(小数据量)上进行 Fine-tune,最终达到较好的效果。此时模型继承了在数据丰富的任务上学习到的知识,只需要微调网络参数即可。

图 8.6 展示了对于不同的自然语言任务,很多本质的信息和知识是可以共享的,如词性标注、句子成分划分、命名实体识别和语义角色标注等 NLP 任务,都适合采用多任务学习来解决。

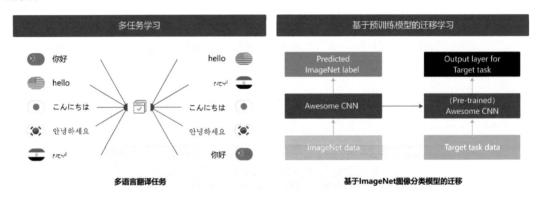

■图 8.6　多任务学习与迁移学习

2. 自监督学习

通过一些巧妙的方法,可以将无监督学习的数据样本转变成监督学习的数据样本,通过监督学习模型来学习数据中的知识。如图 8.7 所示,按照通常的理解,一张无标签的图片和一段文本序列是无监督数据,但我们可以将图片中的部分信息进行遮挡,其中未遮挡的信息作为模型的输入、遮挡的信息作为模型需要预测的输出,从而将其转化为监督学习任务。同

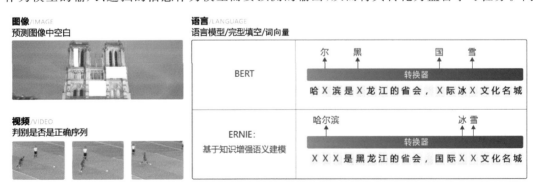

■图 8.7　自监督学习

样地,也可以将一段文本序列中的部分信息进行遮挡,其中未遮挡的信息作为模型的输入,遮挡的部分作为模型需要预测的输出。在这类任务中,虽然不需要人工标注数据,但其学习过程仍然是有监督的,因此这类任务通常叫作自监督学习。

PaddleHub 中预置了 360 多个预训练模型,均采用了上述两种技术。结合百度文心大模型,研发了一系列的特色预训练模型,几行代码即可完成如跨模态的文生图、写作文、写文案、写摘要、对对联、自由问答、写小说等 NLP 任务,效果如图 8.8 和图 8.9 所示。

■图 8.8 跨模态的文生图任务效果展示(1)

■图 8.9 跨模态的文生图任务效果展示(2)

8.2.3 快速入门 PaddleHub

既然 PaddleHub 的使用如此简单,功能又如此强大,读者们是否迫不及待了呢? 下面介绍两种基于 PaddleHub 完成深度学习任务的方法:通过 Python API 实现模型调用和通过命令行实现模型调用。

1. 通过 Python API 实现模型调用

下面以 CV 和 NLP 领域的几个典型任务为例,介绍基于 PaddleHub 完成深度学习任务的实现,并观察模型预测效果。

(1) 人像抠图,模型预测效果如图 8.10 所示,代码实现如下。

```
#安装预训练模型
!hub install deeplabv3p_xception65_humanseg = = 1.1.0
import paddlehub as hub
import matplotlib.image as mpimg
import matplotlib.pyplot as plt

module = hub.Module(name = "deeplabv3p_xception65_humanseg")
res = module.segmentation(paths = ["./test.jpg"],
visualization = True,
output_dir = 'humanseg_output')

res_img_path = 'humanseg_output/test.png'
img = mpimg.imread(res_img_path)
plt.figure(figsize = (10, 10))
```

■图 8.10 人像抠图效果

```
plt.imshow(img)
plt.axis('off')
plt.show()
```

（2）人体部位分割，模型预测效果如图 8.11 所示，代码实现如下。

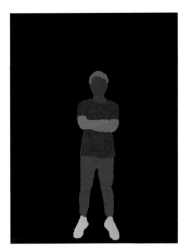

■图 8.11　人体部位分割结果

```
# 安装预训练模型
! hub install ace2p = = 1.1.0

import paddlehub as hub
import matplotlib.image as mpimg
import matplotlib.pyplot as plt

module = hub.Module(name = "ace2p")
res = module.segmentation(paths = ["./test.jpg"],
                          visualization = True,
output_dir = 'ace2p_output')

res_img_path = './ace2p_output/test.png'
img = mpimg.imread(res_img_path)
plt.figure(figsize = (10, 10))
plt.imshow(img)
plt.axis('off')
plt.show()
```

（3）人脸检测，模型预测效果如图 8.12 所示，代码实现如下。

```
# 安装预训练模型
! hub install ultra_light_fast_generic_face_detector_1mb_640 = = 1.1.2

import paddlehub as hub
import matplotlib.image as mpimg
import matplotlib.pyplot as plt

module = hub.Module(name = "ultra_light_fast_generic_face_detector_1mb_640")
res = module.face_detection(paths = ["./test.jpg"],
visualization = True,
output_dir = 'face_detection_output')

res_img_path = './face_detection_output/test.jpg'
img = mpimg.imread(res_img_path)
plt.figure(figsize = (10, 10))
plt.imshow(img)
plt.axis('off')
plt.show()
```

（4）关键点检测，模型预测效果如图 8.13 所示，代码实现如下。

```
# 安装预训练模型
! hub install human_pose_estimation_resnet50_mpii = = 1.1.0
```

```
import paddlehub as hub
import matplotlib.image as mpimg
import matplotlib.pyplot as plt

module = hub.Module(name = "human_pose_estimation_resnet50_mpii")
res = module.keypoint_detection(paths = ["./test.jpg"], visualization = True, output_dir =
'keypoint_output')

res_img_path = './keypoint_output/test.jpg'
img = mpimg.imread(res_img_path)
plt.figure(figsize = (10, 10))
plt.imshow(img)
plt.axis('off')
plt.show()
```

■图8.12 人脸检测结果

■图8.13 人体关键点检测结果图

（5）中文分词，代码实现如下。

```
#安装预训练模型
!hub install lac

import paddlehub as hub
lac = hub.Module(name = "lac")
test_text = ["1996年,曾经是微软员工的加布·纽维尔和麦克·哈灵顿一同创建了 Valve 软件公司.
他们在 1996 年下半年从 id software 取得了雷神之锤引擎的使用许可,用来开发半条命系列."]
res = lac.lexical_analysis(texts = test_text)

print("中文词法分析结果: ", res)
```

中文词法分析结果: [{'word': ['1996年', ',', '曾经', '是', '微软', '员工', '的', '加布·纽维尔',
'和', '麦克·哈灵顿', '一同', '创建', '了', 'Valve 软件公司', '.', '他们', '在', '1996 年下半年',
'从', 'id', ' ', 'software', '取得', '了', '雷神之锤', '引擎', '的', '使用', '许可', ',', '用来',
'开发', '半条命', '系列', '.'], 'tag': ['TIME', 'w', 'd', 'v', 'ORG', 'n', 'u', 'PER', 'c', 'PER',
'd', 'v', 'u', 'ORG', 'w', 'r', 'p', 'TIME', 'p', 'nz', 'w', 'n', 'v', 'u', 'n', 'n', 'u', 'vn', 'vn', 'w', 'v',
'v', 'n', 'n', 'w']}]

（6）情感分析，代码实现如下。

```
# 安装预训练模型
! hub install senta_bilstm

import paddlehub as hub
senta = hub.Module(name = "senta_bilstm")
test_text = ["味道不错,确实不算太辣,适合不能吃辣的人.就在长江边上,抬头就能看到长江的风
景.鸭肠、黄鳝都比较新鲜."]
res = senta.sentiment_classify(texts = test_text)

print("中文词法分析结果: ", res)
```

中文词法分析结果:[{'text': '味道不错,确实不算太辣,适合不能吃辣的人.就在长江边上,抬头就能看到长江的风景.鸭肠、黄鳝都比较新鲜.', 'sentiment_label': 1, 'sentiment_key': 'positive', 'positive_probs': 0.9771, 'negative_probs': 0.0229}]

2. 通过命令行实现模型调用

下面介绍通过命令行调用 PaddleHub 模型完成预测的方式。人像分割和文本分词的任务都可以通过命令行调用的方式实现。

```
# 通过命令行方式实现人像分割任务
! hub run deeplabv3p_xception65_humanseg -- input_path test.jpg

#通过命令行方式实现文本分词任务
!hub run lac -- input_text"今天是个好日子"
```

关键参数含义如下：
① hub，表示 PaddleHub 的命令。
② run，调用 run 执行模型预测。
③ deeplabv3p_xception65_humanseg、lac 表示要调用的模型。
④ -input_path/-input_text 表示模型的输入数据，图像和文本的输入方式不同。

PaddleHub 的命令行工具在开发时借鉴了 Anaconda 和 PIP 等软件包管理的理念，可以方便快捷地完成模型的搜索、下载、安装、升级和预测等功能。PaddleHub 的产品理念是模型即软件，通过 Python API 或命令行实现模型调用，快速体验飞桨特色的预训练模型。此外，如果用户期望使用少量数据来优化预训练模型，PaddleHub 也支持迁移学习，通过 Fine-tune API 内置多种优化策略，只需少量代码即可完成预训练模型的 Fine-tuning。

8.2.4 PaddleHub 提供的预训练模型概览

PaddleHub 提供了 360 多个预训练模型，涵盖大模型、文本、图像、视频、语音和工业应用等多个领域，其中各领域均有百度独有数据训练或独有技术积累的模型，如图 8.14 所示。

PaddleHub 支持的模型列表会持续迭代、不断更新，欢迎读者登录飞桨官网体验，为飞桨开源社区贡献更多的优秀模型。PaddleHub 官网链接：https://www.paddlepaddle.org.cn/hub。

■图 8.14　PaddleHub 支持的预训练模型

8.3　模型资源之二：飞桨产业级开源模型库

8.3.1　概述

随着"科技兴国"战略思想的提出，越来越多的人工智能技术被应用于体育、教育、农业、能源、金融、医疗等行业。在刚刚闭幕的冬奥会上，人工智能、5G、云服务等技术的应用，让世界人民看到了新时代中国的风采。中国已经按下了从制造业大国向科技强国转型的启动键，越来越多的企业期望引入人工智能等新技术来提升竞争力。

飞桨结合多年与合作伙伴在人工智能产业落地过程中积累的经验，总结了工程师在使用开源模型研发应用时面临的四大难题，如图 8.15 所示。

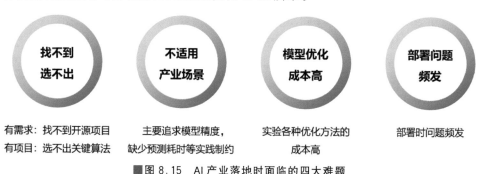

■图 8.15　AI 产业落地时面临的四大难题

1. 飞桨产业级开源模型库的关键能力

那么,在复杂的 AI 产业应用中,如何选择易用、稳定、可靠的开源模型呢?针对用户在 AI 产业落地时面临的四大难题,飞桨提出了产业级开源模型库方案,核心能力如下:

(1) 提供超过 500 个精选算法和预训练模型,覆盖深度学习主流和前沿应用领域。

截至 2022 年 5 月,官方支持的算法总数超过 500 个,包含在产业实践中经过长期打磨的主流模型、PP 系列模型,以及国际竞赛中的夺冠模型,覆盖计算机视觉、自然语言处理、推荐和语音四大深度学习应用领域,以及在产业中处于前沿探索阶段的新兴领域,如图神经网络、强化学习、量子学习和科学计算、生物计算等。所有模型都支持动态图开发,助力产业快速应用。

(2) 提供飞桨特色的 PP 系列模型,实现 AI 产业落地时模型精度和性能的平衡。

大多数开源模型都侧重关注模型精度,缺少对于模型推理性能的考量。飞桨综合了模型精度和性能的平衡,开发特色的 PP 系列模型,如图 8.16 所示,覆盖了目标检测、OCR、语义理解等多个高频应用场景。以 PP-YOLOv2、PP-OCRv2 为例,在数据增强、骨干网络、检测头、损失函数、训练技巧等方面分别有 13 项和 19 项兼顾精度和性能的优化策略。在 AI 产业应用时,建议用户优先考虑 PP 系列模型,以达到事半功倍的效果。

■图 8.16　飞桨特色的 PP 系列模型和应用场景

PP 系列模型索引:https://github.com/PaddlePaddle/models/blob/release/2.3/official/PP-Models.md。

(3) 提供端到端的开发套件,预置大量优化策略,支撑全流程优化。

无论模型性能多优异,由于真实生产环境的复杂和多样性,在落地产业时,都需要结合业务需求进行模型优化。飞桨端到端的开发套件中预置了大量优化策略,支撑全流程优化,用户只需要修改配置文件,即可调整模型优化策略,低成本验证各种优化策略的模型效果。如图 8.17 所示,以 PaddleDetection 和 PaddleOCR 为例,套件中内置了大量的优化策略,支持"数据增强"→"算法选择"→"部署工具"的全流程优化。

(4) 提供训推一体的全链条功能支持,保障模型稳定、可靠。

为了保障飞桨支持的模型在产业应用中稳定、可靠,飞桨提供了训推一体的全链条功能支持。在产业实践中,模型应用的研发流程可分解成模型选型、模型训练环境选型、模型训练资源配置选型、模型压缩技术选型、生成飞桨模型和预测部署与软硬件环境选型几个关键节点,如图 8.18 所示。飞桨产业模型库中的模型均已经在此链条中得到端到端验证,确保模型的使用稳定可靠。此外,图 8.18 也可以作为模型训练和推理部署的选型导航,为企业

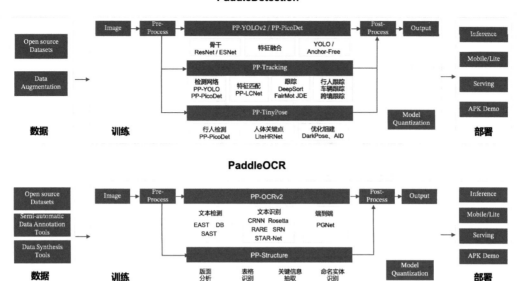

■图 8.17　开发套件全流程优化示意

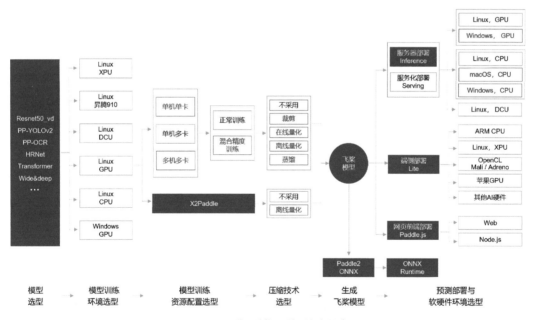

■图 8.18　飞桨"训推一体"的全链条流程

AI落地方案的整体选型提供参考。

2. 飞桨产业范例库和产业模型选型工具

上文介绍了在 AI 产业应用时,模型选择的方法和技巧。但是 AI 应用落地是个复杂的系统工程,只有模型并不能解决所有问题。例如安全帽检测的场景(安全要求比较高的厂房需要检测员工是否有安全措施,可以应用深度学习技术实现佩戴安全帽检测,如图 8.19 所示),研发人员需要先进行数据采集与标注,然后把处理后的数据传输给机器学习的系统进行模型训练,最后将训练好的模型部署到真实的厂房环境中,这个流程需要对产线进行全面的升级改造。但是由于部署环境不同,如工厂环境、车间设备的差异较大,真正落地智能化改造也不是一件容易的事,常常需要 3~6 个月。

■图 8.19　AI 应用落地流程示例

如何灵活运用这些模型和开发套件构建完整的落地方案,是企业在 AI 落地过程中亟须解决的问题。为此,飞桨开源了产业实践范例库和飞桨产业模型选型工具,进一步降低了 AI 产业落地的难度。

(1) 飞桨产业实践范例库直达项目落地,是产业落地的"自动导航"。

飞桨产业范例库以真实产业场景和数据为蓝本进行研发,内容覆盖智慧城市、智能制造、智慧金融、泛交通、泛互联网、智慧农业、文娱传媒、电信等多个领域。每个示例都提供详细的过程讲解,包括数据增强、模型选择、模型优化、模型部署的完整代码和图形化的部署demo,直达项目落地。在使用过程中,工程师只需要选择与业务场景相似的示例,更换数据集,并根据教程说明微调策略,就可以实现完整的应用方案。图 8.20 以智慧城市"火灾/烟雾检测"场景为例,展示了飞桨产业实践范例库的使用方法。

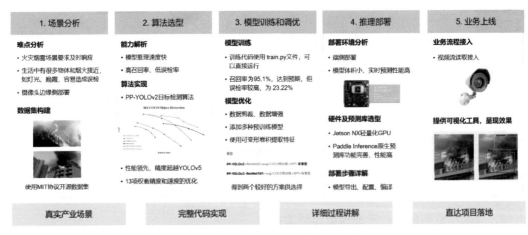

■图 8.20　飞桨产业实践范例库示例

飞桨产业实践范例库地址:https://aistudio.baidu.com/aistudio/topic/1000。

(2) 产业模型选型工具为用户推荐最适合应用落地的"样板间"。

目前,飞桨产业范例库中包含了 40 多个范例,对于众多 AI 产业落地项目,只覆盖了相对有限的高频场景,对于其他更广泛的 AI 应用,飞桨还设计并开源了产业模型选型工具。飞桨产业模型选型工具凝聚了飞桨长期积累的产业实践经验,根据用户真实的产业落地诉求,对用户数据情况进行专业分析,推荐适合应用落地的模型与硬件组合。针对典型场景,飞桨还为用户自动关联呈现相关的产业实践范例。飞桨产业模型选型工具体验地址:https://www.paddlepaddle.org.cn/smrt。

3. 面对复杂的 AI 产业落地场景,支持多个套件协同合作

AI 产业应用往往比较复杂,一个独立的技术并不能完全解决实际问题。飞桨支持各开发套件之间协同应用,帮助用户高效解决真实场景中比较复杂的问题。如图 8.21 所示,以 AI 应用比较广泛的工业质检和语音播报场景为例,介绍开发套件的协同方案。

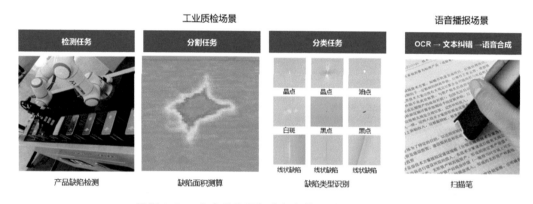

■图 8.21 多套件协同解决复杂的 AI 产业应用问题

(1) 工业质检场景:在工业质检场景,用户会期望应用 AI 技术检测商品是否有瑕疵,并了解瑕疵的形状和大小,这是深度学习中的目标检测和图像分割任务,需要并行使用 PaddleDetection 和 PaddleSeg 解决;也有用户期望了解瑕疵的类型,如划痕、油渍、斑点等,这是目标检测和图像分类任务,需要并行使用 PaddleDetection 和 PaddleClas 解决。

(2) 语音播报场景:在语音播报场景,比较常见的是扫描笔(词典笔),用户扫描一段文字,扫描笔会自动识别文字内容,同步语音播报,实现"边扫、边读",这就是深度学习中的 OCR、文本纠错和语音合成任务,需要串行使用 PaddleOCR、PaddleNLP 和 PaddleSpeech 解决。

8.3.2 图像分割开发套件 PaddleSeg 实战

PaddleSeg 是飞桨高性能图像分割开发套件,具备语义分割、交互式分割、全景分割、Matting 四大图像分割能力,被广泛应用在自动驾驶、遥感、医疗、质检、巡检、互联网娱乐等行业。

1. PaddleSeg 产品特色

PaddleSeg 产品特色如下:

① 高精度:跟踪学术界的前沿分割技术,结合半监督标签知识蒸馏方案(SSLD)训练的骨干网络,提供 40 多个主流分割网络、140 多个的高质量预训练模型,效果优于其他开源产品。

② 高性能：使用多进程异步 I/O、多卡并行训练、评估等加速策略，结合飞桨核心框架的显存优化功能，大幅度减少分割模型的训练开销，让开发者更低成本、更高效地完成图像分割训练。

③ 模块化：源于模块化设计思想，解耦数据、分割模型、骨干网络、损失函数等不同组件，开发者可以从实际应用场景出发，组装多样化的配置，满足不同性能和精度的要求。

④ 全流程：打通数据标注、模型开发、模型训练、模型压缩、模型部署全流程，经过业务落地的验证，让开发者完成一站式开发工作。

PaddleSeg 产品框架如图 8.22 所示。

■图 8.22　PaddleSeg 产品框架

此外，PaddleSeg 操作简单，只需要几行代码，即可完成不同场景的图像分割任务，如图 8.23 所示。

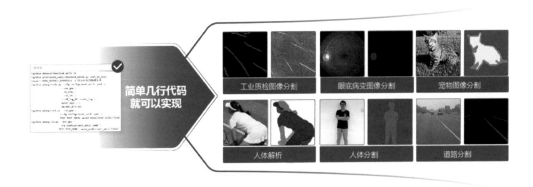

■图 8.23　几行代码实现不同场景的分割任务

2. 图像分割模型解读

图像分割（Image Segmentation）任务，即依据图像中每个像素点的标签，将图像分割成若干个带有类别标签的区域（框），可以看作是对每个像素进行分类。图像分割是计算机视觉领域的重要研究方向，也是难点之一。典型网络结构如图 8.24 所示，网络的输入是 $H \times W$ 像素的图片（H 为高、W 为宽），输出是 $N \times H \times W$ 的概率图。图像分割任务是对每个像素点进行分类，因此需要计算每个像素点的分类概率，输出的概率图大小和输入的一致，都为 $H \times W$，N 是类别。

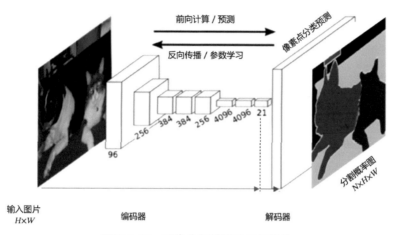

■图 8.24 图像分割模型的网络结构

如图 8.24 所示，图像分割模型采用编码器-解码器（Encoder-Decoder）结构。编码是下采样的过程，为了增大网络感受野，类似于缩小地图，便于看到更大的区域范围，从而快速找到区域边界；解码器上采样的过程，恢复像素级别的特征地图，以实现像素点的分类，类似于放大地图，标注更精细的图像分割边界。目前大多数图像分割模型都采用这种设计方式，各模型的详细介绍可以通过 PaddleSeg 的官方文档了解。

3. 示例实践：使用 PaddleSeg 完成医学视盘分割任务

下面以医学视盘分割任务为例，介绍 PaddleSeg 的使用方法（配置化驱动）。

1）环境准备

使用 PaddleSeg 训练图像分割模型之前，需要完成如下任务：

（1）（可选）安装飞桨 2.0 或更高版本（推荐安装最新版本），具体安装方法请参见"飞桨官网-安装"页面。由于图像分割模型计算开销较大，推荐在 GPU 版本的 PaddlePaddle 下使用 PaddleSeg。

（2）下载并安装 PaddleSeg。

```
# 下载 PaddleSeg 代码库
! git clone https://github.com/PaddlePaddle/PaddleSeg.git
#! git clone https://gitee.com/paddlepaddle/PaddleSeg.git

% cd /home/aistudio/PaddleSeg/
```

```
# 通过 pip 形式安装 PaddleSeg

!pip install paddleseg
```

2)数据处理

本实践使用视盘分割(Optic Disc Segmentation)数据集进行图像分割。视盘分割是一组眼底医疗分割数据集,包含了 267 张训练图片、76 张验证图片和 38 张测试图片,数据集的原图和效果图如图 8.25 所示,任务目标是将眼球图片中的视盘区域分割出来。

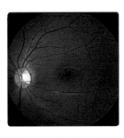 

　　(a)样本数据　　　　　　(b)预测效果图

■图 8.25　视盘分割样本数据和预测效果图

下载并解压数据集,代码实现入如下:

```
! mkdir dataset
% cd dataset
! wget https://paddleseg.bj.bcebos.com/dataset/optic_disc_seg.zip
! unzip optic_disc_seg.zip
% cd ..
```

3)训练配置

上文提到,PaddleSeg 通过配置化驱动进行模型训练,配置文件中包含了所有可以优化的参数,用户只需要按照业务需求修改相关参数即可快速完成任务。如修改模型参数(调整骨干网络、损失函数、网络结构等)、配置数据增强策略(改变尺寸、归一化和翻转等)等。

(1)查看 PaddleSeg 配置文件。

PaddleSeg 配置文件保存在 PaddleSeg/configs 文件夹下,这里我们以双边分割网络(BiseNet V2)的配置文件 bisenet_optic_disc_512x512_1k.yml 为例进行说明,配置文件信息如下所示:

```
batch_size:4    # 设定 batch_size,即迭代一次送入网络的图片数量,一般显卡显存越大,
                # batch_size 的值可以越大
iters:1000                      # 模型迭代的次数

train_dataset:                  # 设置训练数据
  type: OpticDiscSeg            # 选择数据集格式
  dataset root: data/optic_disc_seg    # 选择数据集路径
  num_classes:2                # 指定目标的类别个数(背景也算为一类)
  transforms:                  # 数据预处理/增强的方式
    - type: Resize             # 送入网络之前需要进行 resize
      target_size: [512, 512]  # 将原图 resize 成 512 * 512 再送入网络
    - type: RandomHorizontalFlip    # 采用水平反转的方式进行数据增强
```

```
      - type: Normalize              # 图像归一化
    mode: train

val_dataset:                         # 验证数据设置
    type: OpticDiscSeg               # 选择数据集格式
    dataset_root: data/optic_disc_seg  # 选择数据集路径
    num_classes:2                    # 指定目标的类别个数(背景也算为一类)
    transforms:                      # 数据预处理/增强的方式
      - type: Resize                 # 送入网络之前需要进行 resize
        target_size: [512, 512]      # 将原图 resize 成 512 * 512 再送入网络
      - type: Normalize              # 图像归一化
    mode: val

optimizer:                           # 配置优化器的类型
    type: sgd                        # 采用 SGD 优化器
    momentum:0.9                     # 动量
    weight_decay:4.0e-5              # 权值衰减,使用的目的是防止过拟合

learning_rate:                       # 设定学习率
    value:0.01                       # 初始学习率
    decay:
      type: poly                     # 采用 poly 作为学习率衰减方式
      power:0.9                      # 衰减率
      end_lr:0                       # 最终学习率

loss:                                # 设定损失函数的类型
    types:
      - type: CrossEntropyLoss       # 损失函数类型:交叉熵损失
    coef: [1, 1, 1, 1, 1]
# BiseNetV2 有 4 个辅助 Loss,加上主 Loss 共 5 个,1 表示权重 all_loss = coef_1 * loss_1 + … +
# coef_n * loss_n

model:                               # 模型说明
    type: BiSeNetV2                  # 设定模型类别
    pretrained: Null                 # 设定模型的预训练模型
```

有的读者可能会有疑问,什么样的配置项在配置文件中,什么样的配置项在脚本的命令行参数中呢? 与模型方案相关的信息均在配置文件中,还包括对原始样本的数据增强策略等。除了 iters、batch size、learning rate 这 3 个常见参数外,命令行参数仅涉及对训练过程的配置。也就是说,配置文件最终决定了使用什么模型。

(2) 修改 PaddleSeg 配置文件,以 bisenet_optic_disc_512x512_1k. yml 文件为例,关键参数配置如下:

```
train_dataset:
    type: Dataset                                    # 配置建议的数据格式
    dataset_root: dataset/optic_disc_seg             # 路径包含 label 和 image
    train_path: dataset/optic_disc_seg/train_list.txt
    num_classes:2                                    # 类别(背景也算为一类)
    transforms:
      - type: Resize
```

```
            target_size: [512, 512]
          - type: RandomHorizontalFlip
          - type: Normalize
    mode: train

  val_dataset:
    type: Dataset
    dataset_root: dataset/optic_disc_seg
    val_path: dataset/optic_disc_seg/val_list.txt
    num_classes:2
    transforms:                              # 配置数据处理策略
      - type: Resize
        target_size: [512, 512]
      - type: Normalize
    mode: val
```

上文以 BiSeNet V2 模型的配置文件为例,介绍了相关配置参数和修改方法,在示例中所有的参数都在一个 yml 文件中。在实践中,为了使 PaddleSeg 的配置文件具有更好的复用性和兼容性,训练配置往往需要修改两个或两个以上配置文件来实现,比如我们想修改 DeeplabV3p 模型的配置文件 deeplabv3p_resnet50_os8_cityscapes_1024x512_80k.yml,会发现该文件还依赖(base)cityscapes.yml 文件。此时,需要同步打开 cityscapes.yml 文件进行相应参数的设置,如图 8.26 所示。

■图 8.26　PaddleSeg 配置文件示意

此外,PaddleSeg 采用了更加耦合的配置设计,将数据、优化器、损失函数等共性的配置都放在了一个单独的配置文件下。当我们更换网络结构时,只需要关注模型切换即可,避免了切换模型时,重新调节这些共性参数。如果有些共同的参数,即多个配置文件中都有,那么以哪一个为准呢？如图 8.26 中序号所示，1 号 yml 文件的参数可以覆盖 2 号 yml 文件的参数，即 1 号文件的配置文件优于 2 号文件。

4）模型训练

在 PaddleSeg 根目录下执行如下命令，使用 train.py 脚本进行单卡训练，代码实现如下：

```
!export CUDA_VISIBLE_DEVICES = 0  # 设置 1 张可用的卡
# windows 下请执行如下命令
# set CUDA_VISIBLE_DEVICES = 0
!python train.py \
        -- config configs/quick_start/bisenet_optic_disc_512x512_1k.yml \
        -- do_eval \
        -- use_vdl \
        -- save_interval 500 \
        -- save_dir output
```

说明：

PaddleSeg 中模型训练、评估、预测、导出等命令都要求在 PaddleSeg 根目录下执行。

参数说明如下：

① Config：指定配置文件。

② save_interval：指定每次训练特定轮数后，就进行一次模型保存或者评估（如果开启模型评估）。

③ do_eval：开启模型评估。具体而言，在训练 save_interval 指定的轮数后，会进行模型评估。

④ use_vdl：开启写入 VisualDL 日志信息，用于 VisualDL 可视化训练过程。

⑤ save_dir：指定模型和 VisualDL 日志文件的保存根路径。

训练的模型权重保存在 output 目录下，如下所示。总共训练 1000 轮，每 500 轮保存一次模型信息，因此有 iter_500 和 iter_1000 文件夹。训练构成中，精度最高的模型权重将保存在 best_model 文件夹中，供后续模型评估、预测和导出使用。

```
output
    ├── iter_500                        #表示在 500 步保存一次模型
        ├── model.pdparams             #模型参数
        └── model.pdopt                #训练阶段的优化器参数
    ├── iter_1000
        ├── model.pdparams
        └── model.pdopt
    └── best_model                      # 精度最高的模型权重
        └── model.pdparams
```

为了更直观地观察网络训练过程，高效完成网络调优，下面使用飞桨可视化分析工VisualDL 实现训练可视化操作，包括：损失函数变化趋势、学习率变化趋势、训练时长等信息。使用如下命令启动 VisualDL，效果如图 8.27 所示。

```
＃下述命令会在 127.0.0.1 上启动一个服务,支持通过前端 web 页面查看,可以通过 -- host 这个参
＃数指定实际 ip 地址
visualdl -- logdir output/
```

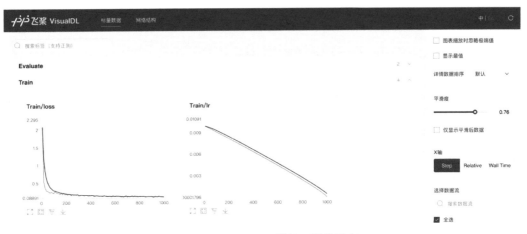

■图 8.27　VisualDL 训练可视化示意

5）模型评估

使用 val.py 脚本来评估模型训练的效果。代码实现如下:

```
!python val.py \
        -- config configs/quick_start/bisenet_optic_disc_512x512_1k.yml \
        -- model_path output/iter_1000/model.pdparams
```

如果想进行多尺度翻转评估可通过"--aug_eval"进行开启,然后通过"--scales"传入尺度信息。"--flip_horizontal"用于开启水平翻转,"--flip_vertical"用于开启垂直翻转。代码实现如下:

```
python val.py \
        -- config configs/quick_start/bisenet_optic_disc_512x512_1k.yml \
        -- model_path output/iter_1000/model.pdparams \
        -- aug_eval \
        -- scales 0.75 1.0 1.25 \
        -- flip_horizontal
```

如果想进行滑窗评估可通过"--is_slide"进行开启,然后通过"--crop_size"传入窗口大小,"--stride"传入步长。代码实现如下:

```
python val.py \
        -- config configs/quick_start/bisenet_optic_disc_512x512_1k.yml \
        -- model_path output/iter_1000/model.pdparams \
        -- is_slide \
        -- crop_size 256 256 \
        -- stride 128 128
```

在图像分割领域,模型评估主要使用准确率(ACC)、平均交并比(Mean Intersection over Union,简称 MIoU)和 Kappa 系数作为评价指标。

① 准确率:指类别预测正确的像素占总像素的比例,准确率越高模型质量越好。

② 平均交并比:对每个类别数据集单独进行推理计算,用计算出的预测区域和实际区域的交集除以预测区域和实际区域的并集,然后将所有类别得到的结果取平均。

③ Kappa 系数:一个用于一致性检验的指标,可以用于衡量分类的效果。Kappa 系数的计算是基于混淆矩阵的,取值为 $-1\sim1$,通常为 $0\sim1$。计算公式为

$$\text{Kappa} = \frac{P_0 - P_e}{1 - P_e}$$

其中,P_0 为分类器的准确率,P_e 为随机分类器的准确率。Kappa 系数越高,模型质量越好。

6)模型预测

任选一张图片,使用 predict.py 脚本进行模型预测,代码实现如下:

```
!python predict.py \
        -- config configs/quick_start/bisenet_optic_disc_512x512_1k.yml \
        -- model_path output/iter_1000/model.pdparams \
        -- image_path dataset/optic_disc_seg/JPEGImages/H0003.jpg \
        -- save_dir output/result
```

模型预测效果如图 8.28 所示。

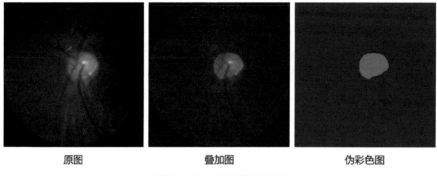

原图   叠加图   伪彩色图

■图 8.28 预测效果展示

通过模型预测,我们可以直观地看到模型的分割效果和原始样本之间的差别,从而产生一些优化的思路,比如切割的边界是否可以做规则化的处理等。

7)模型部署

为了方便用户进行工业级的部署,PaddleSeg 提供了一键动转静的功能,即将训练出来的动态图模型文件转化成静态图的形式。代码实现如下:

```
! python export.py \
        -- config configs/quick_start/bisenet_optic_disc_512x512_1k.yml \
        -- model_path output/iter_1000/model.pdparams
        -- save_dir output/infer_model
```

将导出的模型部署到 Python 端。代码实现如下:

```
# 运行如下命令,会在 output 文件下生成一张 H0003.jng 图像
!python deploy/python/infer.py \
    -- config output/deploy.yaml\
    -- image_path dataset/optic_disc_seg/JPEGImages/H0003.jpg\
    -- save_dir output
```

除了 Python 端部署外,PaddleSeg 还支持 C++端部署、移动端部署和网页端部署,更多的信息可以查看 PaddleSeg 官方文档。

说明:

读者可以扫描封底二维码,登录本书配套的在线课程,获取完整的实践代码。

8.3.3 自然语言处理开发库 PaddleNLP 实战

PaddleNLP 是一款简单易用且功能强大的自然语言处理开发库。聚合业界优质预训练模型并提供开箱即用的开发体验,覆盖 NLP 多场景的模型库搭配产业实践范例可满足开发者灵活定制的需求。

1. PaddleNLP 产品特色

PaddleNLP 产品特色如下:

① 开箱即用的 NLP 工具集:PaddleNLP 的 Taskflow API 提供丰富的开箱即用的产业级 NLP 预置模型,无须训练,一键预测,覆盖自然语言理解与自然语言生成两大核心应用,在多个中文场景中提供产业级的精度与预测性能。

② 业界最全的中文预训练模型:精选 40 多个网络结构和 500 多个预训练模型参数,涵盖业界最全的中文预训练模型,包括文心大模型和 BERT、GPT、RoBERTa、T5 等主流结构。通过 AutoModel API 一键高速下载。

③ 全场景覆盖的应用示例:覆盖从学术到产业的 NLP 应用示例,涵盖 NLP 基础技术、NLP 系统应用以及拓展应用。全面基于飞桨核心框架 2.0 全新 API 体系开发,为开发者提供飞桨文本领域的最佳实践。

④ 产业级端到端系统范例:PaddleNLP 针对信息抽取、语义检索、智能问答、情感分析等高频 NLP 场景,提供了端到端系统范例,打通数据标注—模型训练—模型调优—预测部署全流程,持续降低 NLP 技术产业落地的门槛。

在第 6 章,我们已经使用飞桨框架搭建了 LSTM 模型来完成情感分析任务。下面我们使用 PaddleNLP 的预训练模型 ERINE 完成 THUCNews 新闻标题分类任务。

2. ERNIE 模型解读

ERINE 是百度发布的预训练模型,通过引入 3 个级别的 Knowledge Masking 帮助模型学习更多的语言知识(如词法、句法、语义信息等),在多项任务上超越了 BERT。ERNIE 采用了 Transformer 的编码器结构作为骨干网络,如图 8.29 所示。

本节聚焦于 ERNIE 的主要改进点,即上文提到的 3 个级别的 Knowledge Masking 策略。训练语料中蕴含着大量的语言知识,如词法、句法和语义信息,如何让模型有效地学习

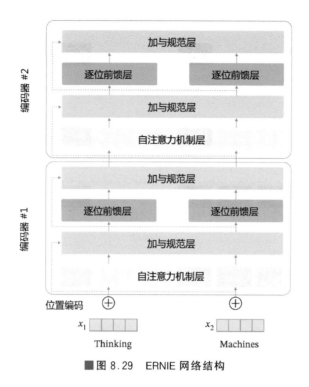

■ 图 8.29 ERNIE 网络结构

这些复杂的语言知识是一件非常有挑战的事情。BERT 使用了掩码语言模型（Masked Language Model，MLM）和预测下一句（Next Sentence Prediction，NSP）训练模型来进行训练。但在实际应用中，模型并没有学习到特别多的复杂语言知识，特别是后来多位研究员提出 NSP 任务的作用并不大。考虑到这一点，ERNIE 提出了 Knowledge Masking 策略，包含 3 个级别：Token 级别（Basic-Level）、短语级别（Phrase-Level）和实体级别（Entity-Level）。通过对这 3 个级别的向量进行掩蔽，从而提高模型对词、短语和命名实体的知识理解能力。

说明：

MLM 指在模型训练时，随机从输入语料上掩蔽一些单词，这些被掩蔽的单词用 [Mask] 表示，然后通过上下文预测该单词，这个任务非常像我们在学生时代做过的完形填空题；NSP 任务可以判断句子 B 是否是句子 A 的下文，会在句子前面加上特殊的词 [CLS]。这两种任务的训练样本可以根据语料自动生成，无须人工标注，这也是这些任务常被用于训练语义表示大模型的原因。

图 8.30 是 ERNIE 和 BERT 两种预训练模型的 Knowledge Masking 策略对比示意。

如图 8.30 所示，Token 级别的 Knowledge Masking 同 BERT 一样，随机地对某些单词（如 written）进行 Masking；短语级别 Knowledge Masking 和实体级别 Knowledge Masking 是 ERNIE 特有的策略，分别对语句中的短语（如 a series of）和命名实体（如人名 J. K. Rowling）进行掩蔽。ERNIE 在训练过程中，分别对这些被掩蔽的信息进行预测。

此外，ERNIE 还采用了多个异源语料辅助模型训练，如对话数据、新闻数据、百科数据等，从而进一步提升模型的泛化能力。在实践中，只需在下游任务中基于 ERNIE 进行微

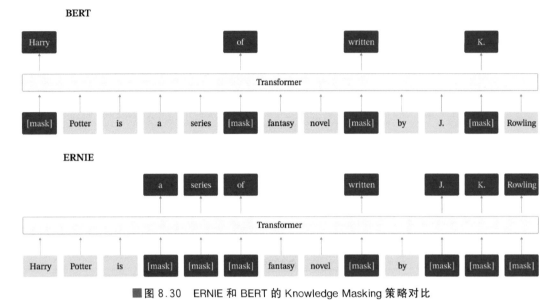

■图 8.30 ERNIE 和 BERT 的 Knowledge Masking 策略对比

调,即可达到较好的预测效果。

说明:

异源语料指来自不同源的数据,如百度贴吧、百度新闻、维基百科等。

---

3. 示例实践:使用 PaddleNLP 完成新闻标题分类任务

下面以 THUCNews 新闻标题分类任务为例,介绍 PaddleNLP 的使用方法。 THUCNews 数据集根据新浪新闻 RSS 订阅频道 2005—2011 年的历史数据筛选过滤生成, 包含 740000 篇新闻文档。在原始新浪新闻分类体系的基础上,重新划分出 14 个类别,分别 是财经、彩票、房产、股票、家居、教育、科技、社会、时尚、时政、体育、星座、游戏、娱乐。本示 例使用的数据集是从 THUCNews 新闻数据中根据新闻类别按照一定比例提取的新闻标 题,其中训练集数据约 271000 条,测试集约 67000 条。另外,据新闻类别整理出了一份分类 标签的词表 label_dict. txt。

1) 数据处理

自然语言处理任务的数据处理方式基本相同,包含数据读取、文本分词、数据格式转换、 构造 DataLoader、组装 minibatch 几个步骤。PaddleNLP 对数据处理过程进行了 API 封 装,使得整个数据处理过程变得简洁。

(1) 数据读取。

构造一个 THUCDataSet 类,完成训练集、测试集和分类标签的数据读取,代码实现 如下:

```python
import numpy as np
from functools import partial
import paddle
import paddle.nn as nn
```

```
from paddle.io import Dataset
import paddle.nn.functional as F
import paddlenlp
from paddlenlp.datasets import MapDataset
from paddlenlp.data import Stack, Tuple, Pad
from paddlenlp.transformers import LinearDecayWithWarmup

class THUCDataSet(Dataset):
    def __init__(self, data_path, label_path):
        # 加载标签词典
        self.label2id = self._load_label_dict(label_path)
        # 加载数据集
        self.data = self._load_data(data_path)

        self.label_list = list(self.label2id.keys())

# 加载数据集
def _load_data(self, data_path):
    data_set = []
    with open(data_path, "r", encoding = "utf-8") as f:
        for line in f.readlines():
            label, text = line.strip().split("\t", maxsplit = 1)
            example = {"text":text, "label": self.label2id[label]}
            data_set.append(example)
    return data_set

# 加载标签词典
def _load_label_dict(self, label_path):
    with open(label_path, "r", encoding = "utf-8") as f:
        lines = [line.strip().split()for line in f.readlines()]
        lines = [(line[0], int(line[1])) for line in lines]
        label_dict = dict(lines)
    return label_dict

def __getitem__(self, idx):
    return self.data[idx]

def __len__(self):
    return len(self.data)
```

（2）转换数据格式。

随机选取一条样本数据，观察其数据格式，如图 8.31 所示。样本数据被封装成一个字典形式，包含这条样本数据的文本信息和对应的类别标签。

| dict | text | 摩羯座的爱情是花开无声 |
| | label | 0 |

■图 8.31　封装后的样本数据格式

这与 ERNIE 支持的数据格式不同，因此需要将格式转换成如图 8.32 所示的结构，包括输入编码、分段编码和位置编码 3 个向量。

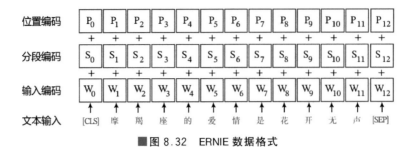

■图 8.32　ERNIE 数据格式

在 PaddleNLP 中,输入编码用 token ids 表示,分段编码用 segment ids (或 token type ids)表示,位置编码用 position ids 表示,模型内部自动生成。使用 PaddleNLP 封装好的 tokenizer 进行数据转换,代码实现如下:

```python
def convert_example(example, tokenizer, max_seq_length = 128, is_test = False):

    encoded_inputs = tokenizer(text = example["text"], max_seq_len = max_seq_length)
    input_ids = encoded_inputs["input_ids"]           # 输入编码
    token_type_ids = encoded_inputs["token_type_ids"]  # 分段编码

    if not is_test:
        label = np.array([example["label"]], dtype = "int64")
        return input_ids, token_type_ids, label
    else:
        return input_ids, token_type_ids
```

（3）构建 DataLoader。

构建一个 DataLoader,将数据集以 minibatch 的形式传入模型进行训练。代码实现如下:

```python
def create_dataloader(dataset,
                      mode = 'train',
                      batch_size = 1,
                      batchify_fn = None,
                      trans_fn = None):
    # trans_fn 对应于上文的 covert_example 函数,将数据转换成 ERNIE 支持的格式
    if trans_fn:
        dataset = dataset.map(trans_fn)

    shuffle = True if mode == 'train' else False
    if mode == 'train':
        batch_sampler = paddle.io.DistributedBatchSampler(
            dataset, batch_size = batch_size, shuffle = shuffle)
    else:
        batch_sampler = paddle.io.BatchSampler(
            dataset, batch_size = batch_size, shuffle = shuffle)

    # 调用 paddle.io.DataLoader 构建 DataLoader
    return paddle.io.DataLoader(
        dataset = dataset,
```

```
    batch_sampler = batch_sampler,
    collate_fn = batchify_fn,
    return_list = True)

batchify_fn = lambda samples, fn = Tuple(
    Pad(axis = 0, pad_val = tokenizer.pad_token_id),
    Pad(axis = 0, pad_val = tokenizer.pad_token_type_id),
    Stack(dtype = "int64")
): [data for data in fn(samples)]
```

2) 模型构建

加载预训练模型 ERNIE,并定义用于文本分类的线性层。本实验使用暂退法作为网络优化策略,在每批样本训练时候会丢弃一部分神经元来避免过拟合。代码实现如下:

```
class ErnieForSequenceClassification(paddle.nn.Layer):
    def __init__(self, MODEL_NAME, num_class = 14, dropout = None):
        super(ErnieForSequenceClassification, self).__init__()

        # 加载预训练模型 ERNIE,通过 MODEL_NAME 指定 ERINE 版本,如 ernie - tiny
        self.ernie = paddlenlp.transformers.ErnieModel.from_pretrained(MODEL_NAME)
        self.dropout = nn.Dropout(dropout if dropout is not None else self.ernie.config["
hidden_dropout_prob"])
        self.classifier = nn.Linear(self.ernie.config["hidden_size"], num_class)

    def forward(self, input_ids, token_type_ids = None, position_ids = None, attention_mask =
None):
        _, pooled_output = self.ernie(
            input_ids,
            token_type_ids = token_type_ids,
            position_ids = position_ids,
            attention_mask = attention_mask)

        pooled_output = self.dropout(pooled_output)
        # 使用一个简单的分类输出层作为微调网络,ERNIE 网络足够复杂度,因此通常不需要再加
        # 很多层网络做 Fine - tune
        logits = self.classifier(pooled_output)
        return logits
```

3) 训练配置

设置模型训练使用的优化器、学习率和训练环境等参数。代码实现如下:

```
# 超参设置
n_epochs = 5
batch_size = 128
max_seq_length = 128
n_classes = 14
dropout_rate = None

learning_rate = 5e - 5
warmup_proportion = 0.1
weight_decay = 0.01
```

```
MODEL_NAME = "ernie - tiny"

# 加载数据集,构造 DataLoader
train_set = THUCDataSet("./train.txt", "label_dict.txt")
train_set = MapDataset(train_set)
test_set = THUCDataSet("./test.txt", "label_dict.txt")
test_set = MapDataset(test_set)

# partial 是 Python 语言的偏函数,支持更方便地在已有函数基础上定义指定参数值的新函数
trans_func = partial(convert_example, tokenizer = tokenizer, max_seq_length = max_seq_
length)
train_data_loader = create_dataloader(train_set, mode = "train", batch_size = batch_size,
batchify_fn = batchify_fn, trans_fn = trans_func)
test_data_loader = create_dataloader(test_set, mode = "test", batch_size = batch_size,
batchify_fn = batchify_fn, trans_fn = trans_func)

# 检测是否可以使用 GPU,如果可以优先使用 GPU
use_gpu = True if paddle.get_device().startswith("gpu") else False
if use_gpu:
    paddle.set_device('gpu:0')

# 加载用于文本分类的 Fune - tune 网络,不同的任务有不同的对应函数,详细可以查阅 ERNIE 的文档
model = ErnieForSequenceClassification(MODEL_NAME, num_class = n_classes, dropout = dropout_rate)

# 设置优化器,LinearDecayWithWarmup 是一个周期性衰减的函数,并且在初始训练的时候才用热启
# 动策略(较小学习率,逐渐上升),避免前期训练过于震荡
num_training_steps = len(train_data_loader) * n_epochs
lr_scheduler = LinearDecayWithWarmup(learning_rate, num_training_steps, warmup_proportion)
optimizer = paddle.optimizer.AdamW(
    learning_rate = lr_scheduler,
    parameters = model.parameters(),
    weight_decay = weight_decay,
    apply_decay_param_fun = lambda x: x in [
        p.name for n, p in model.named_parameters()
        if not any(nd in n for nd in ["bias", "norm"])
    ])
```

4) 模型训练与评估

在模型训练中,每执行完一轮便使用测试集进行评估,验证模型训练的效果。在模型评估时,使用准确率作为评价指标,代码实现如下:

```
# 定义统计指标
metric = paddle.metric.Accuracy()

def evaluate(model, metric, data_loader):
    model.eval()
    # 每次使用测试集进行评估时,先重置掉之前 metric 的累计数据,保证只是针对本次评估
    metric.reset()
    losses = []
    for batch in data_loader:
```

```
            # 获取数据
            input_ids, segment_ids, labels = batch
            # 执行前向计算
            logits = model(input_ids, segment_ids)
            # 计算损失
            loss = F.cross_entropy(input = logits, label = labels)
            loss = paddle.mean(loss)
            losses.append(loss.numpy())
            # 统计准确率指标
            correct = metric.compute(logits, labels)
            metric.update(correct)
            accu = metric.accumulate()
        print("eval loss: %.5f, accu: %.5f" % (np.mean(losses), accu))
        metric.reset()


def train(model):
    global_step = 0
    for epoch in range(1, n_epochs + 1):
        model.train()
        for step, batch in enumerate(train_data_loader, start = 1):
            # 获取数据
            input_ids, segment_ids, labels = batch
            # 模型前向计算
            logits = model(input_ids, segment_ids)
            loss = F.cross_entropy(input = logits, label = labels)
            loss = paddle.mean(loss)

            # 统计指标
            probs = F.softmax(logits, axis = 1)
            correct = metric.compute(probs, labels)
            metric.update(correct)
            acc = metric.accumulate()

            # 参数更新
            loss.backward()
            optimizer.step()
            lr_scheduler.step()
            optimizer.clear_grad()

            # 模型评估
        evaluate(model, metric, test_data_loader)


train(model)
```

5）模型预测

构造一个 data 集合，使用集合中的语句测试模型效果。读者可以自行修改下述代码中的数据样例（data = [{"text":"白羊座今天的运势很好"}]），查看模型对不同语句的主题分类。

```
def predict(data, id2label, batch_size = 1):
    examples = []
```

```python
    # 数据处理,与训练样本的处理一致,转换成 ERNIE 模型接受的格式
    for text in data:
        input_ids, segment_ids = convert_example(
            text,
            tokenizer,
            max_seq_length = 128,
            is_test = True)
        examples.append((input_ids, segment_ids))

    batchify_fn = lambda samples, fn = Tuple(
        Pad(axis = 0, pad_val = tokenizer.pad_token_id),    # input id
        Pad(axis = 0, pad_val = tokenizer.pad_token_id),    # segment id
    ): fn(samples)

    # 将数据按照 batch_size 进行切分
    batches = []
    one_batch = []
    for example in examples:
        one_batch.append(example)
        if len(one_batch) == batch_size:
            batches.append(one_batch)
            one_batch = []
    if one_batch:
        batches.append(one_batch)

    # 使用模型预测数据,并返回结果
    results = []
    model.eval()
    for batch in batches:
        input_ids, segment_ids = batchify_fn(batch)
        input_ids = paddle.to_tensor(input_ids)
        segment_ids = paddle.to_tensor(segment_ids)
        logits = model(input_ids, segment_ids)
        probs = F.softmax(logits, axis = 1)
        #取概率最高的标签 ID 作为结果
        idx = paddle.argmax(probs, axis = 1).numpy()
        idx = idx.tolist()
        labels = [id2label[i] for i in idx]
        results.extend(labels)
    return results

#可修改的测试数据集,里面可以放置多条数据
data = [{"text":"白羊座今天的运势很好"}]

#ID 转换成标签文本的处理函数
id2label = dict([(items[1], items[0]) for items in test_set.label2id.items()])
results = predict(data, id2label)
print(results)
```

输出结果为:

['星座']

说明：

读者可以扫描封底二维码，登录本书配套的在线课程，获取完整的实践代码。

8.4 飞桨产业级部署工具链

8.4.1 概述

对于人工智能领域的科研工作者或者学生，第8.4节之前的内容基本可以满足入门深度学习的需求。但是对于企业开发者而言，他们更关注使用成熟的模型和算法，快速部署到服务器或者端侧硬件上，从而解决企业面临的实际问题。在第8.3节中介绍的安全帽检测任务中也提到，一个深度学习模型真正落地到企业，模型算法只是其中的一部分，更多的时间，企业用户还需要花大量精力去解决模型部署与现有工作环境、厂房设备和工作流程无缝融合的问题。

1. 人工智能技术的部署场景概览

在本节中，我们将结合多年来积累的 AI 应用经验，总结出几个高频的 AI 部署场景和相应的部署方案，希望能帮助企业用户和开发者快速解决 AI 落地"最后一公里"的问题。通常我们会按照 AI 任务的应用场景差异来划分不同的部署场景，如人脸识别任务需要部署在端侧，而个性化推荐任务则需要部署在服务器侧。AI 模型部署主要可以分为服务器侧部署和边缘端侧部署两大类。在各自的类别下，开发者可以根据 AI 应用场景的个性化差异，细化成更多的分支方案。无论哪种细分场景，飞桨都提供了相应的工具支撑，具体如下：

（1）高性能的数据中心场景：性能强大，追求高精度模型和高并发、实时响应的服务质量。

① 模型融入业务系统：业务系统本身是一个服务架构，某个环节依赖模型实现，可以使用 Paddle Inference 完成部署。

② 模型独立作为服务：模型的预测服务可以直接被其他模块在线调用，可以使用 Paddle Serving 完成部署。

（2）端侧场景：模型大小和性能受限于硬件能力，需要使用更轻量的网络结构并进行模型压缩。

① 移动端场景：模型部署在 App 中，可以使用 Paddle Lite 完成部署；模型部署在 H5 小程序中，可以使用更轻量级的 Paddle.js 完成部署。

② 物联网场景：如工控机、工业相机等智能设备，可以使用 Paddle Lite 完成模型部署。

2. 飞桨部署产品全景和优势特性

飞桨不仅是一个深度学习框架，还是集基础模型库、端到端开发套件和丰富的工具组件于一体的产业级深度学习平台，为用户提供了多样化的配套服务产品，助力深度学习技术的应用落地。如图 8.33 所示，针对不同的部署场景，飞桨提供了多种配套的部署工具。此外，还提供了模型压缩工具 PaddleSlim，满足对模型尺寸和速度有更高需求的部署场景。

（1）Paddle Inference：飞桨原生推理库，用于服务器端模型部署，支持 Python、C/C++

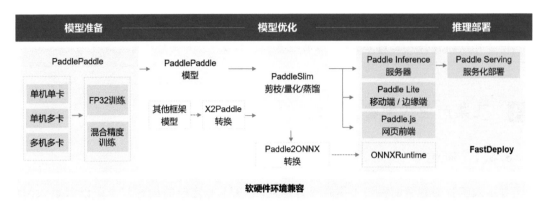

■图 8.33 飞桨部署工具全景

等多种语言。

（2）Paddle Serving：飞桨服务化部署框架，基于 Paddle Inference 构建的模型服务化工具，用于云端服务化部署，可以将模型作为单独的预测服务。

（3）Paddle Lite：飞桨轻量化推理引擎，用于 Mobile 及 IoT（如嵌入式设备芯片）等场景的部署。它支持的模型和算子会比原生推理库少一些，但完整覆盖了轻量级的网络模型。

（4）Paddle.js：使用 JavaScript（Web）语言部署模型，在网页和小程序中便捷地部署模型。

（5）部署辅助工具 1-PaddleSlim：模型压缩工具，在保证模型精度的基础上进一步减少模型尺寸，以得到更好的性能或便于放入存储较小的嵌入式芯片。

（6）部署辅助工具 2-X2Paddle：将其他框架模型转换成 PaddlePaddle 模型，然后使用飞桨的一系列工具部署模型。

为了进一步提升部署的易用性，降低部署的复杂度，飞桨开发了一个全新的更容易上手的模型部署产品 FastDeploy。FastDelpoy 对模型部署的底层技术进行封装，提供了主流模型与硬件组合的部署项目 Demo（包括完整的依赖库和部署代码），用户只需要检索到匹配自己业务场景的 Demo，便可轻松完成模型部署的工作。

模型部署面临和训练完全不一样的硬件环境和性能要求。模型训练往往更关注芯片计算能力的大小，算力是否满足复杂模型计算量的要求，模型部署面临更复杂的部署场景和更苛刻的性能要求。比如：

（1）更广泛的硬件环境适配：资讯推荐（处理高并发请求的高性能的服务器），人脸支付（移动端，如手机），工业质检（嵌入式端，如工控机）。

（2）更极致的计算性能：服务压力导致对时延（用户交互体验）和吞吐（海量用户并发）的要求。

飞桨在这两个方面均有优秀的表现，如图 8.34 和图 8.35 所示，与其他框架相比较，无论是在移动端的典型芯片 Arm CPU 上运行轻量级模型还是在数据中心 NVIDIA GPU 上运行 Transformer 等具有大计算量的模型，飞桨的部署工具在预测速度上均具备明显的优势。

上述优异的性能表现是多种类型的技术综合作用的结果，包括：

① 执行调度的优化：如混合精度，对不同的网络结构动态使用不同的精度来计算，享

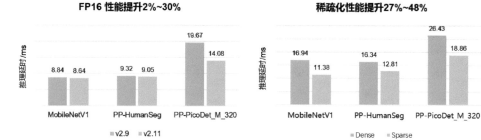

■图 8.34　Paddle Lite：Arm CPU 整体性能提升

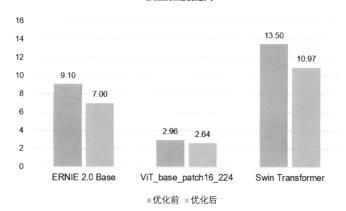

测试环境：1*NVIDIA A10-22G，96core Intel(R) Xeon(R) Gold 6271C CPU @ 2.60GHz

■图 8.35　Paddle Inference：语言和视觉 Transformer 类模型性能提升

受低精度带来性能提升的同时，避免一些需要高精度计算的网络单元损失能力。

② 计算图的优化：如将一些计算颗粒度较小的算子串行合并，合并成连续计算的大算子。这样可以避免计算流程频繁在 CPU 和 GPU 之间调度切换，更好地利用 GPU 的算力；又如一些子计算图可以直接整图调用英伟达的 Tensor-RT 计算库，更好地利用硬件性能。

③ 模型压缩：使用模型压缩等技术，将模型在精度几乎无损的情况下，变得更小、更快。

8.4.2　AI芯片基础和选型建议

芯片在我们的生活中随处可见，如手机、计算机等，它是智能设备的核心部件。可以说，现代信息产业和智能产业的基础就是集成电路芯片技术。我国是世界上最大的电子产品出口国，同时也是最大的芯片进口国，每年的芯片进口额几乎是第二大进口产品（石油）的两倍。深度学习技术带动人工智能技术的突破，以及计算芯片能力的提升也是芯片技术发展的重要促进因素。随着 GPU 在深度学习模型计算上表现出越来越大的优势和各产业落地场景的增多，近两年不断有各种各样的 AI 专用集成电路（AISC）芯片推出市场。

完整的人工智能解决方案不仅要有软件层的模型，还需要硬件层的硬件才能形成完整的解决方案。因此落地人工智能时，我们需要对硬件芯片有一定程度的了解。本节我们会详细介绍芯片的发展历程、芯片的产业链、芯片的软件栈和选型建议,以便读者在后续章节中对将模型部署到硬件上所涉及的各种概念不再陌生。

1. 芯片的发展历程

2018 年诺贝尔经济学奖获得者威廉·诺德豪斯在"The Progress of Computing"中提出:"算力是设备根据内部状态的改变,每秒可处理的信息数据量"。

算力是数字经济时代的"生产力",它让数据发挥作用。随着硬件技术的演进,算力的发展也经历了不同的阶段,如图 8.36 所示。

① 机械化算力(机械式计算器):1642 年,法国科学家布莱士·帕斯卡引用算盘的原理,发明了第一部机械式计算器。

② 电气化算力(机械式计算器):1937 年—1941 年,阿塔纳索夫·贝瑞发明了第一台电子计算机。

③ 集成电路化算力(晶体管):1947 年贝尔实验室发明晶体管,1958 年杰克·基尔比和罗伯特·诺伊斯发明集成电路。

(a) 机械式计算器   (b) 电子计算机   (c) 集成电路

■图 8.36   不同时代的算力载体

目前基于集成电路的芯片已经被广泛应用,构成了现代信息科技和智能科技的基石。在不足拇指盖大小的一片硅片上,成千上万的电子计算单元集成在一起,线路之间的距离只有几纳米或十几纳米,这种令人惊叹的工艺也使得芯片成为制造业的明珠。

2. 芯片的产业链

1) 芯片产业链全局

芯片产业链的构成如图 8.37 所示,涉及各行各业,可分为上游支撑行业、中游制造行业和下游应用行业。

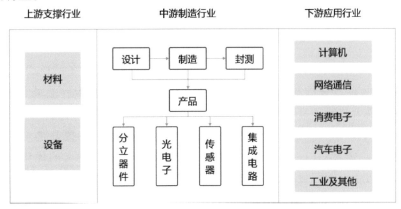

■图 8.37   芯片产业链(图片来源于冯锦锋、郭启航《芯路》)

目前上游的材料和设备基本被欧美、日本和中国台湾地区垄断,如大名鼎鼎的光刻机制造企业荷兰阿斯麦(ASML)、在半导体材料领域占据过半市场份额的日本企业信越、京瓷等。在目前的芯片制造产业链中,上游企业的技术含量和利润均是最高的,例如阿斯麦于2019年卖给中芯国际一台光刻机,其价格相当于中芯国际全年的利润。

芯片的制造环节则被美国、韩国和中国台湾地区垄断,中国芯片公司目前参与的制造环节更多偏设计和封测。而设计环节通常由国际上成熟的IP授权。中国大量制造业普遍集中在下游应用,这就造成了芯片有大量的进口需求。这样的产业链结构导致一旦芯片制造设备、芯片材料和成品芯片的进口受到阻制,我国的制造业就会受到极大的影响和损失。

由于芯片制造是一个重资产的业务,需要非常多的前期投入,但如果芯片的需求量不高,那么维持这样一套设备的代价会过高。与此同时,很多细分的芯片领域,需要最懂应用的人来设计芯片,这样才能够将芯片的功能发挥到最大。这就使得芯片产业按照设计环节和制造环节横向分工为Fabless和Foundry。

(1)Fabless指的是只从事芯片设计与销售,不从事生产的公司,这样的企业被称为"无厂化企业",手机厂商中的华为、苹果、小米、高通和联发科,都属于Fabless。

(2)Foundry是能够自行完成芯片制造,但是没有设计能力的厂商,就是我们熟知的代工厂。台积电就是最为典型的Foundry,他们专注芯片制造,发展相关的工艺和制程,因此Foundry厂商其实就是Fabless厂商的代工方。

Fabless和Foundry厂商的分工使得更多与应用贴得更紧密的人来可以参与到设计环节中,极大地释放了不同类型芯片的设计能力,更多样的芯片由此被市场生产出来。当一个企业本身的芯片应用需求量巨大时,完全可以在设计芯片的同时兼顾芯片制造,那么就可以完整实现自行设计和生产芯片的厂商,称为IDM。世界上有这种能力的厂商不多,我们熟知的只有三星和英特尔。

2)设计环节与IP授权

芯片行业中所说的IP,一般也称为IP核(Intellectual Property Core)。IP核是指芯片中具有独立功能的电路模块的成熟设计。该电路模块设计可以应用在包含该电路模块的其他芯片设计项目中,从而减少设计工作量,缩短设计周期,提高芯片设计的成功率。该电路模块的成熟设计凝聚着设计者的智慧,体现了设计者的知识产权,因此,芯片行业就用IP核来表示这种电路模块的成熟设计。IP核也可以理解为芯片设计的中间构件。一般说来,一个复杂的芯片是由芯片设计者自主设计的电路部分和多个外购的IP核连接构成的。

由于芯片的设计存在功能的高度复用性,这样的产业协作可以大大加速芯片的设计。对外提供IP核授权的公司中最著名的是英国的ARM公司。ARM公司是一家知识产权(IP)供应商,与一般的半导体公司最大的不同就是它不制造芯片且不向终端用户出售芯片,而是通过转让设计方案,由合作伙伴生产出各具特色的芯片。ARM公司利用这种双赢的伙伴关系迅速成为了全球性RISC微处理器标准的缔造者。这种模式也给用户带来巨大的好处,因为用户只需掌握一种ARM内核结构及其开发手段,就能够使用多家公司相同ARM内核的芯片。例如,飞桨只要适配好ARM架构内核,就能与很多采用ARM架构的芯片完成适配。

因此在没有授权限制的情况下,目前设计一款适用于特定场景的芯片,已经不是很有挑战的事情。IP公司给下游芯片设计公司的使用授权有3种模式,有着不同的灵活度和价格。

（1）架构授权（软核）：类似于"买地皮"，然后在其上按自己的规划"盖楼房"。

架构授权模式面向芯片设计能力较强的企业（如苹果、华为、高通等），提供架构和指令集层级的授权，客户可以根据自己的需求对 ARM 架构进行大幅度改造，甚至可以对 ARM 指令集进行扩展或删减，例如，华为海思麒麟 980、高通骁龙 855 等旗舰芯片的主要核心都来自 ARM Cortex-A76。

（2）内核授权（固核）：类似于"毛坯房"，客户可以按照自己的爱好"装修"。

内核授权模式面向芯片设计能力较弱的企业，提供芯片的参考设计方案，客户在此基础上进行针对性的优化，或者 ARM 根据客户需求深度定制和优化后，再将芯片设计授权给合作厂商，方便其在特定工艺下生产出性能有保障的芯片，又称作 POP(Processor Optimization Package)授权。这种模式下，处理器类型、代工厂、工艺都是规定好的，比如，Cortex-A12 要求使用台积电 28nm HPM 工艺生产，或者使用格罗方德 28nm SLP 工艺。

（3）使用授权（硬核）：类似于"精装修"，"拎包入住"。

使用授权模式面向没有芯片设计能力的企业，提供完整的方案设计图纸，客户不用做任何修改就能将芯片封装、生产出来。使用方对外宣传时必须带上 ARM 公司的品牌。这种模式本质上就是客户复用 ARM 的芯片设计方案。

很多下游的芯片设计厂商获得 IP 设计授权后，主要不是对 IP 本身做特别多的改造，而是将不同类型的芯片模块整合成一个完整的执行特定功能的芯片，即 SoC(System on a Chip)。对 IP 的改造往往也是为了配合 SoC 这个整体的目标。SoC 是信息系统核心的芯片集成，是将系统关键部件集成在一块芯片上，一般是指集成了一个完整计算机系统（或者是其他电子系统）的芯片，通常由中央处理器(CPU)、存储器、输入输出接口组成。通过 SoC，在单个芯片上能完成一个电子系统的功能，而这个系统在以前往往需要一个或多个电路板，以及电路板上的各种电子器件、芯片和互连线共同配合来实现。如果说集成电路可以比作楼房对平房的集成，SoC 则可以看作城镇对楼房的集成，将宾馆、饭店、商场、超市、医院、学校、汽车站和大量的住宅集中在一起，构成了一个"小镇"的功能，满足人们吃穿住行的基本需求。

3. 芯片的软件栈

为了更好地销售芯片，硬件厂商普遍非常重视构建硬件的软件栈，以及基于软件栈的各种应用生态。芯片厂商通常通过软件栈抽象层次的不同来进行"编程灵活性"和"功能集成性"的合理权衡。越底层的软件栈抽象层次越低，能够使用更接近硬件汇编的语言更高效地实现功能，但编程体验十分低效。越高层的软件栈通常是针对特定任务场景、相对集成的软件模块，能够通过简单编程实现特定领域的功能，但缺点是受限于某个领域。

4. AI 芯片如何选型

如何在众多的硬件中选择适合使用场景的芯片呢？可以从芯片本身的性能、成本、价格以及芯片使用场景两个维度综合考虑。

（1）芯片的性能、成本和价格。

选择一款合适应用场景的硬件芯片，可以从硬件性能、开发成本和硬件价格 3 个关键维度进行考虑。

① 硬件性能：厂商一般都会提供标准的算力和功耗数据，但更关键的是要看预期使用

硬件的场景所需的模型性能,可以利用飞桨官网或硬件厂商提供的模型实测性能数据进行分析。硬件模型的性能数据才是真正准确的数据。功耗要看应用场景的具体情况,如果是电池供电的场景,功耗会比较重要。

② 开发成本:开发成本是另一个重要维度,甚至很多时候比硬件性能还要重要。兼容性是指该硬件与方案上下游软硬件的适配程度,如果硬件本身很好,但没法兼容我们已经采购的工程系统,那么也无法使用。灵活性是指硬件支持的软件丰富度,在人工智能场景中即支持模型的广度,很多硬件只支持有限的算子和模型,不一定能覆盖我们真正想使用的模型。灵活性越高,也意味着我们可以使用这款硬件完成更多不同的人工智能任务。除了兼容性和灵活性之外,硬件和硬件软件栈的成熟度也很重要成熟的产品在使用时出现的问题。相对来说,国内外大品牌的主流产品在产品成熟度上是有保障的。

③ 硬件价格:最后是硬件价格,价格只有在充分考虑硬件性能和开发成本的基础上谈才有意义。如表8.1所示,以跌倒检测的产品为例,我们可以看到不同的硬件方案适配不同的算法模型,对应不同的局限性和投入成本。硬件选型并不能只看硬件一个因素,而是需要由多种因素综合评定的整套方案。

表8.1 跌倒检测产品硬件方案和相应成本

硬 件 方 案	算 法	局 限 性	成本/元
双目摄像头+边缘算力	3D骨骼提取+跌倒判断	盲区,光线、隐私	≥2000
摄像头+边缘算力	2D骨骼提取+跌倒判断	盲区,光线、隐私	1400
摄像头+网费+云算力	2D骨骼提取+跌倒判断	盲区,光线、隐私、网络连接稳定性	400+云服务费(30元/月)
毫米波雷达+端侧算力	3D人体特征提取+跌倒判断	遮挡、辐射担心	500

(2) 市场中的主流芯片推荐。

目前AI市场中的主流芯片,可以分成云、边、端3个领域。

① 云芯片:在数据中心场景,用于模型的训练和大流量模型的推理。由于对芯片的性能要求较高,市场中能够供货的厂商是相对集中的。除了大家耳熟能详的NVIDIA GPU和Intel CPU外,海光CPU和曙光DCU也是非常成熟的方案。此外,昆仑芯、华为昇腾、寒武纪MLU也已有规模地出货。

② 边缘侧芯片:广泛用于有一定算力要求的产业场景。在中高算力场景(10T-200T,偏边缘盒子和车载形态)中主要有NVIDIA Jetson系列,国产主要有寒武纪、地平线等。中低算力场景(1-20T,偏SoC形态)中,在海思断供后的主要产品有瑞芯微、芯源、联影、安霸等。

③ 端侧芯片:应用场景十分分散,供货的细分厂商十分多,需要根据具体应用场景来选择。不过多数芯片均采用ARM、Imagination Technologies和芯原几家主流IP厂商的IP方案,这些方案与飞桨均已经有很好的适配。较大应用场景的品牌,可以关注国外厂商Intel、国内厂商瑞芯微和晶晨半导体。

不过这些芯片品牌仅仅是市场上的一些主流选择,产业应用时还要依据芯片的性能、成本和价格综合考虑,最终选定一款合适应用场景的硬件方案。

8.4.3　飞桨原生推理库 Paddle Inference

Paddle Inference 是飞桨的原生推理库,支持飞桨训练出的所有模型,可应用于服务器端和云端。Paddle Inference 功能特性丰富、性能优异,针对不同平台的不同应用场景进行了深度的适配优化,做到高吞吐、低时延,保证了飞桨模型在服务器端即训即用,快速部署。

1. Paddle Inference 产品特色

1) 高性能实现

(1) 内存/显存复用,提升服务吞吐量:在推理初始化阶段,对模型中的算子输出张量进行依赖分析,将互不依赖的张量在内存/显存空间上进行复用,进而增大计算并行量,提升服务吞吐量。

(2) 细粒度算子横向纵向融合,减少计算量:在推理初始化阶段,按照已有的融合模式将模型中的多个算子融合成一个,减少了模型计算量的同时,也减少了内核的启动次数,从而提升推理性能。目前 Paddle Inference 支持的融合模式多达几十个。

(3) 内置高性能的 CPU/GPU 内核:内置与 Intel、NVIDIA 共同打造的高性能内核,保证了模型推理高性能地执行。

2) 多功能集成

(1) 子图集成 TensorRT,加快 GPU 推理速度:Paddle Inference 采用子图的形式集成 TensorRT,针对 GPU 推理场景,TensorRT 可对一些子图进行优化,包括 Op 的横向和纵向融合,过滤冗余的算子,并为算子自动选择最优的内核,加快推理速度。

(2) 集成 oneDNN CPU 推理加速引擎:一行代码即可开始 oneDNN 加速,快捷高效。

(3) 支持 PaddleSlim 量化压缩后的模型部署:Paddle Inference 可联动 PaddleSlim,支持加载量化、裁剪和蒸馏后的模型并部署,由此减小模型存储空间、减少计算占用内存、加快模型推理速度。其中,在模型量化方面,Paddle Inference 在 X86 CPU 上做了深度优化,常见分类模型的单线程性能可提升近 3 倍,ERNIE 模型的单线程性能可提升 2.68 倍。

(4) 支持 X2Paddle 转换得到的模型:除支持飞桨训练的模型外,还支持用 X2Paddle 工具从第三方框架,如 TensorFlow、Pytorch 或者 Caffe 等产出的模型。

3) 多场景适配

(1) 主流软硬件环境兼容适配:支持服务器端 X86 CPU、NVIDIA GPU 芯片,同时对飞腾、鲲鹏、中科曙光、昆仑芯等国产 CPU/NPU 进行适配。支持所有飞桨训练产出的模型,完全做到"即训即用"。

(2) 主流、国产操作系统全适配:适配主流操作系统 Linux、Windows、macOS,同时适配麒麟 OS、统信 OS、普华 OS、方德等国产操作系统。

(3) 多语言接口支持:支持 C++、Python、C、Golang,接口简单灵活,20 行代码即可完成部署。对于其他语言,提供了 ABI 稳定的 C API。

2. Paddle Inference 推理流程

Paddle Inference 推理流程如图 8.38 所示,主要包括模型准备、环境准备和开发/编译推理程序 3 个关键步骤。

(1) 飞桨推理模型准备:Paddle Inference 原生支持由飞桨训练产出的推理模型。如果

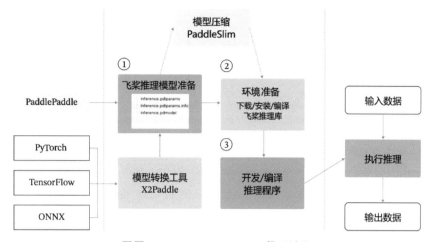

■图8.38 Paddle Inference 推理流程

模型是由 TensorFlow、PyTorch 等其他框架训练生成的,那么可以使用 X2Paddle 工具将其转换为飞桨模型。

(2) 准备环境:可以通过下载预编译库或源码编译的方式准备 Paddle Inference 的基础开发环境。

(3) 开发/编译推理程序:Paddle Inference 采用 Predictor 进行推理。Predictor 是一个高性能推理引擎,该引擎通过对计算图的分析,完成对计算图的一系列优化,能够大大提升推理性能。

3. Paddle Inference 支持的部署硬件

Paddle Inference 支持在多硬件平台上进行推理部署,包括 x86 CPU、NVIDIA GPU(含 Jetson 系列)、飞腾/鲲鹏 CPU、申威 CPU、兆芯 CPU、龙芯 CPU、昆仑 XPU、AMD GPU、海光 DCU 和昇腾 NPU 等。更多的型号支持和安装示例,请读者登录飞桨官网获取。

4. 示例实践:Paddle Inference 实战

(1) 以 LeNet 网络为例,介绍推理模型准备的方法,包括数据准备、模型构建、模型训练、模型保存、动转静等操作。代码实现如下:

```
# 加载相关依赖
import paddle
import paddle.nn.functional as F
from paddle.nn import Layer
from paddle.vision.datasets import MNIST
from paddle.metric import Accuracy
from paddle.nn import Conv2D, MaxPool2D, Linear
from paddle.static import InputSpec
from paddle.jit import to_static
from paddle.vision.transforms import ToTensor

# 准备数据集
train_dataset = MNIST(mode = 'train', transform = ToTensor())
test_dataset = MNIST(mode = 'test', transform = ToTensor())
```

```python
# 构建 LeNet 网络
class LeNet(paddle.nn.Layer):
    def __init__(self):
        super(LeNet, self).__init__()
        self.conv1 = paddle.nn.Conv2D(in_channels = 1, out_channels = 6, kernel_size = 5,
stride = 1, padding = 2)
        self.max_pool1 = paddle.nn.MaxPool2D(kernel_size = 2,  stride = 2)
        self.conv2 = paddle.nn.Conv2D(in_channels = 6, out_channels = 16, kernel_size = 5,
stride = 1)
        self.max_pool2 = paddle.nn.MaxPool2D(kernel_size = 2, stride = 2)
        self.linear1 = paddle.nn.Linear(in_features = 16 * 5 * 5, out_features = 120)
        self.linear2 = paddle.nn.Linear(in_features = 120, out_features = 84)
        self.linear3 = paddle.nn.Linear(in_features = 84, out_features = 10)

    def forward(self, x):
        x = self.conv1(x)
        x = F.relu(x)
        x = self.max_pool1(x)
        x = F.relu(x)
        x = self.conv2(x)
        x = self.max_pool2(x)
        x = paddle.flatten(x, start_axis = 1, stop_axis = -1)
        x = self.linear1(x)
        x = F.relu(x)
        x = self.linear2(x)
        x = F.relu(x)
        x = self.linear3(x)
        return x

# 模型训练
train_loader = paddle.io.DataLoader(train_dataset, batch_size = 64, shuffle = True)
model = LeNet()
optim = paddle.optimizer.Adam(learning_rate = 0.001, parameters = model.parameters())
def train(model, optim):
    model.train()
    epochs = 2
    for epoch in range(epochs):
        for batch_id, data in enumerate(train_loader()):
            x_data = data[0]
            y_data = data[1]
            predicts = model(x_data)
            loss = F.cross_entropy(predicts, y_data)
            acc = paddle.metric.accuracy(predicts, y_data)
            loss.backward()
            if batch_id % 300 == 0:
                print("epoch: {}, batch_id: {}, loss is: {}, acc is: {}".format(epoch, batch_id,
loss.numpy(), acc.numpy()))
            optim.step()
            optim.clear_grad()
train(model, optim)

# 模型保存
paddle.save(model.state_dict(), 'lenet.pdparams')
```

```
paddle.save(optim.state_dict(),"lenet.pdopt")

#将动态图模型保存成静态图模型
model_state_dict = paddle.load('lenet.pdparams')
opt_state_dict = paddle.load('lenet.pdopt')
model.set_state_dict(model_state_dict)
optim.set_state_dict(opt_state_dict)

net = to_static(model, input_spec = [InputSpec(shape = [None, 1, 28, 28], name = 'x')])
paddle.jit.save(net,'inference_model/lenet')
```

（2）环境准备。

安装 Paddle Inference 的方式有下载安装推理库和源码编译两种。下载安装推理库是最简单便捷的安装方式，Paddle Inference 提供了多种环境组合下的预编译库，如 CUDA/cuDNN 的多个版本组合、是否支持 TensorRT、可选的 CPU 矩阵计算加速库等。如果用户环境比较特殊，或对飞桨源代码有修改需求，或希望进行定制化构建（如需新增算子、Pass 优化）等，可以使用源码编译的方式。具体的代码实现可以登录飞桨官网获取。

（3）开发推理程序。

这里以 Python API 为例向大家演示如何开发推理程序。下载 ResNet50 模型后解压，获取飞桨推理格式的模型。代码实现如下：

```
!wget https://paddle-inference-dist.bj.bcebos.com/Paddle-Inference-Demo/resnet50.tgz
!tar zxf resnet50.tgz
```

将如下代码保存为 python_demo.py 文件。

```
import argparse
import numpy as np

#引用 paddle inference 推理库
import paddle.inference as paddle_infer

def main():
    args = parse_args()

    # 创建配置对象,并设置参数信息
    config = paddle_infer.Config(args.model_file, args.params_file)

    # 根据 config 创建推理对象
    predictor = paddle_infer.create_predictor(config)

    # 获取输入的名称
    input_names = predictor.get_input_names()
    input_handle = predictor.get_input_handle(input_names[0])

    # 设置输入
    fake_input = np.random.randn(args.batch_size,3, 318, 318).astype("float32")
    input_handle.reshape([args.batch_size,3, 318, 318])
    input_handle.copy_from_cpu(fake_input)
```

```
    # 运行推理
    predictor.run()

    # 获取推理结果
    output_names = predictor.get_output_names()
    output_handle = predictor.get_output_handle(output_names[0])
    output_data = output_handle.copy_to_cpu() # numpy.ndarray 类型
    print("Output data size is {}".format(output_data.size))
    print("Output data shape is {}".format(output_data.shape))

def parse_args():
    parser = argparse.ArgumentParser()
    parser.add_argument("--model_file", type=str, help="model filename")
    parser.add_argument("--params_file", type=str, help="parameter filename")
    parser.add_argument("--batch_size", type=int, default=1, help="batch size")
    return parser.parse_args()

if __name__ == "__main__":
    main()
```

执行程序。

```
! python python_demo.py -- model_file ./resnet50/inference.pdmodel -- params_file ./resnet50/inference.pdiparams -- batch_size 2
```

成功执行之后,得到的推理输出结果如下:

```
Output data size is 2000
Output data shape is (2, 1000)
```

8.4.4 飞桨端侧轻量化推理引擎 Paddle Lite

飞桨具有完善的从模型训练到推理部署的一系列套件产品或工具。当读者完成模型的编写和训练后,如果希望将训练好的模型部署到手机端或嵌入式端(如摄像头),可以使用飞桨端侧轻量化推理引擎 Paddle Lite。

Paddle Lite 支持包括手机移动端和嵌入式端在内的端侧场景,支持广泛的硬件和平台,是一个高性能、轻量级的深度学习推理引擎。除了和飞桨核心框架无缝对接外,它还支持其他训练框架如 Tensorflow、Caffe 保存的模型(通过 X2Paddle 工具即可将其他框架训练的模型转换成飞桨模型)。

1. 端侧推理引擎的由来

随着深度学习技术的快速发展,特别是小型网络模型的不断成熟,原本应用到云端的模型推理可以部署到终端,比如手机、手表、摄像头、传感器、音响,也就是端智能。此外,可用于深度学习计算的硬件也有井喷之势。相比于服务端智能,端智能具有时延低、节省资源、保护数据隐私等优势,目前已经在 AI 摄像、视觉特效等场景广泛应用,如图 8.39 所示。

然而在深度学习的推理场景中,多样的平台和芯片对推理库的能力提出了更高的要求。

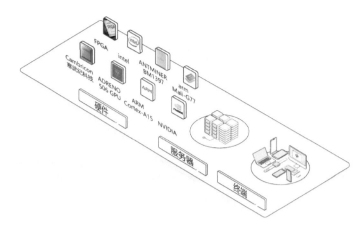

■图8.39 多种推理终端和多种推理硬件层出不穷

端侧模型的推理常面临算力和内存的限制,加上日趋异构化的硬件平台和复杂的端侧使用状况,端侧推理引擎的架构能力颇受挑战。端侧推理引擎是端智能应用的核心模块,需要在有限算力、有限内存等的限制下,高效地利用资源,快速完成推理部署。因此,飞桨期望面向不同的业务算法场景、训练框架、部署环境,提供简单、高效、安全的端侧推理引擎。

2. Paddle Lite 产品特色

(1)兼容多种框架:除飞桨外,Paddle Lite 对其他训练框架也提供支持,包括 Caffe、TensorFlow、ONNX 等模型,通过 X2Paddle 转换工具实现。

(2)多种语言的 API 接口:C++/Java/Python,便于嵌入各种业务程序。

(3)丰富的模型支持:Paddle-Lite 和飞桨框架的算子对齐,提供更广泛的模型支持能力。目前已严格验证 18 个模型 85 个算子的精度和性能,尤其是对计算机视觉类模型做到了较为充分的支持。

(4)丰富的硬件支持:ARM CPU、Mali GPU、Adreno GPU,昇腾 & 麒麟 NPU,MTK NeuroPilot,RK NPU、Media Tek APU、寒武纪 NPU,X86 CPU,NVIDIA GPU,FPGA 等多种硬件平台。

(5)极致的 ARM CPU 性能优化:Paddle Lite 能最大发挥计算性能,在主流模型上展现出领先的速度优势,结合 PaddleSlim 模型压缩工具中的量化功能,可以提供高精度、高性能的预测能力。

(6)轻量级工具:Paddle Lite 在执行阶段和计算优化阶段可以实现良好解耦拆分,移动端可以直接部署执行阶段,无任何第三方依赖,包含完整的 80 个算子和 85 个 Kernel 的动态库,对于 ARMV7 只有 800KB,ARMV8 下为 1.3MB,并可以裁剪到更低。在应用部署时,载入模型即可直接预测,无须额外分析优化。

3. Paddle Lite 训推流程

使用 Paddle Lite 对模型进行推理部署主要包含如下两个阶段,如图8.40所示。

(1)模型训练:使用标注数据对模型进行训练,并保存训练好的模型。模型选型时,需要考虑模型大小和计算量。

(2)模型部署,包含如下几个步骤:

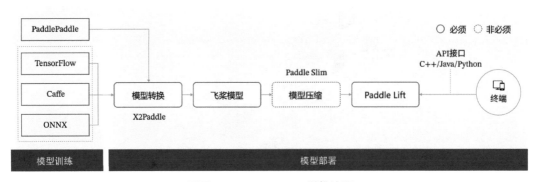

■图 8.40　Paddle Lite 训推流程

① 模型转换：如果是 Caffe、TensorFlow 或 ONNX 平台训练的模型，需要使用 X2Paddle 工具将模型转换成飞桨的格式。

② (可选)模型压缩：主要优化模型大小，借助 PaddleSlim 提供的剪枝、量化等策略减小模型大小，提升模型精度，以便在端侧部署。

③ 将模型部署到 Paddle Lite。

④ 在终端通过调用 Paddle Lite 提供的 API 接口(C++、Java、Python 等 API 接口)，完成推理相关的计算。

Paddle Lite 模型部署架构设计如图 8.41 所示，主要包含 3 个环节。

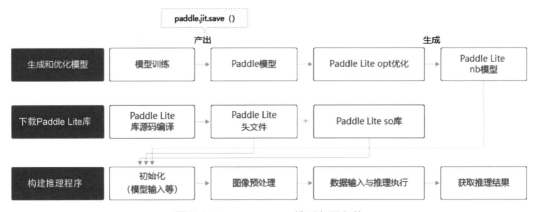

■图 8.41　Paddle Lite 模型部署架构

(1) 生成和优化模型。经过模型训练得到的飞桨模型无法直接用于 Paddle Lite 部署，需先通过 Paddle Lite 的 Opt 离线优化工具对模型进行优化，如算子融合、内存复用、类型推断、模型格式变换等，得到 Paddle Lite nb 模型。如果是 Caffe、TensorFlow 或 ONNX 平台训练的模型，需要使用 X2Paddle 工具将模型转换成飞桨模型格式，再使用离线优化工具优化。

(2) 下载 Paddle Lite 推理库。Paddle Lite 提供预编译库，无须进行手动编译，直接下载编译好的推理库文件即可。

(3) 构建推理程序。使用前续步骤中编译出来的推理库和优化后的模型文件，完成 Android/iOS 平台上的目标检测应用。

4. 示例实践：Paddle Lite目标检测部署实战

Paddle Lite提供多平台下的示例工程Paddle-Lite-Demo，包含Android、iOS和ARM Linux平台，涵盖人脸识别、人像分割、图像分类、目标检测、口罩识别等多个应用场景。读者可以扫描封底二维码，登录本书配套的在线课程，获取更多的信息。

（1）环境准备。

① 下载目标检测Demo到本地PC（目标检测的Android示例位于Paddle-Lite-Demo\PaddleLite-android-demo\object_detection_demo）。

② 安装Android Studio。

③ 将Android手机（开启USB调试模式）连接电脑。

（2）模型部署，操作页面如图8.42所示。

① 使用Android Studio打开object_detection_demo工程（本步骤需要联网）。

② 工程自动共建完成。

③ 手机连接电脑，打开"USB调试和文件传输模式"，在Android Studio上连接自己的手机设备（手机需要开启允许从USB安装软件权限），

④ 按下Run按钮，自动编译App并安装到手机。（该过程会自动下载Paddle Lite推理库和模型，需要联网）

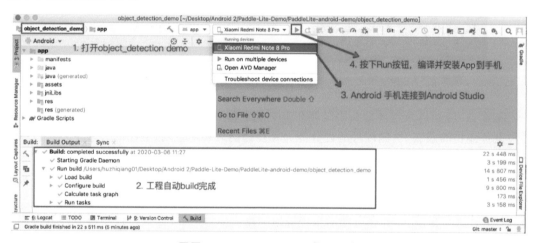

■图8.42 Android Studio操作示意

部署成功后效果如图8.43和图8.44所示。

8.4.5 飞桨模型压缩工具PaddleSlim

PaddleSlim是飞桨开源的模型压缩工具库，提供低比特量化、知识蒸馏、稀疏化和模型结构搜索、自动化压缩等模型压缩策略，专注于模型小型化技术。

1. 为什么需要模型压缩？

理论上来说，深度神经网络模型越深，非线性程度也就越大，相应的对现实问题的表达能力越强。但是相应的代价是，训练成本和模型大小的增加，大模型在部署时需要更好的硬件支持，并且预测速度较低。

■图 8.43　物体检测 App

■图 8.44　推理效果

随着 AI 应用越来越多地在手机端和 IoT 端上部署,给 AI 模型提出了新的挑战。受能耗和设备体积的限制,端侧硬件的计算能力和存储能力相对较弱,突出的诉求主要体现在如下 3 点:

(1)首先是速度,比如人脸闸机、人脸解锁手机等,对响应速度比较敏感,需要做到实时响应。

(2)其次是存储,比如在电网周边环境监测这个场景中,图像目标检测模型部署在监控设备上,可用的内存只有 200M。在运行了监控程序后,剩余的内存已经不到 30M。

(3)最后是能耗,在离线翻译这种移动设备内置 AI 模型的场景中,能耗直接决定了设备的续航能力。

以上诉求都需要我们根据终端环境对现有模型进行小型化处理,在不损失精度的情况下,让模型的体积更小、速度更快、能耗更低,如图 8.45 所示。

如何产出小模型?常见的方式包括设计更高效的网络结构、减少模型的参数量、减少模型的计算量,同时提高模型的精度。可能有人会提出疑问——为什么不直接设计一个小模型?要知道,实际业务类型众多,任务复杂度不同,在这种情况下,人工设计有效小模型的难度非常大,需要非常强的领域知识。而模型压缩可以在经典小模型的基础上,稍作处理就可以快速提升模型的各项性能,达到"多快好省"的目的。

图 8.46 是分类模型使用了蒸馏和量化策略后的实验结果,横轴是推理耗时,纵轴是模型准确率。图 8.46 中最上边红色的星星对应的是在 MobileNetV3_large model 基础上使

■图 8.45　小模型的优点

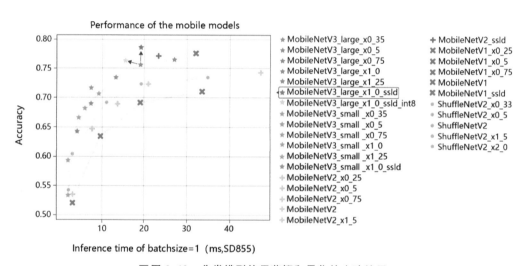

■图 8.46　分类模型使用蒸馏和量化的实验结果

用蒸馏后的效果,相比于它正下方的蓝色星星,精度有明显的提升;图 8.46 中的浅蓝色星星,对应的是在 MobileNetV3_large model 基础上使用了蒸馏和量化的结果,相比于原始模型,精度和推理速度都有明显的提升。可以看出,在人工设计的经典小模型基础上,经过蒸馏和量化可以进一步提升模型的精度和推理速度。

2. PaddleSlim 如何实现模型压缩?

PaddleSlim 可以对训练好的模型进行压缩,压缩后的模型更小,并且精度几乎无损。在移动端和嵌入端,更小的模型意味着对内存的需求更小,预测速度更快,如图 8.47 所示。

PaddleSlim 提供了一站式的模型压缩算法。

(1) 对于业务用户,PaddleSlim 提供完整的模型压缩解决方案,可用于图像分类、检测、分割等各种类型的视觉场景。同时也在持续探索 NLP 领域模型的压缩方案。另外,PaddleSlim 提供且在不断完善各种压缩策略在经典开源任务的 benchmark,以便业务用户参考。

■图 8.47　模型小型化

（2）对于模型压缩算法研究者或开发者，PaddleSlim 提供各种压缩策略的底层辅助接口，方便用户复现、调研和使用最新论文方法。PaddleSlim 会从底层能力、技术咨询合作和业务场景等角度支持开发者进行模型压缩策略相关的创新工作。

PaddleSlim 提供了各种模型压缩功能，如图 8.48 所示。

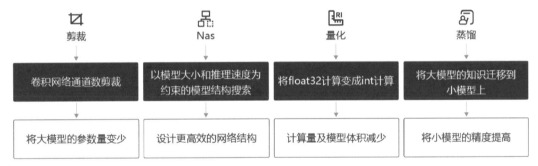

■图 8.48　各种模型压缩功能

（1）剪裁：裁剪掉一些对预测结果不重要的网络结构，网络结构变得更加"瘦"。PaddleSlim 支持按照卷积通道进行均匀剪裁，也支持基于敏感度的卷积通道剪裁，或基于进化算法的自动剪裁。

（2）神经网络结构自动搜索（NAS）：支持基于进化算法的轻量神经网络结构、One-Shot 网络结构等多种自动搜索策略，甚至用户可以自定义搜索算法。

（3）量化：例如将 float32 的数据计算精度变成 int8 的计算精度，在更快计算的同时，不过多降低模型效果，每个计算操作的算子变得更"瘦"。PaddleSlim 既支持在线量化训练和离线量化训练。

（4）蒸馏：使用一个效果好的大模型指导一个小模型训练，因为大模型可以提供更多的软分类信息量，所以会训练出一个效果接近于大模型的小模型。PaddleSlim 既支持单进程知识蒸馏，又支持多进程分布式知识蒸馏。

此外，飞桨还最新开源了自动化压缩工具 ACT（Auto Compression Toolkit），旨在通过 Source-Free 的方式，自动对预测模型进行压缩，压缩后模型可直接部署应用。

大量实验证明，经过压缩的模型精度和推理性能不但没有下降，而且在很多场景下由于泛化性的提高，精度和性能都有相当大的提升。PaddleSlim 最新特性和模型压缩效果

Benchmark,请登录飞桨官网获取。

3. 示例实践: PaddleSlim 模型剪裁

下面以图像分类模型 MobileNetV1 为例,介绍 PaddleSlim 模型剪裁的代码实现。

(1) 使用 paddle. vision. models API 导入 MobileNetV1 模型,代码实现如下:

```
#编译安装 PaddleSlim2.0.0, 安装完后需要重启代码执行器
!rm - rf PaddleSlim
!git clone https://github.com/PaddlePaddle/PaddleSlim.git && cd PaddleSlim && git checkout
remotes/origin/release/2.0.0 && python setup.py install

import paddle
from paddle.vision.models import mobilenet_v1
paddle.disable_static()
net = mobilenet_v1(pretrained = False)
paddle.summary(net, (1, 3, 32, 32))
```

(2) 使用 paddle. vision. datasets API 加载 Cifar10 数据集,并使用飞桨高层 API paddle. vision. transforms 对数据进行预处理。代码实现如下:

```
import paddle.vision.transforms as T
transform = T.Compose([
                   T.Transpose(),
                   T.Normalize([127.5], [127.5])
                  ])
train_dataset = paddle.vision.datasets.Cifar10(mode = "train",
backend = "cv2", transform = transform)
val_dataset = paddle.vision.datasets.Cifar10(mode = "test",
              backend = "cv2", transform = transform)
```

(3) 查看训练集和测试集的样本数量,并尝试取出训练集中的第一个样本,观察其图片的形状和对应的标签。

```
from __future__ import print_function
print(f'train samples count: {len(train_dataset)}')
print(f'val samples count: {len(val_dataset)}')
for data in train_dataset:
print(f'image shape: {data[0].shape}; label: {data[1]}')
break
```

输出结果为:

```
train samples count: 50000
val samples count: 10000
image shape: (3, 32, 32); label: 0
```

(4) 在对卷积网络进行剪裁之前,需要在测试集上评估网络中各层的重要性。在剪裁之后,需要对得到的小模型进行重训练。在本实践中,我们使用飞桨高层 API paddle. Model 进行模型训练和评估。代码实现如下:

```
from paddle.static import InputSpec as Input
optimizer = paddle.optimizer.Momentum(
        learning_rate = 0.1,
        parameters = net.parameters())

inputs = [Input([None, 3, 32, 32], 'float32', name = 'image')]
labels = [Input([None], 'int64', name = 'label')]

model = paddle.Model(net, inputs, labels)

model.prepare(
        optimizer,
        paddle.nn.CrossEntropyLoss(),
        paddle.metric.Accuracy(topk = (1, 5)))
```

以上代码声明了用于训练的 model 对象,接下来可以调用 model 的 fit 接口和 evaluate 接口分别进行训练和评估。代码实现如下:

```
model.fit(train_dataset, epochs = 2, batch_size = 128, verbose = 1)
result = model.evaluate(val_dataset, batch_size = 128, log_freq = 10)
print(result)
```

输出结果为:

```
step 10/79 - loss: 1.5248 - acc_top1: 0.4891 - acc_top5: 0.9234 - 20ms/step
step 20/79 - loss: 1.6803 - acc_top1: 0.4801 - acc_top5: 0.9133 - 19ms/step
step 30/79 - loss: 1.3865 - acc_top1: 0.4833 - acc_top5: 0.9161 - 19ms/step
step 40/79 - loss: 1.4153 - acc_top1: 0.4820 - acc_top5: 0.9176 - 20ms/step
step 50/79 - loss: 1.3966 - acc_top1: 0.4792 - acc_top5: 0.9191 - 19ms/step
step 60/79 - loss: 1.5109 - acc_top1: 0.4806 - acc_top5: 0.9187 - 19ms/step
step 70/79 - loss: 1.4490 - acc_top1: 0.4765 - acc_top5: 0.9190 - 19ms/step
step 79/79 - loss: 1.5520 - acc_top1: 0.4757 - acc_top5: 0.9200 - 19ms/step
Eval samples: 10000
{'loss': [1.5520492], 'acc_top1': 0.4757, 'acc_top5': 0.92}
```

(5)模型剪裁。

模型裁剪包括两部分:卷积层重要性分析和 Filters 剪裁,其中卷积层重要性分析也可以被称作卷积层敏感度分析,重要性和敏感度成正比。敏感度的理论计算过程图 8.49 所示。

第一层卷积操作有四个卷积核。首先计算每个卷积核参数的 L1_Norm 值,即所有参数的绝对值之和。之后按照每个卷积的 L1_Norm 值排序,先去掉 L1_Norm 值最小的(即图 8.49 中 L1_Norm=1 的)卷积核,测试模型的效果变化,再去掉次小的(即图中 L1_Norm=1.2 的)卷积核,测试模型的效果,以此类推。观察每次裁剪的模型效果曲线图,那些裁剪后模型效果衰减不显著的卷积核会被删除。实际上敏感度就是每个卷积核对最终预测结果的贡献度或者有效性,那些对最终结果影响不大的部分会被裁掉。

PaddleSlim 提供了工具类 Pruner 来进行重要性分析和剪裁操作,不同 Pruner 的子类对应不同的分析和剪裁策略,本示例以 L1NormFilterPruner 为例说明。首先声明一个

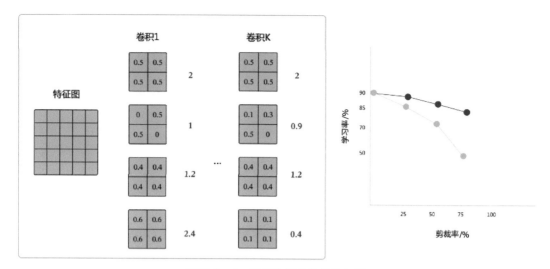

■图 8.49　卷积核裁剪的计算逻辑

L1NormFilterPruner 对象,代码实现如下:

```
from paddleslim.dygraph import L1NormFilterPruner
pruner = L1NormFilterPruner(net, [1, 3, 224, 224])
```

如果本地文件系统已有一个存储敏感度信息,声明 L1NormFilterPruner 对象时,可以通过指定 sen_file 选项加载计算好的敏感度信息,代码实现如下:

```
pruner = L1NormFilterPruner(net, [1, 3, 224, 224]), sen_file = "./sen.pickle")
```

① 敏感度计算,代码实现如下:

```
def eval_fn():
    result = model.evaluate(
        val_dataset,
        batch_size = 128)
    return result['acc_top1']
pruner.sensitive(eval_func = eval_fn, sen_file = "./sen.pickle")
```

上述代码执行完毕后,敏感度信息会存放在 pruner 对象中,可以通过如下方式查看敏感度信息内容。

```
print(pruner.sensitive())
```

pruner.sensitive()返回的是一个存储敏感度信息的字典 sensitivities(dict),示例如下:
{"weight_0":{0.1:0.22,0.2:0.33},"weight_1":{0.1:0.21,0.2:0.4}},其中,weight_0 是卷积层权重变量的名称,sensitivities['weight_0']是一个字典,key 是用 float 类型数值表示的剪裁率,value 是对应剪裁率下整个模型的精度损失比例。

从输出结果看,对于卷积核 weight_0 来说,裁剪比例从 0.1 升高到 0.2 的话,损失下降,精度提升。

② 剪裁,pruner 对象提供了 sensitive_prune 方法根据敏感度信息对模型进行剪裁,用户只需要传入期望的 FLOPs 减少比例。先记录下剪裁之前的模型的 FLOPs 数值,代码实现如下:

```
from paddleslim.analysis import dygraph_flops
flops = dygraph_flops(net, [1, 3, 32, 32])
print(f"FLOPs before pruning: {flops}")
```

输出结果为:

```
FLOPs before pruning: 11792896.0
```

执行剪裁操作,期望跳过最后一层卷积层,并剪掉 40% 的 FLOPs,skip_vars 参数可以指定不期望裁剪的参数结构。代码实现如下:

```
plan = pruner.sensitive_prune(0.4, skip_vars = ["conv2d_26.w_0"])
flops = dygraph_flops(net, [1, 3, 32, 32])
print(f"FLOPs after pruning: {flops}")
print(f"Pruned FLOPs: {round(plan.pruned_flops * 100, 2)} % ")
```

输出结果为:

```
FLOPs after pruning: 7077099.0
Pruned FLOPs: 39.99 %
```

对剪裁后的模型重新训练,从而提升模型的精度。在测试集上再次评估模型效果,代码实现如下:

```
optimizer = paddle.optimizer.Momentum(
        learning_rate = 0.1,
        parameters = net.parameters())
model.prepare(
        optimizer,
        paddle.nn.CrossEntropyLoss(),
        paddle.metric.Accuracy(topk = (1, 5)))
model.fit(train_dataset, epochs = 2, batch_size = 128, verbose = 1)
result = model.evaluate(val_dataset, batch_size = 128, log_freq = 10)
print(f"after fine - tuning: {result}")
```

输出结果为:

```
step 10/79 - loss: 1.3599 - acc_top1: 0.5398 - acc_top5: 0.9422 - 25ms/step
step 20/79 - loss: 1.5895 - acc_top1: 0.5273 - acc_top5: 0.9340 - 23ms/step
step 30/79 - loss: 1.2653 - acc_top1: 0.5336 - acc_top5: 0.9307 - 22ms/step
step 40/79 - loss: 1.2381 - acc_top1: 0.5334 - acc_top5: 0.9324 - 21ms/step
step 50/79 - loss: 1.2706 - acc_top1: 0.5306 - acc_top5: 0.9325 - 21ms/step
step 60/79 - loss: 1.3466 - acc_top1: 0.5310 - acc_top5: 0.9345 - 21ms/step
step 70/79 - loss: 1.3419 - acc_top1: 0.5292 - acc_top5: 0.9350 - 20ms/step
step 79/79 - loss: 1.3053 - acc_top1: 0.5286 - acc_top5: 0.9357 - 20ms/step
```

```
Eval samples: 10000
after fine-tuning: {'loss': [1.3053463], 'acc_top1': 0.5286, 'acc_top5': 0.9357}
```

从输出结果看,经过重新训练,模型准确率有所提升。最后看一下剪裁后模型的结构信息,代码实现如下:

```
paddle.summary(net, (1, 3, 32, 32))
```

输出结果为:

```
Total params: 2,700,966
Trainable params: 2,668,622
Non-trainable params: 32,344
-----------------------------------------------------------
Input size (MB): 0.01
Forward/backward pass size (MB): 2.70
Params size (MB): 10.30
Estimated Total Size (MB): 13.01
```

8.5　设计思想、静态图、动态图和二次研发

8.5.1　飞桨设计思想的核心概念

本节我们以静态图执行过程为例,介绍飞桨框架内部的执行结构。静态图模式的思想是以程序代码完整描述一个网络结构和训练过程,然后将模型封装成一个 Program 交予执行器。动态图的模式则会使用 Python 原生的控制流语句,实时解释执行模型训练过程,目前本书其他章节的代码均采用动态图模式。

飞桨采用类似于编程语言的抽象语法树的形式描述用户的神经网络配置,我们称之为 Program。在模型构建时,将其中的计算模块写入 Program 中,可以理解为 Program 是模型计算的集合体。一个神经网络可以有多个 Program,Program 由多个 Block(控制流结构)构成,每个 Block 是由多个 Operator(Op,算子)和数据表示 Variable(变量)构成的,经过串联形成从输入到输出的计算流。如图 8.50 所示,一个神经网络的每层操作均由一个或若干个 Operator 组成,每个 Operator 接收 N 个 Variable 作为输入,经计算后输出 K 个 Variable。

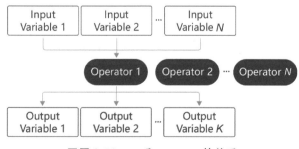

■图 8.50　Op 和 Variable 的关系

构建深度学习模型时,只需定义前向计算、损失函数和优化算法,飞桨会自动生成反向

传播和梯度计算流程,该流程由初始化程序(startup_program)与主程序(main_program)实现。默认情况下,飞桨的神经网络模型包括两个 Program,分别是 static. default_startup_program()和 static. default_main_program(),它们共享参数。default_startup_program 只运行一次来初始化参数,训练时,default_main_program 在每个轮次中运行并更新权重。

如下示例为根据 Python 代码构建 Program 的代码实现。

```
#声明数据
data = static.data(name = 'X', shape = [batch_size, 1], dtype = 'float32')
#定义网络层
hidden = static.nn.fc(x = data, size = 10)
#计算损失函数
loss = paddle.mean(hidden)
#声明优化器
sgd_opt = paddle.optimizer.SGD(learning_rate = 0.01).minimize(loss)
```

每执行一行代码,飞桨都会在构建的 Program 里添加 Variable 和 Operator。每行代码在 Program 里的执行流程如图 8.51 所示。

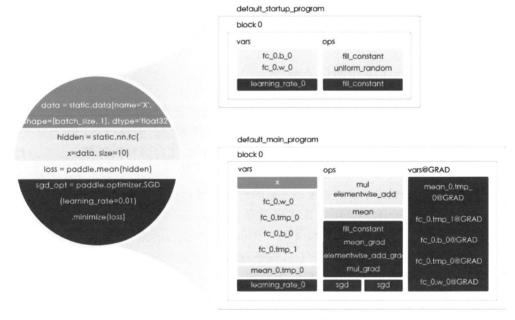

■图 8.51　每行代码在 Program 中的执行流程

图 8.51 中代码的底纹色块与 Program 中的 vars 和 ops 对应。

(1) 底纹为 ▨ 颜色的代码是声明数据,其定义了一个数据源节点 X,属于 Variable,因此添加到 main_program 的 vars 网格中。

(2) 底纹为 ▨ 颜色的代码是定义全连接网络(FC),由矩阵相乘运算和元素相加运算组成,包括两个 Operator,分别是 mul 和 elementwise_add,添加到 ops 的网格中。同时,网络层又包含可训练的参数:权重 fc_0. w_0 和偏置 fc_0. b_0,这些参数均是待初始化的 Variable。另外,全连接层本身的 Operator 会产生输出 Variable,即 fc_0. tmp。

(3) 底纹为 ▨ 颜色的代码是损失计算,使用 paddle. mean API,该 API 包含一个取平均的 Operator,同时又输出一个张量,因此分别在 ops 和 vars 中添加了 mean 和 mean_0. tmp_0。

（4）底纹为 ▨▨▨ 颜色的代码是定义优化器,优化器有输入参数学习率,内部计算时会使用 fill_constant API 将学习率转换成 Variable。SGD 涉及权重的梯度计算和参数更新,包含的 Operator 较多(ops 中绿色网络部分)。同时,SGD 会给整个网络的计算图添加反向传播,因此可更新的 Variable 都有对应的梯度变量 vars@grad。

在飞桨中,所有对数据的计算都由 Operator 表示。为了进一步降低实现难度,在 Python 端,Operator 被封装到 paddle. Tensor 和 paddle. nn 等模块中,读者可以使用飞桨提供的 API 快速完成组网。在组网时,飞桨会不断地向计算图中添加新的 Variable 和 Operator,直到计算图构建完成。启动训练时,飞桨会按照 Operator 的顺序执行,直到完成训练。

下面通过一个简单的矩阵乘法示例,观察 Program 的组成。

```python
import paddle
import paddle.static as static

paddle.enable_static()

# 当输入为单个张量时
train_program = static.Program()
start_program = static.Program()

places = static.cpu_places()
with static.program_guard(train_program, start_program):
    data = static.data(name = "data1", shape = [2, 3], dtype = "float32")
    data2 = static.data(name = "data2", shape = [3, 4], dtype = "float32")
    res = paddle.matmul(data, data2)
    print(static.default_main_program())
```

输出结果为:

```
{ // block 0
    var data1 : LOD_TENSOR. shape(2, 3).dtype(float32).stop_gradient(True)
    var data2 : LOD_TENSOR. shape(3, 4).dtype(float32).stop_gradient(True)
    var matmul_v2_0.tmp_0 : LOD_TENSOR. shape(2, 4).dtype(float32).stop_gradient(False)

    {Out = ['matmul_v2_0.tmp_0']} = matmul_v2(inputs = {X = ['data1'], Y = ['data2']}, fused_
reshape_Out = [], fused_reshape_X = [], fused_reshape_Y = [], fused_transpose_Out = [],
fused_transpose_X = [], fused_transpose_Y = [], mkldnn_data_type = float32, op_device = ,
op_namescope = /, op_role = 0, op_role_var = [], trans_x = False, trans_y = False, use_
mkldnn = False, with_quant_attr = False)
}
```

从输出结果看,Program 呈现字典形式的结构,如下所示:

```
blocks{
    vars{
        """vars attribute"""
```

```
    }
    vars{
        """vars attribute"""
    }
    ops{
        """operators attribute"""
    }
    version{
        """other information"""
    }
}
```

上面的代码中,我们使用 paddle. matmul API 实现矩阵乘法。从输出结果来看,Program 中有一个 block,block 中包含了 vars 和 ops,此处的 vars 有 3 个,分别是两个输入的矩阵变量和 mul 的输出变量,Ooperator 只有一个乘法 mul 运算,和图 8.51 的结构一一对应。如果是更复杂的网络结构,其 Program 也更加复杂。

8.5.2　飞桨声明式编程(静态图)与命令式编程(动态图)

飞桨支持声明式编程(静态图)和命令式编程(动态图)两种组网方式,二者的区别为:

(1)静态图采用先编译后执行的方式。用户须预先定义完整的网络结构,再对网络结构进行编译优化后,才能执行获得计算结果。

(2)动态图采用解析式的执行方式。用户无须预先定义完整的网络结构,每执行一行代码就可以获得代码的输出结果。

在设计方面,飞桨把一个神经网络定义成一段类似于程序的描述,在用户写组网程序的过程中,定义了模型的表达及计算。在静态图的控制流实现方面,飞桨使用自己实现的控制流 Operater,而不是 Python 原生的 if…else 和 for 循环,这使得在飞桨中定义的 Program 即一个网络模型,可以有一个内部的表达,实现全局优化编译执行。对开发者来说,更习惯使用 Python 原生控制流,通过解释方式执行,这就是动态图。两种编程范式是相对兼容统一的。

举例来说,假设用户写了一行代码:$y=x+1$。在静态图模式下,运行此代码只会往计算图中插入一个 Tensor 加 1 的 Operator,此时 Operator 并未真正执行,无法获得 y 的计算结果。但在动态图模式下,所有 Operator 均是即时执行的,运行完代码后 Operator 已经执行完毕,用户可直接获得 y 的计算结果。

静态图模式和动态图模式的能力对比如表 8.2 所示。

表 8.2　静态图和动态图性能对比

对 比 项	静 态 图	动 态 图
是否可即时获得每层计算结果	否,必须构建完整网络后才能运行	是
调试难易性	欠佳,不易调试	结果即时,方便调试
性能	计算图完全确定,可优化的空间更多,性能更佳	计算图动态生成,图优化的灵活性受限,部分场景性能不如静态图
预测部署能力	可直接预测部署	不可直接预测部署,需要转换为静态图模型后才能部署

1. 飞桨静态图设计理念

飞桨静态图核心架构分为 Python 前端和 C++ 后端两个部分,如图 8.52 所示。

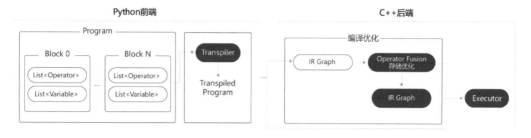

■图 8.52 飞桨静态图核心架构示意图

用户通过 Python 语言使用飞桨,但训练和预测的执行后端均为 C++ 程序,这使得飞桨兼具用户轻松的编程体验和极高的执行效率,如图 8.53 所示。

■图 8.53 原始 Program 经过特定的 Transpiler 形成特定功能的 Program

1) Python 前端

(1) 在 Python 端,静态图模式在形成 Program 的完整表达后,由编译优化并交于执行器执行。Program 由一系列的 Block 组成,每个 Block 包含各自的 Variable 和 Operator。

(2)(可选操作)Transpiler 将用户定义的 Program 转换为 Transpiled Program,如:分布式训练时,将原来的 Program 拆分为 Parameter Server Program 和 Trainer Program。

2) C++ 后端

(1)(可选操作)C++ 后端将 Python 端的 Program 转换为统一的中间表达(Intermediate Representation,IR 图),并进行相应的编译优化,最终得到优化后可执行的计算图。其中,编译优化包括但不限于:

① 算子融合:将网络中的两个或多个细粒度的算子融合为一个粗粒度算子。例如,表达式 $z = \mathrm{ReLU}(x + y)$ 对应着两个算子,即执行 $x + y$ 运算的 elementwise_add 算子和激活函数 ReLU 算子。若将这两个算子融合为一个粗粒度的算子,一次性完成 elementwise_add 和 ReLU 这两个运算,可节省中间计算结果的存储、读取等过程,以及框架底层算子调度的开销,从而提升执行性能和效率。

② 存储优化:神经网络训练/预测过程会产生很多中间临时变量,占用大量的内存/显存空间。为节省网络的存储占用,飞桨底层采用变量存储空间复用、内存/显存垃圾及时回

收等策略,保证网络以极低的内存/显存资源运行。

(2) Executor 创建优化后计算图或 Program 中的 Variable,调度图中的 Operator,从而完成模型训练和预测过程。

3)IR graph

IR 的概念起源于编译器,是介于程序源代码与目标代码之间的中间表达形式,如图 8.54 所示。有如下优点:

(1)便于编译优化(非必须)。

(2)便于部署适配不同硬件(NVIDIA GPU、Intel CPU、ARM、FPGA 等),减少适配成本。

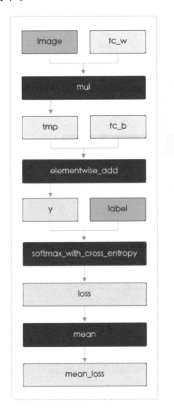

■图 8.54　IR 代码图示

飞桨静态图的核心概念如下:

- Variable:表示网络中的数据。
- Operator:表示网络中的操作。
- Block:表示编程语言中的控制流结构,如条件结构(if…else)、循环结构(while)等。
- Program:基于 Protobuf 的序列化能力提供模型保存和加载功能。Protobuf 是 Google 推出的一个结构化数据的序列化框架,可将结构化数据序列化为二进制流,或从二进制流中反序列化出结构化数据。飞桨模型的保存和加载功能依托于 Protobuf 的序列化和反序列化能力。
- Transpiler:可选的编译步骤,作用是将一个 Program 转换为另一个 Program。

- Intermediate Representation：在执行前期,用户定义的 Program 会转换为一个统一的中间表达。
- Executor：用于快速调度 Operator,完成网络训练和预测。

2. 飞桨动态图设计理念

在动态图模式下,Operator 是即时执行的,即用户每调用一个飞桨 API,会马上执行返回结果。在模型训练过程中,在运行前向 Operator 的同时,框架底层会自动记录对应的反向 Operator 所需的信息,即一边执行前向网络,一边同时构建反向计算图。举例来说,在只有 ReLU 和 reduce_sum 两个算子的网络中,动态图执行流程如图 8.55 所示。

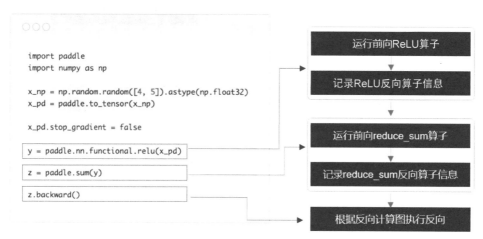

■图 8.55　动态图代码执行流程

（1）当用户调用 y＝paddle. nn. functional. relu(x_pd)时,飞桨会执行如下两个操作：

① 调用 ReLU 算子,根据输入 x 计算输出 y。

② 记录 ReLU 反向算子需要的信息。ReLU 算子的反向计算公式为 x_grad＝y_grad * (y＞0),因此反向计算需要前向输出变量 y,在构建反向计算图时会将 y 的信息记录下来。

代码如下所示：

```
z_grad = [1] # 反向执行的起点 z_grad 为[1]
y_grad = z_grad.broadcast(y.shape) # 执行 reduce_sum 的反向算子: y_grad 为与 y 维度相同的
                                   # Tensor,每个元素值均为 1
x_grad = y_grad * (y > 0) # 执行 ReLU 的反向算子: x_grad 为与 y 维度相同的 Tensor,每个元素
                          # 值为 1(当 y > 0 时)或 0(当 y < = 0 时)
```

（2）当用户调用 z＝paddle. sum(y)时,飞桨会执行如下两个操作：

① 调用 reduce_sum 算子,根据输入 y 计算出 z。

② 记录 reduce_sum 反向算子需要的信息。reduce_sum 算子的反向计算公式为 y_grad＝z_grad. broadcast(y. shape),因此反向计算需要前向输入变量 y,在构建反向计算图时会将 y 的信息记录下来。

（3）由于前向计算的同时,反向算子所需的信息已经记录下来,即反向计算图已构建完毕,因此后续用户调用 z. backward() 的时候即可根据反向计算图执行反向算子,完成网络反向计算,即依次执行。动态图模式下,前向计算和反向计算的关系如图 8.56 所示。

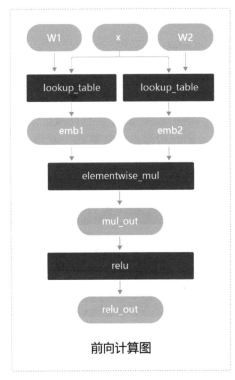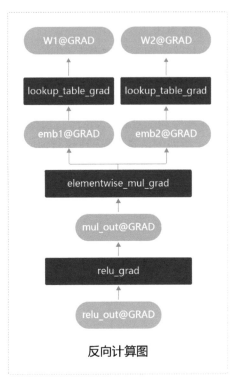

■图 8.56　动态图根据"前向计算图"自动构建"反向计算图"

由此可见,在动态图模式下,执行器并不是先掌握完整的网络全图,再按照固定模式批量执行,而是根据 Python 的原生控制流代码,逐条执行前向计算过程和后向计算过程,其中后向计算的逻辑飞桨框架会在前向计算的时候自动化构建,免去了用户烦琐的代码开发工作。

3. 动态图和静态图的差异

飞桨动态图和静态图底层算子实现的方法是相同的,不同点在于代码组织方式和码执行方式。

1) 代码组织方式不同

在使用静态图实现算法训练时,需要使用很多代码完成预定义的过程,包括 Program 声明,执行器 Executor 执行 Program 等。但是在动态图中,动态图的代码是实时解释执行的,训练过程也更加容易调试,如图 8.57 所示。

图 8.57(a)是静态图的编写模式,使用函数方式声明网络,然后要编写大量预定义的配置项,如选择的损失函数、训练所在的机器环境等。在这些训练配置定义好后,声明一个执行器 exe(运行 Program,调度 Operator 完成网络训练/预测),将数据和模型传入 exe.run() 函数,一次性地完成整个训练过程。图 8.57(b)是动态图编写模式,使用类的方式声明网络后,开启两层的训练循环,每层循环中完整地完成四个训练步骤(前向计算、计算损失、计算梯度和后向传播)。

2) 代码执行方式不同

(1) 在静态图模式下,完整的网络结构在执行前是已知的,因此图优化分析的灵活性比

■图 8.57 动态图和静态图编码对比

较大,往往执行性能更佳,但调试难度大。以算子融合 Operator Fusion 为例,假设网络中有 3 个变量 x,y,z 和 2 个算子 Tanh 和 ReLU。在静态图模式下,我们可以分析出变量 y 在后续的网络中是否还会被使用,如果不再使用 y,则可以将算子 Tanh 和 ReLU 融合为一个粗粒度的算子,消除中间变量 y,以提高执行效率。

```
y = tanh(x)
z = relu(y)
```

（2）在动态图模式下,完整的网络结构在执行前是未知的,因此图优化分析的灵活性比较低,执行性能往往不如静态图,但调试方便。仍以 Operator Fusion 为例,因为后续网络结构未知,我们无法得知变量 y 在后续的网络中是否还会被使用,因此难以执行算子融合操作。但因为算子即时执行,随时均可输出网络的计算结果,更易于调试。

4. 动转静的设计原理

在飞桨 2.0 版本后,动态图程序自动转成静态图训练和执行的功能已经比较成熟,简称为"动转静",更多介绍可以参考第 2.10 节。

5. 飞桨框架设计架构

在本小节内容的最后,给各位读者简单揭示下飞桨框架内部模块的逻辑结构,如图 8.58 所示。

飞桨框架包含开发界面、调度执行和硬件三大模块,包含如下 7 个步骤:

（1）前端编程界面:用户使用框架的方式是基于 API 定义网络结构（前向计算逻辑）,控制训练过程。API 的设计是用户最直接感受产品是否好用的触点。

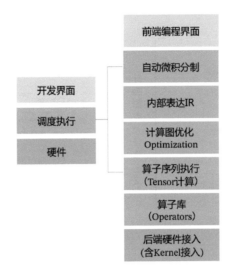

■图 8.58　飞桨内部模块的逻辑架构

(2) 自动微分机制：这是深度学习框架与 NumPy 科学计算库的本质区别。如果只是进行数学运算,大量的科学计算库均能满足需求。深度学习框架的特色是根据用户设定的前向计算逻辑,自动生产反向计算的逻辑,使得用户不用担心烦琐的模型训练过程。

(3) 内部表达 IR：统一表达有两个好处,一方面便于进行算子融合等计算优化,另一方面便于序列化,用于对接不同的硬件以及进行分布式训练等,即接下来的第(4)和第(5)步。

(4) 计算图优化：可以用户手工优化,也可以根据策略自动优化,当然后者对用户更加友好。

(5) 算子序列执行：单机单卡的训练比较简单,根据前向和后向计算逻辑顺序执行。但对于单机多卡和多机多卡的分布式训练,如何并发、异步执行计算流程,并调度异构设备等问题就需要在这个环节进行设计。

(6) 算子库：框架产品最好有完备的算子库,对于 99% 以上的模型均有高效实现的算子可以直接使用。但由于科学的不断前进,总有新创造的模型可能会用一些新的计算函数,所以框架允许易添加用户自定义的算子也是同样重要的,用户添加的算子同时要具备与原生算子一样的训练和推理能力,并且可以在广泛的硬件上部署。

(7) 后端硬件接入：框架需要与众多种类的训练和预测硬件完成对接,这些硬件接口开放的层次往往也是不同的,典型有 IR 子图的高层接入方式和底层编程接口接入方式,目前最新的 AI 编译器技术也在尝试解决这个问题。硬件接入方式的说明如下：

① 通用编程接口(Low Level)：包括硬件厂商提供的编程语言,如 NVIDIA 的 CUDA、Khronos Group 的 OpenCL 和寒武纪的 BANG-C 语言等;也包括硬件厂商提供的高性能库,如 NVIDIA 的 cuDNN、Intel 的 MKL 和 MKL-DNN 等。其优点是灵活,但缺点也显而易见,性能的好坏取决于负责接入框架的研发人员的能力和经验,更依赖对硬件的熟悉程度。

② 中间表示层(Intermediate Representation,IR)接口(High Level)：组网 IR 和运行时 API,如 NVIDIA 的 TensorRT、Intel 的 nGraph、华为 HiAI IR 和百度昆仑的 XTCL 接

口。其优点是屏蔽硬件细节,模型的优化、生成和执行由运行时库完成,对负责接入框架的研发人员要求较低,性能取决于硬件厂商(或 IP 提供商)的研发能力,相对可控。

除了前端编程界面和后端硬件接入之外,第(2)步~第(6)步是框架内部的调度执行模块。对开发者而言,功能完备、简单易用的框架往往需要具备如下能力:①前端的编程界面易于理解和使用(包括调试);②计算调度的性能高;③能够快速对接各种新型硬件,并具备较好的计算性能。值得欣喜的是,经过多年技术积累和性能优化,目前飞桨已经具备如上能力,具体表现如下:①飞桨 2.0 及之后的版本采用简单易用的动态图作为默认编程范式,并完美地实现了动静统一,开发者使用飞桨可以实现动态图编程调试,一行代码转静态图训练部署;②从 AI-Rank 的榜单看,飞桨支持的模型在多数硬件上都取得了领先的速度;③飞桨硬件生态持续繁荣,已经适配和正在适配的芯片或 IP 达到 30 种,处于业界领先地位。

8.5.3　基于飞桨二次研发

算子(Operator,简称 Op)是构建神经网络的基础组件,目前飞桨算子的支持度已经日趋成熟,可以支持绝大部分场景的需求。在少数情况下,用户在使用飞桨研发最新模型或特殊领域模型时,会遇到缺少一些特殊算子的情况,如已有的算子无法组合出需要的运算逻辑,或使用已有算子组合得到的运算逻辑无法满足性能需求,此时可以使用飞桨自定义算子机制,编写新的算子。本节主要介绍使用飞桨已有算子组合得到学术算子、自定义算子的实现方法,以及在飞桨 Github 上贡献代码的实现流程。

1. 基于飞桨已有算子组内卷算子

内卷(Involution)在设计上和卷积(Convolution)相反,即在通道维度共享内卷核,而在空间维度采用内卷核进行更灵活的建模。内卷核的大小为 $H \times W \times K \times K \times G$,其中 $G \ll C$,表示所有通道共享 G 个内卷核。内卷的计算公式为

$$Y_{i,j,k} = \sum_{u,v \in \Delta k} H_{i,j,u+\left[\frac{K}{2}\right],v+\left[\frac{K}{2}\right],\left[\frac{kG}{C}\right]} X_{i+u,j+v,k}$$

其中,$H \in R^{\mathcal{H} \times W \times K \times K \times G}$ 是内卷核。

在内卷中,我们没有像卷积一样采用固定的权重矩阵作为可学习的参数,而是考虑基于输入特征图生成对应的内卷核,从而确保核大小和输入特征图尺寸在空间维度上能够自动对齐。举例来说,在 ImageNet 上使用固定大小(224×224)的图像作为输入训练得到的权重,就无法迁移到输入图像尺寸更大的下游任务中(比如检测、分割等)。内卷核的计算公式为

$$H_{i,j} = \phi(X_{\Psi_{i,j}})$$

其中 $\Psi_{i,j}$ 是坐标 (i,j) 领域的一个索引集合,因此 $X_{\Psi_{i,j}}$ 表示特征图上包含 $X_{i,j}$ 的某个片段。

关于上述内卷核生成函数 ϕ,有多种设计方式,值得读者进一步探索。本节内容从简单、有效的设计理念出发,提供了一种类似于 SENet 的 Bottleneck 结构进行实验:$\Psi_{i,j}$ 取为 (i,j) 这个单点集,即 $X_{\Psi_{i,j}}$ 取为特征图上坐标为 (i,j) 的单个像素,从而得到了内卷核生成的一种实例化。

$$H_{i,j} = \phi(X_{\Psi_{i,j}}) = W_1 \sigma(W_0 X_{i,j})$$

其中,$W_0 \in R^{\frac{C}{r} \times C}$ 和 $W_1 \in R^{(K \times K \times G) \times \frac{C}{r}}$ 是线性变换矩阵,r 是通道缩减比率,σ 是 BN 和 ReLU。更多关于内卷的信息,可以查看原论文:https://arxiv.org/abs/2103.06255。

基于飞桨已有算子组内卷算子的代码实现,代码实现如下:

```python
# 加载飞桨和相关依赖
!pip install wget
import paddle
import paddle.nn as nn
import paddle.vision.transforms as T
import os
import wget
from paddle.vision.models import resnet
from paddle.vision.datasets import Flowers

# 内卷算子的实现
class Involution(nn.Layer):
    def __init__(self,
                    channels,
                    kernel_size,
                    stride):
        super(Involution, self).__init__()
        self.kernel_size = kernel_size
        self.stride = stride
        self.channels = channels
        reduction_ratio = 4
        self.group_channels = 16
        self.groups = self.channels // self.group_channels
        self.conv1 = nn.Sequential(
            ('conv', nn.Conv2D(
                in_channels = channels,
                out_channels = channels // reduction_ratio,
                kernel_size = 1,
                bias_attr = False
            )),
            ('bn', nn.BatchNorm2D(channels // reduction_ratio)),
            ('activate', nn.ReLU())
        )
        self.conv2 = nn.Sequential(
            ('conv', nn.Conv2D(
                in_channels = channels // reduction_ratio,
                out_channels = kernel_size ** 2 * self.groups,
                kernel_size = 1,
                stride = 1))
        )
        if stride > 1:
            self.avgpool = nn.AvgPool2D(stride, stride)

    def forward(self, x):
        weight = self.conv2(self.conv1(
            x if self.stride == 1 else self.avgpool(x)))
```

```
        b, c, h, w = weight.shape
        weight = weight.reshape((
            b,self.groups, self.kernel_size ** 2, h, w)).unsqueeze(2)

        out = nn.functional.unfold(
            x,self.kernel_size, strides = self.stride, paddings = (self.kernel_size - 1)//2,
dilations = 1)
        out = out.reshape(
            (b,self.groups, self.group_channels, self.kernel_size ** 2, h, w))
        out = (weight * out).sum(axis = 3).reshape((b, self.channels, h, w))
        return out
```

如上可见,对于多数新出现的计算函数,我们都可以用基础的数学算子实现,这个过程和一般意义上的组网类似。下面我们使用新实现的内卷算子来组建网络,实现 Flower 数据集的分类任务。

2. 自定义算子

自定义算子是一个广义的概念,指由用户自定义某种运算的前向(Forward)和反向(Backward)逻辑,封装后用于模型组网,其扮演的角色相当于飞桨框架内部的算子。但此处的自定义算子又不同于已有的飞桨框架内部的算子,它更关注运算本质,仅需要编写必要的计算函数即可,而不需要关注框架内部概念,不用重新编译飞桨框架,能够以类似"即插即用"的方式使用。

目前,飞桨支持以 Python 和 C++ 两种语言编写自定义算子,一般在如下场景中使用:

① 飞桨已有算子无法组合出需要的运算逻辑(建议使用 Python 或 C++ 编写自定义算子)。

② 使用飞桨已有算子组合得到的运算逻辑无法满足用户的性能需求(建议使用 C++ 编写自定义算子)。

如果读者发现缺失的算子并不是可以用飞桨提供的基础计算函数搭建的,那么我们就需要自行实现算子的计算逻辑。自定义算子有 Python 的实现方法和 C++ 原生算子的实现方法,其中 C++ 实现的方法与框架原始提供的各种算子一样,可以实现更高的计算性能。但 C++ 实现的方法略微复杂,这里只介绍 Python 的实现方法,在不是特别追求极致性能的情况下,使用 Python 实现缺失的算子逻辑也是可行的。

使用飞桨动态图自定义 Python 算子开发需要实现如下两步:(1)创建 PyLayer 子类,定义前向函数和反向函数;(2)调用算子组网,使用 apply 方法组建网络。

(1)创建 PyLayer 子类。

让我们先从一段实际的程序开始,下述代码是使用自定义算子的方式实现 Tanh 函数。实现自定义算子的核心是定义算子的正向计算逻辑和反向求导逻辑,即下面代码中的 forward 函数和 backward 函数。其中,正向计算后需要记录并传递计算结果变量给反向求导函数,以便在求导的逻辑中直接使用,这个记录和传递是通过 ctx 对象实现的。

下面让我们先大致观察一下实现的代码,再进行更深入的解读。

```
import paddle
from paddle.autograd import PyLayer
```

```
# 通过创建 `PyLayer` 子类的方式实现动态图 Python Op
class cus_tanh(PyLayer):
    @staticmethod
    def forward(ctx, x):
        y = paddle.tanh(x)
        # ctx 为 PyLayerContext 对象,可以把 y 从 forward 传递到 backward
        ctx.save_for_backward(y)
        return y

    # 因为 forward 只有一个输出,因此除了 ctx 外,backward 只有一个输入
    def backward(ctx, dy):
        # ctx 为 PyLayerContext 对象,saved_tensor 获取在 forward 时暂存的 y
        y, = ctx.saved_tensor()
        # 调用飞桨 API 自定义反向计算
        grad = dy * (1 - paddle.square(y))
        # forward 只有一个张量输入,因此,backward 只有一个输出
        return grad
```

有了初步的印象后,我们来更深入地解读。飞桨是通过 PyLayer 接口和 PyLayerContext 接口支持动态图的 Python 端自定义 Op,接口描述如下。

```
class PyLayer:
    def forward(ctx, *args, **kwargs):
        pass

    def backward(ctx, *args, **kwargs):
        pass

    def apply(cls, *args, **kwargs):
        pass
```

其中:

① forward 是自定义 Op 的前向函数,必须被子类重写,其第一个参数是 PyLayerContext 对象,其他输入参数的类型和数量任意。

② backward 是自定义 Op 的反向函数,必须被子类重写,其第一个参数为 PyLayerContext 对象,其他输入参数为 forward 输出 Tensor 的梯度。它的输出 Tensor 为 forward 输入 Tensor 的梯度。

③ apply 是自定义 Op 的执行方法,构建完自定义 Op 后,通过 apply 运行 Op。

PyLayerContext 接口描述如下:

```
class PyLayerContext:
    def save_for_backward(self, *tensors):
        pass

    def saved_tensor(self):
        pass
```

其中:

① save_for_backward 用于暂存 backward 需要的张量,这个 API 只能被调用一次,且只能在 forward 中调用。

② saved_tensor 获取被 save_for_backward 暂存的张量。

(2) 通过 apply 方法组建网络。

在实现了算子 cus_tanh 的计算逻辑后(包括正向计算和反向求导),我们可以使用 cus_tanh. apply API 来实现算子的调用。下面我们构造一个 2×3 的数组,通过 cus_tanh. apply()进行前向计算,调用 backward()实现反向计算梯度,代码实现如下:

```
data = paddle.randn([2, 3], dtype = "float32")
data.stop_gradient = False
# 通过 apply 运行这个 Python 算子
z = cus_tanh.apply(data)
z.mean().backward()
```

完整代码实现如下:

```
import paddle
from paddle.autograd import PyLayer

class cus_tanh(PyLayer):

    def forward(ctx, x, func1, func2 = paddle.square):
        # ctx is a context object that store some objects for backward.
        ctx.func = func2
        y = func1(x)
        # Pass tensors to backward.
        ctx.save_for_backward(y)
        return y

    def backward(ctx, dy):
        # Get the tensors passed by forward.
        y, = ctx.saved_tensor()
        grad = dy * (1 - ctx.func(y))

        return grad

data = paddle.randn([2, 3], dtype = "float64")
data.stop_gradient = False
z = cus_tanh.apply(data, func1 = paddle.tanh)
z.mean().backward()

print(data.grad)
```

输出结果为:

```
Tensor(shape = [2, 3], dtype = float64, place = Place(gpu:0), stop_gradient = False,
       [[0.16557541, 0.16385110, 0.16329811],
        [0.16498824, 0.11849504, 0.13143797]])
```

3. 在 GitHub 上贡献模型代码

作为一个开放的开源社区,飞桨社区鼓励每一位开发者在这里学习与贡献,与飞桨共同成长。随着在飞桨社区的参与贡献的增多，用户不但可以逐步建立在飞桨社区的影响力，而且可以承担更多的飞桨社区的职责。参与飞桨社区的贡献有多种形式，如宣传布道、组织本地活动和代码开发等。更多关于飞桨 Github 贡献的流程，请参考："官网→文档→贡献指南"，本书不再赘述。

8.6　应用启发：行业应用与项目示例

8.6.1　人工智能在中国的发展和落地概况

根据艾瑞的分析报告，人工智能在未来 10 年迎来落地应用的黄金期，会全面赋能实体经济，行业的经济规模年增长率达 40% 以上，如图 8.59 所示。在中国经济高速发展的 40 多年里，人们形成了统一的认知：对于个人发展，选择大于能力。一个人选择跳上一辆高速行驶的火车，比选择个人奔跑会要快。人工智能在各行业落地相关的产业就是未来 10 年的"高速列车"。

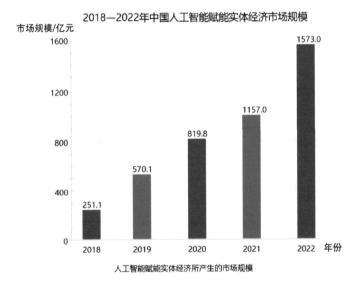

■ 图 8.59　艾瑞关于中国 AI 应用规模的预估

人工智能对国家产业转型的重要性不言而语，一些美国政客已经明确提出要限制中国学者赴美进行人工智能领域的交流，以免中国智能实现工业和经济模式的升级转型。但这种趋势是不可避免的，中华人民共和国国务院已经制定了《新一代人工智能发展规划》，部分内容如图 8.60 所示。

（1）第一步，到 2020 年人工智能总体技术和应用与世界先进水平同步，人工智能产业成为新的重要经济增长点，人工智能技术应用成为改善民生的新途径，有力支撑进入创新型国家行列和实现全面建成小康社会的奋斗目标。

（2）第二步，到 2025 年人工智能基础理论实现重大突破，部分技术与应用达到世界领先水平，人工智能成为带动我国产业升级和经济转型的主要动力，智能社会建设取得积极进展。

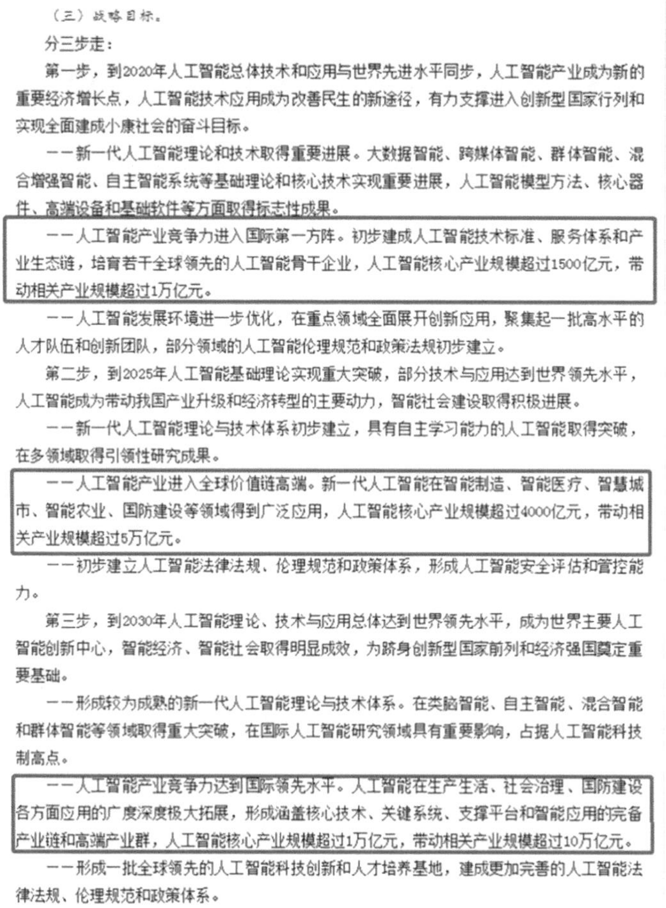

（三）战略目标。

分三步走：

第一步，到2020年人工智能总体技术和应用与世界先进水平同步，人工智能产业成为新的重要经济增长点，人工智能技术应用成为改善民生的新途径，有力支撑进入创新型国家行列和实现全面建成小康社会的奋斗目标。

——新一代人工智能理论和技术取得重要进展。大数据智能、跨媒体智能、群体智能、混合增强智能、自主智能系统等基础理论和核心技术实现重要进展，人工智能模型方法、核心器件、高端设备和基础软件等方面取得标志性成果。

——人工智能产业竞争力进入国际第一方阵。初步建成人工智能技术标准、服务体系和产业生态链，培育若干全球领先的人工智能骨干企业，人工智能核心产业规模超过1500亿元，带动相关产业规模超过1万亿元。

——人工智能发展环境进一步优化，在重点领域全面展开创新应用，聚集起一批高水平的人才队伍和创新团队，部分领域的人工智能伦理规范和政策法规初步建立。

第二步，到2025年人工智能基础理论实现重大突破，部分技术与应用达到世界领先水平，人工智能成为带动我国产业升级和经济转型的主要动力，智能社会建设取得积极进展。

——新一代人工智能理论与技术体系初步建立，具有自主学习能力的人工智能取得突破，在多领域取得引领性研究成果。

——人工智能产业进入全球价值链高端。新一代人工智能在智能制造、智能医疗、智慧城市、智能农业、国防建设等领域得到广泛应用，人工智能核心产业规模超过4000亿元，带动相关产业规模超过5万亿元。

——初步建立人工智能法律法规、伦理规范和政策体系，形成人工智能安全评估和管控能力。

第三步，到2030年人工智能理论、技术与应用总体达到世界领先水平，成为世界主要人工智能创新中心，智能经济、智能社会取得明显成效，为跻身创新型国家前列和经济强国奠定重要基础。

——形成较为成熟的新一代人工智能理论与技术体系。在类脑智能、自主智能、混合智能和群体智能等领域取得重大突破，在国际人工智能研究领域具有重要影响，占据人工智能科技制高点。

——人工智能产业竞争力达到国际领先水平。人工智能在生产生活、社会治理、国防建设各方面应用的广度深度极大拓展，形成涵盖核心技术、关键系统、支撑平台和智能应用的完备产业链和高端产业群，人工智能核心产业规模超过1万亿元，带动相关产业规模超过10万亿元。

——形成一批全球领先的人工智能科技创新和人才培养基地，建成更加完善的人工智能法律法规、伦理规范和政策体系。

■图8.60　国务院关于AI应用发展的规划

（3）第三步，到2030年人工智能理论、技术与应用总体达到世界领先水平，成为世界主要人工智能创新中心，智能经济、智能社会取得明显成效，为跻身创新型国家前列和经济强国奠定重要基础。

由于2020年疫情肆虐，经济下行的压力较大。我国也提出了"新基建"的经济刺激计划，如图8.61所示。新型基础设施建设（简称：新基建），主要包括5G基站建设、特高压、城际高速铁路和城市轨道交通、新能源汽车充电桩、大数据中心、人工智能、工业互联网七大领域，涉及诸多产业链，是以新发展理念为引领，以技术创新为驱动，以信息网络为基础，面向

■图8.61　人工智能是国家"新基建"核心

高质量发展需要,提供数字转型、智能升级、融合创新等服务的基础设施体系。其中,人工智能是"新基建"的核心。

无论是咨询报告还是政府规划,都为人工智能的产业应用描述出无比壮阔的场景。那么,人工智能真的在各行业有这么多应用场景吗?

图 8.62 是艾瑞咨询《中国人工智能产业研究报告Ⅳ》报告中关于人工智能产业应用场景的分析图。可以发现,随着人工智能技术的不断成熟,越来越多的企业应用人工智能技术实现了产业智能化转型。目前人工智能已经广泛应用于金融、互联网、医疗、制造、能源、电力等行业,并渗透经济生产活动的各主要环节,如仓储物流、营销运营、人机对话等,普惠千行万业。

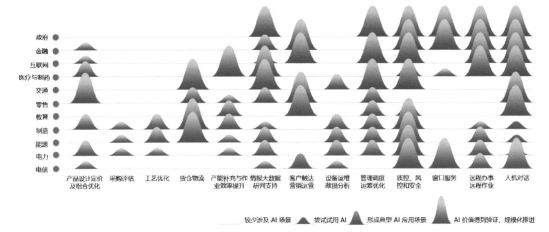

数据来源:艾瑞咨询《中国人工智能产业研究报告 Ⅳ》2021

■图 8.62   人工智能已经渗透经济生产活动的各主要环节

8.6.2   传统行业 AI 应用空间

有来自传统行业的读者,即使看到了人工智能的市场发展、国家的政策支持、大量典型的应用场景,依然会心存疑虑:"我知道很多新兴行业有不少人工智能的应用,但我所在的是非常传统的行业,我们发展了几十年了,目前运营很好,看不到需要人工智能的地方"。

相信这种疑虑也是普遍现象,对于非常传统的行业,能接收到人工智能的赋能吗?下面我们以能源行业中的一家电力企业为例,向大家展示传统行业如何挖掘和设计人工智能的应用场景。典型的电力企业可以分为电网业务和支持保障业务,其中电网业务是核心业务,按照业务流程分为电网建设、购电、运行检修、售电和客户服务。在此之外,为了企业正常运营还有资源保障和辅助保障一系列的支撑型业务,如图 8.63 所示。

即使这样一家传统企业,在企业经营、生产管理和客户服务等多个方向,可以落地人工智能的全方位应用,如图 8.64 所示。

(1)在企业经营与规划方面:集中在电网工程的规划,包括线路和站点的排布、每个地区的售电量和负载预测等。

(2)在企业生产管理方面:集中在现场人员身份和行为的管理,或者使用机器代替员工进行各种仪表和情况问题的巡检。

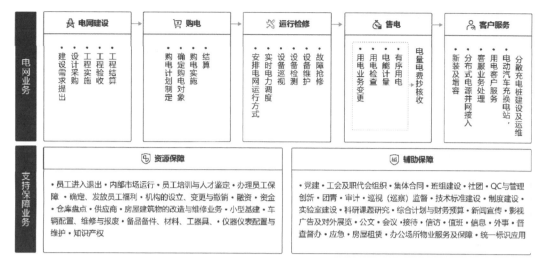

■图 8.63　典型电力企业的业务格局图

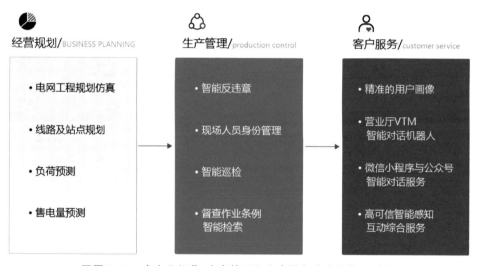

■图 8.64　在企业经营、生产管理和客户服务全方位的 AI 应用

（3）在客户服务方面：根据精准的用户画像进行产品推荐，包括营业厅、呼叫中心和微信公众号的自动客服。

通过这个示例，大家可以看到，无论传统行业还是新兴行业，在业务中间均有大量可以应用人工智能技术的空间。

8.6.3　项目示例：飞桨助力国网山东进行输电通道可视化巡检

在电力企业的示例中可见，即使传统企业也可以大量应用人工智能。下面展示电力企业基于飞桨实现的对电网设备进行无人巡检的方案。

（1）项目背景和用户诉求。

由于建筑施工、人为或非人为的破坏，电网需要定期进行检测维修。之前这项工作由电网员工进行，不仅耗费人力，有些关键设施的检测还需要员工冒风险作业。为了解决这个问题,国家电网山东分公司为需要检测的电网安装了监控摄像头,并期望通过人工智能技术来处理拍摄到的图片,系统自动检测有风险的电网设施。如图 8.65 所示,无人巡检的内容包括通道环境检测(如吊车和水泥泵车的检测)、本体检测(如绝缘子缺陷、导地线缺陷、线夹缺陷、细小工具、附属设施和鸟巢识别等子任务)。

■图 8.65 对电网的通道环境检测和本体检测

(2)项目难点。

① 检测设备受限:无源无线。监测装置(摄像头)安装在杆塔上,环境较差。一方面,现有的数据采集设备算力低下,且数量巨大,无法更换芯片(电力公司在历史上一次性地大采购)。另一方面,解决这个任务需要很高的识别精度,且需提升识别速度。

② 检测目标多变:多目标多尺度,需要检测吊车、塔吊、挖掘机等施工器械,导线异物,烟火等。这类任务属于多种目标和多种尺度的检测,对算法提出了挑战。

(3)飞桨解决方案。

① 算法选型:在项目面临算力小、功耗低的情况下,采用 One-Stage 经典优秀方案YOLOv3,在 PaddleDetection、PaddleHub 和 Paddle Models 中均有现成的模型。

② 模型压缩:因为运行模型的硬件条件较差,所以模型部署之前需要进行压缩。使用PaddleSlim 对模型做出压缩,采用 3 种压缩策略:a. 裁剪,减少低效的网络结构以提升模型运行速度;b. 蒸馏,使用高精但耗时的大模型训练小模型,以达到在不增加计算量的情况下提升效果;c. 量化,模型计算量纲从 32bit 降低到 8bit,在保持效果不变的情况下降低模型大小。使用 PaddleSlim 不同的策略对模型进行压缩后,模型大小和准确率如表 8.3所示。

表8.3　模型大小及准确率

解 决 方 案	模型大小	准 确 率	误 报 率	漏 报 率
YOLOv3	360M	0.881	0.053	0.131
YOLOv3＋裁剪	130M	0.879	0.054	0.132
YOLOv3＋裁剪、蒸馏	130M	0.882	0.050	0.130
YOLOv3＋裁剪、蒸馏、量化	122M	0.882	0.051	0.132

③ 端侧部署：使用Paddle Lite实现端侧模型部署，Paddle Lite支持众多的端侧设备，包括各种摄像头。

以上即展示了一个传统的电力企业分析自己业务中AI应用场景的方法，并选择飞桨支持全流程的项目研发的过程。读者也可以思考下，在自己从事或熟悉的行业中，如何落地人工智能技术，一起将人工智能的应用推向高潮。

8.6.4　飞桨产业实践范例库

虽然人工智能技术已经在越来越多的行业应用，但是AI产业落地的门槛仍然非常高。上文提到，一个简单的安全帽检测任务往往需要耗费3～6个月的时间。这是因为AI产业落地是一个系统化的工程，除了模型算法外，还有如数据采集、硬件部署、厂房设施等都会影响AI的落地效率。为了进一步降低AI产业应用门槛，飞桨开发并开源了产业范例库，目前覆盖智慧城市、工业/能源、智慧安防、智慧交通、智慧金融、互联网、智慧体育、智慧教育、智慧零售和智慧农业十大行业，超过30个垂类场景。

1. 飞桨产业范例库四大特色

飞桨产业范例库的内容来源于产业真实的业务场景，通过完整的代码实现，提供从数据准备到模型部署的方案过程解析，堪称产业落地的"自动导航"。飞桨产业范例库具有如下四大特色：

（1）源于真实产业场景：内容与企业合作共建，并选取企业高频需求的AI应用场景。

（2）完整代码实现：支持在AI Studio上提供可在线运行的代码，并提供免费的GPU算力。

（3）详细过程解析：深度解析从数据处理、模型选择、优化和部署的全流程，共享可复用的模型调参和优化经验。

（4）直达项目落地：百度工程师手把手教用户进行全流程代码实践，轻松直达项目POC阶段。

2. 范例：人流量统计项目

（1）项目概述。

在地铁站、火车站、机场、展馆、景区等公共场所，需要实时检测人流数量，人流密度过高时及时预警，并实施导流、限流等措施，防止安全隐患。

使用PaddleDetection多目标跟踪方案，可以实现动态场景和静态场景下的人流量统计，帮助场所工作人员制定智能化管理方案，模型效果如图8.66所示。

本示例提供从"模型选择→模型优化→模型部署"的全流程指导，模型可以直接或经过

■图 8.66　人流量统计模型推理效果

少量数据微调后用于相关任务中,无须耗时耗力从头训练。

（2）技术难点。

① 人流密度过高时,容易造成漏检：在人流密度较高的场合,人与人之间存在遮挡,会导致模型误检、漏检问题。

② 在动态场景下,容易造成重识别问题：模型需要对遮挡后重新出现的行人进行准确的重识别,否则对一段时间内的人流量统计会有较大的影响。

（3）解决方案。

人流量统计任务需要在检测到目标的类别和位置信息的同时,识别出帧与帧间的关联信息,确保视频中的同一个人不会被多次识别并计数。本示例选取 PaddleDetection 目标跟踪算法中的 FairMOT 模型来解决人流量统计问题。FairMOT 以 Anchor Free 的 CenterNet 检测器为基础,深浅层特征融合使得检测和 ReID 任务各自获得所需要的特征,实现了两个任务之间的公平性,并获得了更高的模型精度。

针对拍摄角度不同（平角或俯角）以及人员疏密程度,在本示例设计了不同的训练方法：

① 针对人员相对稀疏的场景：基于 Caltech Pedestrian、CityPersons、CHUK-SYSU、PRW、ETHZ、MOT16 和 MOT17 数据集进行训练,对场景中的行人进行全身检测和跟踪。如图 8.67 所示,模型会对场景中检测到的行人全身进行标识,并在左上角显示出该帧场景下的行人数量,实现人流量统计。

■图 8.67　全身检测和跟踪

② 针对人员相对密集的场景：人与人之间的遮挡问题非常严重，如果选择对行人整体检测，那么会导致漏检率升高。因此，本场景中使用人头跟踪方法，基于 HT-21 数据集进行训练，对场景中的行人进行人头检测和跟踪，并基于检测到的人头进行计数，如图 8.68 所示。

■图 8.68　人头检测和跟踪

使用 PaddleDetection 完成人流量统计任务，只需完成如图 8.69 所示的步骤。

■图 8.69　人流量检测实现流程

（4）优化方案。

在产业落地时，场景差异较大，为了保障业务对模型精度和速度的要求，在 baseline 的基础上进行模型优化尤为重要。

本示例使用 FairMOT 作为基线模型（baseline），骨干网络（backbone）选择 DLA-34。同时尝试了如下 7 种优化策略，供大家参考。

① 使用 CutMix 数据增强方式。

② 使用可变形卷积 DCN。

③ 使用 EMA（指数移动平均）对模型的参数做平均，提高模型的鲁棒性。

④ 使用 Adam 优化器和自适应学习率来加快收敛速度。

⑤ 加入注意力机制，让网络更加关注重点信息并忽略无关信息。

⑥ 更换 backbone：将 baseline 中的 CenterNet 的 backbone 由 DLA-34 更换为其他模型，如 DLA-46-C、DLA-60 或 DLA-102。

⑦ 增加 GIoU Loss。

（5）优化效果。

模型优化的实验结果如表 8.4 所示，如下实验均在 NVIDIA Tesla V100 机器上实现，测速时开启 TensorRT。从实验结果可以发现，精度最高的模型并不是推理速度最快的，推理速度最快的模型，精度效果未必是最好的，具体使用什么模型还需要根据业务分析。

表 8.4 实验结论

模　　　型	MOTA	推理速度(开启 TensorRT)
baseline(dla34 2gpu bs6 adam lr＝0.0001)	70.9	15.600
baseline(dla34 4gpu bs8 momentum)	67.5	15.291
baseline(dla34 4gpu bs8 momentum＋imagenet_pretrain)	64.3	15.314
dla34 4gpu bs8 momentum＋dcn	67.2	16.695
dla34 4gpu bs8 momentum＋syncbn＋ema	67.4	16.103
dla34 4gpu bs8 momentum＋cutmix	67.7	15.528
dla34 4gpu bs8 momentum＋attention	67.6	—
dla34 4gpu bs6 adam lr＝0.0002	71.1	15.823
dla34 4gpu bs6 adam lr＝0.0002＋syncbn＋ema	71.7	15.038
dla34 4gpu bs6 adam lr＝0.0002＋syncbn＋ema＋attention	71.6	—
dla34 4gpu bs6 adam lr＝0.0002＋syncbn＋ema＋iou head	71.6	15.723
dla34 4gpu bs6 adam lr＝0.0002＋syncbn＋ema＋attention＋cutmix	71.3	
dla46c 4gpu bs8 momentum＋imagenet_pretrain	61.2	16.863
dla60 4gpu bs8 momentum＋imagenet_pretrain	58.8	12.531
dla102 4gpu bs8 momentum＋imagenet_pretrain	54.8	12.469

（6）模型部署。

本示例为用户提供了基于 Jetson NX 的部署 Demo 方案,如图 8.70 所示。支持用户输入单张图片、图片文件夹或视频流进行推理。

■图 8.70　人流量检测部署示意图

读者可以登录"飞桨 AI Studio"→"飞桨产业实践范例库",获取人流量统计完整项目代码。

3. 范例:钢筋计数项目

（1）项目概述。

在工地现场,验收人员需要对入场车辆上的钢筋进行现场人工点根,确认数量无误后,才能进场卸货。上述过程烦琐、耗时长,还要耗费大量的人力成本。针对上述问题,飞桨

PaddleX通过与摄像头结合,可以实现自动钢筋计数,再结合人工修改少量误检的方式,可以智能、高效地完成此任务,模型推理效果如图8.71所示。

■图8.71　钢筋计数模型推理效果

除钢筋计数外,本示例中介绍的方案同样适用于密集检测的移动端部署场景,如餐饮计数、药品计数、零件计数等。

(2) 技术难点。

① 精度要求高:实际业务中,钢筋数量庞大,容易导致模型误检和漏检,需要专门针对此密集目标的检测算法进行优化。

② 钢筋尺寸不一 :钢筋的直径变化范围较大且截面形状不规则、颜色不一,拍摄的角度、距离也不完全受控,导致传统算法在实际使用的过程中效果不稳定。

③ 边界难以区分 :钢筋车每次会装载很多捆钢筋,如果直接全部处理会存在边缘角度差、遮挡等问题。而使用"单捆处理＋合计"的方式,需要对捆间进行分割或者对最终结果进行去重,难度较大。

(3) 解决方案。

考虑到模型需要部署在手机端,因此在方案设计时使用了单阶段的 YOLO 系列模型,并在此基础上进行模型的性能优化。使用 PaddleX 完成此任务,只需完成如图8.72所示的流程。

■图8.72　钢筋计数实现流程

(4) 优化方案。

在产业落地时,场景差异较大,为了保障业务对模型精度和效果的要求,在 baseline 的基础上进行优化尤为重要。本示例使用 YOLOv3 作为基线模型,骨干网络选择 ResNet50。同时我们尝试如下 5 种优化策略,供大家参考。

① 修改图片尺寸:数据处理时,修改图片尺寸为 480、608、640 像素等。

② 数据增强:使用不同的数据预处理和数据增强方法组合,包含:RandomHorizontalFlip、

RandomDistort、RandomCrop 、RandomExpand、MixupImage 等。

　　③ 使用不同的 backbone：ResNet50、DarkNet53、MobileNetv3。

　　④ 使用标签平滑功能(Lable_smooth＝True)。

　　⑤ 使用 cluster_yolo_anchor 重新聚合生成 anchor。

　　此外,本示例在优化过程中使用 PaddleX 提供的 paddlex.det.coco_error_analysis 接口对模型在验证集上推理错误的原因进行分析,如图 8.73 所示。

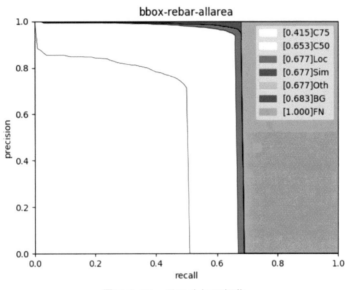

■图 8.73　原因分析可视化

（5）优化效果。

　　在不同的消融实验组合下模型的精度和速度的实验结果如表 8.5 所示。最终选择使用 YOLOv3＋ResNet50_vd_ssld＋label_smooth＝False＋image_size(608)进行部署。从实验结果可以发现,精度最高的模型并不是推理速度最快的,推理速度最快的模型,精度效果未必是最好的,具体使用什么模型还需要根据业务分析。

表 8.5　实验结果

模　　　型	推理时间 ms	Map [IOU＝0.5]	Coco mAP
baseline：YOLOv3-MobileNetV1＋label_smooth＝False＋img_size(480)	114.15	65.3	38.3
YOLOv3＋MobileNetV1＋label_smooth＝True＋img_size(480)	114.30	63.2	29.1
YOLOv3＋MobileNetV1＋label_smooth＝True＋cluster_yolo_anchor＋img_size(480)	114.26	57.4	29.0
YOLOv3＋ResNet34＋label_smooth＝False＋img_size(480)	116.06	67.8	45.4
YOLOv3＋ResNet34＋label_smooth＝False＋cluster_yolo_anchor＋img_size(480)	117.12	66.5	37.7
YOLOv3＋ResNet34＋label_smooth＝False＋img_size(608)	117.82	68.4	47.9

续表

模　　　型	推理时间 ms	Map [IOU=0.5]	Coco mAP
YOLOv3＋ResNet50_vd_ssld＋label_smooth＝False＋img_size （480）	120.16	67.9	48.4
YOLOv3＋ResNet50_vd_ssld＋label_smooth＝False＋img_size （608）	120.44	69.0	49.7
YOLOv3＋DarkNet53＋label_smooth＝False＋img_size(480)	119.24	67.7	46.2
YOLOv3＋DarkNet53＋label_smooth＝False＋img_size(608)	120.05	67.9	47.1

（6）模型部署。

为了更好地满足用户的部署需求，本示例使用飞桨 Paddle Lite，提供了手机端 Android App 部署方案，支持用户调用摄像头拍照、上传图片进行推理，结果如图 8.74 所示。

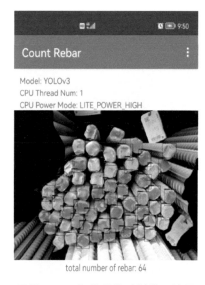

■图 8.74　钢筋计数端侧推理结果

读者可以登录"飞桨 AI Studio"→"飞桨产业实践范例库"，获取钢筋计数完整项目代码。

4. 飞桨共创计划

如果想与飞桨展开深入合作，请关注飞桨官网"飞桨产业实践范例共创计划"，共创计划由飞桨官方提供技术支持、品牌资源和商机资源，与合作伙伴一同建设行业标杆范例，推广产业 AI 应用实战经验，宣传技术影响力。

后　记

　　本书从使用 Python 编写一个简单的神经网络模型开始,向读者展示编写深度学习模型各方面的知识,并逐步以计算机视觉、自然语言处理和推荐等领域的建模任务为实践示例。在提升了读者的建模知识水平和实践能力后,进一步讲解了飞桨为用户提供的全套模型研发工具,使读者们可以完成任何工业实践场景的应用研发。

　　大家可能会关心,学完了本书下一部分应该如何继续深入呢? 通常,有下述几种选择:

　　(1) 投笔从戎:投身于各个领域的应用模型的研发,在实践中进一步学习。对于实践中需要的知识或工具,进一步翻阅资深教程开展有针对性的学习,迅速成为应用大师。

　　(2) 继续深造:系统化地学习飞桨出品的深度学习资深教程,更深入地了解深度学习各个方向的知识和工具,并尝试基于飞桨复现最新模型或进行模型优化的研究。

　　(3) 我为人人:继续关注飞桨生态的内容,并与飞桨社区一同成长,将自己的学习心得、实践笔记和针对某些领域研发的全新模型,发布到飞桨生态,成为国内人工智能最大生态中的专家。

　　您想成为哪一种人呢? 山高水长,让我们在人工智能的江湖中再见!